洛阳市非金属矿产资源

石　毅　钱建立　付法凯　赵春和

汪江河　燕建设　于　伟　孙卫志　等著

黄河水利出版社

·郑州·

内 容 提 要

本书从论证资源、开发资源的角度,以基础地质为手段,以管理学、矿床学为依据,以 25 处非金属典型矿床实例为支撑点,系统总结分析了洛阳市非金属矿的成矿地质背景、成矿条件、成矿规律、找矿方向及勘查开发利用前景。为及早查明洛阳市非金属矿产资源潜力,引导矿山企业的投资方向,充分利用现有矿山的生产系统提高资源利用能力,对促进当地经济持续、稳定、健康发展,有巨大的社会效益。

本书可供从事非金属矿勘查、开发、管理的工作者及有关学者参考。

图书在版编目(CIP)数据

洛阳市非金属矿产资源/石毅等著. —郑州:黄河水利出版社,2013.9
ISBN 978 - 7 - 5509 - 0543 - 6

Ⅰ.①洛⋯　Ⅱ.①石⋯　Ⅲ.①非金属矿—矿产资源—洛阳市　Ⅳ.①TD985

中国版本图书馆 CIP 数据核字(2013)第 216164 号

出　版　社:黄河水利出版社
　　　　　　地址:河南省郑州市顺河路黄委会综合楼 14 层　　　　　　邮政编码:450003
发行单位:黄河水利出版社
　　　　　　发行部电话:0371 - 66026940、66020550、66028024、66022620(传真)
　　　　　　E-mail:hhslcbs@126.com
承印单位:河南地质彩色印刷厂
开本:787 mm×1 092 mm　1/16
印张:19.75
字数:456 千字　　　　　　　　　　　　　　　　　印数:1—1 000
版次:2013 年 9 月第 1 版　　　　　　　　　　　印次:2013 年 9 月第 1 次印刷

定价:48.00 元

洛阳市非金属矿产资源

编 委 会：丁新务　岳铮生　陈卫平　于　伟　燕建设
　　　　　秦传钧　孙卫志

编 写 人：石　毅　钱建立　付法凯　赵春和　汪江河
　　　　　燕建设　于　伟　孙卫志　刘文阁　徐新光
　　　　　刘耀文　李红松　何　进　康宏伟　乔文卿
　　　　　谢凤祥　李春晓

参加人员：侯恩慧　赵振军　王智辉　段三杰　常培红
　　　　　刘书亚　张　伟　冯绍平　王丽娟　汪　洋
　　　　　史宝堂　张怡静　梁新辉　田海涛　王小涛
　　　　　黄　岚　张澍蕾　王宏伟　周宏钦　刘万胜
　　　　　张相军　李振国　王振峰　宋延斌　程蓓蕾
　　　　　汪拯卉　刘宗彦

序

　　非金属矿产是工业生产中用途最广、用量最大,与人民群众生活密切相关的矿产资源。由于非金属矿产具有众多优异的物理、化学性能,目前在国防军工、交通运输、基础工业、电子信息、生物工程、医药卫生、环境保护等多个领域里有着广泛的应用。与此同时,随着经济社会和科学技术的发展,它在国民经济中所占的比重也越来越大,其开发利用水平已成为衡量一个国家科学技术发展水平和人民生活水平的重要标志之一。

　　洛阳市非金属矿产资源蕴藏丰富,勘查开发利用程度较高。非金属矿业在洛阳经济发展中占有重要地位。但长期以来,由于对该市域内非金属矿产资源缺乏全面系统的研究评价工作,相当程度上制约和影响了区内矿产勘查开发工作的进一步突破。

　　以石毅高级工程师领衔的研究团队,长期在河南省西部地区从事基础地质调查研究和矿产勘查工作,在洛阳市国土资源局和河南省地质矿产勘查开发局第一地质调查队的大力支持下,立足矿产地质领域,从可持续发展角度,对洛阳市非金属矿产进行了深入细致的研究,取得了重要进展。这本专著是他们十余年研究成果的全面系统总结,很多资料来源于作者们的勘查实践,包含了他们对洛阳市非金属矿产研究现状和主要成果的精辟分析与系统归纳,以及对非金属矿床的新认识和新见解,是一部有重要参考价值的矿产资源专著。

　　本专著从论证资源、开发资源的角度,以基础地质为手段,以管理学、矿床学为依据,以25处非金属典型矿床实例为支撑点,系统总结分析了洛阳市非金属矿床的成矿地质背景、成矿条件及成矿规律,对非金属矿产的成矿区划、成矿系列进行了有益的探讨。

　　本书资料翔实,内容丰富,论证严谨,见解新颖,是洛阳市非金属矿产资源研究的首部集大成之作,具有较高的理论水平和应用价值。它的出版,不仅对洛阳市非金属矿产资源勘查、开发具有重要的指导意义,也将对全国其他省、市和地区的非金属矿产开发研究起到有益的借鉴作用。

裴荣富

2012 年 4 月 22 日

前　言

　　"洛阳市非金属矿产资源研究"项目是河南省国土资源厅以豫国土资发[2010]40号文件下达的 2010 年度河南省国土资源科研项目,项目编号 2010—064,本专著《洛阳市非金属矿产资源》是该项目成果的组成部分。

　　非金属矿产是国民经济建设中用途最广、用量最大,与国民经济非常贴近的矿种。曾有一位名人说过:"真正进入工业化国家的标志,就是它已经掌握了非金属矿的加工和应用技术",指的是非金属矿业是国家工业化的基础产业,只有在国家工业化的条件下才能发挥出它潜在的经济价值。河南是我国的矿业大省,洛阳市的矿产资源在河南省占据着重要的地位。发展非金属矿业是推进洛阳市经济建设的主要内容,立足矿产地质领域,从可持续发展角度,为古都洛阳打造出发展矿业经济的平台,以达到科技兴市、工业强市的战略目的,同时也是地质科技工作者的共同愿望。为此,由河南省国土资源厅组织、洛阳市国土资源局筹措经费、河南省地质矿产勘查开发局第一地质矿产调查院(原第一地质调查队)承担完成了本项目的研究工作。其主要目的有三:其一,从矿业发展战略考虑,非金属矿产起步晚,但发展起点高,发展空间大,必将成为煤炭、金属、贵金属矿产之后的接替资源,非金属矿产深加工将成为朝阳产业。本项目的研究,顺应了世界和国家矿业战略发展趋势,亦为势在必行。其二,洛阳市属于矿产资源丰富的工业城市,但洛阳市矿业发展并不平衡,非金属矿业发展滞后,通过本项目的综合研究,全面系统展示洛阳市非金属矿产资源优势,以便重新规划洛阳市的矿业经济和非金属矿产深加工工业,以发展矿业经济为手段,带动其他经济成分发展,加快工业强市发展战略的实施。其三,改革开放以来,洛阳市崛起的矿业开发企业中,非金属矿产开采加工业占了较大的比重,但也因资金、技术、管理方面的问题,产品规模小,起点低,科技含量不足,由此一直困扰着这些企业的发展。通过该项目研究,在提供资源技术、构筑信息平台的基础上,必将推动洛阳市非金属矿开发企业的发展。

　　在已有的大量非金属矿产勘查、科研、开发利用成果的基础上,首次系统全面地总结研究洛阳市非金属矿产勘查、科研及开发应用成果,并寄托以洛阳市非金属矿业发展的希望以及展示资源、"筑巢引凤"的良好愿望。

　　本书内容由绪论,区域地质背景,非金属矿产资源特征,成矿区划、成矿系列、成矿规律,典型矿床实例及勘查开发利用前景展望五章组成。

　　绪论部分着重阐述了非金属矿产和非金属矿床的不同含义,着重总结了非金属矿的工作要点及非金属矿开发的经验。

　　区域地质背景一章简要阐述了洛阳的地层、构造、岩浆岩这些基本的基础地质内容。

　　非金属矿产资源特征一章是植根于洛阳市各县"九五"、"十五"矿业发展规划基础上对全市非金属矿产统计的最新成果。文中通过 70 余种非金属矿产资源展示、资源分类研究和资源特征的分析,和盘托出了洛阳丰富的非金属矿产资源家底,为展开深层次的研究工作打下了基础。分别从非金属矿床地球化学特征、非金属成矿作用，并联系内生、外生、变质矿床的矿床类型特征，对照洛阳实际，指出洛阳可能形成的不同成因类型的非金属矿床及找矿方向，从而在成矿理论方面对接了洛阳的矿床实例，将本市对一些矿床的认识提到一个相对的高度。

成矿区划、成矿系列、成矿规律一章，充分利用了洛阳地区地层、构造、岩浆岩、区域矿产等基础地质方面的研究成果，从区域上的横向和地史发展的纵向两方面定位了区内不同非金属矿产的成矿史，进而从建造、岩浆旋回方面全面探讨了外生和内生非金属矿产的成矿规律。本章提出的见解也将对洛阳乃至豫西包括能源、金属矿床研究起到一定的启示作用。

典型矿床实例及勘查开发利用前景展望一章是在考虑区域资源优势、矿床规模及其代表性的因素上，选材于已经进行过较高程度的地质勘查工作，矿产市场效应较好和新发现的有价值矿点，分别以比较详细的矿床简介形式编写，起着资料库和调卷利用的作用。仅就资源方面而言，它既体现了洛阳矿产的特色性，又是本书重要的支撑点。

该项目负责人为钱建立、付法凯，主要研究、编制人员为石毅、钱建立、付法凯、赵春和、汪江河、燕建设、于伟、刘文阁、徐新光、刘耀文、李红松、何进、康宏伟、乔文卿等。全书由主编人石毅、汪江河、付法凯统一修改编纂。

项目研究过程中，张兴辽、张宗恒、张克伟、王志光等教授级高级工程师，刘新海研究员和王志宏高级工程师等，对本项目的研究给予了重要指导，中国科学院裴荣富院士为本书作了序。

深深感谢指导、关心、帮助和为项目研究工作做出辛勤努力的专家、学者和同志！

2013 年 5 月

目 录

第 1 章　绪　论

1.1　关于非金属矿产

1.1.1　浅议矿产与非金属矿产

矿产是"地壳中产出能被国民经济所利用的矿物资源"。依据矿产的不同属性,通常可分为能源矿产、金属矿产、非金属矿产和地下水资源四大类。其中,非金属矿产是矿产的组成部分,按照定义,"凡用以提取某种非金属元素或直接利用其物理、化学工艺特性的某些矿物和岩石都属于非金属矿产"。非金属矿产首先必须具备矿产的属性,其次是非金属的那些特性。实际上自然界中能够提取非金属元素如磷、钾、硼、砷等的非金属矿物仅仅是有限的几种,而提取的工艺又十分复杂,大部分非金属矿产都是利用其特殊的物理、化学和工艺性能,也就是说,凡具有特殊的物理、化学和工艺性能,能被国民经济所利用的矿物和岩石都属于非金属矿产。

这里给非金属矿产划出了一个十分宽广的范畴。随着社会生产力的发展,科技的日益进步,人们在不断接触自然、认识自然、改造自然的过程中,将会更多地了解和认识可为人们利用的物理的、化学的或工艺上的各类自然物质的应用性能,这些物质也就不再是一种"石头"和"泥土",而归入非金属矿产。因此,在矿产中非金属矿产的种类很多,远远超过能源矿产和金属矿产,所以许多国家称非金属为"工业矿物和岩石"。另外,随当代矿产研究开发工作的深入,一些矿产部门已把各种工业废弃物(如选厂尾砂、煤矸石、电厂粉煤灰、冶金炉渣等)开辟为再生资源,把那些与人类精神文明、物质文明有关,被人类利用的砚石、观赏石、印章石、景观石、保健药石、工艺石等,也列入非金属矿产范畴,作者称其为"人文矿种"。所以,随时代和科学发展,非金属矿与人类的关系越加贴近,发现的矿种越来越多,在矿产中占的比例也越来越大。在我国拥有的 230 余种矿产资源中,非金属矿就占了 150 余种,而在 150 余种非金属矿产中,岩土类非金属就占了 100 种以上,而且还处在不断增加中。

1.1.2　非金属矿产的特点

(1)特殊的应用性能。

大部分非金属矿产都具有特殊的物理、化学和工艺性能,我们经常利用的非金属矿产应用分类的依据就是这些应用性能,如耐火材料类矿产,就依其 > 1 750 ℃ 的耐火性,填料、涂料类矿产就因为这些矿物具备一定的白度、亮度、流变性、磨耗性和化学惰性等,其中还有一些因特殊物理、化学和工艺性能的矿物如耐高温的石墨、白云母,具较高耐磨性的金刚石、刚玉,具光学效应的水晶、萤石、冰洲石,具有离子交换性能、强吸附作用的沸石,产生负离子,净化、电解饮用水的电气石,等等。

(2)应用领域宽广。

非金属矿产由于大部分矿种所具备的"一矿多用,多矿同用,相互代用"特点,有相当一部分矿种,比如石灰岩、白云岩、石墨、硅石、高岭土、萤石等,除用于冶金、机械制造等重工业的辅助原料外,还是建筑、轻工、化工、农用等领域的主要原料,并不断扩展渗透到医疗、保健及人们的生存环境,与人类生活非常贴近。因此,它是应用领域最广、用量最大的一类矿产资源,而且随科学技术的发展,工业化水平的不断提高,它们的应用领域还将不断被拓宽,一些新的矿产也将随之被人类发现。

(3)资源丰富、矿种多。

资源的丰富性取决于地壳中非金属类成矿元素的丰度、形成非金属矿产成矿物质的多元性、成矿条件的复杂性和一些矿种的多成因性。以含钾岩石而言,它可以是一种碱性岩,也可以是一种伟晶岩,还可以是富含钾矿物如钾长石、海绿石、伊利石等各种钾化学岩类的沉积岩,甚至发生钾交代作用的矿物也可形成钾矿资源;再以黄铁矿为例,所见者至少包括产于石炭系底部的浅海相沉积型,产于花岗岩外围接触带的矽卡岩型、与燕山期小斑岩体有关的硫化物多金属热液型、与熊耳群火山气液有关的火山—沉积型以及与汝阳群石英砂岩伴生的含硫砂岩型等,是地区内最常见也是最丰富的非金属矿产。

(4)成矿条件、成矿作用的可操作性。

非金属矿产的一个重要特性,是随科学技术的发展,人们可以按照某类矿产或矿物的化学成分,形成的温度、压力和介质条件,经人工合成,制成某种人造工业矿物,如金刚石、刚玉、黄玉、水晶等。还有人们最熟悉的水泥、陶瓷、玻璃等,也都是利用非金属矿产领域中的水泥原料、陶瓷原料、玻璃原料,经特定工艺,人工合成的硅酸盐矿石。近年来在全国享有盛名的"洛阳硅",就是因为洛阳正在打造为国内最大的硅产业基地、全省的多晶硅研究中心和洛阳的一批传统的硅原料及硅深加工、太阳能光伏产业而得名。还有如占有世界主要市场的伊川金刚砂磨料,也是立足于利用当地优势铝矾土原料,经人工合成的棕刚玉和白刚玉人造矿物再加工而成。

(5)可加工性和高额的技术附加值。

可加工性指的是相当一部分非金属矿产,它们经受改变其物理性能的机械化深加工和改变其化学性能的化学改性、改形而提高其技术附加值。现代工业的发展,对材料的要求越来越高,超细、超白、超纯,乃至一些原材料经化学处理的改性,表面热处理的改形等,大大优化了原材料的工艺特性,使非金属矿的一些应用领域如填料、涂料、颜料等的研制不断得到跳跃式发展,一些应用矿物随之也身价倍增,例如一般的石灰岩类,原矿产值不过每吨数十元,而加工为超细、超白的轻钙、重钙粉一般约 1 500 元/t。另如高岭土,原矿 1 t 也仅数十元和百余元,但加工 1 t 细度 2 μm、白度 88% ~92% 以上的高岭土粉,价格已达 1 500 ~1 800 元/t。可加工性和高额的技术附加值大大提高了一些非金属的融资增效效应,也成为一些地区发展矿业经济的主要增长点,因此也大大促进了这一类矿产资源的勘查和开发研究工作。

1.1.3 非金属是最富生机的矿产领域

非金属矿何以最富生机,首先是它与人类社会的发展、科学技术的进步相伴而生,由社会工业化生产形成规模,并与人类不断增长的物质文化需求密切联系,非金属的矿物原料及其制品,不仅作为原材料而加入各种产业,而且也千姿百态地装点人类社会,并渗入到人类生活的各种空间,人类社会越进步,它也越能显示出无限生机。

人类是在利用自然物质,改造和创造自己的生存条件中最早利用了非金属。具有不同形态、带有某种性能的天然石块,曾被原始人类作为战胜自然的工具而构成"旧石器文化",这种天然石块也就具备了矿产的一些属性。火的利用代表了科技的进步,天然的石块经过磨碎,人工制成的泥土坯体被烘烤成最早的陶器,人类进入"新石器"时代,产生了陶瓷原料矿产。由火而兴的煅烧冶金技术,使人类从铁器时代进入铜器时代,除炼铁、炼铜和生产出合金的矿物原料外,也产生了非金属方面的冶金辅助原料。也是由对火的运用,随煅烧炉温的升高,由陶而炻、由炻而瓷,在我国形成了源远流长的陶瓷文化,包括属于陶瓷原料(如坯料、釉料、耐火匣钵材料)的非金属矿产。

煤炭、石油的发现促进了能源革命,蒸汽机和内燃机将煤炭、石油的热能转化为机械能,奏响了原材料革命的序曲。机械加工鉴别出矿物的硬度序列,由 10 种非金属矿物形成了"摩氏硬度计",由矿物的硬度发展了磨料、磨具,并由此发展了宝玉石和工艺石。机械制造促进了冶金业,冶金业发展了由非金属类组成的辅助原料,从而推进了原材料革命。随着工业的发展,科技的进步,一方面必须提供相应的原材料类非金属矿的数量和质量,另一方面在应用实践中又发展了非金属矿产。例如农用矿物,最早仅仅是氮、磷、钾类化肥原料,继而又增加了矿物农药、矿物肥料(包括硅肥、镁肥、稀土肥)、矿物饲料、土壤改良剂等,并形成一个以非金属矿为主的农用矿物系列。还有与人类物质文明、精神文明相关的矿物原材料,包括"三废"净化过程中为制造助滤剂、过滤剂、吸附剂、去污粉等各种净化剂的环保类原材料,用于人体保健、医疗和各种药石的保健类矿物材料以及装点人们生活、融各种文化科学底蕴的观赏石等。总而言之,非金属是最富生机的矿产领域。

最后补充说明,依定义而论,非金属矿产和金属矿产之间的界限并不严谨,一些金属矿产也可列入非金属矿产,而一些非金属矿产也具有金属矿产的用途。例如铝土矿,作为金属主要是用以提炼金属铝,但也同时以高铝耐火黏土作为非金属耐火材料;又如菱镁矿、水镁石、白云石,它们分别为镁的碳酸盐和氢氧化物,主要用于耐火材料和熔剂,是非金属中的常见矿物,但也用来提炼金属镁,而镁同铝一样列入有色金属类;再如金属钛,钛矿床主要由岩浆型的钒钛磁铁矿、原生金红石砂矿、(次生)砂矿三大类组成,主要含钛矿物有钛铁矿、钛磁铁矿、金红石、榍石、板钛矿、锐钛矿等,它们除提炼金属钛外,也广泛用于如钛白粉类的非金属领域。

综上所述,非金属矿属于矿床学领域中的一个大类,研究非金属矿产,必须全面研究矿床学。

1.2 按矿床学理念认识非金属矿产

提出矿床学理念的原因有三点:一是非金属矿产和金属矿产,包括能源矿产之间没有截然界限,也不应该孤立地看待它们;二是金属、非金属、能源矿产在自然界中往往共生和伴生在一起,或谓你中有我,我中有你,密不可分;三是提示我们要从矿床学的领域中加深对非金属矿产的认识。认识非金属矿的目的不仅仅是对它的了解,而是加强对它们的勘查开发工作。随着找矿实践的深入,人们将在加深对一些岩石、矿物生成地质条件的认识中,有可能发现它们特殊的物理、化学性能,以及它们的形成机制,不仅能够拓宽一些非金属矿的用途,同时也将发现和研制成一批有用的新矿种。所以,按矿床学理念去研究认识非金属矿产,将把我们对非金属矿的认识推向一个新的高度。为此,首先需要我们认识一下矿床,然后涉猎一下矿床学的领域。

1.2.1 由矿产到矿床是认识上的深化和跨越

在这个问题未提出之前,我们对非金属矿的认识,大多停留在矿产这个概念上,对其所做的大量工作主要是发现矿物,矿石定名,划分矿石种类,确定矿石的质量、品级、用途,以及按用途的分类,基本不涉及矿产成因和矿床特征方面的探讨,实际上这仅仅是矿业行政管理和经济管理部门的业务领域,但从地质勘查、开发应用的需要考虑,对矿产的这种认识程度是远远适应不了经济和科技的进步,影响对矿产的深入认识,尤其影响到矿产地质勘查工作,所以必须深化和实现跨越。怎么跨越,首先必须纳入矿床学领域并提高到矿床学高度。

按照矿床学的定义,凡由一定地质作用,在地壳的某一特定的地质环境内产出,并适合当前开采利用的矿物堆积体称为矿床。与矿产一词相比,矿床提出了地质作用、生成环境、有用矿物堆积体等特定的概念,并将其纳入矿床学这一学科领域。因此,它将不是仅仅讲述那些矿种的数量、规模、产地和用途,而是分门别类,按照矿床学的理念,按各个矿种分别阐述它们在不同地质作用、不同地质环境下,以不同形态、不同矿物组合形式的演变规律,进而展示出各种矿床特征,使人们从本质上认识和区别它们,逐步提高矿床学的理论水平,并将这种认识运用于找矿实践,为经济发展提供更多资源。所以,由我们一般所说的矿产,到将要进一步论述的矿床,代表我们在非金属矿产方面研究工作的深化,换句话说,它也将是我们认识非金属矿产的一个阶段性跨越。

1.2.2 矿床学开拓的认识领域

矿床学以自然界的各类矿床为研究对象,它的基本任务是研究各种矿床的地质特征、成因和分布规律,其目的是为矿产预测和找矿勘探工作提供理论基础,具体内容包括以下几个方面:

(1)地质特征。

任何一种矿床,包括能源、金属、非金属矿床,都是在特定的地层、构造、围岩以及岩浆活动、沉积作用、变质作用乃至古地理、古气候等不同的地质环境下经过成矿作用而形成的,研究认识矿床必须了解矿区的乃至区域的各种地质特征,分析各种地质特征的成因演化与已知矿床的关系,即研究矿床成因的外部环境,非金属矿床也概莫能外。

(2)矿床特征。

矿床特征包括矿体产出的空间部位、顶底围岩、形态、规模和产状,矿石的矿物成分、化学成分、结构、构造、自然类型以及矿床工业利用条件等。研究以上矿床特征的目的在于揭示同一类型或不同类型矿床之间质的差异,进而经比较可以确定某一矿床的经济价值。这是认识矿床本质的基本方面,也是对矿床进行地质勘查的基本任务。

(3)矿床成因。

矿床成因研究主要是利用实验和比较手段,来判定矿床形成所需要的环境空间及物理、化学条件,认识成矿作用。由于实验手段和条件所限,大多数矿床成因类型的确定靠与已知矿床的比较。成因类型的确定,可能决定矿床的规模,标志着对矿床经济价值的估量,也是确定矿床找矿方向的重要内容,在矿床研究中占有重要的地位。

(4)成矿规律。

成矿规律研究是确定找矿方向的依据,在矿床地质研究中具重要意义,其研究内容包括矿床所在地区的大地构造、区域地质、矿床地质、矿床成因类型,同时也要参考地球化学、地球物理资料以及相关的伴生、共生的金属、非金属矿床特征。准确运用成矿规律的研究成果,对于矿产预测、指导找矿工作有着重要的实践意义。

综上所述,建立于矿床学基础上对非金属矿产的研究是一种综合性的、更多地建筑于开采加工实践基础上的地质工作。这里讲的综合性,包括它运用了地质学、地球物理学、地球化学以及采矿学等多学科知识和手段;这里讲的实践性更多地是对具体矿床的实地观察,包括找矿勘探、采矿与矿产品深加工的实践过程,并在实践—认识—再实践中不断得以深化,所以从这一研究过程中,必然大大提高我们对非金属矿产的认识。

1.2.3 运用矿床理念指导地质勘查工作

地质勘查是在地质理论指导下,运用不同工程手段,对埋藏于地下的矿体进行揭露,按不同工业要求,对矿石或矿体开展的综合评价研究,进而在肯定矿床的基础上,对矿体的数量、矿石质量、矿床规模(储量)、矿石的可加工性、开采技术条件等进行的综合评价。换句话说,地质勘查是以地质科技、经济地质的标准化尺码对不同矿种的衡量和解剖。任何一种矿产只有经过不同阶段或不同程度的地质勘查,才能真正肯定它的价值,这也是矿产地质工作的落脚点,非金属矿产也概莫能外。

运用矿床学理念来指导非金属矿床勘查有三方面含义:一是更能发挥出矿床学的综合性和实践性,加深对非金属矿的认识。由矿床学的研究史可知,矿床学在采矿生产中诞生,在地质勘查中巩固,并在其他学科的渗透中得到发展。用矿床学指导非金属矿床的勘查,必然能够发挥学科的优势,在加深对非金属矿的认识的同时,按照矿床学的要求,对每一种非金属矿产,都能在勘查中取得矿床地质方面的各项指标,提高这些勘查矿种的工作程度。二是提高洛阳市非金属矿床地质勘查的总体水平,洛阳市已知的 70 余种非金属矿产中,经过普查的不足一半,其中有相当部分矿种属伴生、共生矿种的综合评价,所提供的矿床地质内容相当简单,满足不了当代矿产开发对资源的要求,对这类矿产今后的矿产勘查要按矿床学要求,补充新的内容。三是同部署金属矿产一样,非金属矿产的地质勘查,也必须建筑在成矿规律、成矿预测研究成果的基础上,并严格按照规范要求,遵守地质工作程序。但洛阳地区非金属矿的这项研究工作基本上是个空白。

1.2.4 运用矿床学理念去发现一些重要的金属矿床

从矿床学理念上去认识非金属矿产的另一重大意义,是通过一些非金属矿物特征的研究,去发现金、钼、铅、锌等重要金属矿产。这是因为一些非金属矿产往往是组成一些金属矿产的伴生或共生组分,处于一个同样的成矿系列或储矿空间中。找矿实践证明,成矿系列中的一些非金属标志性矿物,往往是某种金属矿产的找矿标志,同一储矿空间中,也共生有金属矿产。例如,自然界中的非金属矿物黄铁矿往往与多金属硫化物矿床共生在一起。有经验的地质工作者常根据黄铁矿的晶体形态和共生组合用于金属硫化物的找矿工作中,如高温条件下形成的黄铁矿往往有完整的晶体形态、闪亮的光泽,并往往和磁黄铁矿伴生,这是寻找辉钼矿的标志,栾川地区矽卡岩型辉钼矿区的黄铁矿均有这个特征。中温条件下形成的黄铁矿,晶体虽然完整,但没有磁黄铁矿,多见于一些铅锌矿的组合中;低温条件下生成的黄铁矿,颜色多为灰白色,晶体不完整,无晶面纹,这是找金、银这些低温硫化物矿床的主要标志,在野外找矿中非常见效。另如萤石是硫化物矿床常见的又一种伴生矿物,低温萤石呈黄绿、淡绿色,高温萤石呈紫色、蓝紫色,同一萤石脉浅部为黄绿色,深部为蓝紫色,洛阳地区一些地方在花岗岩中发现的辉钼矿就是在蓝紫色萤石中发现的,还有石炭—二叠系的煤系矿产,煤系下面埋藏着铝、黏土岩和铁,"煤下铝"成了新的找矿勘查对象。由以上这些找矿实例说明,非金属矿产不但和金属矿产密不可分,而一些典型的非金属矿物往往是某些金属矿床的重要找矿标志,不少大型金属矿床就是在把握非金属矿床的这些矿物特征和成矿规律中被发现的。

对矿床学理念的重温启示我们,十几年来我们对非金属矿的认识,在一定程度上还停留在"矿产"的概念上,现在所进行的工作只是侧重于非金属矿种、数量、产地、工作程度、应用领域、开发状况以及矿业市场信息的调研,但轻视了对各种矿产产地的实地调查和不同矿种的矿床特征、矿床成因、成矿系列、成矿规律的研究,掌握和积累的矿床地质资料较少,已有矿种的量化程度很低,大部分矿产产地不能达到开发论证的要求,由此也大大制约了非金属矿业的发展,难以实现非金属矿产由资源向产业的转化,这是今后必须引起重视的重要问题。

1.3　非金属矿地质工作要点

为迎接国家建设和矿业发展的新形势,加快洛阳市矿业经济的发展速度,必须认真总结和认识我们以往在非金属矿产方面存在的问题,为此特别要学习国内外各地发展非金属矿业、加强非金属矿地质工作的经验,进而调整我们的工作思路,改进当前的工作,主要应把握以下几个要点。

1.3.1　必须提高矿床学和基础地质学科水平

矿床学是集地质科学之大成的综合性基础学科,它与各种地质学科都有密切的联系,其中最为密切的是地层学、岩石学、矿物学、构造地质学和地球化学。非金属矿产领域宽广,必须用矿床学的理念及与矿床学有关的多种地质科学知识来统揽这一领域,例如:

(1) 相当多的非金属矿产如磷块岩、石英砂岩、石灰岩、白云岩、各种黏土岩、煤系非金属矿产、含钾砂页岩、石膏、白垩、岩盐等矿产，都可形成一些大型、特大型矿床。但这些矿床实际上可以是不同时代地层的一部分，具有标志层性质，有特定的顶、底和夹层。研究认识这类矿床，不仅是地层学研究的内容，也涉及古生物学、地史学以及古地理学等不同学科。

(2) 石英岩、板岩、石墨、大理岩、红柱石、夕线石、滑石等一类变质矿产，它们原是在不同地质条件下变质的沉积岩地层或地层中含的矿物，研究这类矿产除运用地层学、沉积岩石学、变质岩石学的知识和理论外，还涉及大地构造学、矿物学等学科领域。

(3) 构造地质学是研究地壳中岩石形变及其原理的学科。在特定的大地构造部位形成了如蓝晶石、蓝闪石、夕线石、金红石、宝玉石这些特定的变质矿产外，还包括由构造运动产生的各种裂隙中的石棉、海泡石等内生矿床，它们都将因为后期的构造运动而发生各种形变，而研究这种形变和其形成的过程，又是矿床研究中运用构造地质学解释的课题。

(4) 不同种类的岩浆岩(火山岩和侵入岩)，它们除提供出花岗岩、橄榄岩、蛇纹岩、黑曜岩、珍珠岩、玄武岩、辉绿岩等岩石型非金属矿种外，又往往是萤石、重晶石、蛭石、水晶、脉石英、钾长石、硫铁矿等的成矿母岩。要认识这些矿床，首先需运用岩石学、矿物学的知识，还要涉及大地构造学、地球物理和地球化学的领域。

(5) 在非金属矿床中，还有如硅灰石、石榴子石、透辉石、透闪石、磷灰石、电气石、云母、沸石、绿柱石等由接触交代或气液作用形成的特种矿产，它们属于多种地质作用联合的结果。不同矿种各有特定的成矿专属性，并形成于特定的地质空间，具有特定的矿物组合。研究认识这类矿床，必须学会综合运用各种基础地质学科知识。

(6) 表生作用形成的许多风化壳型矿床中，有许多是有价值的非金属矿床，例如古风化壳形成了各类黏土矿床，如华北地区石炭系底部铁铝层中的耐火黏土、前寒武系顶部风化壳中经变质的叶蜡石，现代风化壳中形成的高岭土矿、麦饭石矿以及由斑状花岗岩形成的风化壳型钾长石矿等。认识这些矿床形成的机制、控制成矿的因素，除矿床学外，又需要地貌学、第四纪地质学的知识。

由以上一些矿产实例分析可见，大部分非金属矿产的研究工作都可归入集基础地质学大成的矿床学领域。应强调的是，非金属矿产类别多、矿种多、成因类型多，它涉及的基础地质学领域非常宽广，矿床研究的理论性较高，所以要求我们从事非金属矿产工作的同志，必须加强学习，不断提高自己基础地质和矿床学的知识水平，并能在参加非金属矿的勘查实践中，联系实际，不断探索，在提高非金属矿的地质工作程度中提高自己的业务素质。

1.3.2 积极参与找矿实践

包括非金属矿床在内，任何一种矿床，都是存在于自然界的客观地质体，我们从事的找矿实践，就是从地质学的视角、矿床学的视点，按照特定的地质勘查工作方法和要求，对这类地质体的观察和解析，它包括了野外地质调研、地质工程揭露、样品测试、编制综合图件、数据处理、综合分析、提交不同级别的勘查成果等各项地质工作，亦称为地质实践的系统工程。

野外地质观察是地质工作的基本手段。任何一种成矿作用,都是在特定的地质时间和空间中,地壳的有益元素再分配、再富集的结果。投入找矿实践,主要是在野外工作中,通过对含矿地质体的追索与观察,借助相应的科学技术手段运用各种地质知识理论,对不同矿种进行鉴别,分析认识所要寻找或可能发现的新矿种,进而由对矿产的识别,扩大为按矿床理念要求,从宏观上识别其产出形态、规模、产状、赋存特征,认真进行描述记录,结合部分样品测试,了解矿石结构、构造、矿石组合、物理性质、化学成分,以及矿床类型等,肯定矿床存在的依据。这是积极参加找矿实践获得的第一性成果,地质上称为踏勘。

在找矿实践、肯定矿床存在的基础上,进一步开展的地质勘查工作,包括由浅而深、由粗而精、由已知到未知的预查、普查、详查、勘探的逐步深入,是在地质理论指导下,动用生产工具、揭露和测试手段,按规范要求即标准化内容,对矿床作出量化检测的高一层次的找矿实践,这里量化数据的取得,不仅为同类矿床提供了对比的依据,同时也为矿床的科学价值和经济价值提供了可比性依据,进而为矿床持续开发利用奠定了基础。

今天我们认识到的任何一种非金属矿产,都是经过以上不同形式的找矿实践被人们发现,又经室内综合研究整理、归纳、综合为不同系列的矿床研究成果。充分利用这些成果,依其产出的形式和时空关系,参照其他地质学科知识,形成了成矿区划、成矿系列、成矿规律这些深层认识和理念,我们的非金属矿产工作者,不仅能熟悉已发现的有关单个矿床或矿床系列,还要运用成矿规律的认识理念,去预测新的找矿靶区,以此指导新一轮的找矿实践活动。

总结洛阳非金属矿产的找矿工作,除极不平衡的面上分配外,总的状况是大量的矿种仅仅是停留在肯定或预测到矿床存在这一找矿的初级阶段,经过地质勘查即标准化检测的矿种和矿床非常有限,说明洛阳的非金属矿产,有可能还有新的矿种未被我们认识或埋于地下未被揭露和发现,洛阳市非金属矿产的找矿工作还有很大的空间,找矿实践还面临着艰巨的任务。

1.3.3 必须与生产部门相结合

大部分非金属矿产,因其具有某些特殊的物理、化学和工艺特性,而成为某一工业特需的矿产资源,并由此发展为一种产业,每一种产业也都是由一种特定的资源系列支撑起来,反过来又促进了矿产系列的形成和完备,如陶瓷产业发展形成了陶瓷原料系列矿产;玻璃产业发展了玻璃原料系列矿产;具有高耐火度而不变形的耐火材料产业,形成了耐火材料类系列矿产等。概言之,随着人类社会生活、生产和科学实践的日益扩大,在当代工业中所形成的非金属矿物原料系列将越来越多,而且每一系列中的矿物原料种类也越来越丰富。

这里每一个矿物原料系列的形成,都不是矿物与矿物之间的简单组合,而是具有同一特性或特性互补的一组矿物的优化组合。这种优化组合,一方面发展了矿物原料矿种,另一方面提高了产品的质量、品种和档次。以人工合成硅酸盐类陶瓷原料系列矿产而论,简单而言,它就是形成人造陶瓷矿物莫来石的一组矿物原料中有用组分与莫来石分子量相等的一个方程式。这里参加组合的各类矿物称为变量,变量越多,它的含量波动对莫来石的影响越小,产品的质量也越稳定,因此这种优化组合(配方)和由这种组合制作出陶瓷产品过程中形成的特定的生产工艺,成为企业在竞争中生存的基本条件和专利。

由矿物原料系列的品牌化、专业化,在社会化生产中逐渐发展为如建材、化工、耐火材料、陶瓷、玻璃、农肥等不同行业的产业大军,也形成了归属于这些产业部门,专业化比较强并拥有原材料、实验室、质量检测专项设施和相应的地质队伍,例如我国建筑工程系统的建材地质队、化工系统的化工地质队、冶金部门的冶金地质队等。这些部门,由于专业上与非金属矿产的贴近和系统化管理之便,在非金属原料的利用和地质勘查方面,一般都有较高的科技水平和较强的专业化实力,不同系统都拥有自己的专家队伍。加强非金属矿产的地质工作,必须取得这些专业生产部门专家的支持,他们依然是今后加强非金属矿业的主力军。

改革开放以来,我国各地的乡镇企业如雨后春笋般发展起来,其中开采加工非金属矿产者占了这些企业中的相当比例,以洛阳各县为例,以加工石英岩、石英砂岩为主的石英砂生产,以铝土矿加煤炭烧制铝矾土,或以铝矾土生产人造刚玉磨料,以水泥和砂砾生产加工的各种建材,以及利用重晶石、黄铁矿、萤石为主发展的各种无机化工,还有利用花岗石、大理石、工艺石、观赏石为主的各种石材加工,都已成为不同地区的特色产业和地方经济的增长点。这些产业的兴起,不仅发现了一些新的非金属矿产地,肯定一批非金属矿产的新用途,同时也发现了耐火红砂岩、高等级公路抗滑石料玄武岩、陶粒原料含钾砂页岩、黏土岩、优质陶瓷原料火山沉积变质型伊利石以及电厂粉煤灰等工业废弃物类再生型非金属矿产资源,包括这些开发利用非金属矿产的乡镇企业,都是加强非金属矿地质工作的一支不可忽视的力量和阵地。

需要特别强调的是,这些新生的开发利用非金属矿产的产业和参与人员,在矿产开发中因占的比例最大,确实是发展非金属矿业的基础和主力军,亟待非金属系列产业部门和地质矿产部门各类专家的扶植,尤其需要多方面的技术指导,使之能够更多地掌握现代化的科技知识和手段,迅速赶上国内外非金属矿业发展水平。加强不同专业系列非金属产业大军、乡镇企业、专业科技部门、地质队之间的有效合作,洛阳市的非金属勘查和开发一定会有新的发展,并能推出更多的系列化、品牌化产品,跻身于国内发达行列。

1.3.4　必须进行矿产的工业试验

由非金属产业所利用的矿产资源系列的形成和发展看出,大部分非金属矿种,都是在研制产品的过程中,使之工艺性能得到科学的检验和肯定,也由此真正确定其应用价值。任何一种非金属矿产,除进行矿物学、岩石学的鉴定外,都要测试它的物理、化学特性和工艺性能,这就是我们所说的工业试验,也叫中试,由工业试验确定矿种的可利用性,设计出加工利用的工艺流程,这是非金属矿勘查开发中必须首先要做的工作。

正因为此,新出版的非金属矿产勘查规范,不仅强调了非金属矿种必须进行工业试验,而且对不同勘查阶段都提出了具体要求,现举例如下:

(1)以冶金用化工石灰岩、白云岩,建材用水泥灰岩地质勘查中的工业试验为例,按规范要求,在预查阶段应收集矿石加工技术有关资料加以研究,普查阶段应进行矿石加工技术对比研究,作出可作为工业原料的评价,详查与勘探阶段应根据投资者的需求,进行矿石加工技术试验。

（2）另以高岭土矿为例，在普查和详查阶段，要求完成初步可选性试验，研究矿石中的有关杂质的含量和可选性，有益和伴生组分回收可能性的技术分级，在勘探阶段一般要求做实验室规模的可选性加工流程试验，提出合理的选矿工艺流程和主要技术工业指标，对于特种用途的高岭土矿还应做半工业和工业规模的选矿试验。

由以上两例看出，非金属矿产和一般金属矿产最大的不同，就是必须把矿石的工业试验作为该方面地质工作必需的工作手段，换句话说，工业试验是肯定非金属矿产应用价值和应用途径的流程，也可以说它是架设于地矿部门与产业生产部门之间的桥梁。以往的经验和教训告诉我们，洛阳市发现的很多非金属矿产，都因没有进行过工业试验，还停留在仅仅占有地质资料和理论上的用途方面，因此还不能为用户提供如何进行开发应用的依据，在一定程度上讲，这也是制约或影响洛阳市非金属矿业发展的瓶颈问题。

1.4　加强对非金属矿产资源的保护

同其他金属和能源矿产一样，非金属矿产也是一种不可再生的资源，对这类资源的保护，也必须引起足够的重视。但较之其他矿产而言，非金属类因为本身是地壳中的一种岩石或为组成某种岩石的造岩矿物，由于它们的丰富性，随手可取而价格低廉，在人们还不认识和掌握它们特异的物理、化学和工艺性能之前，它们所遭受的破坏作用将比一些金属矿产更为严重，因此从矿产资源保护方面，特提出以下几点以引起注意。

1.4.1　加强对"三废"的利用

"三废"指工业生产中产生的废气、废水和废渣，通称为工业废弃物。"三废"污染大气、污染水源、掩压耕地，破坏生态环境，危及人类，被称为"公害"，多少年来天经地义地被视为工业垃圾而抛弃。科学的发展为"三废"利用提供了方向和手段，成为中央提出的科学发展观和循环经济模式的重要支撑，使"三废"废而有用，今日称其为再生资源。以煤炭为例，废气主要是瓦斯，经回收的瓦斯属于洁净能源，煤田勘探开发回收的瓦斯将成为我国新的能源矿产。煤井中抽出的废水，纯净化后则成为煤矿区的洁净水源，可以重新利用。而由采煤选出的煤矸石和煤炭燃烧后的粉煤灰，已经成为当前非常抢手的民用工业原料，现已开发为各类建材、陶瓷、耐火材料、化工原料、微晶玻璃和从中提取金属元素，"三废"即再生资源的利用将成为一种多门类的新兴产业。

1.4.2　强调综合性地质勘查

在国家新颁布的一批新的煤、泥炭和非金属矿产地质勘查规范中，一项突出内容是规范中都强调了对伴生、共生矿产的综合勘查，反映了从国家政策上的强化和导向作用。实际上大部分矿产都具有共生和伴生关系，例如煤炭，与石炭—二叠系煤系地层共生的煤系非金属矿产有煤系高岭土、伊利石黏土、陶瓷黏土、熔剂灰岩，在煤系底部共生的矿产还有耐火黏土、铝土矿、铁矾土和褐铁矿。又如水泥灰岩，洛阳的水泥灰岩主要是产于寒武系中统徐庄组、张夏组的鲕状灰岩、泥质条带、条纹灰岩，与之伴生的有其顶板崮山组的制灰灰岩（烧石灰专用的白云质灰岩）、白云岩以及水泥灰岩矿层底板可以用为建筑材料的石料灰岩等。再如产于上元古界三教堂组的石英砂岩矿产,它的下部崔庄组为含钾砂页岩,顶部洛峪口组为含叠层石花纹的大理岩,都可形成单独的矿床。因此,为了实施矿产的综合利用目标和节约勘查经费,充分发挥资源的经济潜力,必须在地质勘查时做好综合性地质勘查评价。

1.4.3　加强矿物原料的综合利用

综合勘查的目的是综合利用。以上三例主要是共生矿产,它们可以单独形成矿床,进行单独开发,另一类属于伴生矿床,具有成因联系,不同的矿物伴生在一个矿床中。其一是在一些金属矿床中共生有非金属矿产,如栾川冷水骆驼山多金属矿中的萤石,三道庄钼、钨矿围岩中的硅灰石、石榴子石,上房钼矿中的透辉石,南泥湖三道庄、上房钼矿中的黄铁矿(均达中型)。其二是在一些非金属矿中共生有金属元素,如新安铝土矿,耐火黏土矿中伴生的锂、镓、钛,煤矸石中的锗,栾川石煤(炭质泥板岩)中的钒、钇、镱,长岭沟碱性花岗岩中的稀土(铈、钇、镧)和铌,有的地段稀土总量已达工业要求。上述这些伴生、共生的有益元素很多都成为我国急需的矿产资源,很有开发价值,但都需要提高选矿工艺加以提取。应提出的是,由于不合理的价值观和急功近利的采矿行为,加上选矿工艺落后,这些有益组分很多被白白地抛弃了。

1.4.4　合理规划采矿工作

由于非金属矿产目前多处在开采出售原矿阶段,潜在经济效益远未发挥出来,所以还没有得到应有的重视。大部分矿种是原始的开采方式,一些单矿种矿床(如重晶石、蛭石、萤石、钾长石等),因缺少选矿设施,矿山乱采滥挖,采富弃贫,破坏矿山的现象比比皆是,十分严重。另一类伴生、共生于金属矿床中的非金属矿产(如硅灰石、透辉石、黄铁矿等),受不合理价值观的支配,在开采金属矿时就被作为废石弃之沟壑,勘探时提交的伴生、共生矿床实际被毁于无规划的采矿。因此,为了真正地保护好非金属资源,由政府出台措施加以法律干预、政策规范、科技引导、合理规划采矿工作,是十分切中现实的。

凡此种种,都是非金属矿产资源保护中经常遇到也必然涉及的问题。同其他矿产一样,非金属矿产资源占有就是财富,失之不可再生,必须提高认识,加强保护力度。为此除政策法律上提出保护措施外,重要的是积极引进先进的选矿工艺和深加工工艺,加强非金属矿产深加工业建设,只有提高非金属矿产自身的经济价值和选出有益的伴生组分,才能引起社会对非金属矿产的广泛重视,也是最有效的保护工作。

随着社会主义市场经济的巩固和深化,适应当代科学技术的发展,人们从事的任何一项科技活动,都有着品牌化、高层次的追求,由此也必然形成一些具时代特色的新思路和新成果,并以这些思路和成果启迪后人,造福社会。比如以上所说的对非金属矿业的认识,如何开展非金属矿地质工作,如何进行非金属矿开发经营及怎样保护非金属矿资源等,探讨的都是非金属矿产的知识,既是专业知识体系的展示,也是众多从事非金属矿工作者研究这一领域的心得和经验的总结,自然也是我们从事非金属矿工作的宝贵财富。

第2章 区域地质背景

任何一类矿产都是在特定的地质条件或地质背景下生成的。因此,要认识某种矿产,首先必须了解它的地质背景,或该矿种与地层、构造、岩浆活动、变质作用这些基础地质方面的依存关系,从矿床地质学高度加深对它们的认识和了解,进而有效推进非金属矿产的地质勘查和开发利用工作。为此,要了解和研究区域地质背景。

2.1 地 层

地层是研究探讨各类地质科学的基础,自然界发生的包括成矿作用在内的各种地质现象,都客观地记录在地层系统之中,很多外生非金属矿床本身就是地层的组成部分,即使大部分内生非金属矿床,有的也成为类似地层的层状,或为地层的层位所控制(时空的统一性),因此研究地层对认识和寻找非金属矿床有特殊意义。洛阳地区所辖区县由于地层发育齐全,一些与地层有关的非金属矿床也就十分丰富。开展非金属矿地质工作,首先要了解地层,包括地层时代、地层新老层序、旋回性以及岩性组合,进而上升到建造的高度,从地质建造角度来认识非金属矿产,特别是受地层控制的沉积型非金属矿产。

地质建造泛指在地壳发展的某一构造阶段中,在一定的大地构造条件下,所产生的具有成因联系的一套岩石的共生组合,亦称地层建造,具体地说,它们是特定的地层系统中的一套特定的与沉积作用有关的物质组合。这种物质组合的相当部分就是沉积矿产。下面分别由老而新加以简述。

2.1.1 太古宇新太古界(>25亿年)

太古宇新太古界组成华北地台基底的地层,为区内最古老的结晶变质岩系,它们组成一些区域性的背斜的核部,区内称之为登封群和太华群。

登封群主体出露于嵩山、箕山地区,向西伸入伊川、偃师境内,以毗邻的登封君召剖面为典型,自下而上分别命名为石牌河、郭家窑、金家门和老羊沟4个组。其中石牌河组主要是以斜长片麻岩为主的灰片麻岩系,郭家窑组及其以上的金家门和老羊沟组则是由变质的海相火山建造为主,转化为陆源碎屑为主的绿片岩系,岩石地层组合表现为明显的二重结构。登封群以下部石牌河组的强烈混合岩化为特征。最老的Rb—Sr年龄(29.86±1.81)亿年。境内登封群以偃师南部、伊川吕店、江左一带拉马店背斜轴部出露的黑云斜长片麻岩、斜长角闪片麻岩、斜长角闪岩夹角闪变粒岩、石榴绢云石英片岩、白云石英片岩和厚层石英岩为代表,形成轴向南北的强烈褶皱构造,内有早期的基性—酸性岩的侵入。

太华群呈孤岛状出露于熊耳山北坡、栾川重渡沟(大清沟)、汝阳三屯玉马水库和嵩县栗树街一带,依出露较全的鲁山剖面,自下而上为耐庄组、荡泽河组、铁山岭组、水底沟组和雪花沟组。其中,耐庄组和荡泽河组为变质较深的片麻岩、混合片麻岩系,铁山岭组以上由磁铁石英岩、浅粒岩过渡为石墨片麻岩、石墨大理岩(相当洛宁石板沟岩组)。这套岩石的二重结构也很清楚,太华群以含有石墨为特征,最老的同位素 U—Pb 年龄为26.2 亿年和 25.8 亿年。区内各地太华群岩性变化较大,宜阳木柴关、嵩县西北部以变质的中性、中酸性侵入岩为主,沉积变质地层的比例较小。洛宁南部自下而上划分为草沟、石板沟、龙潭沟、龙门店、段沟五个岩组,系一套典型的变火山—沉积岩系、含超铁镁质杂岩。其他地区出露的太华群层序不完整。

太华群和登封群不仅分布范围、岩性特征、同位素年龄不同,而且各有不同的成矿专属性,它们既是各类矿床研究中的主要对象,也是非金属矿床研究不可忽视的领域。

2.1.2　元古宇

2.1.2.1　古元古界

区内古元古界出露地层主要是嵩山群,洛阳地区仅见嵩山群下部的一部分,分布在偃师市佛光乡香炉寨一带,自下而上分为罗汉洞组和五指岭组(缺失上部的花峪组和庙坡组)。

罗汉洞组岩性为灰白色片麻状厚—巨厚层状石英岩夹绢云石英片岩,底部有不稳定的变质砾岩,角度不整合于新太古界登封群之上。底砾岩 Rb—Sr 年龄 1 952 Ma,厚492~749 m。

五指岭组下部为厚层石英岩夹绢云石英片岩,中部片麻状石英绢云片岩夹石英岩、白云岩,上部绢云石英片岩夹磁铁矿及透镜状白云岩,五指岭组 Rb—Sr 年龄 1 799 Ma,区内仅见下部地层。

2.1.2.2　中元古界

中元古界由上、下两套地层组成。下面一套地层为熊耳群,归长城系;上面一套地层南部的称官道口群,北部的称汝阳群,归蓟县系。除此之外,在栾川南部还出露一套变质地层称宽坪群,与熊耳群的时代相当,也归长城系。

1)长城系

a. 熊耳群

熊耳群为华北陆台的第一个盖层,岩性以面溢型的古相安山岩、英安岩、流纹岩为主,夹基性、中基性熔岩。含下部碎屑岩,自下而上划分为大古石组、许山组、鸡蛋坪组、马家河组和眼窑寨组五个岩组,含同期的次火山相闪长玢岩、石英斑岩。大古石组仅见于洛宁、栾川地区,为河流—湖泊相沉积砂岩、砂砾岩,夹安山岩和凝灰岩,厚度 0~90 m,变化较大,代表火山活动初期的混合堆积,与下伏太华群不整合接触。许山组分布于洛宁、宜阳熊耳山区和汝阳外方山区北部,以中基性熔岩为主,岩性为灰绿色大斑安山岩和大斑玄武安山岩。鸡蛋坪组分布的范围较广,由洛宁、汝阳扩大到嵩县、栾川等地,以中酸性、酸性熔岩为主,代表性岩石为英安斑岩和流纹斑岩夹凝灰岩和安山岩,局部地段厚达3 872 m(汝阳)。马家河组代表又一个火山巨旋回,为一套中基(偏碱)性熔岩组合,以灰绿色安山岩、玄武安山岩为代表,上部出现粗安岩,普遍有凝灰岩夹层,局部夹长石石英砂岩、透镜状白云岩,分布范围同鸡蛋坪组,在外方山区形成多个喷发中心。眼窑寨组岩性主要是紫色—紫红色流纹斑岩、英安斑岩,部分为安山质英安斑岩、英安岩,在区内呈带状、串珠状展布,分布范围有局限,次火山相特征很明显,有些资料中的龙脖组与之相当。

熊耳群同位素年龄,大古石组 K ~ Ar 1 778 Ma,许山组 Rb ~ Sr 1 675 Ma。

b. 宽坪群

宽坪群分布于栾川叫河至嵩县白河一带,西延入卢氏,东延入南召。自下而上划分为广东坪组、四岔口组和叫河组。广东坪组以石榴黑云(二云)片岩、暗绿色斜长角闪片岩、绿泥钠长阳起片岩为主,夹薄层大理岩、变粒岩;四岔口组以二云石英片岩、黑云片岩为主,夹斜长角闪岩、大理岩、变粒岩;叫河组主要是黑云大理岩和石英大理岩,夹绿泥钠长片岩、斜长角闪片岩。

宽坪群为一套浅变质的海相火山—沉积岩系。已获同位素年龄值较多,最老的年龄在 1 974 Ma(陕西)。

侵入叫河组的斜长角闪岩年龄 1 404 Ma(K—Ar)。

2)蓟县系

a. 汝阳群

汝阳群分布在新安、宜阳、偃师、伊川和汝阳及嵩县北部,与下伏熊耳群或晚太古界登封群呈角度不整合接触关系。自下而上分为兵马沟组、云梦山组、白草坪组和北大尖组,其中分布于偃师的这套地层原称下五佛山群。

(1)兵马沟组:仅出露于伊川吕店兵马沟一带,由紫红色砾岩、砂砾岩、砂岩夹页岩组成,不整合于登封群之上,底部含有似熊耳群的安山岩砾石。

(2)云梦山组:为一套暗红色、灰紫色中厚—巨厚层状石英砂岩夹紫红色砂质砾岩,底部有砾岩、砂砾岩,夹火山凝灰岩,与下伏熊耳群或登封群、太华群不整合接触。底部有厚薄不等的透镜状鲕粒赤铁矿,伊川石梯一带形成含铁磷块岩,已达中型规模。

云梦山组以极发育的交错层、龟裂、波痕为特征。

(3)白草坪组:紫红、灰绿色泥质页岩和薄层中细粒石英砂岩为主,夹白云质石英砂岩,底部为粗—中粒长石石英砂岩。

(4)北大尖组:主要为灰白色、肉红色石英砂岩、长石石英砂岩、海绿石石英砂岩夹少量灰绿色页岩,砂岩中含黄铁矿,以其风化后醒目的锈斑为特点。

汝阳群为一套三角洲—滨海—浅海砂洲相连续沉积岩系,总厚 >1 057 m。云梦山组中安山岩 Rb—Sr 年龄 1 267 Ma,北大尖组海绿石 K—Ar 年龄 1 215 Ma。

b. 官道口群

官道口群分布于栾川,向西延入灵宝、卢氏地区,呈角度不整合覆于熊耳群火山岩系之上。自下而上划分为高山河、龙家园、巡检司、杜关、冯家湾五个组。

(1)高山河组:分布于栾川马超营断裂以北,为一套滨海—浅海相石英砂岩、砾岩、黏土质板岩组合,中夹灰绿色粗面岩、粗面斑岩、粗安岩和安山岩,与下伏熊耳群呈不整合接触,栾川以东尖灭。

(2)龙家园组:为一套浅海相沉积的镁质碳酸盐岩组合,主要岩性为含硅质条带或条纹的结晶白云岩夹黏土质板岩薄层,以底部的藻礁白云岩为标志层。

(3)巡检司组:底部出露滨海相碎屑岩,主体为含硅质条带或团块状白云岩,以发育硅质团块和条带为特征。

(4)杜关组:以浅灰—紫红色泥钙质白云石板岩夹绢云千枚岩、硅质条纹白云岩为主,底部以灰黑色含硅质角砾千枚岩及硅质角砾岩为标志。

(5)冯家湾组:下部为淡紫红色薄层泥质白云岩,上部为砖红色燧石条带白云岩及同生角砾状白云岩。

官道口群为一套水下三角洲—滨海—浅海相沉积建造,厚1 880 m以上,其下高山河组中的火山岩代表熊耳期火山活动的尾声,而巨厚的镁质碳酸盐岩代表火山期后的一个相对稳定时期。同位素年龄1 394 Ma,叠层石化石组合相当天津蓟县金钉子剖面的铁岭组,与北部的汝阳群同归蓟县系。

2.1.2.3 新元古界

新元古界包括青白口系和震旦系。

1)青白口系

青白口系分为洛峪群和栾川群。

a. 洛峪群

洛峪群零散分布于汝阳、嵩县、偃师、宜阳、新安等地,整合于汝阳群之上,自下而上划分为崔庄组、三教堂组、洛峪口组(偃师地区原称葡萄峪组、骆驼畔组和何家寨组)。崔庄组以杂色页岩(伊利石黏土岩)夹细砂岩、海绿石砂岩为主,是洛阳主要的含钾沉积岩。三教堂组为厚层中、细粒石英砂岩。洛峪口组为厚层状含叠层石白云岩夹砾屑白云岩和页岩。洛峪群属滨海—浅海相碎屑—碳酸盐沉积建造,依其中丰富的微古和叠层石化石划归青白口系。洛峪群厚329~553 m,上限年龄900~800 Ma。

b. 栾川群

栾川群仅分布于栾川县,西延卢氏境内。与下伏官道口群整合接触,自下而上划为白术沟组、三川组、南泥湖组、煤窑沟组、大红口组和鱼库组。白术沟组下部由碳质千板岩、绢云石英片岩与长石石英片岩互层,中部为厚层钾长石英岩,上部为板状碳质千枚岩、含碳绢云石英岩、大理岩组成,原岩为砂页岩互层,属于类复理石沉积建造。三川组由下部细变砾粗砂岩,中部砂岩、千枚岩,上部黑云母条带状大理岩组成,形成一独立的沉积旋回。南泥湖组则为砂岩—片岩—大理岩的又一独立沉积旋回。煤窑沟组的旋回性与南泥湖组近似,但中部出现厚层镁质碳酸盐岩,上部变为白云质大理岩、石英岩。大红口组是以粗面岩、粗面斑岩为主,夹碱性火山碎屑岩和大理岩,代表水下的火山喷发—沉积。鱼库组以厚层石英白云石大理岩和白云石大理岩为主,含较多的硅铝镁质,变质后为阳起石、透闪石。

栾川群的沉积特点,代表着由从陆源碎屑—火山碎屑—碳酸盐岩相的滨海—浅海沉积,形成了栾川地区一种特殊的类复理石沉积建造。有关栾川群的同位素年龄数据分析,其下限年龄1 000 Ma,上限年龄900~800 Ma,归新元古界青白口系,与洛峪群相当。

2)震旦系

分布在北部的震旦系称罗圈组,南部的称陶湾群。

a. 罗圈组

罗圈组有特定层位,零星分布于新安、宜阳、偃师、伊川、汝阳等地,平行不整合于洛峪群之上,层序完整时下部为一套冰碛泥砂砾岩,含砂砾冰水沉积泥岩,中部为含冰碛砾石页岩夹钙质石英砂岩,上部为冰期后沉积的紫红、黄绿色页岩,含海绿石粉砂岩,区内厚度变化较大,一般仅几米到几十米。

b. 陶湾群

陶湾群出露在栾川陶湾及其以西地区,自下而上分为三岔口组、风脉庙组和秋木沟组。三岔口组为一套灰黑色变质含碳钙镁质砾岩、含砾大理岩或含砾钙质片岩、石英大理岩夹变质铁矿层,平行不整合于栾川群鱼库组之上。风脉庙组为含赤铁碳质千枚岩、二云片岩、钙质片岩、石英大理岩。秋木沟组为条带状白云母大理岩和透闪石大理岩、石英大理岩。陶湾群代表了由粗碎屑—细碎屑—碳酸盐组成的一套完整的沉积旋回,底部三岔口砾岩中含有栾川群的砾石,侵入该层位的正长斑岩同位素年龄为 571 Ma。陶湾群属未找到化石的哑地层,依据同位素年龄和其与栾川群的不整合或超覆关系,综合区域资料,推断其形成时代在震旦早期的罗圈冰碛层之前,属下震旦系。

2.1.3 古生界

古生界地层分为下古生界和上古生界两部分。

2.1.3.1 下古生界

1)寒武系

寒武系分布在新安、宜阳、偃师、伊川、汝阳等地,自下而上分为下、中、上三个统 9 个地层组。

下统包括辛集组、朱砂洞组和馒头组。辛集组为一套含磷的滨海—浅海相碎屑沉积,底部为砂岩、粉砂岩,上部为砂质白云岩。新安曹村为含砾砂岩、白云岩、灰质泥岩,汝阳、汝州等地见到含磷块岩的薄层砂岩,厚仅几米到几十米。朱砂洞组普遍发育,岩性以花斑状灰岩、条带状结晶白云岩为主,含食盐假晶、硬石膏和燧石团块。馒头组为猪肝色页岩、黄绿色泥灰岩,含三叶虫化石。

中统分为毛庄组、徐庄组和张夏组。毛庄组以紫红、黄绿色页岩和砂质页岩夹泥灰岩为主,含海绿石砂岩,顶部出现薄层豆鲕状灰岩。徐庄组主要是页岩、薄层鲕状灰岩和泥质条带灰岩互层,含丰富的三叶虫化石。张夏组为厚层鲕状灰岩、豆鲕状灰岩、致密灰岩,夹薄层生物灰岩和砾屑灰岩,底部以竹叶状灰岩为标志,顶部为白云质花斑灰岩。

上统分为崮山组、长山组和凤山组。崮山组为厚层状白云岩、白云质灰岩,底部以一层角砾状白云质灰岩和张夏组分界。长山组为灰白—深灰色含燧石团块白云岩,鲕状、块状白云岩。凤山组为灰黑、灰白色白云岩,白云质灰岩夹泥质、白云质灰岩,中上部含燧石和泥质团块。长山组和凤山组仅分布在偃师府店和新安石井地区,新安一带称三山子组和炒米店组。

区内寒武系总厚小于 226 m。

2)奥陶系

奥陶系分布局限于新安李村以北,偃师佛光以东,仅见中奥陶统马家沟组,岩性为深灰色灰岩、泥质灰岩、豹皮状白云质灰岩、白云岩。以新安北部西沃、石井地区剖面为代表。总厚 42~125 m。

2.1.3.2 上古生界

上古生界由石炭系、二叠系地层组成,分布地区与寒武系一致。

1)石炭系

缺失下、中石炭统,主要由上统本溪组和太原组组成。

a. 本溪组

本溪组平行不整合于寒武系、奥陶系之上,主体岩性为高岭土质黏土岩、铝质黏土岩、铝土矿和赤铁矿层,统称"铁铝层",下部为鸡窝状褐铁矿或含黄铁矿铝质泥岩,中部一般发育铝土矿,上部为耐火黏土岩,顶部有煤线(一₁煤)和高岭土质泥岩(焦宝石),本溪组仅厚 10~40 m。在新安石井地区铁铝层下形成洛阳唯一一处大型非金属化工沉积型黄铁矿。

b. 太原组

太原组一般由三部分组成:下部发育 1~4 层薄的生物灰岩夹薄煤 1~4 层;中部为灰色薄—中厚层透镜状细粒石英砂岩夹灰黑色泥岩和生物灰岩 1 层,含煤 1 层;上部为灰黑色泥岩、透镜状菱铁岩、生物碎屑灰岩和燧石灰岩,含煤 1~3 层,属一煤段,厚 39~140 m。

2)二叠系

二叠系和石炭系整合接触,由山西组、石盒子组和石千峰组组成。

a. 下二叠统

(1)山西组。底界为老君堂砂岩,向上由二₁煤层段、大占砂岩、香炭砂岩和小紫泥岩 4 个岩性段组成,其中大占砂岩为二₁煤层顶板。二₁煤为本区主可采煤层,大占砂岩、小紫泥岩为标志层。总厚 10~85 m。

(2)下石盒子组。底界为砂窝窑砂岩,顶界为田家沟砂岩,向上划分出三、四、五、六 4 个含煤地层段,四、五煤段发育局部可采煤层。每一含煤段大体由砂岩—粉砂岩—泥岩—煤层组成一个或若干个沉积旋回。其中的砂窝窑砂岩、四煤底砂岩和大紫泥岩为标志层,大紫泥岩段夹沉积型高岭土矿层。区域厚 43~137 m。

b. 上二叠统

(1)上石盒子组。底部为田家沟砂岩,顶部为平顶山砂岩之底,由七、八(九)2~3 个含煤段组成。同下石盒子组各含煤段一样,每个含煤段都是一个或若干个小的沉积旋回,其中七煤底的田家沟砂岩、八煤底的大风口砂岩为标志层,另在七、八煤的上部各有几层硅钙质页岩,含海绵骨针,称硅质海绵岩,也是本区的标志层。厚 150~180 m。

(2)石千峰组(相当原石千峰群的孙家沟组)。新安南部及宜阳—伊川—登封一带比较发育。煤田地质资料划为平顶山段和土门段两个岩性段。

平顶山段:主体为平顶山砂岩,岩性为灰白、浅灰色厚层状中粗粒长石石英砂岩,底部夹透镜状砾岩;中、上部夹薄层状黄绿色、紫红色、灰绿色细砂岩、砂质页岩。硅质胶结,发育交错层理,地表形成长长的山脊,地貌特征明显,为煤系地层的顶板,也是区域地层划分对比的标志层。厚 70~143 m。

土门段:下部岩性为灰绿色中厚层细粒长石石英砂岩,粉砂质泥岩;中上部为黄绿色细粒长石石英砂岩,砂岩中发育大型交错层理,含砾屑灰岩,局部有石膏;顶部为灰色细粒石英砂岩与紫红色泥岩互层,含钙质结核,有硅化木化石,厚 188 m。

2.1.4 中生界

区内中生界地层由三叠系、侏罗系、白垩系组成,均属不连续的孤立盆地沉积。

2.1.4.1 三叠系

由下统刘家沟组、和尚沟组,中统二马营组和上统延长群组成连续沉积,其上大部地区缺失侏罗系。

1)下统刘家沟组、和尚沟组

(1)刘家沟组。亦称金斗山段,下部为紫红色钙质胶结的石英细砂岩,与下伏三叠系石千峰组为连续沉积。上部为紫红色厚层长石石英砂岩,中夹薄层细砂岩和黏土岩,厚大于75 m。

(2)和尚沟组。下部为紫红色黏土岩夹砂岩,砂岩中发育交错层理。中部为中细粒长石石英砂岩、泥岩互层。上部为紫红色砂质泥岩、泥质粉砂岩夹灰绿色泥岩。该层的特点是紫红色砂岩和页岩成对出现,韵律性标志明显,以红层中出现黄灰色砂岩为另一标志,厚大于160 m。

2)中统二马营组

中统二马营组下部为灰绿色、肉红色、砖红色中细粒长石石英砂岩,中部为黄绿、土黄色细砂岩,含植物化石,顶部为肉红色厚层长石砂岩。以黄绿色、灰绿色砂页岩中残留红色岩层为标志。厚大于332 m。

3)上统延长群

上统延长群由下而上划分为油房庄组、椿树腰组和谭庄组。油房庄组岩性主体为砂、页岩,上部有湖相灰岩,下部透镜状灰岩,夹灰质页岩。椿树腰组仅分布在新安、宜阳一带,为黄褐色长石石英砂岩、粉砂岩、夹煤线,属陆源碎屑沉积。谭庄组分布在嵩县、伊川盆地,岩性为长石石英砂岩、粉砂岩、粉砂质页岩夹碳质页岩、油页岩、白云岩和多层煤线,并以后者为特征。

2.1.4.2 侏罗系

侏罗系由义马组和马凹组组成,区内仅出露中统马凹组,分布于洛阳吉利区。岩性为紫红、灰绿色砂质页岩,灰白色砂岩夹多层透镜状砂砾岩,平行不整合在三叠系之上,为残留湖相沉积。厚170 m左右。

2.1.4.3 白垩系

本区白垩系分两部分,一为火山型,二为沉积型,分别称为九店组和秋扒组。

1)九店组

九店组主体分布于嵩县田湖—九店—汝阳柏树—上店一带,零星分布在宜阳董王庄、嵩县古城、伊川酒后南部。主体部分划为上、下两个岩性段:下段为含砾灰白、紫红色岩屑、晶屑凝灰岩,夹多层透镜状砾岩,下部普遍见有紫红色底砾岩;上段为灰白、紫红相间晶屑、岩屑凝灰岩,具明显水平层理,洼地中底部蒙脱石高者形成膨润土矿。总厚855 m。

2)秋扒组

秋扒组仅见于栾川潭头盆地,岩性为褐红色砂质泥岩夹灰褐色、青灰色砾岩,不整合于熊耳群之上,发现有恐龙及恐龙牙齿化石,定名为栾川盗龙、栾川霸王龙,属晚白垩世。

厚 175.3 m。

2.1.5　新生界

2.1.5.1　古近系

洛阳地区出露的古近系分布于宜阳、洛宁、栾川、嵩县、伊川诸盆地中,相互不连续,多在盆地边缘出露。以往的研究工作分别划分了大章组、陈宅沟组、潭头组、蟒川组和石台街组,现由老而新综述如下。

1)古新统大章组、陈宅沟组

大章组发育在潭头、大章盆地。压盖在秋扒组和原划为高峪沟组的紫红色黏土岩、杂色砂质砾岩之上,为灰红色—灰黄—灰杂色粗碎屑型巨厚层—厚层状砂砾岩、砾岩、砂质砾岩、泥质砂砾岩、砂泥岩组成,顶部有泥质灰岩及有机质薄层。厚度大于 634 m。

陈宅沟组出露于宜阳、洛宁、伊川、汝阳等地,岩性为紫红色砂砾岩、砾岩与紫红色、砖红色、灰色黏土岩互层,上部黏土岩变薄,砖红色黏土岩中含钙质结核,分选性差,属山麓河流冲积扇堆积。厚 248 ~ 435 m。

2)始新统潭头组、蟒川组

潭头组发育于栾川潭头盆地,主要是灰绿、灰白、灰黑色泥岩、页岩、泥质岩、油页岩一类的湖相沉积,下部发育厚层砾岩,底部以一层黄绿色砂岩与下伏大章组分界。总厚大于 458 m。

蟒川组以汝州蟒川定名,分布于汝阳、伊川、宜阳、洛宁盆地。岩性为紫、棕红色泥质岩夹薄层石膏,向上为泥岩、泥灰岩(白垩)和粉砂岩,蟒川组为湖泊—河流相沉积。宜阳盆地厚 543.6 m。

3)渐新统石台街组

渐新统石台街组分布于宜阳、伊川、汝阳一带,为河流相沉积,下部为砖红色厚层砾岩与中细粒含砾砂岩、钙质砂岩、砂质泥岩、粉砂岩,上部为灰、黄、白色含砾砂岩、粗砂岩、砂砾岩。厚 299 m。

需要强调指出的是,自 2007 年以来,汝阳刘店沙坪刘富沟、洪岭村一带原划为陈宅沟组和蟒川组的紫红色砂砾岩、砖红色含钙质、具交错层的砂砾岩、砂岩中已先后发现汝阳黄河巨龙、洛阳中原龙等大型恐龙类化石群,与栾川潭头盆地新发现的恐龙化石群遥相呼应,经中科院鉴定,时代为晚白垩世早期。这一发现已否定了原划分的部分陈宅沟组和蟒川组的地层时代,给区域内新生界古近系地层的研究、对比、划分提出了新的课题。

2.1.5.2　新近系

新近系主要是中新统洛阳组和大安玄武岩。

1)洛阳组

洛阳组分布于洛阳、伊川、嵩县,沿洛河、伊河下游分布,下部为砂砾岩、粉砂岩、泥岩,上部为泥灰岩、砂岩、红色黏土岩,顶部粉砂质黏土岩之上一般发育具标志层性的钙质淋滤层。

2)大安玄武岩

岩性以气孔、杏仁状橄榄玄武岩、辉石橄榄玄武岩为主,有上下两层,下层分布在临汝镇附近钻孔中,夹泥灰岩及黏土质岩石,上层分布在大安—白元一带,主要为多旋回喷发的橄榄玄武岩,盖在含姜结石的黄土(已红土化)上,据大安玄武岩产出特征,时代定为新近纪—第四纪,属穿时性火山岩系。厚27.68~81 m。

2.1.5.3　第四系

第四系包括更新统和全新统。

1)更新统

(1)下更新统午城黄土。分布于洛宁、宜阳及新安、孟津一带,为一套具水平层理的紫红、粉红、棕红色砂岩、细砂岩及黏土层,偶夹泥灰岩,底部有砾石层,为近湖或湖盆边缘相沉积。

(2)中更新统离石黄土。分布广泛,平行不整合于午城黄土和洛阳组之上,为一套具近水平节理的厚层状土黄色亚砂土夹略具水平节理的土红、褐红色亚黏土,内发育多层淋滤成因的钙质结核(料姜石)。

(3)上更新统马兰黄土。为一套厚达83 m的土黄色厚层状亚砂土层,含水平耕植土层和植物根茎,具非常发育的垂直节理,主要分布在黄河和洛河两岸,分别组成黄河三级阶地和洛河二级阶地。

2)全新统

全新统包括残积、坡积、洪积多种类型,主要分布在黄河、洛河、伊河、汝河等主要河流及其沿岸,组成河漫滩和广布的山坡、丘陵区的耕植土。

2.2　构　造

洛阳地处华北地台(陆板块)南缘,南跨秦岭地槽(洋板块)的一部分。印支—燕山运动改造了本区古老的构造格架,基本上形成了现在的构造形态。自太古界到新生界,由不同时代构造层组成的地壳,被一些不同时期发育的深大断裂带分割,形成不同的构造单元,而每一单元的那些构造层上又发育着次级、更次一级不同方向、不同时期的褶皱和断裂构造,展现的是一个极为复杂的地质构造环境。

2.2.1　褶皱构造

洛阳地区褶皱构造特征,从大的方面可分为地台型和地槽型两大类。从褶皱形态上可以划分为基底型、盖层型、台缘褶带型和局部褶断型四种类型;从构造旋回的发育历史,结合褶皱形态、联系成因,又划分为嵩阳—中岳期、熊耳期、晋宁—少林期、加里东—华力西期、印支—燕山期等发展阶段。

2.2.1.1　嵩阳—中岳期褶皱

嵩阳—中岳期褶皱分布于区内由太古界和下元古界基底结晶岩系组成的地层中,嵩阳期表现为近东西向的短轴褶皱形态,外形多为穹窿状,反映了原始地壳的古陆核结构。中岳期为轴向近南北的紧闭褶皱,被嵩阳期褶皱横跨叠加,这些褶皱构造在登封群分布区内典型而有区域意义者有嵩山复背斜、玉寨山复向斜、石牌河复背斜、根子河复向斜、何家沟复背斜等,洛阳境内的江左、吕店一带构造研究程度很低。在熊耳山太华群分布区,则发育了南北向的四道沟向斜(形)、草沟倾伏背斜、瓦庙沟向斜和庙沟—五龙沟倒转背斜构造。这些褶皱一般多以近直立或倒转的紧闭形态出现,极其发育的片理和断裂又加大了其复杂性,明显反映了地壳生成早期以塑性形变为主的地壳构造形变。

2.2.1.2 熊耳期褶皱

熊耳期褶皱主要表现在熊耳群火山岩系中,形成一些轴向东西、两翼宽缓的背斜(隆起)和向斜(坳陷),本区比较明显的主要褶皱为北部的熊耳山背斜,南部的大青沟—摘星楼背斜,中间是一个宽阔的向斜,称眼窑寨—王坪向斜。

熊耳山背斜,西端自洛宁南部东延宜阳董王庄附近,轴部走向北东东,大体和熊耳山走向一致,长 80 km,核部出露晚太古界太华群,中段被岳山、花山花岗岩基侵位,北翼为洛宁山前断裂断陷,南翼保留完整,主要出露熊耳群大古石组和许山组,地层倾角 30°~40°。该背斜在宜阳董王庄以东形成向东的倾伏端。熊耳山背斜与洛河北岸的崤山背斜对应。

大青沟—摘星楼背斜由栾川大青沟东南延至嵩县车村以南的摘星楼一带,东西两段轴部出露太华群变质岩,中部几乎全为合峪、太山庙和长岭沟三大花岗岩基所占据,栾川大清沟—鸭石街段(狮子庙南)轴部出露太华群,两翼出露熊耳群许山组,地层组合同熊耳山区。嵩县南部摘星楼区为混合岩化的古老基底。

眼窑寨—王坪向斜实际是熊耳群火山岩的一个宽阔的由几处喷发中心组成的火山盆地。喷发中心以巨厚的火山岩地层为标志,其中杂有多层火山碎屑岩,并有后期次火山相酸性岩呈岩丘产出。西部的喷发中心以眼窑寨组的产出为标志,形态为带状,东部的喷发中心以环状火山碎屑岩为标志。

2.2.1.3 晋宁—少林期褶皱

晋宁—少林期褶皱主要指元古界及其下伏地层的褶皱,这种褶皱分为南北两种形态。

(1)北部为单面山型,发育在太古界登封群和熊耳群火山岩系之上,形成一些宽缓的背斜和穹窿状短轴背斜,包括新安岱嵋寨倾伏背斜,新安向斜,宜阳祖师庙背斜,李沟向斜,杨店背斜,伊川、偃师境内的嵩山背斜,大金店向斜,汝阳、嵩县境内的虎岭—九皋山背斜和洛峪向斜、云梦山背斜等。这些褶皱一般多为宽缓的背斜和向斜,褶皱轴走向多为东西向,但因后期构造干扰,多发生不同程度的走向偏移,另外,这些褶皱又大部分被东西向断裂破坏而不完整。需提出的是,组成这些褶皱的元古界地层多表现为与后来古生代地层褶皱的同步性,其形成的原因和时间还需进一步探讨。这类褶皱多横跨在嵩阳—中岳期褶皱之上,形成反接横跨关系,以伊川境内嵩山背斜西段的拉马店背斜为代表。

(2)南部为倒转、平卧或紧闭的褶皱束,这些褶皱束主要分布在地台南缘的台缘坳陷带内,由陕西经卢氏延入栾川境内。被卷入这一褶皱系统的地层包括熊耳群、官道口群和栾川群、陶湾群。褶皱轴向近东西或北北西走向,较大的褶皱束有香子坪—赤土店褶皱束和叫河—陶湾褶皱束。每一个褶皱束都由一系列高角度乃至平卧、倒转的背斜和向斜组成,其褶皱幅度越近地台边缘越强烈,显示了这里地应力的高度集中。区内褶皱的标志性特征是栾川群的褶皱多因极发育的走向断层破坏,使之层序不完整,并破坏了地层的连续性,但陶湾群分布区则因断层较少,保持了褶皱束的完整性。

陶湾群褶皱束的形成,标志着华北地台的边缘坳陷在元古代末已经全部褶皱回返隆起。之后则受到了特殊构造应力场的改造和复杂的形变。

2.2.1.4 加里东—华力西期褶皱

发育在下古生界、上古生界及其下伏层中的褶皱,在地台区表现为宽缓的背斜和向斜,褶皱形态与元古界构造层同步,标志着对晋宁和少林旋回构造应力方向的继承,构造线方向也呈东西向,但褶皱的幅度较小。

在南部秦岭褶皱系的褶皱,以二郎坪群火山岩系及下伏秦岭群的褶皱为代表,这里的褶皱不仅表现为高角度的挤压和揉皱,而且伴随着岩浆岩的侵入和区域变质作用,显示了具洋底扩张作用、壳幔物质对流、区域挤压扭动等极为复杂地质环境下的地壳形变,与北部地台区形成极大的反差。

2.2.1.5 印支—燕山期褶皱

印支—燕山期褶皱表现为发育在三叠系、侏罗系、白垩系及其下伏层之上的褶皱形态。由于洛阳地区缺失侏罗系,该期褶皱集中表现在三叠系地层中,其形态有三种:一是发育在秦岭褶皱系中呈北西走向展布的串珠状山间盆地中,这里三叠系的褶皱多形成一些与元古界、古生界地层同步的倒转背斜和向斜,并有轻微的变质;二是发育在地台区的构造盆地中的三叠系,它们形成的褶皱轴线多与沉积盆地的形态一致,如义马盆地、大金店盆地和东孟村盆地;三是一些地区同下伏地层一起被卷入由西南指向北东推覆构造的推覆岩席中,形成走向北西的褶皱(如宜南地垒)。以上三种情况说明,代表印支旋回的三叠系构造层,在洛阳各地呈现出不同的形变,这足可显示出洛阳一带的印支运动不仅表现为全区的抬升(仅存的义马盆地缺失下侏罗统沉积),而且也发生了强烈的挤压和位移。

燕山运动是以产生大规模构造岩浆活动和成矿作用为特色的大地构造运动,区内代表燕山旋回的构造层主要是九店组火山岩,依九店组的分布和火山岩的轻微褶皱,标明燕山期岩浆活动不仅在构造展布上继承了印支期北西构造线方向,而且也受到来自南西的推覆构造作用的影响。但是燕山期的褶皱,更多地表现为北北东方向的宽缓隆起(如新安北部),或下伏构造层因受北东和北北东向断裂带伴生的拉动而产生的局部褶皱形变,这不仅说明了燕山期构造是在印支期构造的基础上发生和进一步转化的,也说明燕山运动更多的是因应力方向改变而发生的大规模脆性形变。

2.2.2 断裂构造

洛阳不同规模、不同序次、不同时期形成的断裂带极其发育。有关的研究工作将它们划分为具缝合线作用的岩石圈断裂、岩石圈断裂、推覆断裂、基底断裂和盖层断裂等不同类型。列为具缝合线作用的岩石圈断裂者包括栾川断裂、瓦穴子断裂;列为岩石圈断裂者包括马超营断裂、木植街断裂、五指岭断裂等;列入推覆断裂的包括三门峡—田湖—鲁山断裂、龙潭沟—新安—温泉断裂等,这些断裂不仅是Ⅰ级、Ⅱ级构造单元划分的边界,而且多系区域岩浆活动的导向构造,也决定着区内的成矿作用。其他如基底断裂、盖层断裂一般指切割地层比前者相对较浅、规模也相对较小的断裂,它们或因生成于不同地质时期,或因不同的隶属关系,或因发育在不同的地壳部位(不同构造单元),具有不同的表现形式。以断裂构造方向而定,包括东西向断裂,北西向、北东向 X 型共轭断裂以及北北东向断裂等,现分别简述于下。

2.2.2.1 具缝合线作用的岩石圈断裂

1)栾川断裂

由陕西经卢氏—栾川延入方城维摩寺以东地区,为华北地台和秦岭褶皱系的重要的边界界限。北侧西段分布新元古界震旦系陶湾群,东段为栾川群、官道口群、太华群或直接与燕山期花岗岩断开,南侧分布中元古界宽坪群。北侧地层断失较多,又极不连续,南侧宽坪群受强烈挤压,南北两侧构造景观、岩浆活动、成矿作用都有极大的差异。断裂带宽 20 ~ 40 m,最宽处 100 多 m,具多期次活动性质。地震测深资料显示北侧有三个波速层,属典型地台型结构;南侧除莫霍面外,地壳内未发现反射层。另据航磁延拓计算,切深地壳 29 ~ 35 km,接近地幔层,推断其发展早期为古秦岭洋板块向华北陆板块下俯冲的接合带,后期演变为向北高角度倾斜、深部向南倒转的推覆逆冲性质。

2)瓦穴子—明港断裂

该断裂由陕西经卢氏瓦穴子、越嵩县白河、经南召延入信阳明港以东。北侧为中元古界宽坪群,南侧为古生界二郎坪群。断裂带宽 10 ~ 30 m,为一束平行裂闭组成,形成一组劈理、片理化都十分强烈的挤压带,区域上沿断裂有温泉和花岗岩体分布。有关研究成果证明,该断裂为加里东地槽北缘的一条俯冲带,切割地壳达及地幔,控制了早古生代细碧角斑岩系的海相火山活动。

2.2.2.2 岩石圈断裂

1)马超营断裂

马超营断裂由卢氏以东延入本区,经栾川马超营、潭头,嵩县前河、蒲池,至汝阳后为太山庙岩体侵位,东南延向车村断裂。大体以该断裂为界,北部广泛分布熊耳群火山岩,其中眼窑寨东西一线形成熊耳后期的次火山活动带,伴生北东向上宫、焦园断裂,南部熊耳群火山岩接近边缘。多项观察研究成果证明,该断裂带具多期活动特征:

(1)中元古代熊耳期形成,具有古板块对接俯冲的岛弧火山机制,表现为对熊耳期火山活动的控制作用。

(2)加里东期以强烈韧性变形为特点,形成宽达数米至数十、数百米的糜棱岩和构造片岩带。

(3)印支—燕山期以伸展脆性变形为特征,叠加改造了早期韧性变形带,形成低序次平行次级断裂束和碎裂岩系,受拉伸作用北部旁侧发育了羽状的上宫和焦园断裂。

(4)喜山期拉开了次级断裂,控制了潭头—嵩县新生代断陷盆地,木植街南局部发现有新生代玄武岩喷出。

马超营断裂带及其低序次构造的形成、发展和演化,是洛阳地区一条重要的贵金属、多金属、非金属以及非金属矿产的成矿带。

2)木植街断裂

木植街断裂呈北东 60° 走向,分布于木植街—十八盘一带,形成近于平行的几条断裂带,总长大于 30 km,倾向北西,倾角 75° ~ 80°,断裂南段切断马超营断裂,伸入太山庙花岗岩内部,中段发育在熊耳群中,北段为北西向断裂截切。沿断裂带走向有华力西期闪长岩和石英二长岩贯入,并有不同程度的硅化蚀变。

3）崇阳—张坞断裂

崇阳—张坞断裂俗称洛宁山前大断裂，控制洛宁、宜阳新生代盆地的南东边界，呈折线状产出，总体走向北东50°～60°。北部出露古近系，南部出露太古界、熊耳群和花山花岗岩，形成一系列断层三角面和角砾岩带，属正断层。

2.2.2.3 表壳断裂

表壳断裂又称盖层断裂，泛指地表出露、切穿沉积岩火山岩盖层和侵入岩的断裂，区域内分布十分广泛。

该断裂划分为近东西向断裂、X型共轭断裂和北北东向断裂三组。

1）近东西向断裂

近东西向断裂出现于不同地段，规模大小不等，生成时间、表现形式、体系属性都有很大差异，代表性断裂有嵩县的车村断裂，黄庄吕沟—鸟桑沟断裂，汝阳三元沟—油路沟断裂，油房沟—王长沟断裂，龙泉寺—九皋山（田家沟）断裂，宜阳的锦屏山—龙门断裂，偃师、孟津的邙岭断裂，新安的峪里断裂等。可以认为这些断裂多系复活了的区域性深大断裂的派生构造，或是夹于后面将要阐述的区域性X型构造旁侧的拉张裂隙，一般都具多期活动性。

2）X型共轭断裂

X型共轭断裂为发育在华北地台南缘的北东向和北西向的两组相对出现的断裂构造，北东向断裂走向30°～50°，北西向断裂则为300°～330°，主要发育在华北地台南沿黑沟断裂带的北侧，其主要特点是北东向和北西向两组构造成对出现，并仅限于断裂的一侧。这类构造在汝阳、嵩县南部极其发育，显示了地台边缘因地应力高度集中而形成的脆性形变。它们往往因后期应力方向的改变而加剧或复杂化，如前述的木植街断裂，除断裂沿走向的伸展和与其他北东向断裂的对接外，沿断裂还有闪长岩、石英二长岩的侵入。除此之外，在马超营断裂的北侧，也发育着这类共轭断裂，同样因应力方向的改变，北东向断裂得到加剧和复杂化，那里形成了后期成矿的卢氏三门—洛宁下峪断裂、上宫断裂、焦园断裂等。对应北东向断裂的北西向断裂有汝阳南部的板庙—王坪断裂，嵩县的黄庄断裂、白土塬—红瓦房断裂，以及栾川的白岩寺—石印沟断裂、祖师庙—庙子断裂等。这两组断裂的特点是在地台南缘两组断裂的交角多大于90°，呈钝角关系，在地台内缘多为90°，显示地台南缘的多期活动和经受的强烈挤压作用。另一个特点是北西向构造多发展为由前面所述的西南向东北推覆的推覆构造带。

3）北北东向断裂

北北东向断裂在区内普遍分布，但规模一般较小，多成群成带分布，并截断北东、北西向断层。新安西部该组断裂发育与北北东向褶皱有关，为北部太行拱断束延入本区的部分；栾川北部该组断层与北西走向断裂相交，为小花岗岩体侵入提供了通道；该组断裂在洛阳北部比较发育，宜阳、伊川、偃师、新安切断煤层，多成为井田划分的边界。

2.3 岩浆岩

岩浆岩包括火山岩、侵入岩和脉岩三大部分。火山岩从喷发形式上分为陆相火山岩和海相火山岩两大类,从变质程度上分为变质的和未变质的、浅变质的三类,前面已在地层部分叙述。洛阳地区的火山岩除包括在变质较深的登封群、太华群、宽坪群、二郎坪群外,还包括中元古界熊耳群、晚元古界栾川群大红口组,白垩系九店组及新生界大安玄武岩,另在汝阳群和官道口群底部也有火山岩夹层。除变质火山岩外,各时代火山岩出露总面积 $3\,200\,km^2$,占全区总面积的 21%。各时代侵入岩包括大的花岗岩基和小的超铁镁质侵入岩体,大于 $0.03\,km^2$ 的各类岩体约 88 个,出露总面积 $2\,509.811\,km^2$,占全区总面积的 16.5%。脉岩类主要发育在前寒武系变质岩分布区和熊耳群火山岩分布区,岩性为辉绿岩、辉绿玢岩、闪长玢岩、细晶岩、石英斑岩、伟晶岩、云母煌斑岩、正长岩、正长斑岩等。

　　洛阳地区岩浆岩在区内广泛出露,岩石类型齐全,包括了超基性、基性、中性、酸性、碱性以及一些过渡性岩石,不仅表现了火山岩区喷出和次火山侵入的统一,也表现为大花岗岩基、小斑岩体乃至各类脉岩与区域岩浆活动的对应关系。表明每一次岩浆活动,都代表着地壳乃至地幔物质发生的对流,往往也是一次重要的成矿作用。岩浆岩的各种研究成果证明,洛阳地区的岩浆岩分布上的广泛性、类型的多样性,主要取决于活动时间上的持久性(包括阶段性),即每次岩浆活动,又都与地区大地构造发展的巨旋回相对应,所生成的岩浆岩主要分布在大地构造旋回所产生的构造带和所波及的范围内。这些岩浆岩为我们贡献了丰富的多金属矿产,也蕴藏了大量的非金属和非金属矿产,但由于以往对后者的认识问题,很多类型矿产还没有进行相应的评价工作。如沸石、膨润土、含钾岩石、稀土等。

　　大地构造巨旋回的研究成果说明,印支运动和燕山运动由于地应力的方向不同,它在地球各个部位的表现形式也不同,在洛阳一带印支运动的表现程度较明显,可以认为系大规模燕山运动的序幕,同样,因为构造的导向作用,印支期的构造也为大规模燕山期的岩浆活动作了奠基,因此在认识和划分岩浆旋回时,印支期和燕山期的岩浆活动与岩浆岩及其成矿性研究就显得非常重要,下面特作简要说明。

2.3.1　火山岩

　　目前,还没有资料报道过印支期的火山活动。已确立的燕山期火山岩有发育于宜阳董王庄,嵩县田湖、九店,汝阳柏树、下店一带,沿田湖断裂带分布的白垩系九店组火山岩,总分布面积约 $72\,km^2$,不整合覆于二叠系山西组(钻孔资料)及其以下地层之上,上为原划归古近系的陈宅沟组不整合覆盖。岩性为灰白色蚀变晶屑、岩屑凝灰岩,含火山角砾晶屑、岩屑凝灰岩夹紫红色砾岩。九店一带厚 855 m,汝阳城西煤矿区厚 500 m 左右,目前尚未发现熔岩类。

　　同时期的火山岩还见于潭头盆地东北部秋扒地区,在该区发育的一套褐红色的砂质泥岩夹砾岩,地层中含火山物质,与灵宝盆地的南朝组相当,时代定为白垩系上统,说明白垩纪在田湖—九店地区发生的火山活动也波及其他地区。九店组火山岩含有 20% 的沸石矿物,底部已发现膨润土矿。火山岩地区以盛产优质烟叶、花生和红薯闻名,尚待开展其地球化学研究工作。

2.3.2　侵入岩

2.3.2.1　印支期侵入岩

　　印支期侵入岩表现为正长岩类侵入,主要分布在卢氏潘河、栾川白土—三川一带,呈岩墙、岩脉侵入熊耳群和官道口群,走向东西或北西西,主要岩性为含角闪石、黑云母或绢云母的正长斑岩,次为歪长、正长细晶岩,粗面或斑状结构,矿物成分主要为钾长石(条纹长石及正长石),含量65%～70%,K_2O含量达11%～20%,是洛阳重要的含钾岩石资源。最大的岩墙长十几千米,宽几百米,延伸稳定,形成脉体群,受区域构造控制,呈等间距分布。同位素年龄224 Ma。

2.3.2.2 燕山期侵入岩

燕山期侵入岩指的是时限在195～67 Ma的各类侵入岩体,它们在形成时间上分为燕山早期(195～155 Ma)和燕山晚期(155～67 Ma),拥有大小岩体70多个,出露面积2 845 km²,代表本区岩浆活动的鼎盛时期。

1)燕山早期侵入岩

本期侵入岩在岩性上分为中性和酸性两大类,以酸性为主,在成岩条件上分为深成侵入相和浅成侵入相两类。中性岩分布在西部卢氏、陕县地区,岩性主要是石英闪长岩和石英闪长玢岩,洛阳地区有无该期岩体尚待进一步研究。酸性岩体以嵩县李铁沟—安沟脑黑云二长花岗岩为代表,岩体侵入到太古界太华群和熊耳群火山岩中,并为燕山晚期的花山花岗岩侵入。有关花岗岩的研究资料认为,这类岩体一般都系中生代多期侵入的花岗岩基的早期产物。

燕山早期侵入岩的主体为浅成、超浅成侵入岩,包括一些爆发角砾岩体在内,这些岩体在分布上几乎全部集中在黑沟—栾川断裂带以北的地台边缘,并严格受北西西向和北北东向两组断裂的交会点控制,形成中部岩浆岩带,分别在卢氏、灵宝、栾川、嵩县等地形成小岩体群。以栾川为例,小岩体比较集中地分布于栾川赤土店至三川一带,主要岩体有老庙沟、上房、南泥湖、黄背岭、鱼库、菠菜沟、石宝沟、大坪、大清沟等十几个小岩体,出露面积最大者为3 km²,有的仅0.1 km²,大部分呈近于柱体的岩筒、岩管状或尖锥体,地表形态为椭圆状、浑圆状、岩脉状、岩墙状,侵入栾川群、陶湾群及其以下地层中,岩性以钾长花岗斑岩、斑状二长岩、黑云母二长花岗岩为主。中粒斑状结构,基质为霏细显微文象结构,隐晶结构;细粒半自形粒状结构及微粒结构,常含钾长石等矿物的岩屑和晶屑。

燕山早期小斑岩类岩体与洛阳地区的钼、钨、金多金属矿产以及非金属、非金属矿产关系密切。有关专题性科研成果指出,其中的南泥湖、郭店、大坪、火神庙、老庙沟等小岩体,因包含大于195 Ma年龄值,认为有相当一部分岩浆在印支期就已开始活动。

2)燕山晚期侵入岩

燕山晚期侵入岩和燕山早期侵入岩相同,从岩性上也分为中性和酸性两大类,产出形态上也分为爆发角砾岩相和深成相侵入岩两大类,与前者不同的是深成相侵入岩所形成的一些大岩基占了主要部分,它们分别分布在北带和南带中。北带包括洛阳金山庙黑云母二长花岗岩、花山二长花岗岩、好坪巨斑状二长花岗岩及斑竹寺斑状黑云花岗岩等,其中好坪岩体侵入燕山早期李铁沟岩体,而后又被花山岩体侵入,显示这些大花岗岩基的复成因特点。南带的大花岗岩体分布在栾川大断裂的南北两侧。断裂以北以合峪和太山庙两个大岩基为代表,断裂带以南以老君山岩体、龙池幔(伏牛山)等岩体为代表。这些岩体都以其规模大为特征,不同的是断裂以北的岩体多为多期岩浆活动的复式岩体,而断裂南的岩体相对比较单一。

燕山晚期的浅成相侵入岩主要分布在嵩县、洛宁及灵宝等地,和早期发育的小侵入体比较,分布比较分散,主要岩性为花岗斑岩类,岩性基本大同小异,形成浅成、超浅成爆发角砾岩体,以嵩县祁雨沟岩体群、门里、梅家沟及洛宁西竹园岩体为代表,矿化类型以金矿化为主。在嵩县西北部的 20 多个爆发角砾岩分布区的找矿和黄金矿山开采证明,该区的角砾岩体多数成为金、钼的重要的找矿靶区。

2.3.2.3　脉岩类

燕山期的脉岩类在大的花岗岩基中有以细晶花岗岩和伟晶岩脉为主的岩浆活动,如花山岩体中的伟晶岩脉宽达几十米,内部分带甚好,产钾长石,老君山花岗岩的伟晶岩脉产水晶,另在一些爆发角砾岩体边部,还发育钾长花岗斑岩和石英斑岩脉。此外,在远离花岗岩体的宜阳南部宜洛煤田的高崖井田,钻孔中见有煌斑岩脉,脉岩活动已使煤层变质,推测也为燕山期。

以上大规模的岩浆—热液活动,不仅形成了洛阳以金、钼、银、铅锌为主的多金属矿产,也形成了洛阳以萤石、重晶石、水晶、硅灰石等为主的非金属矿产,也形成了黄铁矿、黄铜矿、毒砂等非金属矿产资源。

第 3 章　非金属矿产资源特征

3.1　非金属矿产在洛阳矿产中的地位

3.1.1　资源总论

洛阳因处于特殊的大地构造位置,各种地质作用发育充分,形成了丰富的矿产资源。经几十年来地质工作查明,洛阳已知能源、金属、非金属、水资源四大矿种,含亚矿种和再生资源矿种在内,共计 106 种,矿产地 1 214 处以上,包括大型矿床 57 处,中型矿床 81 处,小型矿床 188 处,各类矿点、矿化点 888 处,各类矿种包括:

能源矿产:煤、石煤、石油、油页岩、煤层气、地热(井、泉)等。

金属矿产:

黑色金属—铁、锰、锰铁、铬、钛、钒;

有色金属—铜、铅、锌、铅锌、铝、镍、钼、钨、钴;

贵金属—金、银、伴生金;

稀有、稀散、稀土金属:镉、镓、铟、钇、锂、铼、锗。

非金属矿产:石灰岩(水泥灰岩、制灰灰岩、石料灰岩)、黏土(水泥黏土、陶粒黏土、砖瓦黏土)、玄武岩、玄武质浮石岩、辉绿岩、花岗石(板材、石材)、大理石(板材、石材)、酸性凝灰岩、石膏、河床砂砾、电厂粉煤灰、硅石(石英岩、石英砂岩、脉石英)、钾长石、钠长石、文象岩、碱性岩(钾)、钠长花岗岩、伊利石、硅灰石、透辉石、陶瓷黏土、紫砂瓷土、绿高岭石、煤矸石、耐火黏土、萤石、石墨、云母、石棉、水晶、熔炼石英、白云岩、熔剂灰岩、耐火红砂岩、石榴子石、天然油石、高岭土、煤系高岭土、脉状方解石、白垩或淋滤碳酸钙、伊利石黏土岩、滑石、碎云母、重晶石、磷块岩、磷灰石、含钾砂页岩、黄铁矿、铝氧灰岩、蛇纹岩、蛭石、沸石、盐、腐殖煤、麦饭石、洛阳牡丹石、梅花玉、吉祥玉、竹叶石、羊脂玉、伊源玉、观赏石、印章石、砚石等。

水资源:小型水源地、泉、矿泉、地下水。

各类矿产的数量、规模、地质工作程度及主要分布地区见表 3-1。

现对本表的编制作以下几点说明:

(1)编表的主要依据为 2003~2004 年由河南省国土资源厅、洛阳市国土资源局统一组织,分别由各县人民政府(不包括孟津县)委托河南省地质矿产开发局第一地质调查队等地矿部门编制的各县《矿产资源规划》(2000~2010)中的统计资料。需要说明的是,由于各县编制人员对资源的理解和掌握情况有别,在资源的反映程度上有较大的差别,比如有的县仅将达预查以上工作程度、提供有资源量的矿产进行统计,而对没做一定深度预查工作,不能确定资源量的矿种未加统计;又如一些县对做了上述工作的金属矿产进行统计,而对同样工作的非金属矿未加统计;再如有些县统计了主矿种、亚矿种,还包括再生矿种、人文矿种,而有的仅统计主矿种,等等。因此,该项统计并不完善,还有相当一部分矿种尤其非金属矿种和产地还未加统计,该统计表还待完善。

(2)关于能源矿产中的油、气资源,由于探矿部门的专业性强,编者至今没有得到公布的资料,其中石油方面仅按煤田方面提供的信息加以展示。煤层气部分依据登封煤田对伊川以东地区的预测成果(见《洛阳市矿产资源规划》),联系到煤矿开采中的瓦斯分布,在新安、偃师、伊川、宜阳四县的资源统计中,也曾将其按煤层气的 4 处矿点处理。关于地热一项,表中统计的 7 处全为洛阳市、县各地发现的地热点,不代表地热井(如洛阳地热点就包括数个地热井)。另外,列入能源矿产中者还包括铀,有资料说伊川葛寨有一铀矿点,考虑铀含量仅达边界品位(0.012% ~ 0.014%),且规模小,故在编表时省略。

(3)关于金属矿产大体有以下几种情况:

①铁、铜、铅锌、钼、钨、金、银、铝等矿产,由于特殊的成矿条件和历年来投入的工作量较大,发现的矿产地数量也多,不仅勘查出了一批具规模的大、中、小型矿床,也发现了较多的矿点和矿化点。

②与基性、超基性岩有关的铬、镍、钴类矿产,还包括相当一部分铁、铜、金矿点,实际上是做了较多工作被否定的矿点和矿化点,它们实际上仅仅说明存在这个矿种和产地,但并无利用价值。

③钛、钒、镉、镓、铟、钇、锂、铼、锗包括伴生金在内,均属于伴生和共生于其他矿种如铝、钼、铅锌、煤、石煤等矿床中的伴生矿种,取之于上述一些大型矿床的综合利用研究成果,但因这类矿床勘查程度较低或工作程度所限,表中反映这些矿种的数量仅仅是象征性的,具有很大的找矿潜力。

④表中的铜、铅、铅锌、金、银诸矿种的相当一部分为仅做过地质踏勘或矿点检查的"预查"矿种,其数量占铜矿产地的78%,铅矿的76%,铅锌矿的83%,金矿的34%,说明对这些矿种的地质勘查程度也相当低,工作多限于地表浅部,地质找矿特别深部找矿尚有很大前景,以此提供洛阳金属矿产今后工作时考虑。

表 3-1 洛阳市矿产资源统计表

矿产种类		数量	矿床规模				地质工作程度				主要分布地区
			大型	中型	小型	矿(化)点	勘探	详查	普查	预查	
能源矿产	煤(井田)	44	2	7	32	3	3	20	19	2	新安、偃师、伊川、宜阳、汝阳、孟津
	石煤	7				7				7	栾川
	石油	2		1	1		1	1			伊川、宜阳
	油页岩	2		1	1				1		栾川、伊川
	煤层气	4				4				4	伊川、新安、偃师、宜阳
	地热(井、泉)	7			1	6			1	6	洛阳、伊川、新安、嵩县、栾川

续表 3-1

矿产种类			数量	矿床规模				地质工作程度				主要分布地区
				大型	中型	小型	矿(化)点	勘探	详查	普查	预查	
金属矿产	黑色金属	铁	69		3	16	50	5	7	16	41	新安、栾川、汝阳、宜阳、伊川
		锰	5			1	4			1	4	宜阳、洛宁、栾川
		锰铁	6				6			1	5	汝阳、宜阳
		铬	1				1			1		宜阳
		钛	1				1	1				偃师
		钒(伴生)	7				7				7	栾川
	有色金属	铜	41		3	7	31	1	2	6	32	栾川、洛宁、汝阳、宜阳
		铅	63			5	58		1	13	49	洛宁、汝阳、栾川、嵩县、新安
		锌	3		1		2	1		1	1	栾川、洛宁
		铅锌	82	1	4	6	71	1	2	11	68	汝阳、嵩县、栾川、洛宁
		铝	21	2	8	5	6	6	5	7	3	新安、偃师、宜阳、伊川、汝阳
		钼	19	5	2	3	9	3	3	9	4	栾川、嵩县、汝阳、洛宁
		镍	1				1			1		宜阳
		钨(伴生)	8	2	1	4	1	3	2	3		栾川
		钴	1			1				1		洛宁
	贵金属	金	94	4	14	30	46	9	7	46	32	洛宁、嵩县、栾川、宜阳
		银	14	1		2	11	1		3	10	洛宁、栾川
		伴生金	1		1				1			汝阳
	稀有稀散稀土金属	镉(伴生)	1		1					1		汝阳
		镓(伴生)	7		5		2	4	2		1	新安、偃师、宜阳
		铟(伴生)	1		1					1		汝阳
		钇(伴生)	4			2	2	1	1	1	1	栾川
		锂(伴生)	1		1					1		新安
		铼(伴生)	2	1	1			1	1			栾川

续表 3-1

矿产种类			数量	矿床规模				地质工作程度				主要分布地区
				大型	中型	小型	矿(化)点	勘探	详查	普查	预查	
非金属矿产	建筑材料	锗(煤伴生)	略									煤矸石产地
		石灰岩 水泥灰岩	27	9	4	1	13	6		1	20	新安、宜阳、伊川、偃师、汝阳、栾川
		石灰岩 制灰灰岩	略									新安、宜阳、伊川、偃师、汝阳、栾川
		石灰岩 石料灰岩	略									新安、宜阳、伊川、偃师、汝阳、栾川
		黏土 水泥黏土	8			4	4	2	2	1	3	新安、宜阳、伊川、偃师、汝阳、栾川
		黏土 陶粒黏土岩	4			1	3				4	宜阳、新安、伊川
		黏土 砖瓦黏土	66				66				66	
		玄武岩	2	2						1	1	汝阳、伊川
		玄武质浮石岩	3				3			1	2	汝阳、伊川
		辉绿岩(铸石)	2	1			1			1	1	宜阳、伊川
		花岗石(板材)	17	3	3	7	4			13	4	宜阳、洛宁、栾川、偃师
		大理石(板材)	3			1	2			2	1	栾川、嵩县
		酸性凝灰岩	2				2				2	嵩县、汝阳
		石膏	2				2			1	1	宜阳、新安
		河床砂砾	17	1		9	7	1			16	洛河、伊河、汝河
		碎石	13				13				13	
		电厂粉煤灰	略									洛阳、新安、伊川、偃师、宜阳
	玻璃陶瓷原料	硅石 石英岩	2	1			1				2	伊川、偃师
		硅石 石英砂岩	8	2	3	1	2	2		1	5	新安、偃师、汝阳、伊川、宜阳
		硅石 脉石英	5			3	2				5	宜阳、嵩县
		长石 钾长石	12				12				12	伊川、宜阳、偃师
		长石 钠长石	3				3				3	伊川、偃师

续表 3-1

矿产种类			数量	矿床规模				地质工作程度				主要分布地区
				大型	中型	小型	矿(化)点	勘探	详查	普查	预查	
非金属矿产	玻璃陶瓷原料	文象岩	3				3				3	伊川
		碱性岩	3	1			2		1		2	嵩县、栾川
		钠长花岗岩	1	1							1	宜阳
		伊利石	2			1	1			1	1	嵩县
		硅灰石	2			1	1	1			1	栾川
		透辉石	1				1				1	栾川
		陶瓷黏土	3	1	1		1			1	2	宜阳、新安、伊川
		紫砂瓷土	2				2				2	新安、孟津
	特种工业原料	绿高岭石	3				3				3	伊川、宜阳
		煤矸石	略									各产煤县
		耐火黏土	13	2	4	2	5	5	1	5	2	新安、偃师、伊川
		萤石	28	1	2	14	11	1	15	2	10	嵩县、栾川、汝阳、洛宁
		石墨	3			1	2			2	1	栾川、宜阳
		云母	2				2				2	宜阳、伊川
		石棉	8				8				8	栾川
		水晶	12			1	6	5		3	7	2	栾川、洛宁、宜阳、汝阳、偃师
		熔炼石英	2				2				2	嵩县、宜阳
		白云岩	15	1	2		12			3	12	新安、偃师、宜阳、伊川、栾川
		熔剂灰岩	5		1	4		2			3	新安、偃师、伊川、宜阳
		耐火红砂岩	4	2			2				4	新安、偃师、伊川、宜阳
		石榴子石	2				2				2	栾川、伊川
		天然油石	1				1				1	宜阳
	填料、涂料、颜料	高岭土	1	1						1		嵩县
		煤系高岭土	7				7				7	新安、宜阳、伊川、偃师
		脉状方解石	2				2				2	宜阳
		白亚、淋滤碳酸钙	3	1			2				3	宜阳、伊川、洛宁

续表 3-1

矿产种类		数量	矿床规模				地质工作程度				主要分布地区
			大型	中型	小型	矿(化)点	勘探	详查	普查	预查	
非金属矿产	填料、涂料、颜料	伊利石黏土岩	5		1	1	3				5	宜阳、伊川、汝阳
		滑石	3				3				3	栾川
		碎云母	2				2				2	伊川、栾川
		重晶石	15			2	13				15	宜阳、伊川、嵩县、汝阳、洛宁
	农肥—化工	磷 磷块岩	2		1		1		1		1	伊川、汝阳
		磷灰石	4			2	2			3	1	栾川、嵩县
		含钾砂页岩	7	1	3	3			1	1	5	宜阳、伊川、新安、汝阳
		黄铁矿	18	1	4	2	11	4	2	2	10	新安、汝阳、嵩县、栾川
		铝氧灰岩	2			2		2				新安、偃师
		蛇纹岩	3			2	1		1	1	1	宜阳、洛宁
		蛭石	9	2			7				9	宜阳、栾川、洛宁
		沸石	2				2				2	宜阳、嵩县
		盐	1				1				1	嵩县
		腐殖煤	略									各产煤县
	人文矿种	麦饭石	1	1						1		伊川
		工艺石彩石 洛阳牡丹石	4			1	3			1	3	偃师、伊川
		梅花玉	2			1	1				2	汝阳
		吉祥玉	1				1				1	嵩县
		竹叶石	2				2				2	嵩县
		羊脂玉	1				1				1	嵩县
		栾川伊源玉	1				1				1	栾川
		观赏石	3				3				3	洛阳、新安、嵩县、栾川
		印章石	1				1				1	偃师
		砚石	1				1				1	新安
水资源		小型水源地	4				4				4	宜阳、伊川、新安
		泉	269	4			265				269	洛阳市各县

续表 3-1

矿产种类		数量	矿床规模				地质工作程度				主要分布地区
			大型	中型	小型	矿(化)点	勘探	详查	普查	预查	
水资源	矿泉	7				7	1	5		1	汝阳、伊川、洛宁、新安、偃师
	地下水	略									
合　计		1 214	57	81	188	888	67	90	465	592	
非金属矿产资源合计		390	34	26	66	264	20	24	50	296	

（4）表中的非金属是个大项，也是本次工作的基础，但涉及的问题较多，为了能够较详尽地反映出资源家底，为开发利用提供充足资源条件，在编表中，参照了多种非金属矿产资料和文献，并对照本区开发利用现状，做了全面性统计、反映的资源种类达 70 种以上，对此特加如下说明：

①亚矿种问题。以往的文献统计资料中，很多不包括砖瓦黏土、河床砂砾、碎石、石料灰岩、制灰灰岩等亚矿种，但各县矿管部门颁发的矿产开采证和有关矿产开发的统计资料中，都将这类亚矿种作为矿产大类上报，并列入矿产规划，因此在本次的矿产分类统计中，保留了这类亚矿种，表中统计的数量仅是其中的一部分。

②再生矿种和人文矿种。电厂粉煤灰、煤矸石、选厂尾砂、冶金炉渣等工业废弃物等在循环经济中不应仅视其为危及人类生存环境的公害，而是因其具有矿产的属性，而成为一种再生资源。故此亦将此类列入非金属资源，以引起人们的重视，但不列入表中。另一类被称为"人文矿种"的洛阳牡丹石、梅花玉等 6 个矿种统归工艺石或彩石类，实际上这些矿种不仅拥有自己的矿山，也还有对应的加工产业，且都有较好的市场和较高的技术经济附加值，因此本分类方案将它们单独列为一个矿种。列入人文矿种的还有观赏石类，它也是一个比较宽的领域，国土资源部《地质勘查导报》附有专刊《观赏石天地》，其实也在倡导其所具备的资源属性。

③否定和待工作的矿种。表中还有一部分矿种是经过地质工作（普查或矿点检查）被确定为无进一步工作意义的矿种。例如宜阳的石膏、嵩县的盐、栾川的磷灰石、宜阳的白云母等。表中未加统计的还有嵩县的毒砂、黄玉、冰州石，嵩县、宜阳等地的膨润土，伊川的电气石，汝阳的叶蜡石等。收录这类矿种的目的是标明洛阳市具有该类矿种的成矿条件，现已获得这些矿种的不少信息，但还没有深入调查和利用它们，提示在区域成矿条件研究和地质勘查中应对其注意。

④新兴矿种。表中列入的相当一部分矿产如煤系高岭土、陶粒用黏土、绿高岭石、碎云母、钠长花岗岩、文象岩、辉绿岩、碱性岩（钾质）、紫砂瓷土、耐火红砂岩、天然油石等属于近代非金属矿产领域研究和开拓出来的新矿种，也是地质科技工作者在新认识新理论指导下，对一些代表性产地做了粗略的地质调查后，肯定了的矿产种类和矿产地，但由于各地认识上的差异，目前多未开展专项地质调查，列入表中的矿点还相当有限，实际上这类矿产有的还相当丰富，找矿和开拓应用研究的空间相当广阔。

⑤岩石型矿种。表中所列的相当一部分矿产如制灰灰岩、石料灰岩、白垩或淋滤碳酸

钙、玄武岩、酸性凝灰岩、文象岩、碱性岩(钾质)、钠长花岗岩、蛇纹岩、麦饭石等,它们实际上都是一种岩石,因为具有非金属矿产的属性,即有其特定的工业用途,而成为一种非金属矿产。列入表中的这类矿产一般也只表示代表性产地和代表性矿种,实际上它的数量即矿产地要多得多。类似者还有云母片岩(碎云母)、浅粒岩(变质砂岩)、绢英岩(云母石英片岩)、板岩、淡色千枚岩等都还未列入表中。洛阳地质条件优越,岩石种类丰富,这类矿产找矿的潜力很大。

(5)表中所列的水资源一项,由于各地反映上来的资料有限,仅仅统计了小型水源地、泉和矿泉,温泉部分列入能源矿产,该项资料显示得相当粗略。其中泉水 269 处主要是 20 世纪 80 年代初地调一队地方氟病调查资料。洛阳市各县泉水分布较广,泉水类型在南部多为裂隙泉、接触泉、岩溶泉为主,北部平原区多为侵蚀泉,泉水出露形式以下降泉为主,个别为上升泉,涌水量最小 0.005 L/s,一般 0.04～1.46 L/s,水温 8～19 ℃,水化学类型多为 HCO_3—Ca 型和 HCO_3—Ca、Mg 型,相当一部分泉水经水质评价后成为可以被开发利用的矿泉。由此指出,洛阳矿泉勘查开发的远景较好,北部山区丘陵的大部分泉水出露点,也多与山水人文景点融为一体,泉水开发的科学、经济和综合旅游价值不可忽视。

3.1.2　正确认识和评价洛阳的非金属矿产

人类最早利用的矿产资源是非金属,但因非金属矿产利用方式的原始和落后,其创造的经济价值上有别于能源、金属和水资源矿种,加之受经济基础和科技发展水平所限,长期以来,非金属矿产多不为人们重视,不仅地质勘查、开发利用投入很少,而且也缺乏专门的有系统、有深度的研究工作,致使人们尤其决策部门对非金属矿产的认识仅停留在有限的几个矿种上,对大部分非金属矿种则因知之甚少而相当陌生,因此也大大制约了这一领域的发展,甚至成了地矿系统的"冷门",这种情况以往在洛阳乃至河南各地,确实是个相当突出的问题。

改革开放以来,随生产力水平的提高,科技创新思想的活跃,尤其多元化经济的发展以及人们对物质文化生活的渴望和追求,作为工业原料、经济增长点和能为人类提供生活与精神物资的非金属矿产资源,已同能源、金属等其他矿产资源一样,日益受到国家和社会各部门的重视,非金属矿产的地质勘查和深加工业正在悄然崛起。为了适应这一新的形势,迎头赶上当代的发展水平,我们也必须正确认识和评价洛阳市的非金属矿产,确立其经济地位,并在此基础上制定一套正确的发展矿业经济的方针,切切实实地把洛阳市的非金属资源优势发挥出来,为此必须抓住以下两个环节。

3.1.2.1　牢牢树立科学的资源观

科学的资源观包含着凡为资源,都具一定的使用价值,都包含着可以进行商品生产、资源有限和不可再生的属性。不同资源有不同的使用价值,都可以进行加工利用,并成为促进经济发展的增长点,也包含着随社会发展,被发现的矿种越来越多,应用领域不断开拓的与时俱进的观点,代表着人类认识自然、利用自然的一个过程,永远不会停留在一个水平上。非金属类矿产因为包罗的面广,与人类的文明史息息相关,与时俱进的特点也就更加突出。

树立科学资源观,首先要统揽全局,全面认识人类社会的发展与每一种矿产资源的依存关系,不为地质矿产领域中的片面观点、厚此薄彼乃至产生的一些畸形发展现象所动摇。面对非金属矿产的发展前景,坚信随着科学技术的发展、工业技术的进步,这一宽广的矿产领域将越来越被重视,一些新矿种将从它们的使用价值方面不断发现,一些老矿种将因其用途的扩展而提高其经济价值,同金属、贵金属一样被社会青睐重视。因此,必须坚持我们研究和开发非金属矿产资源的方向不动摇,进而争取和创造条件,加强洛阳市非金属矿产的勘查开发工作,全面推动这一专业领域的发展。

树立科学资源观,必须落实对非金属矿产的综合研究。非金属矿产所具备的专业性是基础地质和试验地质。随着近代基础地质学研究的深入,试验手段的提高,作为地层或岩石一部分的非金属矿产正在不断地被发现,应用领域不断被扩大,对一些非金属矿物和矿床学特征的认识也将更加深入。非金属矿产延伸的专业是应用领域即加工利用产业。随工业化的发展,加工技术的提高,同样也发现、发展了一批非金属资源。对此必须强调地质科学必须向工业生产领域跨越,坚持不懈地收集、整理和综合研究加工工艺,不断完善和加深这一领域的工作。

树立科学资源观还必须科学利用和保护非金属矿产资源。在非金属矿产发展中的一个新亮点,是原来被认为属于"公害"的工业废弃物——煤矸石、选矿尾砂、电厂粉煤灰、炼铁(铝、钢……)炉渣,都成为"再生资源"的一个矿种加入到非金属矿产领域,成为循环经济、科学发展观的有力支撑,要科学合理地加以利用。另外,非金属矿产资源同其他矿产资源一样为大自然赋予,不可再生,我们要合理利用,依法保护,决不能因其资源丰富,不加珍惜,随意浪费和抛弃。

总而言之,牢牢确立科学资源观,应该是我们从事地质矿产工作的灵魂和指针。对洛阳市而言,也同样是只有落实科学的资源观,才能正确确定洛阳市非金属矿产的地位,才能正确贯彻科学发展观,并在其指导下,自上而下全面推进洛阳市非金属矿产的地质勘查和开发利用工作,使之在洛阳经济发展中成为一个闪光的经济增长点。

3.1.2.2 正确认识洛阳非金属矿产的优势

客观评价并正确把握洛阳市非金属矿产的优势是鼓舞我们发展非金属产业的信心,转变当前非金属地质工作落后、开发力度不大、整体工作失调的关键,也是制订洛阳市矿业发展战略的根本,对此我们总结为五大优势。

1)数量和质量优势

依表 3-1 统计,洛阳的 106 个矿种中,非金属矿占了 70 多种,占全国已发现非金属矿种(150 余种)的 47%,占河南省非金属矿种(80 余种)的 80% 以上,其中的水泥灰岩、白云岩、石英砂岩、石英岩、玄武岩、钾质碱性岩、耐火黏土、萤石、高岭土(包括煤系高岭土)、黄铁矿、蛭石均系优势矿种,多形成一些大型矿床,数量相当可观,质量多为上乘。其中,石英岩、石英砂岩、脉石英类硅石矿床原岩的 SiO_2 含量多在 98% 以上,钾质碱性岩 K_2O 含量 >14%,萤石 CaF_2 含量平均达 83% ~ 84%(栾川合峪)。麦饭石、伊利石、磷块岩、洛阳牡丹石、伊源玉、梅花玉全省独有,尤其宜阳蛭石,境内拥有 100 万 t 远景的大型蛭石矿 2 处。除此之外,洛阳丰富的花岗石资源在全省也是小有名气的。

2)类型较为齐全优势

如表 3-1 所示,洛阳市非金属矿产不仅矿种多,类型比较齐全,按应用分类,可以将其分为建材、玻璃、陶瓷、特种工业原料、冶金辅助原料、农肥化工、填料涂料、人文矿种 8 大应用系列(见后),其中建材、玻璃、陶瓷、农肥、化工、填料、涂料类占了较大比重。如此齐全的矿产阵容和一些类型的明显优势,已经支撑了洛阳市玻璃、耐火材料、多晶硅、建材、陶瓷、铸造等非金属大工业的发展,已形成了一些大的产业集团,并正在崛起一些高科技如单晶硅、多晶硅、硅片、太阳能电池、人造水晶、陶瓷微珠、氟盐、铝化工、刚玉磨料等具特色性的新兴产业。作为一个地级城市,拥有这么多种类的非金属资源,正是洛阳巩固和发展大型工业的物质基础。

3) 发展中的洛阳非金属深加工业

以非金属矿产为工业原料已建和新建的深加工业,是洛阳工业的重要支柱之一。包括早期形成以硅石类加工为主的洛玻、洛耐等洛阳硅石类产业系列;以黄河、香山、同力水泥集团为首的水泥建材系列;以洛拖、洛轴、中信、洛铜等机械制造业为代表的冶金辅助原料系列;以日用建筑陶瓷、工艺美术陶瓷、唐三彩为代表的各种陶瓷原料系列等,尤其近几年来以煤矸石发电,以电厂粉煤灰为原料代替黏土砖而兴起的制砖业,以玄武岩、辉绿岩为原料的高速公路路面抗滑石料,还有近年来悄然崛起的高科技硅产业及硅微粉、工业硅深加工,沉积高岭土和轻钙、重钙深加工,以及硫铁矿、重晶石化工、膨润土球团的开发和页岩、黏土陶粒的试验成功等新兴产业的问世,标志着洛阳非金属深加工业越来越显现出它的勃然生机。

4) 煤系非金属矿产资源丰富

煤系非金属矿产指的是伴生或共生于煤系地层(石炭—二叠系)的一个非金属矿产系列,它包括铝矾土、铁矾土、耐火黏土、陶瓷黏土、伊利石黏土、沉积高岭土(煅烧高岭土)、陶粒原料、煤矸石、绿高岭石等,以往多用于耐火材料、陶瓷原料,是陶瓷业发展的基础。20 世纪末形成并得以发展的煤系高岭土、伊利石黏土,因其应用于造纸、塑料、橡胶等多种产业和其高昂的技术附加值,一跃成为引人重视的热门矿产,加上煤矸石、电厂粉煤炭、腐殖煤等再生矿产,煤系非金属矿产在日渐增多。洛阳市煤系地层在北部各县分布很广,煤系矿产找矿潜力巨大,开发前景广阔,特别是现代高科技的利用,煤系矿产应用领域不断拓宽,已经或正在成为洛阳市资源的又一优势。

5) 岩石型非金属矿产占了较大比重

岩石型非金属矿产是非金属矿产中的一个大类,它们本身是一种岩石,资源十分丰富,包括火成岩、沉积岩和变质岩,例如花岗岩、钠长花岗岩、钾质碱性岩、辉绿岩、蛇纹岩、玄武岩、伟晶岩以及石灰岩、白云岩、石英砂岩、黏土岩、云英岩、橄榄岩、浅粒岩等。这类矿产一般产出规模巨大,开采条件简单,各有特定的用途。洛阳所在的地壳部位,地质历史悠久,各种地质作用发育充分,地质结构复杂,形成了各类岩石型非金属矿产,其中包括了沉积高岭土、伊利石黏土、耐火黏土、石英岩、麦饭石、滑石、花岗石一类优势矿种。随着当代科学的发展,工业化程度的不断提高,还将有更多岩石型非金属矿产涌现出来,大大显示出洛阳市的资源优势。

总结和认识洛阳市非金属矿产资源优势的意义在于:

其一,可以鼓起洛阳市企业界投入非金属矿产开发的信心。充足的资源是产业发展的物资基础,目前洛阳已涌现出大小不同的非金属深加工产业,它们完全可以依靠洛阳市的资源优势,按照产业和资源之间的关系,建立起相应的产业链和产业群,推动产业向深度和广度方面发展。

其二,由于资源丰富,矿种多,类型比较齐全,洛阳市发展新兴非金属产业有较大的空间和回旋余地,现提供的系统资料和开发前景分析,将提示有意发展非金属产业的企业家们,可以在进行充分市场信息调查的基础上,经比较选择,创办中意的非金属产业,并在优化资源组合上实现好的经济效益。

其三,洛阳市丰富的能源和机械制造业,是充分发挥地区非金属资源优势,发展非金属深加工的先决条件。依靠洛阳的煤炭优势,各市县先后发展了煤—电—铝产业链,助推了地方经济的大发展,各地正在形成煤—电—非金属产业链。而依靠洛阳老工业基地的高度机械化水平,洛阳尤其可发展为粉体非金属原料基地。

3.1.3 日益被重视的洛阳非金属矿产

随着非金属矿产应用量和应用领域的扩大,它的社会地位也日渐提高,不断得到各级领导的重视。在洛阳市政府和主管地矿部门的关心与推动之下,洛阳市非金属矿产近10年来明显处于不断发展阶段,除各地投入资金开展的专项地质调查外,从全市地矿系统的几次资源调查和开展的一些专项工作中也得到了充分显示。

(1)第一次统计始于1997年7月,体现于为制订"九五"规划由原洛阳市地质矿产办主持,河南省地矿厅第一地质调查队承担编成的"三图一书"(洛阳市地质矿产图、洛阳市矿产资源开发现状图、洛阳市矿产资源勘查开发规划图和洛阳市矿产资源勘查开发说明书)系列成果中。这次调查的基础是由各县(市)地矿局制成本县(市)的矿产资源卡片,由卡片筛选进行编图。初步编入的各类资源为9类76种,各类矿产地(含矿点)为1 067个,其中非金属为42种,代表性产地294处。这次统计为洛阳的非金属矿产摆正了位置,进行了比较全面的统计。

(2)第二次统计为紧接的1998年。为促进洛阳市矿业经济的发展,新成立的洛阳市地质矿产局决定在完成"三图一书"编写验收的基础上,继续深化矿产地质管理工作,再次组织力量在分头编制能源、金属、非金属、水资源专题规划的基础上,完成《洛阳市矿产资源规划》的编制。该规划的非金属部分,首次按研究程度分为已勘查矿种、已调研矿种和可预测矿种三个部类,其中依据国内外非金属矿业开发应用趋势,结合本地基础地质研究成果,提出的第三部类即"可预测矿种",在原"三图一书"的基础上,使洛阳市原来的42种非金属矿产增加到61种。本项成果强调了非金属矿的发展趋势和开发利用价值,并全方位地为洛阳市非金属矿产勘查开发提供了信息化和综合研究性成果,同时也大大拓宽了非金属矿勘查开发的思路,为非金属矿产的学科研究打下了基础。

(3)第三次统计于2000年启动,2003年结题,由原洛阳市地质矿产局和洛阳市工业高等专科学校合作完成的《河南省洛阳市非金属开发利用与发展方向研究》一项专题性科研成果。该项成果第一次全面系统概述了洛阳市45种非金属矿产的产地、类型、主要地质特征、储量规模和有关资料,并对20种主要优势非金属矿产介绍了传统应用方向、深加工技术,同时还提出了加快洛阳非金属矿产开发利用的方向,在1997年"三图一书"总结的非金属矿产基础上,增加了煤系高岭土、瓷土(风化淋滤型高岭土)、白岗岩(钠长花岗岩)、陶粒泥岩、石煤(炭质泥板岩),固体废弃物——煤矸石、粉煤灰、冶金工业垃圾等新矿种。这项成果突出了非金属矿产的深加工工艺,是迄今为止,洛阳非金属矿产研究较为深刻的专项研究成果。尤应指出的是,这项成果还介绍了被 1998 年《洛阳市矿产资源规划》提出的第三部类的可预测矿种中的碎云母、陶粒原料(轻质骨料)、酸性凝灰岩、工艺石材、固体废弃物(煤矸石、电厂粉煤灰、选厂尾砂)等新矿种,深化了第二次统计的成果,从一个侧面反映了洛阳市非金属矿的发展动态。

(4)第四次统计为 2003～2004 年各县(市)专项规划的编制,这次在全市统计的非金属矿如表 3-1 所示,计 70 余种,比第一次统计增加了近 30 种,比第二次统计增加了 10 多种,比第三次统计增加了 26 种。矿种增多的主要原因除随国家资源管理工作的深化,资源分类越来越细,亚矿种、再生矿种数量的增多外,主要是各县(市)在编制资源规划中,大部分把非金属矿产的地质勘查列为地质工作的重要任务,把非金属矿产的开发应用列为未来发展矿业经济的重要支撑点,其中如栾川、新安、伊川、宜阳、偃师五县还专门把非金属矿产进行专题研究,制订了专门发展规划。

综上所述,在近 10 年间,洛阳非金属矿业,由于领导重视和导向,尤其得到了基层矿管部门的重视及多专家和企业界人士的参与,已经得到了飞快的发展,并正在打造一个大发展的平台。综合研究和多次统计的成果指出,洛阳市的非金属矿产,必将以其矿种多、门类齐全,基础工业原材料型资源丰富的优势,在构建和谐社会、打造一个新洛阳的中原崛起发展战略中,起到重要作用。

3.2　资源分类

分类是依据事物的属性、按照事物之间的差异进行组合,达到认识事物、区别事物的科学方法。在矿产研究和矿产管理工作中,通常按不同的目的进行矿产分类,由此形成了不同的分类方案。在非金属矿产方面,一般有三种分类方案:一是传统的应用分类,二是按地质工作程度分类,三是经济分类。

3.2.1　应用分类

应用分类包括应用系列分类和原料性能组合分类两种分类。

应用分类已成为科学研究、矿产资源管理、组织地质勘查和矿产开发等工作中的一种思维方式,以形成科学而有序的工作思路。实践证明,这是广泛适用的传统分类方案。依据洛阳市的资源条件,参照表 3-1 按应用分类所归纳的洛阳市矿产资源统计,可以形成建材、冶金辅助原料、玻璃、陶瓷、农用化工、填料涂料、特种工业原料及人文环保八大应用系列(见表 3-2)。按原料性能组合分类可分为高温节能材料、建筑材料、环保矿物、农用矿物原料、化工原料和特种功能材料六大类(见表 3-3)。

应用分类是非金属矿产管理和研究中最广泛的分类方法。其中表 3-2 的应用系列分类是应用得最早的一种分类,见于各类教科书和矿产工业指标。本书在采用这一分类时,按洛阳市矿产情况和矿产用途上的相关关系进行了归并,并增加了人文环保系列,但在环保矿物方面,分类表中仅列入有代表性的矿物,特种工业原料类也仅是立足于传统工业,现代高科技工业类矿种显得不足。

表 3-2　洛阳非金属矿产应用分类

应用系列	系列领域				
建材类	水泥原料	结构材料	装饰材料	轻质原料	新兴原材料
	水泥灰岩、水泥黏土、玄武质浮石岩、酸性凝灰岩、石膏、硅石	砖瓦黏土、天然建筑砂、建筑石料、河床砂砾、电厂粉煤灰(空心砌块)	花岗石(板材)、大理石(板材)、陶瓷原料、玻璃原料	陶粒页岩、蛭石、千枚石、玄武质浮石	天然水泥原料、白垩、工业废弃物、沸石
冶金辅助原料	耐火材料	熔剂	铸造	焊剂	其他
	耐火黏土、石墨、云母、碎云母、石棉、耐火红砂岩、硅石	熔剂灰岩、萤石、白云岩	型砂—石英岩、石英砂岩、天然石英砂	钾长石、云母、大理石、萤石、白云石、伊利石	蛭石、冰晶石
玻璃原料	原材料	熔剂	辅助原料	其他	
	石英岩、石英砂岩、脉石英、酸性凝灰岩	溶剂灰岩、白云岩、萤石	钾长石、钠长石	钠长花岗岩	
陶瓷原料	脊料	黏合料	釉料	新型材料	其他
	石英岩、石英砂岩、紫砂瓷土、伊利石	陶瓷黏土、煤系高岭土、伊利石黏土	高岭土、方解石、长石(钾长石)、滑石	硅灰石、叶蜡石、文象岩、煤矸石	白云石、耐火黏土、透辉石、透闪石
填料涂料	功能性填料		一般性填料		
	高岭土(煤系高岭土)滑石、伊利石、伊利石黏土碎云母、云母、重晶石		碳酸钙(脉状方解石、石灰岩、白垩)、长石、硅石(石英岩、脉石英)、白云岩、云英岩、片岩		
农用化工系列	矿物肥料	矿物饲料	农药矿物	园艺土壤	化工原料
	煤矸石(氮)磷(磷块岩、磷灰岩)、含钾砂页岩、钾质碱性岩、钾长石、伊利石、沸石、蛇纹岩、冶金工业废渣	方解石(粉)、白垩、沸石、高岭土、麦饭石、膨润土、硝土、含稀土碱性岩	毒砂(砷)、黄铁矿、磁黄铁矿、高岭土、伊利石、膨润土	蛭石、蛇纹岩、白云石、工业废渣、沸石、玄武质浮石岩、稀土花岗岩、腐殖煤	重晶石、萤石、铝矾土、黄铁矿、石膏、盐
特种工业原料	耐高温	光电	耐磨性	比重	其他
	石墨、云母、石棉、硅石、铝矾土	水晶类、光学石英、冰洲石、萤石、石墨	铁铝石榴石、天然油石、人造刚玉(铝矾土)	重晶石(重)、蛭石(轻)	蛇纹石、硅石、玄武岩、辉绿岩

续表 3-2

应用系列	系 列 领 域				
	宝石、彩石	工艺石	观赏石	医疗保健	环保矿种
人文环保系列	梅花玉、洛阳牡丹石、吉祥玉、栾川伊源玉、羊脂玉、萤石	花岗石、大理石、石灰岩、辉绿玢岩、安山岩、蛇纹岩、碧玉岩、砚石、印章石	黄河石、洛河石、伊河石、汝河石、矿物晶体、古生物化石、上水石、石灰华	麦饭石、沸石	蛇纹岩、石榴子石、膨润土、石英砂、高岭土

　　表 3-3 是根据当代工业的发展,按非金属矿产开发方向而进行的分类方案,该方案除列入的建材、农用、化工等领域外,重点突出了高温节能、环保及特种功能材料,特别是提出的发热体材料和光、电功能材料,环保类的助滤剂、吸附剂、工业污水处理剂、强力去污剂、除尘剂、矿化剂等,都与现代高科技产业密切联系着,代表着 21 世纪工业发展的方向,也体现出了称为工业矿物和岩石的非金属在未来工业发展尤其是节能和绿色经济中的地位。

　　综合上述两种应用分类,除能够加深对不断发展着的非金属矿产应用领域的认识,揭示现代工业、农业、人类生存与非金属矿产的密切联系,展示洛阳市的非金属矿产资源外,还可以联系实际和我们的工作,加深对洛阳市非金属矿产资源的认识,概括起来有以下四点:

　　(1)非金属矿产分类与洛阳的矿产品深加工业。

　　洛阳非金属矿的一个突出特点,是已经建立了开发利用的产业,由此更大地显示了这些矿产的优势和地位。一如玻璃原料系列,由国家"一五"规划建成的全国最大的洛阳玻璃,奠基于洛阳质优量大的玻璃原料矿产——玻璃用砂岩、玻璃用石英岩、玻璃用灰岩、玻璃用白云岩,以及钾长石、钠长石等辅助资源;二如冶金辅助原料系列,洛阳的优势资源是高铝黏土、耐火黏土、萤石、铸造型砂用石英砂岩、熔剂灰岩、白云岩等矿产,在此基础上除建成洛阳耐火材料厂等耐火材料产业外,还为机械制造和冶金业提供了用作型砂等的辅助原料;三如陶瓷原料系列,洛阳是中华陶瓷文化的发祥地,从石器时代粗陶制品,唐朝的三彩陶到宋元的官窑瓷器,有着悠久灿烂的陶瓷文化史,主要是因为洛阳拥有丰富的石英岩、各类黏土岩、陶瓷辅助原料和提供彩釉的陶瓷原料矿产;四如建材类,洛阳不仅拥有水泥灰岩、花岗石等一批大型矿床,而且也拥有酸性凝灰岩、玄武质浮石岩等一批水泥配料矿产,并由其规模大、分布广,形成了黄河、香山、同力等水泥集团并建立了各县的建材产业。如此等等,洛阳已在资源基础上,发展了深加工产业,而又由这些大型产业支撑了资源的开发利用,这也从一个侧面反映出一个事实:洛阳的煤炭、金属类矿产可以形成大的产业集团,而洛阳的非金属矿产同样也可以形成大的产业集团。尤其需要提出的是,洛阳市当前已经着眼于洛阳的资源优势,正在打造并兴起着一批新产业。如洛阳开发区正以洛阳优势的硅石原料,筹建工业硅产业,并以工业硅为原料发展多晶硅、单晶硅、半导体、太阳能电池,打造出全国最大的硅产业;又如洛阳市汝阳县工业园区引进沿海发达地区 4 家大型陶瓷企业落户,正在形成省内具规模的又一陶瓷产业群。它们的兴起带动洛阳市其他新兴非金属产业的发展。

表 3-3　洛阳非金属矿物原料组合

组合	细目	可利用的非金属矿物	备注
高温节能材料	耐火材料	耐火黏土、硅石、石墨、耐火红砂岩、碎云母	优势矿种
	绝热材料	硅石、浮石、玄武岩、蛭石、陶粒原料	隔热、保温
	发热体材料	碳化硅（SiC）、硅化钼（MoSi$_2$）、光伏级单晶硅	高电阻值
建筑材料	原材料类	水泥灰岩、水泥黏土、玄武岩、石料、砂粒	
	结构材料	砖瓦黏土、河床砂砾、电厂粉煤灰、砂石料	
	墙体装饰材料	花岗石、大理石、板石、石膏	含陶瓷、玻璃
	轻质材料	陶粒、蛭石、浮石、电厂粉煤灰	玄武质浮石岩
	涂料	石灰岩、云母、碎云母	重钙、轻钙
环保矿物	过滤剂	石英砂、麦饭石、石榴子石、蛇纹岩、（微孔硅石）	过滤液体物质
	过滤有毒气体	石棉（钠闪石石棉）、石灰（脱硫）	沸石、海泡石
	吸附材料	石灰岩（石灰）、高岭土（分子筛）、铝土矿（絮凝剂）	污水、废气处理
	去污粉	钾长石、滑石、方解石、白云石、白垩	加碳酸钠
	饮用水矿化	麦饭石、硅砂、电气石	
农用矿物原料	矿物肥料	煤炭、石灰岩、磷、含钾岩石、蛇纹石、工业废渣、稀土、海绿石、蛭石、麦饭石、白云岩	氮、磷、钾、硅、镁、多元硅肥
	矿物饲料	膨润土、沸石、碳酸钙、高岭土、麦饭石	泥炭
	农药	毒砂、黄铁矿、高岭土、伊利石、滑石	包括载体矿物
	土壤改良剂	白云岩、沸石、蛭石	
	园艺	蛭石、陶粒原料	蓄水、保温
化工原料	化工原料	硫酸（黄铁矿、磁黄铁矿）、钡盐（重晶石）、氟盐（萤石）、铝盐（铝土矿、高岭土）	含氢钾长石、磷块岩
	填料	石灰岩、高岭土、伊利石、重晶石、滑石、云母	
	颜料	重晶石、石墨、黄铁矿、白垩、高岭土、赭石	染色矿物
特种功能材料	电功能矿物	云母、滑石、莫来石（电瓷）、压电石英、石棉	含半导体类
	光功能材料	硅石、冰洲石、电气石、石榴子石	透射、发光、偏光等
	磨料	人造刚玉、石榴子石、天然油石	
	功能填料	加重（重晶石）、抗滑（石榴子石、玄武岩）……	

（2）分类表反映了洛阳市非金属的优势。

类别齐全,矿种多,开发利用领域宽广是最大的优势。其中,最突出的是建材系列、陶瓷原料系列、农用化工系列和特种原料系列。如建材系列,除水泥原料外,还包括结构材料、装饰材料、轻质原料和新兴原材料,这是个很宽的发展领域,加上与建材系列有关的玻璃、陶瓷原料系列资源,建材类的优势地位将更加突出。另如农用化工类资源,不仅拥有矿物肥料、矿物饲料、农药、园艺、化工等系列领域矿产,而且还有洛阳具有相当优势的磷块岩、麦饭石、黄铁矿、蛭石类矿产地,为其他地区不可比拟。三如人文环保类,洛阳以黄河日月石为代表的观赏石享誉国内外,以洛阳牡丹石、梅花玉、伊源玉为代表的工艺石久负盛名,以麦饭石、铝土矿、高岭土、石灰岩为代表的环保类矿物,为发展环保产业奠定了基础。

（3）分类表反映了一些非金属矿的基本特点。

分类表中最突出地反映了非金属矿"一矿多用、多矿同用、相互代用"的基本特点,表现为一种矿产同时分布在不同的成矿系列中,如高岭土或煤系高岭土,既是陶瓷系列的主要原料,也是填料、涂料产业中的主要资源,同时也用于农用矿物;又如硅石类矿产,最早利用于玻璃原料、陶瓷原料、冶金辅助原料(耐火材料、型砂),但随科技的发展,硅石类矿产也用于填料、涂料,并成为工业硅、单晶硅、多晶硅、硅合金(硅铁)以及环保矿物,形成硅系列产品;再如石灰岩类,包括电石用灰岩、制碱用灰岩、化肥用灰岩、熔剂用灰岩、玻璃用灰岩、水泥用灰岩、建筑石料用灰岩、制灰用灰岩、饰面用灰岩等亚矿种,从名称上就体现了石灰岩类的多种用途,除此之外,在填料、涂料系列中,石灰岩又作为重钙和轻钙的原材料。由非金属矿的这一特征显示的另一个方面,是非金属矿所包含的技术附加值,即经过深加工的非金属矿物,不仅能体现出一矿多用、多矿同用、相互代用的属性,多方面显示其用途,同时又显示了经过深加工的非金属矿产带来极大的经济效益。

（4）分类表反映了非金属矿的发展趋势。

一是农用化工类矿种在不断增多。按照现代农业的发展,农用矿种包括矿物肥料(其中又分为传统矿肥、非传统矿肥)、农药矿物、矿物饲料、园艺、土壤改良剂等,其中每一个亚类都包含着相应一组矿物,这说明随农业的发展,农业的分工更细,需要的矿种更多,这些矿物涉及的面又非常广,给非金属矿拓宽了极大的空间。二是非金属矿的很多矿种利用于高科技和尖端工业,一如前面列举的利用硅石的洛阳硅产业,二如用于航空、航天材料的石墨、云母、蛭石,三如加工为超白、超细填料、涂料的石灰岩、高岭土、硅灰石、云母,还有提供金属元素的重晶石、钾长石、白云石及制作玄武丝的玄武岩以及用于医疗保健的电气石、麦饭石、药用矿物等。三是非金属矿与人类的生活更加贴近。除大多数属于人类物质生活的矿种外,也已不断地渗入人们的精神生活中,例如供人们赏玩、收藏的宝玉石类矿物的增多,工艺、文化特色类砚石、印章石类不断为人采集,乃至集丰富科学知识、深邃文化内涵的观赏石类也日益为人们喜爱和重视,并成为一种自然资源而加入地质矿产领域,所以在资源分类中,被列入人文矿种这个大类。

3.2.2 勘查程度分类

这种分类方法原是 1998 年编制洛阳市矿产规划非金属部分时首次利用的一种分类

方案。该方案立足于地质工作,在研究分析洛阳市非金属矿产资源各种原始资料基础上,结合国内外有关开发利用信息和发展趋势,从矿产资源管理角度划分了已勘查矿种、预查调研矿种和预测型矿种三个部类。这些部类都概括了相近勘查工作程度的矿产。通过分类,基本澄清了资源家底,给矿产管理和制定规划提供了依据,提示在规划的实施中,加大了对第二、三部类矿种的工作和投资比例,取得了好的效果,因此这种分类方案在 2003 ~ 2004 年编制各县矿产资源规划时又进一步加以应用。现对三个部类的划分原则和所包含的矿种分述如下。

(1)第一部类——已勘查矿种。

已勘查矿种是指对全部或部分代表性矿产地做过普查以上程度的专项地质工作,对其中的各个矿种,全面或局部性开展了矿产地质特征、矿石质量以及应用性能等研究,取得了科学数据,大部分获有 C 级或 334 以上工业储量的矿种。洛阳列入这一部类的矿种计 25 种,占洛阳市非金属矿产总数的 35.7%,主要是:水泥灰岩(制灰灰岩、石料灰岩)、水泥黏土、玄武岩(玄武质浮石岩)、辉绿岩(铸石)、花岗石(板材、石材)、大理石(板材)、石英砂岩、伊利石、耐火黏土(高铝耐火黏土——铝土矿)、萤石、磷块岩、磷灰石、石墨、水晶(熔炼水晶、压电水晶、光学水晶、工艺水晶)、高岭土、熔剂灰岩(铝氧灰岩)、含钾砂页岩(含钾黏土岩)、麦饭石、白云岩、黄铁矿(磁黄铁矿、白铁矿)、橄榄岩(蛇纹岩)、陶瓷黏土、梅花玉、盐(石膏)、洛阳牡丹石。

以上 25 个矿种的辉绿岩、熔炼水晶、熔剂灰岩(铝氧灰岩)、蛇纹岩、黄铁矿、玄武质浮石岩 6 种矿产是在普查或勘探其他矿种时确定的伴生或共生矿种,对矿床的研究程度相对较低,水泥黏土、磷灰石、石膏、大理石(板材)、高岭土等 5 类矿产虽列入普查,但多未进行系统工程和系统样品控制,工作程度较粗而又多系个别矿产产地上做的工作,尚不能反映出勘查程度,准确地说,洛阳市真正达到普查程度的矿种仅 19 种,占全市非金属的27.1%。

(2)第二部类——预查调研矿种。

预查调研矿种是指经地质专业人员按地质工作要求进行了踏勘、调研或矿点评价工作,肯定(或否定)了矿床(点)价值和开发应用前景,但未按地质要求进行工作,样品控制程度较低,一般仅仅是估算了矿石资源量的矿种。列入这一部类的矿种计 25 种(含 2 个亚矿种),占洛阳市非金属矿产总数的 35.7%,主要是:石英岩、酸性凝灰岩、脉石英、脉状方解石、钾长石、钠长石、钠长花岗岩、含钾碱性岩、硅灰石、透闪石、云母(碎云母)、石棉、滑石、天然油石、白垩(湖相泥灰岩)、重晶石、蛭石、耐火红砂岩、吉祥玉、竹叶石、工艺石、伊源玉、淋滤碳酸钙、伊利石黏土岩、沉积高岭土。

列入本部类的矿产,所进行的地质工作包括矿产发现的过程,有以下三种情况:一是经地质工作发现并做过专门性踏勘、调研或建有对口矿产品加工产业的矿种,如重晶石、蛭石、石英岩、脉石英、钾长石、钠长石、耐火红砂岩、滑石、沉积高岭土等,它们虽然没有进行正规级别较高的地质勘查工作,但当确定为可利用的矿产之后,都已先后建立了相应产业(如利用重晶石建的小型化工厂,利用蛭石建成的膨胀蛭石厂等),肯定了矿石的质量和利用途径,实际上起到了工业试验的作用;二是先由地方工业和产业部门开采利用,后为地质工作肯定并专门进行非正规矿山地质评价的矿种,如宝玉石、工艺石类的吉祥玉、羊脂玉、伊源玉等皆为调研花岗石、大理石板材类矿种时发现,后经专门性地质评价工作而肯定,之后都已形成专门的加工产业(如汝阳的梅花玉雕厂、栾川的伊源玉雕厂、嵩县的吉祥玉雕厂、偃师的牡丹石工艺公司等)。

(3)第三部类——可预测矿种。

可预测矿种是指依靠当代科技水平,国内外已对其开发利用,本市具备成矿条件,占有资源和找矿信息,或实际上已被工业利用,但未做专项地质工作的矿种。列入本部类的矿种有 18 种,占矿总数的 26%,它们是:陶粒黏土岩、紫砂瓷土、浅粒岩、绢英岩、沸石、膨润土、文象岩、绿高岭石、煤矸石、粉煤灰、石榴子石、砖瓦黏土、河床砂粒、建筑石料、工业废弃物、鹅卵石、板石、天然水泥原料等。

列入这一部类的矿种有三种情况:一种属于亚矿种,如砖瓦黏土、建筑石料、煤矸石、电厂粉煤灰、鹅卵石等,它们实际上是早为人们利用了的矿种,资源比较雄厚,不需要或很少技术投入,即能实现开发利用价值;另一种是国内外一些先进国家和地区已经开发利用的矿种,例如陶粒黏土(包括陶粒页岩)、紫砂瓷土、文象岩、浅粒岩、绢英岩、绿高岭石等,它们是不同的岩石,洛阳市已证明有丰富的资源,但因多数人对其用途知之甚少而未引起重视;第三种情况是我们急缺的矿种,现在有了找矿信息,具备预测条件,进一步投入工作可以肯定和扩大矿床规模的矿种,例如膨润土、沸石、石榴子石、天然水泥原料等。

需要着重说明的是,按勘查程度分类的方法,是依据洛阳市两次编写矿产发展规划,从矿产资源行政管理角度提出来的,该分类方案可取并需提倡之处是划分了第三部类——可预测矿种,其意义有三:

其一,体现了国际上非金属矿产的发展方向。划分这个部类实际上是站在非金属矿产发展的前沿,随时关注该领域国内外发展的趋向,并在充分占有洛阳市基础地质、矿产地质研究成果的前提下,运用非金属矿产成矿理论,不断研究洛阳市成矿条件,进行非金属矿成矿预测的结果,从科学管理的角度而言,这是前瞻性和现实性的结合。

其二,体现了洛阳市的成矿地质条件和地质工作程度。以上预测到的 18 个矿种中,不仅涉及沉积岩、火成岩、变质岩三大类岩石,而且更具体地涉及伟晶岩、火山岩、煤系、区域变质、现在沉积乃至现代工业废弃物等。这些矿种的预测,依赖于洛阳市的基础地质条件,也取决于洛阳市地质工作的程度和对基础地质研究成果的应用。

其三,体现了矿产资源管理者的意图。高超的资源管理者,不但在于他们熟知资源家底,统揽全局,而且在于他们能够驾驭资源的发展动向,能够对矿产预测起到导向作用。该类矿产中的膨润土、沸石、陶粒黏土、板石类实际上都是市场需求、资源紧缺的矿种,煤矸石、粉煤灰、工业废弃物在循环经济中,亦是需要着力倡导开发的再生资源。

需要说明的是,三大部类的划分都是阶段性的工作,随着地质工作的加强,三个部类都将有所转化,尤其是第三部类,它的一部分可以升入第二、第一部类,一部分可以被禁采(如砖瓦黏土),另一部分会因新的预测成果又得到补充。为了使人们全面了解洛阳市的资源家底,进一步从工业用途、矿床地质、矿产分布等方面了解掌握洛阳市的资源状况,现提供洛阳非金属矿产一览表(表 3-4),以全面介绍洛阳市非金属矿产的三大部类的各个矿种(包括亚矿种)的资源概况,可作为表 3-1 的补充和说明。

表3-4　洛阳市非金属矿产一览表

分类编号	矿种	主要用途	矿床类型	矿床地质简述	矿床规模	数量	资源总量 探明	资源总量 远景	产地分布	备注
第一部类 I-1	水泥灰岩（含亚矿种水泥制灰岩、石灰岩）	水泥原料制灰（烧制石灰），重钙亚灰类灰岩，轻钙铝氧灰类灰岩，石料，环保脱硫剂	浅海相沉积型	水泥原料类有4个层位：①寒武系中统张夏组中、下部和徐庄组上部，底板为竹叶状灰岩或白云质条带灰岩，顶板为白云质条带灰岩，主体为豆鲕状、豆鲕状灰岩，泥晶条带灰岩，CaO48%~52%，MgO<2.5%；②栾川群白术沟组、三川组，煤窑沟组大理岩CaO>45%；③古近系、新近系中泥灰岩（白垩）和淋滤系碳酸钙CaO最高>52.4%；④奥陶系马家沟统豹皮状灰岩CaO>51%	拥有大型矿床9处，中型4处，小型1处，矿点13处（1998年统计，大型：>0.8亿t，中型：0.15亿~0.8亿t，小型：<0.15亿t）	20	37 725.5万t	40 464.4万t	第①类分布于新安、伊阳、偃师、伊川、汝阳，第②类主要分布以栾川，第③类以宜阳、伊川、洛宁、谭头盆地为代表，第④类分布局限	典型矿床实例见第5章，目前经勘探的仅为第Ⅰ类
I-2	水泥黏土	用作硅酸盐水泥辅助原料	风积、洪积、坡积	一般水泥用黏土选自中更新统含钙质结核的淡红、棕红色亚黏土，SiO_2 56.6%~61.27%，Al_2O_3 12.35%~13.919%，Fe_2O_3 5.8%~6.5%，CaO 3.33%~5.14%，MgO 2.11%~2.43%，A/S 0.23，铝氧率1.5~3.5	代表矿区：伊川东草店，诸葛杨沟（中型：500万~1 000万t，小型：<500万t）	7	东草店310.6万t，杨沟100万t	略	水泥黏土为水泥厂配套矿山，现有矿山与水泥厂数目相同	东草店水泥黏土矿与水泥一道关闭

续表 3-4

分类编号	矿种	主要用途	矿床类型	矿床地质简述	矿床规模	数量	资源总量		产地分布	备注
							探明	远景		
I-3	玄武岩，玄武质浮石岩（铸石）	岩棉，铸石原料，高速公路路面抗滑石料，硅酸盐水泥生料；浮石可用于持种建材，现代高科技可生产玄武丝以代替昂贵的碳丝，用于国防等多种领域	新生代火山岩（N_2-Q_2）	呈岩席状覆于新近系洛阳组和第四纪中更新统（Q_2）地层之上，属裂隙型高原玄武岩。岩石以橄榄玄武岩为主，具明显的多旋回喷发特性。自上而下划分为吴起岭、双泉、大安等5层，每组又由3层以上单层组成一个旋回，揭穿厚度20.03~27.68 m，最大厚度60~81 m。边部喷发口和单层顶部产浮石	抗滑石料（大型：>1 000 t，特大型：>），铸石（大型：>1 000万t）	1	工程控制抗滑石料67万 m^3，铸石棉类（略）	>15亿 m^3	主体分布于汝阳大安、内埠、蔡店、伊川白元、葛寨、酒后一带，面积100 km^2，零星出露于汝阳柿园南，上店及临汝镇汝阳以北的桂张等地	典型矿床实例见第5章，抗滑石料仅吴起岭和何村岩组
I-4	辉绿岩（铸石）	铸石，岩棉，高速公路路面抗滑石料，深色系列的花岗石板材，工艺石料	基性岩脉	主要产于登封群，太华群中，以单脉体和复脉体状产出，宽几米到几十米，产状一般为陡倾斜，走向百米到几千米。结构构造变化随地而异，种类较多，其中斜长石呈斑晶者，粗大而呈聚斑状花纹成图案的绿色长石斑晶（如宜阳的绿色小牡丹石）列入花岗石板材或工艺石料	按铸石矿工业要求一般为>200万 t 的大、中型矿床	1	宜阳马家庄7 886.175万 t	5亿 t	伊川昌店、偃师府店、江左、大口、宜阳张午、木柴关及洛宁、栾川等地	部分归并为花岗石板材矿产类

第一部类

续表3-4

分类编号	矿种	主要用途	矿床类型	矿床地质简述	矿床规模	数量	资源总量 探明	资源总量 远景	产地分布	备注
I-5	花岗石—板材、石材矿产	建筑饰面石材、耐酸（碱）石材、工艺石材原料、建筑石料——条石、块石、碎石	侵入岩类（花岗岩、闪长岩、二长岩…）、脉岩类、混合岩、变质岩类（混合岩）及火山岩类	花岗石类石材资源丰富，但色调单一，结构均匀，块度较大，易采。目前经地质勘查和开发利用的有花岗岩、闪长岩、辉长岩、橄榄岩、脉岩、混合岩、火山岩等多种岩石。色调有红、灰、花、黑、绿、黄、白7类30多个品种，汝阳、偃师居优势地位，洛宁、宜阳、嵩县交界区品种最多	花、灰、浓红三种规模最大，黑色、绿色规模小、白、黄色调有奇特，脉岩类的达工艺石要求	11	65 990.9 万 m³	>10 亿 m³	主要品种为：宝石花（洛宁、嵩县、栾川），枫叶红（汝阳、偃师），碧沙黄（宜阳、洛宁），墨晶黑（宜阳、洛宁）	典型矿床实例见第5章，宜阳、洛宁、偃师有专项评价报告
I-6	大理石—板材、石材	白色和美丽花纹图案者用作饰面板材、工艺石材，一般碳酸盐岩用作条石、片石，广泛用于城乡建筑	海相沉积型	含矿层位主要是中、晚元古界—古生界不同时代碳酸盐岩层。主要岩种为南部二郎坪群、宽坪群（地槽区）、陶湾群、栾川群，官道口群中大理岩化的碳酸盐岩，以栾川官道口群的洛峪群、蓟县群、寨武、奥者质量上乘，北部洛阳地层因系变质，仅取其花纹图像者采利用，但一般饰面者少，多用于条石、块石	一般达大型矿床规模（>2 000万t）但缺乏上乘白色、黄色、红色品种，评价的矿山为偃师口山庄	2	1 104.43 万 m³	>2 亿 m³	区内大理岩品种和产出情况见矿床地简述，但因已在地质评价工作个多围绕几个大理石厂开展，且工作粗浅，故大量资料在民间散失	近现栾川赤店丁沟有白色大理质量上乘

第一部类

续表 3-4

分类编号	矿种	主要用途	矿床类型	矿床地质简述	矿床规模	数量	资源总量 探明	远景	产地分布	备注
I-7	石英砂岩	用途广泛，主要用作玻璃原料、耐火材料，部分用来制造硅微粉、工业硅、高档玻璃、光电和硅微粉系列产品	陆缘浅海三角洲沙坝沉积型	主要含矿层位有二个：一为新元古界洛峪群汝阳群北大尖组石英砂岩，二为中元古界汝阳群三教堂组石英砂岩，主矿为前者，SiO_2 96.8%~98.8%，Fe_2O_3 0.62%~1.7%，Al_2O_3 0.7%，耐火度 1750~1770℃，原矿经破碎后的产品称石英砂或硅砂	规模以大、中型为主（大型>1000万~2000万t），典型矿床以新安甲子沟、方山头为代表，已做勘探工作的大型3处，小型7处	区内大、小矿区11处	5561万t	>2亿t	新安甲子沟、方山头、宜阳八里堂、周村、偃师佛光、汝阳阳河西等地	典型矿床实例见第5章，方山（湉池）山头，方山头矿区为洛阳玻璃团原材料基地
I-8	伊利石	优质陶瓷原料、塑料、橡胶功能补强剂，化妆品粉剂，工艺石料	火山沉积变质一热液叠加型	主矿体层位为熊耳群鸡蛋坪组顶部酸性火山碎屑沉积岩，经变质火山期后热液断裂叠加，分别形成伊利石型、绢云母型伊利石型等多种矿石类型，并以高钾（K_2O 10.69%），高硅（SiO_2 46.24%），高铝（Al_2O_3 35.15%），低铁（Fe_2O_3 0.23%）即"三高一低"为特征，圈定5个矿体	典型矿床：嵩县黄庄西岭，其中单矿体长270m，厚8.9~9.3m，似层状、脉状	2	95.2万t	>200万t	已勘查矿区为嵩县黄庄西岭矿区，另在附近见矿点2处，德亭高县洪水沟已见矿化	典型矿床实例见第3章，西岭矿已经开发利用

第一部类

续表3-4

分类编号	矿种	主要用途	矿床类型	矿床地质简述	矿床规模	数量	资源总量		产地分布	备注
							探明	远景		
I-9 第一部类	耐火黏土、铝土矿（高铝耐火黏土）	耐火材料（耐火度1 630～1 770 ℃），耐火砖、炉衬、炉村磨料——加工刚玉粉，生产高铝水泥，铝盐化工	浅海相沉积型	成矿受古地理环境控制，分布于古陆边缘，成生于寒武、奥陶系顶部古侵蚀面上，在石炭系本溪组底部的铁铝岩系中形成矿床，完整矿层由下部铬铁矿和褐铁矿，中部碎屑—豆鲕—块状铝土岩，上部黏土岩组成，其中黏土岩为耐火黏土矿的主体，连地中黏土岩的贫化，层位稳定向常与耐火黏土矿的贫化，部分合二为一，顶板处常发育一层高岭石黏土（焦宝石）	区内探明：铝土矿，大型2、中型8，小型和矿点5个 11个 耐火黏土，大型1，中型4，小型和矿点5个	21 10	20 219.4万t 8 146.9万t	合计>5亿t	新安、偃师、宜阳、伊川和汝阳北部，其中新安统计资源量为111 927万t	典型矿床实例见第5章，铝土矿以烧制铝矾土
I-10	萤石	冶金熔剂（块矿），化工原料——氟酸、氟盐（人造冰晶石）冶金、电焊熔剂	热液脉型和多金属型	热液脉型——产于花岗岩岩侵入体的内,外接触带，多呈脉状，以嵩县车村萤石、栾川柳机店萤石为代表，矿物组合简单，多为单萤石脉型（深部见有色金属）。伴生多金属型——形成于多金属矿床中，为非金属矿物，以栾川骆驼山为代表，平均品位7.739%，与黄铁矿均在选矿时回收	大型（>100万t）1处，中型（20万～100万t）3处，小型（<20万t）多处	嵩县陈楼 > 20	嵩县陈楼 291.99万t	> 1 000万t	嵩县车村26处，栾川柳机店（111.67万t），骆驼山58.67万t及汝阳松门，何庄等地	典型矿床实例见第5章，浅部采空

续表 3-4

分类编号	矿种	主要用途	矿床类型	矿床地质简述	矿床规模	数量	资源总量		产地分布	备注
							探明	远景		
I-11	磷块岩	主要用以生产钙镁磷肥、过磷酸钙、硝酸磷肥、磷酸铵、沉淀磷酸钙以及用于轻化工、医药和国防等方面	海相沉积型	矿床以层状体赋存于中元古界汝阳群云梦山组一段顶部。云梦山组为一套由砾岩—火山岩、细砂岩—砂页岩组成的海进序列，矿石类型以铁硅质磷块岩为主，次为钙质胶磷矿、砂砾质磷块岩，主要矿物为胶磷矿、赤铁矿、软锰矿等。P_2O_5 0.05%～27.91%，平均 19.65%，TFe 7.35%～11.56%，平均 8.87%，形成厚度 2～3 m 的单矿层及首尾相接的叠瓦状透镜体，长 1 686 m，平均厚 2.43 m，东厚西薄	磷矿（中型：500 万～5 000 万 t）	1	C+D+E 1 080.9 万 t，表外 338.27 万 t，合计 1 442.88 万 t		伊川葛寨磷矿石锑磷矿（1986 年化工部河南地质勘探公司详查，未交报告）	典型矿床实例见第 5 章，伴生铁 539.91 万 t
I-12	磷灰石—栾川上河磷矿	磷灰石主要用于化工磷肥制造材料等方面	岩浆-变质型	含磷岩石为黑云角闪斜长片麻岩（原岩可能为辉长岩），呈岩瘤状产于富铁钠闪石花岗岩中，走向 >90°，倾角 70°，倾向 SW，出露长度 >2 000 m，主要矿物为黑云母、角闪石、斜长石和石英，磷灰石含量 5%～7%，均匀分布，P_2O_5 2.17%～2.19%	普查报告：D 级 1 269.3 万 t	1	估算地质储量 1 350 万 t		矿区位于牛心东探岩凸隆状起中部，东起水磨沟口，西至验灌沟，全长 2 km	河南地质局三队 1975 年 8 月普查

第一部类

续表3-4

分类编号	矿种	主要用途	矿床类型	矿床地质简述	矿床规模	数量	资源总量（探明）	资源总量（远景）	产地分布	备注
I-13	石墨—栾川合峪平良河	耐火材料——制作石墨坩锅、镁碳砖、铝碳砖；电器材料——碳棒、碳精电极、电解槽、润滑剂、彩电显相管、油墨	沉积变质型	含矿地层为太古界太华群，层位相当石板沟岩组，岩性为混合片麻岩、片麻状变粒岩，矿化与片岩有关，石化石墨斜长片麻岩，含石墨石榴绢云石英片岩、石墨黑云母片岩、石墨绢云片岩等），含矿层厚105～246 m，其中够品位的矿体呈层状、透镜体状，富集者形成矿带，矿物组成主要是石英、绢云母、绿泥石、石榴子石、绿泥石等。石墨含量5%～15%，固定碳含量4.24%	经查普查评价的有栾川合峪平良河，达小型，矿床规模，固定碳19 148 t，向西延至大青沟乡储量翻番	1	同左		全区石墨矿除发现于栾川平良河、大青沟外，另见于宜阳木柴关杨庙，类型同上，未做工作，固定碳2.25%～5%	典型矿床实例见第5章，大鳞片状，可见出露长十几米至150 m，宽5～10 m
I-14	水晶——压电水晶、熔炼水晶、光学水晶、工艺水晶	国防工业、高科技硅系列、光学材料、光纤材料、高纯玻璃、水晶砂、石英工艺石、观赏石	热液脉型	产于太华花岗岩基中，产出形式有二：一为单脉式（脉石英），内发育晶洞，洞内产压电石英，以栾川石庙竹园沟矿床为代表；另一种为伟晶岩脉，其对称分带的石英核心以栾川陶湾南老君山花岗岩为代表，洞中产水晶，洞内发育晶洞，普查脉体46条，具规模者均见石英原矿体2 300.8 kg，单晶48 kg	石庙竹园沟含晶石英脉长10～30 m，晶宽3～6 m，晶洞长35 cm。宽15～50 cm。深10～40 cm（中型0.05～0.5 t），全区规模达大型规模	全区12处，中型1处，小型6处	压电水晶，约10 t，熔炼水晶＞1万t		栾川石宝沟、竹园沟、赤土店、郭店、陶湾等9处小岩体侵入有关，宜洛宁、洛阳、汝阳（5个）、偃师太山庙，偃师山张则与大花岗岩基的侵入活动有关	70年代有专题队进行水晶矿产普查

第一部类

续表 3-4

分类编号	矿种	主要用途	矿床类型	矿床地质简述	矿床规模	数量	资源总量		产地分布	备注
							探明	远景		
I-15	高岭土	陶瓷原料(瓷土),经选矿后深加工后用作橡化填料、涂料、铝盐化工和医药、生活用品等广阔领域	风化沉积淋滤型	高岭土矿分布在火山口相次火山石英斑岩顶部和古生地和岩体边部成角砾状、块状,含石英砂状高岭土岩形成层状矿体,矿体底部的富集层都有差异异常。总体形态呈边陲中心的漏斗状,原生矿品位 SiO_2 64%~78.76%,Al_2O_3 12.92%~21.4%,TiO_2 0.07%~0.94%,TFe 0.37%~0.80%	特大型,原地质三队按瓷土矿床提交普查报告	1	探槽和地表31个样品控制	19 883 万 t	嵩县纸坊乡白土塬、支锅岭、杨石、菠菜沟等地	典型矿床实例见第5章,2006年在郑州重新做了选矿试验
I-16	熔剂(化工)灰岩、铝氧灰岩	冶金辅助原料,填料(重钙),冶金熔剂,拜尔法生产铝氧化铝和环保脱硫剂	浅海潮坪相沉积型	可利用的矿产主要产于石炭系上统太原组的顶部和底部,以生物灰岩为代表,夹沟铝土矿区伴生之铝土矿之上,CaO 53.41%,MgO 0.34%,SiO_2 1.27%,Al_2O_3 0.77%,Fe_2O_3 0.33%,SO_3 0.043%,P_2O_5 0.032%,K_2O 0.05%,Na_2O 0.07%;另在新安北部奥陶系灰岩分布区将 CaO>51%,MgO<1.5%,SiO_2<1.7%者也圈定为熔剂灰岩预测区;用于环保的铝氧氧化灰岩类位为寒武系张夏组	夹沟为中型规模熔剂灰岩,位于铝氧化岩之上,厚 1.7~35.07 m,平均厚 10.37 m,奥陶系陶系矿层厚 37 m	石炭系中型1,小型2,奥陶系小型3	C级	夹沟 145.89 万 t,新安略	分布在新安、宜阳、偃师、伊川及汝阳北部经勘查的矿床以偃师夹沟、新安竹园一狂口两矿区为代表进行过勘查	

第 一 部 类

续表3-4

分类编号	矿种	主要用途	矿床类型	矿床地质简述	矿床规模	数量	资源总量		产地分布	备注
							探明	远景		
I-17	含钾黏土岩(含钾砂页岩)	主要用于制造矿物钾肥—硅钙钾肥、钾磷镁肥，钾肥以及钾盐类，另外一些地方也用作陶瓷辅助原料	海相沉积型	含钾黏土岩即含钾页岩，为新元古界洛峪群崔庄组，分上、下两层矿，上层矿为崔庄组8、9段，下层矿为崔庄组3、4、5、6段。矿石为灰绿、紫红、猪肝色页岩类和灰绿、黄绿色泥页岩类，矿物以伊利石黏土岩为主，含海绿石砂岩，伊利石含量45%~93%，品位K_2O 6.02%~7.08%	按K_2O边界品位6%，工业品位6.5%，圈定C+D级矿石量602.29万t，远景>1亿t	>5	现进行详查者仅汝阳城关河西村1处	>1亿t	新安、方山、宜阳城南、伊川葛寨(和嵩县交界)、偃师佛光、汝阳崔庄、甘泉庄	典型实例矿床见第5章，一些地方开采该矿层用作陶瓷原料(伊利石黏土)和制陶粒
I-18	麦饭石	医疗、保健、环保—天然微量元素营养源，水质吸附净化剂，农肥—多元素硅肥	古老酸性岩体的风化壳型	被风化的岩石为嵩阳期(<25亿年)，岩性为侵入型杂封类岩并被混合岩化的斜长花岗岩，斜长石含量占40%~45%，长石多绢云母化、黏土化，常量化学组分与蓟县、日本、中岳麦饭石相近，含多种对人体有益的元素，其中稀土(镧系)元素偏高，有害元素较地壳平均值偏低	伊川江左塔沟麦饭石曾进行综合评价肯定为大型矿床	1	估算3 107.33万t	6 000万t	该矿床已进行综合评价。类似的岩体在伊川、偃师境内尚多见，但未评价	典型实例矿床见第5章，其他资料中称该矿床为中岳麦饭石矿床

第一部类

续表 3-4

分类编号	矿种	主要用途	矿床类型	矿床地质简述	矿床规模	数量	资源总量 探明	资源总量 远景	产地分布	备注
第一部类 I-19	白云岩	主要作为熔剂、耐火材料、造渣材料广泛用于冶金工业。其他方面作为熔剂用于陶瓷、铸石、含镁水泥、钙镁磷肥和提炼金属镁	海相、潟湖相沉积	作为白云岩矿床勘查对象的主要有三个层位，一是寒武系上统菌山组，二为下奥陶系冶里组。固口群冯家湾组（北部元古界官道口群冯家湾组、凤山组）白云岩 MgO 19% ~ 22.91%，CaO 28% ~ 30%；冶里组 MgO>20%，CaO 30%，酸不溶物 1%；冯家湾组 MgO 21.05% ~ 22.09%。以寒武系白云岩质量为优	区内白云岩均可达中大型矿床，唯新安杨岭山（O_1）经冶金部门勘探	1	C 级 3 678 万 t，D 级 1 001.4 万 t，C+D 级 4 679.4 万 t	>1 亿 万 t	O_1 白云岩分布在北部新安县北；寒武系白云岩分布在汝阳、陆浑以北，官道口群白云岩分布在南部栾川境内	寒武系白云岩开发利用较广，但未见专门勘查报告

续表3-4

分类编号	矿种	主要用途	矿床类型	矿床地质简述	矿床规模	数量	资源总量 探明	资源总量 远景	产地分布	备注
I-20 （第一部类）	黄铁矿（含磁黄铁矿、白铁矿）	化工原料——硫酸、硫磺、硫化工产品、染料、油漆、洗涤剂、塑料、合成橡胶、轻化工——制造亚硫酸、二硫化碳、农肥、农药、特种建材原料	沉积型	主要产于石炭系本溪组底部煤层中，呈透镜状或结核状，氧化后为褐铁矿，含硫最高42.99%，平均18.10%，已具大矿床规模，次要产于栾川群和汝阳群中，但形不成规模矿床	新安竹园—狂口（大型：>3 000万t）	1	D级 3 613.5万t	>5 000万t	主要产地为新安北部各煤矿区，其他煤区均有矿化，但未专门勘查	骆驼山矿见第5章介绍
			合硫多金属型	矿体产于晚元古界栾川群三川组大理岩与石英片岩层间破碎带透辉石、石榴石矽卡岩中，S含量8%~35%，与W、Pb、Cu伴生	栾川冷水骆驼山（中型：200万~3 000万t）	1	756.88万t	>1 000万t	区内大部多金属矿中伴生硫达工业矿床规模	黄铁矿化范围广，除以上类型外，还包括元古界石英岩中的黄铁矿
			岩浆热液型	产于大花岗岩体（如太山庙、合峪岩体）外围的岩浆热液型，成矿空间广，范围广，或矿产铅、锌伴生（汝阳南部）或单独成形黄铁矿矿床（嵩县白河），品位26%~31%	一般为小型（S<200万t）	多处		>3 000万t	主要分布在汝阳南部，与当地的铅、锌矿体伴生	
			火山气液型	产于熊耳群火山岩的近火山源区，S品位>8%，分布面积大，可形成规模矿床	层控型矿床，估算规模达中大型	多处		>3 000万t	以嵩县木植街、黄庄，汝阳南部为代表	

续表 3-4

分类编号	矿种	主要用途	矿床类型	矿床地质简述	矿床规模	数量	资源总量 探明	资源总量 远景	产地分布	备注
I-21	蛇纹岩、橄榄岩	生产钙镁磷肥、镁肥、耐火材料、冶金熔剂、镁质陶瓷原料，提炼金属镁，勘探铬矿，板材、工艺石	岩浆岩型	矿床产于洛宁、宜阳两地古老太华群基底变质岩带中，宜阳上观午岭岩带的超基性岩带长 8.5 km，具规模的大小一张午岩体 20 个，其中蛇纹岩岩体长 850 m，宽 280 m，SiO_2 38%～40%，Fe_2O_3 9.61%～10.13%，MgO 31.76%～32.08%，CaO 2.81%～4.36%	宜阳马家庄属中小型规模，化肥标准、国家标准：中型 0.1 亿～1 亿 t；熔剂级：中型 0.1 亿～0.5 亿 t）	1		2 000 万 t	境内发现的蛇纹岩有洛宁下峪、宜阳上观，宜阳上观午岭，宜阳董王庄 3 处，上观马家庄为主的蛇纹岩体为勘查铬矿时发现，但未专门勘查	典型矿床实例见第 5 章，蛇纹岩多属橄榄岩的蛇纹石化产物
I-22	陶瓷黏土——宜阳李沟	陶瓷原料——应进一步开发沉积高岭土，拓展矿石用途（见后）	泻湖沼泽沉积型	主要层位位于二叠系上、下石炭系本溪组，次为石盒子组，含矿 9 层。以大占砂岩之上的第 3 层（小紫斑泥岩）高岭土矿最好，矿物成分为高岭石。厚 2～5 m，局部 10.2 m，中夹灰-黑灰色硬质黏土。Al_2O_3 23.09%～27.36%，SiO_2 52.04%～61.62%，Fe_2O_3 1.10%～2.45%，CaO 0.14%～0.74%，MgO 0.28%～0.69%。本溪组底部的高岭土 Al_2O_3 38.40%～39.66%，SiO_2 40.62%～41.44%，厚 <0.5 m	1962 年豫 01 队普查时肯定为小型规模，对三、八、九三层矿按实测剖面进行储量计算	1	D 级 230.30 万 t	>1 亿 t	含矿层分布于所有煤系地层分布区，各地虽有特定层位，但厚度和质量变化较大	典型矿床实例见第 5 章，末开展进一步研究，见后面煤系高岭土矿产资源部分

第一部类

续表3-4

分类编号	矿种	主要用途	矿床类型	矿床地质简述	矿床规模	数量	探明	远景	产地分布	备注
I-23	梅花玉矿床 汝阳上店关帝沟	工艺石料——已由当地工艺石厂加工为梅花玉系列工艺产品,销往国内外,并打入奇石市场	火山岩型——火山岩的特种结构	矿区出露熊耳群许山组,受关帝沟火山喷发穹隆控制。岩性为紫红、紫红色杏仁英安岩,紫红、粉红、肉红色石英斑岩,深水、灰黑黑色斑状安山岩和紫红色黑状安山岩组成。在多杏仁英安岩岩顶部有一层由杏仁状英安岩组成分具梅花和枝干图案的岩层形成优质梅花玉矿层。岩层呈单斜状,产状147°~230°,∠8°~27°,区内发育近东西和NEE向断裂3条,对矿层具一定破坏作用	圈定含矿岩体84.7万m³,优质矿层厚1~2m,产于含矿岩体顶部	1	优质矿1万~5万m³		矿区位于上店南小关帝沟中,堪称梅花玉石,主矿者,主矿体位于石澜坡,目前仍以此矿区为优	见后第5章典型矿床实例
I-24	盐(含石膏)	食用,重要化工原料,除草剂,石膏多用于建材和造型材	新生代沉积(固水盆地)	豫西之罩头盆地,伊洛盆地,宜阳盆地以及嵩县盆地,于1972年前后,先后进行过找盐踏勘或普查,经物探和钻探验证,确定含盐地层为老第三系,层位在石膏层之下,其中宜阳盆地的陈宅沟和嵩川组均均发现石膏薄层,嵩县盆地圈定3处异常。末嶺异常带:分布于北部近东西向,长大于6 000 m,平均宽1 500 m,宽600 m,其中>50 mg/L的异常长>4 500 m,含量最高达877.84 mg/L;南李村—马村—上西河异常:近东西向,长6 500 m,宽1 000~2 000 m,含量20~178.19 mg/L;段庄—马村—王楼—武林异常:为盆地南缘,长12 000 m,宽1 000~1 400 m,分东西两段,长两段27.65~34.15 mg/L	经过这轮的各盆地普查,各盆地的石膏和盐矿仅是有找矿形成线矿床,没有形成矿床的可能。高县盆地虽自然圈出异常,但均未做进一步工作,仅为找矿线索				含膏、盐位于老第三系,分布在洛阳各新生代盆地。各盆地形不成矿床,但因其含盐度高(可能为盐源),因此也容易影响地下水源(关地一队热井水为咸水)	盐异常依据资料集收,具体核位置待核实,并应做进一步工作

第一部类

续表 3-4

分类编号	矿种	主要用途	矿床类型	矿床地质简述	矿床规模	数量	资源总量 探明	资源总量 远景	产地分布	备注
第一部类 I-25	洛阳牡丹—石观赏石类	原用作花岗石板材,定名"菊花青",因形态又酷似牡丹,更名"洛阳牡丹石",经加工为工艺石类观赏石,具陈设观赏价值	构造变质的古老山岩类	产于古老的登封变质地层中,出露和古老变质岩群的产状一致,大体呈 NNW-NEE-NNE 的"之"字形延展,最大长可达 200 m,宽不过 30 m,形成明显片理化带,边缘部为片麻状稀斑结核,极为破碎,"牡丹"在其膨大的内核产出,呈斑状结构。基质(0.2~2 mm)为片麻状流动构造,斑晶为钠黝廉石化斜长石"S"或"反 S"断续分布。斑晶为钠黝廉石化斜长石闪石、黑云母(10~20 mm),中心为残留构造碎斑,边缘重结晶,外形似杏仁体,长轴在岩石中略显平行	小型板材,大型工艺石材	1	5 万 m³		仅见于偃师五龙泉及伊川县张店—刘沟窑一带,以水泉之南刘石瑶、乌鸡注的规模较大,伊川段未详细工作	详见第 5 章典型矿床实例,与五龙泉水泉花岗石普查评价同时开发,现井开展工作,现已建厂开采加工
第二部类 II-1	石英岩	同石英砂岩,主要用作冶金熔剂(硅铁、硅钢)、耐火材料(硅砖)、制瓷(釉材、坯料)、玻璃原料以及制造硅微粉、工业硅、结晶硅等硅产品	前寒武系沉积变质型	典型矿床以伊川,偃师交界处的马山寨(冯家山、黄瓜山)石英岩矿为代表,矿床为太古界登封岩群上部石梯沟组地层的一部分,形成走向近南北,倾角近直立形成的同斜褶皱构造,成背斜形态,分为东西两矿带。东矿带位于冯家山、黄瓜山两矿处对应形成于冯家山段,矿体出露宽达 30 m,向北延至马山寨后被中元古代石英砂岩覆盖,西矿带位于黄瓜山,宽达 50 m 以上,北端为断层断失。最高品位 SiO_2 高达 99.38%,Fe_2O_3 0.27%,Al_2O_3 0.17%	全矿区出露面积东西宽 1.3 km,南北长 1 km,东矿带宽 18~28 m,长 1 300 m,西矿带宽 50 m,长 200 m(SiO_2 >98%)	1	估算矿石量 6 729 万 t	> 1 亿 t	伊川境内,冯家山、黄瓜山、马山寨南段,偃师境内,马山寨北段	见第 5 章典型矿床实例,偃师微源硅微粉公司加工硅微粉、石英砂系列产品,伊川分散加工石英砂

续表 3-4

分类编号	矿种	主要用途	矿床类型	矿床地质简述	矿床规模	数量	资源总量 探明	资源总量 远景	产地分布	备注
II-2	脉石英	特种玻璃（器皿玻璃、光学玻璃……）原料，工业硅、金属硅、碳化硅、硅铁原料	热液型、伟晶岩型	脉石英是介于熔炼水晶和伟晶岩石英核之间的一种硅石类矿产，比较普遍地分布于片麻岩、花岗岩等不同地层中，以熊耳群火山岩中的脉体最具代表性。宜阳下观脉石英宽 10～30 m，长 > 2 000 m，SiO_2 95.78% ~ 98.28%，Al_2O_3 0.8% ~ 1.07%，Fe_2O_3 0.087% ~ 1.959%	脉石英类以小而富为特征，最大的宜阳下观规模接近大型（1 000 万 t）为 960 万 t	已掌握的产地达数十处	200 万 t	>5 000 万 t	宜阳下观、上庞沟、嵩县纸坊秋盘、栾川赤土店、石庙、洛宁漂池、青铜山、全包山上戈等地	未进行专门地质工作，部分产水晶
II-3	酸性晶屑凝灰岩	主要用作水泥活性混合材料，以代替玄武岩、火山渣，另可代替水泥作砂浆和砌筑原料节约水泥，此外还可作为轻骨料代替碎石等	火山—沉积型	酸性晶屑凝灰岩中含玻璃相物质 30%，其中 10% 为丝光沸石，具较大活度，渗入量小于 25%、35% 可以分别生产 425、325 号硅酸盐水泥，为节能资源。嵩县九店一带分布中生代酸性凝灰岩，分上、下两岩性段，总厚 1 727 m，岩性为晶屑、岩屑酸性凝灰岩，晶屑为碱性长石和斜长石，其中玻璃 > 30% 部分可以圈出矿体，提供水泥活性原料	区域内凝灰岩出露在嵩县田湖、饭坡、九店，汝阳柏树、上店一带，成矿区域很大，但因未进行深入工作而未圈出矿体	1		远景较大	嵩县、汝阳屑凝灰岩分布区可预测发现沸石，已发现膨润土矿	膨润土产于凝灰岩底部

第二部类

续表3-4

分类编号	矿种	主要用途	矿床类型	矿床地质简述	矿床规模	数量	资源总量 探明	资源总量 远景	产地分布	备注
Ⅱ-4	脉状方解石	传统用作陶瓷釉、新兴材料、重钙填料、涂料填料以及饲料添加剂和制白色水泥原料	低温热液、侧分泌型	产于不同时代地层的断裂带中，以寒武—奥陶系石灰岩系中所产者质优，多呈网脉状的大小不同脉体产出，以宜阳樊村安古村和崔村"安古方解石矿"脉为代表。安古方解石脉走向295°，出露长约300 m，宽3 m，方解石呈白色，晶体完整，一般0.3 cm×0.5 cm，最大可达5 cm×7 cm，矿脉向深部有变宽趋势	推测规模可达10万t	5	安古：6.48万t	待查	已知产地除宜阳安古外，尚有宜阳城关、崔村、伊川半坡村以及新安宜城白窑、伊盆、暖泉沟、汝阳城关等地，规模一般较小	方解石产冰洲石好的方解石脉
Ⅱ-5	钾长石	主要用于玻璃、陶瓷、搪瓷工业部门，其次用于电焊条包皮、钾肥原料、研磨材料	伟晶岩脉型、"接触变质"（钾化）型、斑岩型	伟晶岩型钾长石较多，主要产于麻古、太华群老片麻古群岩基中，以伊川昌店、宜阳莲庄登封花岗岩为代表，矿体具对称分带性，K_2O坡头为代表，矿体具对称分带性，K_2O 9.4%~10.7%，高者达12.78%；"接触变质"型以荥川合峪岩体与长岭沟灵宝关店为代表，矿化位于合峪岩体与长岭沟的接触带，K_2O达15%以上；斑岩型形成于斑状花岗岩壳中的斑晶风化残坡积岩的富集带，以合峪、花山岩体边缘带为代表（K_2O 10.32%）	工业上>100万t为大型，10万~100万t为中型，区内钾长石均达中型以上规模，其中斑岩型风化壳型可达特大型	16	伊川、偃师、宜阳505.78万t	2 000万~5 000万t	偃师水泉、伊川昌店、江左、宜阳莲庄、上观、荥川合峪、陶湾、嵩县前河、洛宁等地	参见含钾岩石

第二部类

续表3-4

分类编号	矿种	主要用途	矿床类型	矿床地质简述	矿床规模	数量	资源总量		产地分布	备注
							探明	远景		
II-6	钠长石	玻璃、陶瓷、化工原料，代替霞石生产中碱玻璃球	伟晶岩型	本区钠长石和伟晶岩钾长石伴生，一般将 $Na_2O>5\%$ 或 $Na_2O>K_2O$ 的伟晶岩作为钠长石；伊川昌店魏庄、牡丹沟一带的伟晶岩，厚 20~30 m，矿物由石英、钠长石、微斜长石及微量磁铁矿、白云母组成，K_2O 2.10%，Na_2O 4.5%，SiO_2 76.18%，Al_2O_3 12.66%，Fe_2O_3 0.46%，TiO_2 0.18%	矿点，未评价	3	<5万t		伊川昌店，拉马店、魏庄、牡丹沟	工作程度低
II-7	钠长花岗岩	以其钠含量高而代替钠长石，用于玻璃、陶瓷原料，亦用于玻璃纤维、涂料和橡胶工业	岩浆岩型	原称白岗岩，不含深色矿物。主要化学成分 SiO_2 66.35%~76.72%，Al_2O_3 14.40%~20.38%，Fe_2O_3 0.145%，K_2O 0.22%~0.90%，Na_2O 8.30%~11.09%。主要矿物成分：酸性斜长石，碱性长石，石英和少量白云母，酸性斜长石含量>70%，碱性长石为钠和中长石。成分主要为钠斜长石。呈小岩株状产于宜阳花山花岗岩大岩基的北部外接触带中	岩体面积<1 km²，矿体规模>1000万t，属超大型矿床	2	待查	1 750万t	宜阳程屋、马家庄（缩头山）	是否可代替霞石正长岩和响岩？

第二部类

续表 3-4

分类编号	矿种	主要用途	矿床类型	矿床地质简述	矿床规模	数量	资源总量 探明	资源总量 远景	产地分布	备注
II-8	含钾碱性岩	经选矿后代替钾长石用于陶瓷、玻璃,原矿可大量用于钾肥矿物和研磨材料	岩浆岩型、火山岩型、脉岩型	岩浆岩型以嵩县纸坊、黄庄一带侵入熊耳群的碱性岩体群为代表,分布有大小 15 个岩体,K_2O 11.4%～15.53%,Fe_2O_3 2.64%～4.39%,时代不明;火山岩型含钾碱性岩以栾川群大红口组正长岩为代表,K_2O 平均 8.91%,分布在栾川白土及以西地区,为代表,分布在嵩县同庄西北的熊耳群火山岩分布也见到钾长碱性脉岩,据说 K_2O 15% 左右	各类矿产地较多,资源基础雄厚	>20	待查	亿吨计	嵩县纸坊、黄庄、木植街、汝阳上店、栾川潭头、大章、栾川城关、石庙、陶湾、三川等地	栾川长沟岩体亦归于此类
II-9	硅灰石	广泛用于陶瓷工业,占用量约 50%,其次用于生产特殊标号的混凝土、油漆工业的填料以及生产矿棉等方面	砂卡岩型	硅灰石系三道庄、中鱼库砂卡岩型钼矿的伴生矿种,生在钼矿内外接触带的砂卡岩中,硅灰石主要由硅灰石大理岩、石榴石、硅灰石角岩岩石组成,前者硅灰石含量可 >70%,后者 50%～60%,二者均需经选矿后获得硅灰石精矿。据洛阳工业高专考察所得分析资料,精矿 Loss 0.51%～0.98%,SiO_2 45.92%～50.28%,Al_2O_3 0.60%～5.45%,Fe_2O_3 1.40%～6.49%,CaO 37.90%～46.15%,MgO 0.44%～0.899%	含硅灰石砂卡岩矿体,地表出露长 1 350 m,延伸 7～20 m,厚 400～500 m,按硅灰石含量平均 35%,估算地质储量 538.46 万 t,属超大型矿床(大型≥100 万 t)	3	有关资料三道庄、陶湾一东鱼库估算储量 1 000 万 t		栾川县境内发现有三道庄、陶湾一东鱼库 3 处	典型矿床实例见第 5 章,未做专门选门和专门地质勘查工作

第 二 部 类

续表3-4

分类编号	矿种	主要用途	矿床类型	矿床地质简述	矿床规模	数量	资源总量 探明	资源总量 远景	产地分布	备注
II-10	透闪石	透闪石、透辉石均属偏碱镁钙酸盐矿物,应用于陶瓷、玻璃、冶金保护渣、造纸填料、橡胶填料和涂料等领域	接触变质型	透闪石矿化位于于栾川赤土店大坪岩体的东北接触带,矿化层位为官道口群巡检司群组中,上部含硅质条带和硅质团块大理岩,矿化厚度一般10~20 m,最大65 m,具多层状,矿石类型为强透透闪石化大理岩(透闪石含量50%~60%),条带状透闪石化白云石大理岩(含量>20%),透闪石为白色纤维状、针状、放射状集合体,方解石呈粒状,透闪石干涉色较高,两组解理夹角56°和124°	该矿为区内新发现矿种,以往曾误认为为硅灰石,仅做了局部工作	1		待查	栾川赤土店九丁沟	典型矿床实例见第5章、系新发现矿种,尚待追索和圈定矿体规模
II-11	云母(碎云母)	制作云母纸、云母板。加工为云母粉后,可用作功能性填料、涂料,还可还原为大片云母	伟晶岩型	伟晶岩型白云母在宜阳、洛宁、汝阳均有矿报道,唯成矿规模不大,且片度较小,不具成矿价值,加宜阳上观三岔沟,白云母产于伟晶岩和太华群接触处,矿脉长15 m,宽0.5~1.0 m,白云母片直径1~10 cm。碎云母以伊川彭婆冯家山、马山寨石英岩矿为代表,产于石英岩的上覆层岩中,岩性为白云石英岩或绢云,白云英岩,矿体厚5~15 m,长100~500 m,白云母片2 mm×3 mm,含量高达80.55%	碎云母估算储量400万 t,达中型规模	1	待查	大型(1 000万t)	碎云母类的找矿前景,除登封石群羊沟沟分布区外,还包括老的云母组片岩及南部宽坪群中的云母片岩、二云片岩	碎云母经选矿可回收石榴子石和石英

第二部类

续表 3-4

分类编号	矿种	主要用途	矿床类型	矿床地质简述	矿床规模	数量	资源总量 探明	资源总量 远景	产地分布	备注
II-12	石棉	制成不同品种的石棉制品,分别用于机械、建材、保温、橡胶、涂料、交通等多项部门	热液脉型	产出地层有熊耳群火山岩、栾川群不同层位的含镁质大理岩。石棉呈纵脉状,受节理构造控制,分横纤维和纵纤维两种,矿石有次闪石石棉、角闪石石棉,阳起石石棉等不同类型,矿化长数十米至100 m以上,宽数厘米,最长10余cm,以几厘米,纤维长最大,石棉构造栾川陶湾东鱼库规模最大,带长达500 m,宽0.1~1.5 m,单脉厚5 cm,已采出500 t	矿化分布广,但多具规模,石棉脉体较小,纤维较短,含棉率低	矿点8个			栾川秋扒鸭石沟、二道沟、三川青山大和尚沟、西坡陶湾三岔口后坪坡、东鱼库白崖根、狮子庙计家寨、秋庙白岩寺、扒鸭石沟土马超营洞窝	矿化差,规模小
II-13	滑石	广泛用于陶瓷、化工、工艺美术、填料、涂料、生活用品、医药用等30多项	构造变质型	区域上分布于栾川马超营断裂带旁侧,含矿地层为蓟县系官道口群白云质大理岩,系区域构造变质作用产物。滑石片岩带位于龙家园组中、上部,与上、下地层呈整合产出,含矿岩系厚200~300 m,厚10~30 m,含矿2~4层,厚1~3 m,延长400 m,含矿SiO$_2$ 26.52%~63.02%,CaO 10.06%~16.65%,Fe$_2$O$_3$ 0.68%~1.16%,MgO 21.61%~31.12%(狮子庙三联村摩天岭)	区内滑石多为滑石片岩,经对摩天岭滑石矿12条样槽控制,有8条达工业品位,计1.68 m×500 m×100 m(比重2.7)	矿点8个(栾川)	摩天岭 22.68万t	全区>100万t	栾川白土元里沟、嵩上、狮子庙三联、扒鸭石沟等,另在嵩县白河也发现滑石矿	典型矿床实例见第5章,形成东西长50 km长矿化带,矿石质量较好,但地质工作程度低

第二部类

续表 3-4

分类编号	矿种	主要用途	矿床类型	矿 床 地 质 简 述	矿床规模	数量	资源总量 探明	资源总量 远景	产地分布	备注
II-14	天然油石	磨具、磨料、工艺石料、民用磨刀石	沉积变质型、沉积型	沉积变质型系产于古元古界石英岩中一种粒度 < 0.05 mm 的变粉砂质岩石,绿色油石醅似翡翠,称密玉,为上等油石;另一类为产于二叠系底部金斗山砂岩段和二叠系的石英质粉砂岩,二者是民间常用的另一种油石,属普通油石,亦称磨刀石	未评价				偃师佛光(密玉)、宜阳丰李、城关、陈宅、伊川半坡金斗山	
II-15	白垩——湖相泥灰岩	水泥、白水泥原料、填料、涂料、环保材料、饲料	湖相浓水沉积	洛阳地区湖相泥灰岩以古近系(老第三系)蟒川组为代表层位,呈多层产出,厚度较大,颜色为白色者可以作为新的水泥原料资源,以洛宁兴华为代表 CaO 47%左右(无化学全分析资料)	洛宁兴华、董村,厚度 > 5 m	2		> 20 007 t	洛宁兴华、栾川潭头(E)	洛宁连接卢氏范里,层位稳定,质量较好但无样品

续表 3-4

分类编号	矿种	主要用途	矿床类型	矿床地质简述	矿床规模	数量	资源总量探明	资源总量远景	产地分布	备注
II-16	重晶石	化工原料——钡盐系列、石油钻探泥浆加重剂,功能性填料,玻璃、陶瓷、医药、制革等多种用途	热液脉型	分别以不同规模的脉状、网脉状,产于断裂构造比较发育的熊耳群火山岩地层中,极少数矿脉产于太古界太华群(宜阳张午程子),顶部切穿的矿层位在中元古界云梦山组底部的古太华群(嵩县黄门),与熊耳群火山岩山组底部的喷发层位相吻合。矿脉有单脉和复脉,矿化强弱不一,单脉最宽者达 2~3 m(宜阳上黑琵琶寨),长达 500 m 以上(宜阳上黑沟),$BaSO_4$ 77.64%~93.88%(宜阳赵堡沟)	规范规定大型 >1 000 万 t,中型 200 万~1 000 万 t,小型 <200 万 t,全区以宜阳赵堡最集中,主要矿产点十字岭计 65.25 万 t,加上南姜沟、善村、上黑沟、衔南坡等矿点,仅赵堡一处可达中型规模	>16	浅部基本采空	>200 万 t	宜阳赵堡,洛宁寻岭,新安曹村,伊川酒后店,汝阳高迁、嵩县田湖、栾川白土段,黄门、叫河牛凑	赵堡重晶石见第 5 章典型矿床实例
II-17	蛭石	传统用途是将膨胀蛭石用作轻质保温、隔热、吸音建材,新的用途指向农业、园艺上的无水栽培技术和环保,另在冶金、机械方面也有多种用途	热液蚀变	大部分产于太华群地层,矿化与超铁镁质岩带有关,矿石有两种类型:一为太华群火山岩中的蛭石,矿体产于穿入超铁镁质岩的伟晶岩脉中,脉体长 1 500 m,厚 5~35 m;二为超铁镁质杂岩中因热液蚀变产生的蛭石,长 180 m,宽 50~60 m(宜阳马家庄),矿物成分为金云母、绢云母、微量刚玉、蓝晶石、红柱石、夕线石,膨胀系数 15 倍。另在嵩县纸坊碱性岩中也发现蛭石	按 >100 万 t 的蛭石矿为大型石矿来划分标准,宜阳儿个蛭石矿点均可划为大型,特大型,如马家庄 309.97 万 t,横岭 500 万 t,马蹄沟 337.5 万 t	9		估算 >1 184.97 万 t	宜阳太山庙、下观、周家门、马蹄沟、三岔沟,栾川横岭、马家庄,栾川重渡阳坡、潭头韩家坡、洛宁下峪	典型矿床实例见第 5 章,宜阳蛭石开采加工 20 多年,但未做系统地质工作

续表3-4

分类编号	矿种	主要用途	矿床类型	矿床地质简述	矿床规模	数量	资源总量 探明	资源总量 远景	产地分布	备注
II-18	耐火红砂岩	块料代替耐火砖;粉料代替作炉衬;粉料代替耐火泥作砌缝,耐火度>1 700 ℃	沉积型	新安县地质矿产局依据群众利用当地石料成功冶铁的经验,将该石料进行试验,测定耐火度,定名为耐火红砂岩矿产。现查明该红砂岩的时代为下三叠系的刘家沟组、和尚沟组和刘家沟、和尚沟互层群,原称石千峰群,由紫红色砂、页岩互层组成	特大型	多处			该地层分布在新安、宜阳、伊川、偃师等地,为陆相沉积	
II-19	吉祥玉	工艺美术	火山沉积变质	吉祥玉为产于嵩县黄庄吉匠沟的一种火山沉积变质型工艺石。岩石呈一透镜状沉积夹块,产于熊耳群马家河组火山岩中,经火山热力变质,岩石透辉石化,伊利石化,呈现浅绿、灰、红等绚丽色调,石质细腻润泽,可雕琢成不同的工艺品,定名为吉祥玉,现已建厂开发,产品很有市场	经地质评价,估算矿石储量十几万吨	1			吉祥玉类火山沉积变质岩,在熊耳群火山岩分布区不只1处,待调查新找到新的产地	列为宝玉石类
II-20	伊源玉	工艺美术	接触变质	伊源玉为产于栾川陶湾阀顿岭附近的另一类彩石。因阀顿岭为伊水之源,故而得名。含矿层位为栾川群煤窑沟组镁质大理岩。玉石坑处宽(厚)约45 m,夹于两层辉长绿岩之间,岩石变为黄绿、墨绿色蛇纹色大理岩(鉴定透辉石为透闪石),硬度5.5~6,有韧性而色彩艳丽,现已建厂开采加工	大理岩层位内不均匀矿化,未做储量计算	1			采坑位于栾川陶湾苇园村北东1 km后山处,依其成矿条件,矿化特征和含矿层位,栾川尚未止此一处	详见第5章矿床典型实例宝玉石类

第二部类

续表 3-4

分类编号	矿种	主要用途	矿床类型	矿床地质简述	矿床规模	数量	资源总量 探明	资源总量 远景	产地分布	备注
II-21	竹叶状石脉重晶石	观赏石类	热液脉型	原岩为产于熊耳群中因 $BaSO_4$ 矿液不足而形成的不具开采价值的重晶石脉,但因其重晶石晶体颇似竹叶,且因大小疏密程度颇有观赏竹林之感,故采之并仿观赏石制作加工为置景石,陈设观赏,成为清丽淡雅、别具一格的工艺品,市场效益较好	凡有重晶石矿之贫化部分皆有这种石材,而以嵩县黄庄赵园产者佳	多处			汝阳小店、嵩县黄庄赵园沟、宜阳,洛宁寻峪	
II-22	其他工艺石类	可以加工为工艺品的各种石料——砚石、印章石、玉雕、石雕、墓碑石、石屏风的各种石种	沉积型、沉积变质型、火山热液型、岩浆热液型	工艺石的种类较多,主要有:砚石——寒武系,元古界钙质泥质板岩(新安澄泥砚泥成型烧结而成);印章石——青白口系洛峪群叠层石灰岩(洛阳红),熊耳群中伊利石;玉雕——梅花玉、吉祥玉、伊源玉;石雕——寒武系石灰岩,白云质灰岩;墓碑石——辉绿岩、玄武岩、辉绿玢岩、花岗石;石屏风——板石、图案石及上水石等	矿床规模不等,目前多系民间采点,开采量不大				砚石、印章石,石雕多分布在北部沉积地层分布区,玉石雕类以南部火山岩、变质地层分布为主,南部嵩县白河产白色大理岩称羊脂玉	待专项调查和矿种开发

第二部类

续表3-4

分类编号	矿种	主要用途	矿床类型	矿床地质简述	矿床规模	数量	资源总量 探明	资源总量 远景	产地分布	备注
II-23	淋滤碳酸钙	水泥原料，白水泥填料，涂料，(饲料钙)，饲料添加剂，制石灰	淋滤型	矿石呈层状、似层状，主要成矿层位位于新近系洛阳组顶部和第四系交界处，底板为砂质黏土岩时，因漏底而贫化，区域上分布不均。岩性为白色、浅黄褐色，层理不清，粒块状结构，$CaCO_3$ 93.64% ~ 54%，Fe_2O_3 0.02%，CaO 53% ~ 54%，SiO_2 3.7%，MgO 0.55%，Al_2O_3 1.10%，一般分布在洛阳组形成的丘陵、高地，地貌上形成陡崖	未作专门评价，伊川常川估算矿量9 000万t（伊川"三图一书"）	4		>亿t	宜阳董王庄、栗园，伊川常川高桥、魏营，汝阳陶营湾（北）等地	原宜阳董王庄定相湖泥灰岩（白垩）有误
II-24	伊利石黏土岩	陶瓷原料，深加工后为塑料、橡胶功能性填料—补强剂	沉积型	现已发现矿产有两个层位：下层位于寒武系下部相当震旦系罗圈组冰碛砾岩层位，区内厚度不大；上部矿层位于石炭系太原统顶部煤系石层的下部。矿石呈白色、浅绿、浅红、浅黄色，贝壳状断口，或者具蜡状光泽而精润，质优者具细腻，宜阳等地多作陶瓷原料开采	石炭系矿层厚 >2 m，经进一步工作可圈定矿体				新安、石井青石岭（C_3t），宜阳城关李沟（C_3t），伊川半坡	沉积型伊利石，河北称"章村土"，为优质陶瓷原料

第二部类

续表 3-4

分类编号	矿种	主要用途	矿床类型	矿床地质简述	矿床规模	数量	资源总量 探明	资源总量 远景	产地分布	备注
第二部类 II-25	沉积高岭土	高岭土有广泛的用途，主要用量占产量绝大领域有陶瓷，用部分，新兴领域在造纸、橡胶、塑料方面用作填料，另在玻璃、日用化工、农业、尖端工业方面也有广泛用途	与煤系伴生沉积型	通过对比，煤系高岭土的含矿层位，至少有 5 大层以上（见 I-22，陶瓷黏土——宜阳李沟）。目前发现的优质沉积高岭土位于伊川半坡马岭山井田白器一何村之间，层位相当三煤段大紫斑泥岩层位下部，矿层顶板为杂色泥岩，目前民采坑揭露长 >3 km，厚 1.5~3 m，矿石呈肉色、灰绿、浓紫色，质细腻，贝壳状断口，与空气接触呈肝子状碎裂。化学分析，SiO_2 44.52%，Al_2O_3 38.29%，K_2O 0.59%，Fe_2O_3 0.85%，TiO_2 0.41%，加工自然白度 88（1 250 目），矿石向东贫化	估算 >100 万 t	1			优质者以半坡段岭北为代表	见第 5 章典型矿床实例部分，伊川已建厂开采加工
第三部类 III-1	陶粒原料——陶瓷黏土岩	用于高层建筑构结混凝土、保温混凝土的骨料，亦可用作绝热混凝土、耐火砖、绝热、隔音等建材原料。开发领域为草坪、园艺基和涵养物营养	沉积型	目前用于陶粒原料的有页岩（如煤矸石）和黏土岩（第四系和第三系）两大类。要求矿物组成中黏土矿物总量 >40%，并以伊利石、水云母、蒙脱石为主，高岭石次之。在化学组成上，Al_2O_3 比 SiO_2 为 3/4，含一定量的 CaO,MgO,K_2O,Na_2O（熔剂）和适量的造气矿物 FeS_2（黄铁矿）、Fe_2O_3（赤铁矿）、$Fe_2O_3 \cdot H_2O$（褐铁矿）及白云石、方解石、石膏等	陶粒原料资源分布广泛，除第四系、第三系外，还包括广泛分布的 C-P 煤系地层和新元古界紫色黏土岩（伊利紫砂岩）	资源雄厚			北部各县——新安、宜阳、伊川、偃师、汝阳煤系地层、洛宁、伊川、嵩县盆地的古界紫色黏土砂岩、质粉砂岩地层	同工业民工，小试成功，将扩大生产

续表 3-4

分类编号	矿种	主要用途	矿床类型	矿床地质简述	矿床规模	数量	资源总量 探明	资源总量 远景	产地分布	备注
Ⅲ-2	紫砂陶瓷	紫砂是一种富含铁质而带黄褐、红紫等色调的陶土,可制成特种陶瓷(紫砂瓷)和工艺品、日用品,具有独特观赏性和使用性	沉积型	系指一种铁、锰质元素含量较高的陶瓷原料矿产资源,矿物成分以高岭土、伊利石为主,含一定量的 SiO_2 和 Na_2O、K_2O,主要含矿地层为晚元古界崔庄组、寒武系馒头组,三叠系中上统椿树腰组和油房庄组(紫红色页岩)以及石炭系底部铁矾土层部分。以寒武系底部馒头组和三叠系所产者为优	依成矿条件均可形成大型矿床规模,但尚无勘查矿例				同陶粒原料矿产产地	
Ⅲ-3	文象岩	国外广泛利用于多种复合性的材料、填料,可制成酸硅微粉	伟晶岩脉型	分别产于古老变质岩系和形成大的花岗岩基中,产出和形成条件同伟晶岩型钾长石和钠长石。晶岩脉的对称生于发育好伟晶结构的石英和钠长石在这种分带中,文象结构的石英和钾长石在结晶形成共结点时对等晶出,钾长石为微斜长石和微纹长石,K_2O 占 8%左右	矿床规模大于钾长石、钠长石				伊川、偃师(登封群)、宜阳、洛宁、栾川(花岗岩基型)	国际矿产信息

第三部类

续表 3-4

分类编号	矿种	主要用途	矿床类型	矿床地质简述	矿床规模	资源总量 探明	资源总量 远景	产地分布	备注
Ⅲ-4	浅粒岩	玻璃、陶瓷原料,花岗石板材,工艺石材,填料	变质地层	浅粒岩又称白粒岩,是一种暗色矿物很少、颜色很浅,具细粒状变晶结构的区域变质岩石。岩石中长石和石英含量>90%(长石>25%),少量矿物为黑云母、绿泥石、磁铁矿,产于太古界太华群石板沟组,长150~200 m,厚20~45 m,白色、乳白色,石英+斜长石>95%,铁镁质1%~2%	待查矿点(引自《洛宁矿产资源》)		>100万t	洛宁赵村,下华群(太华群变质岩层)	国际矿产信息,在国外绢英岩、浅粒英岩,矿FeO<0.1%,矿粉可以出口
Ⅲ-5 第三部类	绢英岩——白云石英片岩	综合性耐火材料,陶瓷原料,填料,涂料,碎料,经选矿可分别回收硅石、云母、磁铁矿	变质岩型	原岩为绢云石英片岩,白色、灰白色,主要矿物为石英,次为绢云母、白云母,含少量黑云母类暗色矿物。洛阳一带的这种岩石,分别见于不同变质岩系中,主要层位为太古界登封群老羊沟组,石梯沟组,早元古界嵩山群五指岭组,中元古界宽坪群四岔口组(二云石英片岩、变粒岩)。以伊川彭婆马山第一带质量较好(石梯沟组,伴生有石榴子石),经选矿可综合利用;另在南部宽坪群分布区具广泛找矿前景	分布较广,规模大		大型	伊川,偃师,栾川南部宽坪群四岔口组(红崖沟组)有巨厚的白云石英片岩,具二云石英片岩,国内有雄厚资源等待开发	国际矿产信息,在国外绢英岩、干枚岩,广泛用作耐火材料,国内开发为碎云母

续表 3-4

分类编号	矿种	主要用途	矿床类型	矿床地质简述	矿床规模	数量	资源总量 探明	资源总量 远景	产地分布	备注
Ⅲ-6	石榴子石	天然磨料，特种磨料（铁铝石榴子石），道路面抗滑剂，净化水过滤材料，透明者可做宝石	区域变质型、砂卡岩型	凡边界品位达4 000 g/m³ 工业品位达6 000 g/m³ 的含石榴子石的片岩、片麻岩、砂卡岩等类，均可成为石榴石矿床。登封群石梯沟组（伊川彭婆赵沟）有含榴白云石英片岩，目估石榴品含量5%～7%可综合回收；洛宁太华群片段沟岩组有石榴黑云变粒岩、石榴黑云斜长变粒岩，岩层厚度较大，石榴含量较高，质优新鲜者可选矿综合回收	洛宁段沟岩组地层厚达694 m，砂卡岩岩位，石榴石含量大大超过工业品位，栾川三道庄砂卡岩中石榴石和硅灰石共生	3		可达大型	洛宁下峪、崇阳、伊川赵沟（与石英岩、碎云母伴生、栾川三道庄（砂卡岩）	找矿开发前景较好，需进一步专门调查
Ⅲ-7	沸石	主要用于建材业，作硅酸盐水泥的活性混合材料，亦可用于化工、轻工、环保，在农业上主要用作饲料和肥料	火山气成热液型、火山—沉积型	预测本区具有形成沸石矿的条件：①原洛阳建专资料：嵩县九店白垩系酸性凝灰岩样品含20%沸石，可能圈出矿体；②河南省区调队资料：宜阳赵堡乡西部熊耳群火山岩中发现沸石；③地调一队：嵩县木植街熊耳群第四系火山岩（玄武岩），产较多黄色针状晶体，推测为沸石	注意在最新火山岩喷发气孔中发现沸石				嵩县九店、饭坡、木植街，汝阳柏树、大安，伊川酒后，葛寨	需进一步调查

第三部类

续表 3-4

分类编号	矿种	主要用途	矿床类型	矿床地质简述	矿床规模	数量	资源总量 探明	资源总量 远景	产地分布	备注
III-8 第三部类	绿高岭石——伊利石黏土	如果是伊利石，可作为陶瓷原料，填料，涂料（绿高岭成分应为蒙脱石，可形成蒙脱土）	煤系沉积型	矿层赋存于二叠系，矿体东西延长 4 km，南北宽约 200 m，厚 7～10 m，矿石呈绿－褐绿色，具滑膩感，贝壳状断口，比重较轻，检块分析结果 SiO_2 62.62%，Al_2O_3 17.77%，Fe_2O_3 4.44%，《洛阳矿产图》称为"绿高岭石"	估算矿石储量 1 200 万 t				分布在伊川高山、张村、牛洼一带	依岩性特征，对比区域地层，相当紫大泥岩，成分为高岭石或伊利石
III-9	膨润土——蒙脱石黏土	广泛用于钻探配制泥浆，炼铁黏结球团的黏结剂，铸砂黏结剂，调节木材、建筑，石油化工、食品工业脱色，漂白用品及生活用品等方面	沉积型、火山——沉积型，风化型，热液型	膨润土的矿物成分为蒙脱石，主要形成于火山岩地区，成矿与古风化壳有关。区内关于膨润土找矿线索较多，洛宁、嵩县、新安等地都有报告。主要预测点有：①新安五头新近系红土（过去用作钻孔泥浆）。②宜阳董王庄、嵩县饭坡、九店火山岩，已用作玻璃和炼钢球团；③汝阳玄武岩附近的沉积白土，可用作漂白土和砖瓦黏土	目前发现的含蒙脱石酸性火山凝灰岩厚度大，有较好的成矿远景，蒙脱石含量 40%		中	大型	洛宁、嵩县、新安、汝阳	见第 5 章典型矿床实例，待选矿提纯后，广泛使用

续表 3-4

分类编号	矿种	主要用途	矿床类型	矿床地质简述	矿床规模	数量	资源总量 探明	资源总量 远景	产地分布	备注
Ⅲ-10	煤矸石	化工原料—制氨水、复合肥料，建材—陶瓷、陶粒，煤矸石发电。提取伴生元素	再生综合利用资源 沉积型	煤矸石为煤层的夹石，在煤炭开采时作为废弃物堆积在坑口，因发热量低，代表成煤前植物生长层煤的顶底板，其成分包括高岭石黏土、伊利石黏土、蒙脱石黏土和少量石英、长石类粉砂质黏土，因含大量有机质，故呈黑色、褐灰色，富含镓、锗类元素	各产煤大县的大小煤井均产煤矸石，远景以亿吨计，年积存量160万t			大型	新安、偃师、宜阳、伊川、汝阳各产煤县	当前多被开发利用，矸石堆在各煤矿区逐大减
Ⅲ-11 第三部类	电厂粉煤灰	建筑工程（免烧砖、混凝土、灌浆材料、陶粒、承重砌块）、道路工程，填筑材料，农业（磁化肥），资源回收（金属、贱金属）	煤炭燃渣	洛阳市拥有首阳山、龙羽、龙泉等多家火力发电厂，总装机容量800万kW，按1 kWh电耗煤375.86 g计，总耗煤3 006万t，年形成的电厂粉煤灰将达1 480万t，成为洛阳市一笔重要的再生资源。开发利用粉煤灰，从循环经济角度具有重要意义	资源雄厚				各地大电厂包括洛阳市、伊川、新安、宜阳、偃师（煤矸石）、栾川（石煤）、孟津（待建）	资源化合理利用
Ⅲ-12	砖瓦黏土	生产黏土砖（现已被取缔）	第四系砂质黏土（黄土）	传统的黏土砖厂主要利用砂质土，包括马兰黄土(Q_3)、离石黄土(Q_2)和冲积、淤积的砂质黏土、亚砂土(Q_4)，因其大量毁坏环境、破坏耕地，故被取缔，改用电厂粉煤灰、煤矸石和工业废渣以及河道淤泥等代用品		取缔前为47处			环城地区砖厂居多，洛阳市近郊规模最大，毁地产重，现被取缔转型	数量、规模锐减

续表 3-4

分类编号	矿种	主要用途	矿床类型	矿床地质简述	矿床规模	数量	资源总量 探明	资源总量 远景	产地分布	备注
Ⅲ-13	河床砂砾	混凝土砂石料，墙体砌料	古河床，现代沉积砂石采场	已有砂石厂多处，主要分布在洛河、伊河沿岸，所选择的开采场地多为河床和河漫滩，运用人工或机械挖掘，运输经筛分分级提供使用，合理开采对疏浚下游河道能起到好的作用	科学开采，资源丰富	18			洛阳、偃师、宜宁、洛宁、伊川、栾川、汝阳	以伊川、宜阳、偃师、洛龙区最盛
Ⅲ-14	建筑石料	路面、墙体等各种工业废渣碎石	人工采石	系指经人工采石，机械粉碎，为用户提供碎石原料的各种采石厂，石质原料主要是石灰岩、石英砂岩、火山岩、脉岩及片麻岩类，以前者最广，主要分布在城市郊区及主要交通沿线附近	同砖瓦黏土一样为民营企业中的主体之一				宜阳、栾川、新安等铁路、公路沿线各地	因浪费资源，危及生态环境，应加强管理
Ⅲ-15 第三部类	固体废弃物，工业废弃物	工业废弃物包括固体、液体和气体，其中固体包括煤矸石，粉煤灰和各种矿渣等各种工业垃圾。利用矿渣可回收金属，生产水泥和建筑砖，或铺路和栽种林木	再生资源	其中的固体废弃物包括选矿厂尾砂、冶炼厂工业垃圾(矿渣、固体废料)、电厂粉煤灰、煤矿矸石等。洛阳系工业城市，南部山区县市的金、钼、铝、锌、萤石选厂每年都以百万吨计排出矿渣，而其中煤矸石、钼矿尾等冶金尾矿中还含有镓、锗、铷、钒等有益元素，同时也是重要的硅肥、钾肥、镁肥原料资源，有些钼尾砂(如矽卡岩多金属矿)还含有大量未被利用的有益元素(Mo,S,Pb,Zn)和非金属矿物	系综合利用和综合回收的再生资源，利用前景十分广阔				钼矿尾砂正以栾川为试点综合研究，其他矿山尾矿大部分被废弃，工厂的工业废弃物基本没有被利用。该资源也待开发为硅肥	资源丰富，研究程度低，亟待开发利用

续表3-4

分类编号	矿种	主要用途	矿床类型	矿床地质简述	矿床规模	数量	资源总量 探明	资源总量 远景	产地分布	备注
Ⅲ-16	鹅卵石—石英质	仿古园林建筑,特种色彩研磨材料,陶瓷硅石原料	古海岸型,现代河床沉积型	古海岸型以偃师(包括登封,汝州)—带周围绕嵩山马鞍山砾岩为代表,底部分为中元古界汝阳群,砾岩成分绝大部分为白色石英岩,有极好的滚圆度和分选性,质量高,具极高的园林装饰效果;现代河床沉积型以石英砂岩为主,见于洛阳区(汝阳群)分布区的河道,可用于研磨材料,亦可作为陶瓷厂的硅石原料	各具一定规模				古海岸型—偃师寇店,大口,佛光,现代河床型见于新安涧河上游区	特种矿石
Ⅲ-17	板石	板石具多样性,多种色彩,有特殊的装饰性能,与花岗石,大理石并列为三大石材资源	动力变质岩,区域变质岩,沉积岩	板石可加工剥离为规模板材的变质岩不同时代的有太古界,元古界地层。洛阳地区可作为板石的有太古界,元古界,栾川群,陶湾群以及地层,陶湾群,栾川群为找矿靶区,其中栾川,嵩县的宽坪群,栾川群的古生代地层板岩,千枚质板岩类最理想,群众曾用来作屋瓦等石材	可达大型矿床				栾川,嵩县白河(锯切粗加工)	色古雅,易加工,质地均匀,好拼接,造价低
Ⅲ-18 第三部类	天然水泥原料—泥灰岩	直接烧成的普通水泥原料—泥灰岩	沉积型	指的是一种具备水泥原料指标的泥灰岩类岩石。化学成分要求 S/A 1.75~4.5, CaO >43%, MgO <2.75%~3.8%, K_2O <0.9%,饱和系数(KH)0.85~1.0, A/F 1~3.5,其他氧化物总量 <2%。洛宁,宜阳,栾川第三系湖相泥灰岩大体具备上述工业要求	大、中型	3		>1亿t	宜阳,洛宁兴华第三系地层产泥灰岩	

3.2.3　经济分类

这是建立在发展矿业经济,促进地方综合经济发展观点上,对非金属矿产管理提出的另一新的分类方案。该分类法充分运用了非金属矿产的某些物理化学特性,突出其经济价值和与发展地方产业的关系,更加适应社会经济发展和贴近人们生活。这种分类虽然没有统一的格式,但代表着一个地区矿业管理中一种可以与时俱进的新思路,在规划矿业发展和处理矿业发展关系中很有价值。该方案将矿产分为四种类型。

3.2.3.1　融资增效型

融资增效型指市场条件好,需求稳定或需求量大,市场要求技术质量标准高,含有较高技术附加值的矿种,如超细、超白级高岭土和重钙、轻钙,超纯级硅石砂、硅微粉、云母粉、硅灰石粉、特种功能填料的重晶石粉,红、黄、黑、蓝色花岗石、大理石板材,特种水泥、陶瓷、玻璃原料等。换言之,除地方性名、优、特品种的非金属矿产外,重要的一点是大力发展高技术附加值的填料、涂料、颜料及宝玉石、彩石类矿产。洛阳是国内知名度较高的工业城市和旅游城市,发展填料、涂料、颜料类产业既可突出洛阳市的资源优势,也可发挥洛阳市老工业基地具备机械、设备、技术的优势,而发展宝玉石、彩石一类加工产业既有资源保证,也适应洛阳市的文化旅游名城的特点,为之提供旅游商品,但遗憾的是这两项都是洛阳市目前的薄弱产业,雄厚的资源优势亟待转为经济优势。

3.2.3.2　现有产业基础型

现有产业基础型指洛阳市现正在运行的非金属矿产加工产业所需要的非金属矿产。如洛阳玻璃产业所需的以硅石类为主的玻璃原料矿产系列;耐火材料产业所需的耐火材料矿产系列;冶金和机械制造所需的辅助原料系列;以水泥为代表的水泥产品和有关的建材系列等。这种按已有产业需求为标准而形成的矿产分类,由于强调了资源的配套性和标准化,而形成的主要矿产和辅助矿产系列在发展地区性矿产资源方面起到了支撑作用,对于称为原材料的非金属类资源的合理配置极富战略意义。围绕现有产业组织好有关矿物原料生产、供应是非金属矿产开发的一条传统途经。

需要着重说明的是,洛阳现有非金属类的大部分产业,多是计划经济时代在因地制宜、就地取材方针下发展起来的,由其对口性发展起来的矿山和利用的矿物原料,也都受着封闭的“小矿业”观念所限制,对发展当前的矿业经济特别是企业的纵深发展有相当大的局限性,也不符合科学发展观的精神。因此,新的矿业发展思路,必须以“大矿业”观念,以市场需求为导向,打破矿产分布的地区性限制,从全省乃至国内外需求来发展矿业,统筹原材料,跨地区组织矿产品深加工,这是一些地方发展矿业的新路。

3.2.3.3　新上产业型

新上产业型又称拓宽产业型,指一个地区按制订的矿业发展规划,新上的一批产业所需的那一部分矿物原料资源——主要资源和辅助性资源。提出这类资源分类的目的,是它体现了全市工业发展的整体概念,要求超前一步组织好资源勘查和开发工作。例如“十一五”规划中新安、伊川、宜阳扩建和新上的一批煤—电—铝产业链中的铝矾土矿产资源,硅微粉、多晶硅、单晶硅项目需要的硅石类矿产,伊川、嵩县的高岭土加工,宜阳2 000 t水泥生产线的水泥原料资源等,都需要按发展规划,超前由地质勘查起步,配备好资源,除此而外对包括钾长石、伊利石、重晶石、萤石、蛭石以及固体废弃物等涉及各县市和地方乡镇规划发展的矿种,也应有程序地开展相应的地质工作。

3.2.3.4 资源储备型

资源储备型是指除去以上三种类型外,对其余暂未列入矿产发展规划的那些矿种。对这种矿产的管理,首先要依照非金属矿产的需求随工业发展、随人类物质文化生活的提高、随市场需求不断变化的原则,要像"开中药铺"一样作好资源储备,并按应用分类方案进行资料整理,随时提供所需。为此洛阳市国土资源局在组织编制矿产资源发展规划时,十分强调各县(市)必须对每种资源的一些代表性产地在组织好踏勘调研的基础上,编制矿产卡片,并在此基础上建立数据库,这是远见之举。

从矿业经济研究角度着眼,本书提出的这种分类方案,实际上包含着一个地区(市、县)科学管理和利用非金属矿产资源的一套完整的、层次分明的地方性矿业规划纲要,看似简单,但要求有很高的操作水平:一是要熟悉并全面了解当地矿产资源的种类、分布、交通条件、开发利用状况,要求管理者有良好的素质;二是要求熟悉每一种矿产的用途、矿床地质条件和加工利用的质量要求,要有相当的科学技术水平;三是要随时掌握矿业市场的变化,具备商品经营意识和经验。矿业开发也如用兵列阵,出奇制胜,只有具备以上条件,才能提出科学合理的分类。实际上,一个地区对矿产的合理分类如同制定了一部完整的非金属矿或包括其他矿种在内的矿业发展规划。

以上介绍的三种分类方案,从一个侧面反映了我们对洛阳非金属矿产的研究和认识程度,其中在第一种分类方案中提出的"人文矿种"一词,第二种分类方案的"三大部类"和"可预测矿种",尤其第三种分类方案中的"融资增效型"、"已有产业型"、"新上产业型"、"资源储备型"分类,包括第二、第三种分类方案的提出,在其他文献中都未曾见及,这里包含着我们的新观点、新认识和新的一套非金属研究方法。所以,关于非金属矿产分类,也具备很多的科学性和探索性,我们的这些见解只能当作研究非金属矿产方面的一种探索。另外需强调的是,非金属矿因矿种多,成矿地质条件多种多样,应用领域广,涉及大小工业,联接千家万户,做好非金属的工作并不容易,特别在发展矿业经济方面,虽也包含用兵之道,出奇制胜,但因涉及多种知识,不好驾驭,所以我们也必须不断提高自己的业务水平,既要掌握矿业管理知识,又要从地质调查、生产实践方面获得信息,在运用矿产分类等方案的不断探索中,提高洛阳市非金属的研究和管理水平。

3.3 洛阳市非金属矿产特征

洛阳市非金属矿产资源研究和发展的主要任务之一,是想从单纯的资源统计管理,尽快转化到地质勘查、开发利用的目标上,对每一类矿产,都要力求弄清它的成矿作用、形成条件、控制因素、成矿物质来源、成因类型、工业类型等进行研究,为地质勘查、开发利用工作提供较为系统的资料。

3.3.1 内生非金属矿产

内生矿床包括岩浆矿床、伟晶岩矿床、气水溶液矿床、接触交代矿床和热液矿床几个大类,不仅形成了重要的金属矿床,也形成了重要的非金属矿床,下面着重就非金属矿床中的主要类型,结合洛阳矿床特征,作概要阐述于后。

3.3.1.1　岩浆型非金属矿产

1) 成矿条件和找矿方向

岩浆矿床的形成,取决于岩浆条件、构造条件,也包括与岩浆运移过程中的同化混染作用、气液作用以及多期次岩浆活动时岩浆本身的自变质作用,其中主要的是岩浆条件、构造条件和有挥发分参加的同化作用。

a. 岩浆条件

对于大部分非金属矿床来说,岩浆是成矿物质的携带者,如与苦橄玢岩有关的橄榄石,与碱性斑岩岩浆有关的钾长石和霞石,或者岩浆岩本身就是一种矿产,如橄榄岩、辉绿岩、玄武岩,均称为岩石型非金属。不同的岩浆类型是成矿的基本条件,如气液阶段的岩浆形成磷灰石矿产,金伯利岩浆形成金刚石矿产,超铁镁质岩浆形成科马提岩。尤应着重说明的是,不同类型的岩浆岩对形成花岗石石材类矿产有特殊意义,一些稀缺名贵石材品种都出于不同色彩、不同岩性的岩浆岩,例如一些黑色、暗色系列花岗石板材主要来自纯橄榄岩、辉石岩、角闪岩、苦橄岩、科马提岩或玄武岩;蓝色花岗石板材主要取决于花岗岩中拉长石的含量,黄色花岗石则取决于长石、云母类矿物的蚀变作用,而红色花岗石取决于混合岩化时同化的铁元素和钾长石的含量。

显然,岩浆岩的类别是形成一些岩浆矿床的先决条件,因此在寻找这一类矿床时必须把握三个要素:一是认识和掌握不同岩浆岩类型矿床的岩性特征,把握找矿的岩浆岩标志;二是了解有用矿产和岩浆岩的关系,有用矿物在该岩浆岩中的部位;三是充分运用区域地质、基础地质、区域成矿规律的研究成果,全面部署地质找矿工作,结合一些矿床的特定找矿方法和手段,以取得理想的找矿效果。

b. 构造条件

构造是控制岩浆矿床形成的重要条件。不同的大地构造单元控制了不同时代、不同类型岩浆侵入体的形成和分布,不同的大地构造发展阶段控制了岩浆的活动规模、活动期次和有关的成矿作用,而不同的大地构造部位又控制着不同的岩性、岩石类型和岩体规模,此外构造格架中的各种构造形迹,还为岩浆活动提供了空间和通道,并决定了岩体的产出形态。

按照一个地区的大地构造格架或构造地质特征,依据不同类型岩浆岩出现的特定的大地构造部位,去发现与其有关的矿床,是得到共识的有效的找矿方法。例如与基性、超基性岩有关的黑色花岗石石材类矿产,主要分布在优地槽的深断裂带附近,与古洋壳的蛇绿岩有关;与红色花岗石石材有关的混合花岗岩、花岗岩主要分布在陆缘火山弧及弧后花岗岩带中;而形成钾长石、钠长石、霞石的碱性花岗岩,主要分布在地缝合线附近和陆内裂谷带。此外,原生的产有金刚石的金伯利岩则与深大断裂带有关,而蓝晶石、红柱石、夕线石这些由高温高压作用形成的变质矿物,则与优地槽或地缝合带区域性的构造变质密切相关。

c. 同化、挥发分等其他作用

同化作用是岩浆矿床的重要成矿作用,可以形成具特色性的矿床。岩浆在运移过程中,由于不断同化围岩、不断捕收围岩物质,而使岩浆本身的化学组分更加丰富,形成组分复杂的岩浆岩。这种岩石经风化作用后,它的化学组分部分溶于水,部分保留于岩石中,并成为可以为人体摄入的元素。我们的先人在利用自然创造生存条件时,发明了麦饭石这一药用矿物,经现代科学证实,麦饭石岩石中所含组分很多是作物或人体特别需要的有益元素,因此再创这些元素的浸出条件,是利用和开发这种矿产的途径。由此兴起了开发利用麦饭石资源的热潮,并根据这一特点,又开发出多元硅肥,开创或延拓了麦饭石开发利用的又一领域。

岩浆中的挥发分对岩浆起着稀释作用,称之为矿化剂。挥发分主要是水和氟、氯、硼、硫、砷、碳、磷等元素,它们的熔点低,挥发性高,除能促进岩浆自身的分异、流动和同化作用,能够与金、银、铂、钯、钨、锡等金属元素结合形成易熔络合物,并使之残留于岩浆中外,还能形成磷灰石、磁黄铁矿等非金属矿物。

附带说明的是,对于大多数岩浆岩体的研究成果证明,它们多是多次岩浆活动的冷凝体,尤其火山岩区喷出的不同熔岩岩浆,它们可以因含有过量气液的泡沫状熔岩冷却形成轻质建材类的浮石矿床,也可因在水溶液、钙、钠、钡、钾元素参与下形成分子筛类的各种沸石,还可以发生自变质作用形成工艺美术石类矿产,也是一个很宽的成矿领域和找矿空间。

2)洛阳地区的岩浆型非金属矿床

洛阳地区的岩浆型非金属矿床主要是岩石型,另外还包括矿物型和元素型两类矿床或矿点,参见表3-5。

表3-5　洛阳市岩浆型非金属矿产分类表

分　类		矿床(产)类型	应用领域	产　地
岩浆型非金属矿床	岩石型	超基性—基性岩石　辉石橄榄岩	花岗石板材	宜阳张午、洛宁下峪、嵩县西北部
		蛇纹岩	化肥、净水剂	宜阳张午、董王庄、洛宁凉粉沟
		辉长岩	花岗石板材	宜阳、洛宁
		辉绿岩	花岗石板材	偃师、伊川、宜阳
		玄武岩、浮石岩	公路抗滑剂、岩棉等	汝阳、伊川
		中性岩　闪长岩	建材、石材	洛宁、汝阳、嵩县、宜阳
		安山岩	建材、石材	洛宁、汝阳、嵩县、宜阳
		酸性岩　花岗岩	各类花岗石板材	栾川、汝阳、宜阳、嵩县、洛宁
		斑状二长花岗岩	板材、石材、钾长石	栾川、洛宁、嵩县
		碱性岩　正长岩,正长斑岩	钾复合肥、化工	嵩县、黄庄、纸坊、阎庄
	矿物型	钾长石(斑晶)	钾肥原料、化工	嵩县旧县、栾川合峪、洛宁陈吴
		磷灰石	磷肥	栾川庙子上河
	元素型	古老花岗岩风化壳型(麦饭石)	保健药石、多元硅肥	伊川江左塔沟
		富稀土花岗岩	提取稀土元素	栾川长岭沟岩体

表3-5中所列岩石型非金属矿床中的基性—超基性岩类,主要分布在洛宁下峪崇阳

沟和宜阳张午—上观的太古界太华群的两个超基性岩带中,部分产于嵩县西北部,前者做过 1/5 万地质测量,后者在进行铬矿详查时,除对岩带进行过系统工作外,还进行了钻探验证,均因岩体多,且小而分散,成矿条件不好而工业价值不大。中性岩主要指中元古代熊耳群火山岩,这类岩石在区内分布最广,岩石类型以安山岩为主,次为流纹岩,其中的闪长岩多属侵入熊耳群的次火山岩。酸性岩中的花岗岩主要分布在南北两个花岗岩带中,以花山、合峪、老君山、太山庙四大岩基为代表,部分为斑状二长花岗岩。碱性岩以嵩县纸坊—黄庄一带的十几个钾质碱性岩体群为代表,它们的共同特点是以其高达 14% 的 K_2O 含量和集中出露的岩体群并对围岩有蚀变作用为特色,是一种很有开发价值的含钾岩石,对此后面还要专门阐述。

矿物型的非金属列了两例,磷灰石本是花岗岩的副矿物,栾川庙子的磷灰石发现于花岗岩体中,易识别,但含量很低,地方曾土法开采利用。钾长石为产于合峪等斑状二长花岗岩中的钾长石巨斑晶,含量 >20%,K_2O 11.84%,Na_2O 2.65%,风化富集后形成规模巨大的风化壳型钾长石矿床,这类矿床在国外早被开发利用。除此而外还要提到的是 20 世纪 70 年代在伊川杜康河谷中淘洗到一颗金刚石,推测来自汝阳境内的玄武岩。另外一些地区还发现了与玄武岩有关的沸石矿。

元素型非金属岩浆矿床仅举两例:伊川江左塔沟麦饭石矿床代表了一种对人体有益元素高含量、高浸出率的古老花岗岩风化壳矿床,对这种有用元素的应用将使人们生存汲取的无机元素更贴近自然,新的研究成果还将扩大到绿色农业领域,成为新型农肥——多元硅肥。栾川长岭沟—龙王石童花岗岩原岩为富铁钠闪石碱长花岗岩,富含挥发分的自变质作用使稀土元素铈、钇、镧局部富集,有的地段稀土总量已达工业要求,可以成为稀土花岗石矿床。

3.3.1.2 伟晶岩型非金属矿产

1)伟晶岩型矿床特点

a. 产出条件

与岩浆岩有关的伟晶岩矿床多产在侵入体内,或充填在侵入体边缘及侵入体顶部的构造裂隙中;与混合岩化作用有关的伟晶岩,产于混合杂岩的伟晶岩化带内。伟晶岩的成矿组分多来自围岩,前者来自侵入岩体,后者来自片麻岩。在古老的地台,特别是地台活化区以及优地槽的褶皱隆起带(如秦岭地背斜),巨大的花岗岩基出露区,都是伟晶岩比较发育的地区,在那里常常形成伟晶岩带。在各类火山喷发岩,特别是熊耳群火山岩的分布区,包括那里出露的太华群地层区,基本不出现或很少出现伟晶岩。

b. 化学成分和矿物成分

富含挥发分的岩浆,由于温度较高,流动性大,不仅运移的距离大,而且能够较多地同化围岩,储集和捕收各种化学元素,多种化学元素(大约 40 种以上)是伟晶岩原始岩浆的一个特点。这些化学元素中主要是亲氧元素,还有稀有、稀土、稀散和放射性元素及挥发性元素,也含有锡、钨、钼、钛、铁、锰等金属元素,稀有、稀土和放射性元素富集是伟晶岩矿床的突出特点。

由于伟晶岩浆所含的化学元素多种多样,这些元素在气液熔浆中所进行的成矿方式也千差万别,因此伟晶岩中的矿物组成也丰富多彩,除形成硅酸盐类造岩矿物——长石、石英、云母、霞石外,还形成了稀有、稀土、放射性和挥发分及部分金属矿物,其中含稀有、稀土的非金属矿物有锂云母、锂辉石、锂电气石、透锂长石、铯榴石、磷钇矿、绿柱石、硅铍石、硅铍钇矿,形成的含挥发分矿物有萤石、电气石、磷灰石(氟磷灰石、氯磷灰石)、黄玉等。

由伟晶岩中形成的各类非金属矿物,由于包含了其他化学组分,除能增加这些共生组分的经济价值外,大部分非金属矿物由于这些元素的加入而改变了它们的物理和化学性能,使之增加了特殊的应用价值,其中有很多宝石类矿物如祖母绿、芙蓉石、碧玺(电气石)、黄晶、天河石、日光石、月光石等都产于伟晶岩中,有些因含有特殊的元素离子而呈特殊的颜色,成为有价值的宝玉石类矿物。

c. 结构、构造

伟晶岩的结构、构造取决于它们的共生矿物组合,出现于伟晶岩的特定部位,反映了组成伟晶岩岩浆的化学成分、特定的地质背景、物理化学因素以及在侵入岩、混合岩不同部位的成矿特点。研究伟晶岩的结构、构造对指导寻找伟晶岩矿床有重要意义。

一般常见的伟晶岩结构主要是巨晶结构、文象结构、似文象结构、粗晶块状结构和伟晶岩边缘的带状细粒结构。巨晶结构表现为矿物单体远远超过原岩中矿物的形体大小,形成一些有价值的云母、磷灰石、绿柱石、电气石矿床。文象结构主要是长石、石英在共结条件下形成,常见于一些发育完好、对称分带明晰的伟晶岩脉中。粗晶和似文象结构也由长石、石英组成,有时含有绿柱石等其他矿物晶体。此外,伟晶岩中由于气液作用,还常出现交代结构,表现为早期形成的矿物边缘被交代、溶蚀或呈交代残留体被包裹在新生的矿物中。

伟晶岩的构造主要表现为由其结构上的分带而形成的边缘带、外侧带、中间带和内核部分的带状构造。边缘带为细粒结构,为伟晶岩体的冷凝边,特点是结晶细小,和围岩界限清晰,宽度也不大;外侧带结晶较粗,主要呈粗粒结构和文象结构,一般在脉体两侧呈对称状,矿物主要是长石和石英形成的文象岩,亦称文象带;中间带矿物颗粒结晶更加粗大,并出现交代结构,该带矿物成分比较复杂,也常常是稀有、稀土金属矿化发育的地段;内核部分矿物往往达巨晶状,多分布在伟晶岩脉的膨大部分中央,往往伴生有晶洞,在晶洞中最多见的是水晶晶簇和碧玺(电气石)、祖母绿(绿柱石)等宝石类矿物。

d. 形态、规模、产状

伟晶岩形态多种多样,常见的有脉状、囊状、透镜状,还有串珠状、枝杈状、马蹄状等,规模大小不等,厚度几厘米到几十米,沿走向长由几米到几千米不等,并常有分枝、复合、膨胀、收缩变化,脉体往往成群、成带出现。伟晶岩的产状与其形态和产出背景有关,一般在侵入岩体中的伟晶岩形态复杂,规模较小,片麻岩构造带中的伟晶岩规模大,多沿片理和构造带侵入,形成与片麻岩走向一致的伟晶岩带。伟晶岩脉的倾角有陡有缓,延深情况一般与脉体规模有关。

2)成矿条件和找矿方向

形成伟晶岩矿床的先决条件是必须具备成矿的伟晶岩浆,这种岩浆的形成首先取决于温度和埋藏深度。根据组成伟晶岩矿物的分析资料,伟晶岩矿床形成的温度范围应在 $300 \sim 1\,000\,℃$,主要阶段应在 $400 \sim 600\,℃$,表现为大量伟晶岩矿物的晶出。一般认为它的边缘带先结晶的温度要高,中间和内部带的结晶温度要低些。另从这些组成矿物形成所需要的压力条件和保持矿物结晶时所需的恒定温度条件分析,伟晶岩矿床形成的深度,一般应在距地表 3~9 km 的范围内,而且应处于保持伟晶岩形成时挥发分不致散逸的封闭环境。

伟晶岩矿床形成的另一因素取决于伟晶岩的岩浆条件,即取决于伟晶岩的成因类型。与岩浆岩型有关的伟晶岩在成因上和空间上与侵入岩的岩性和规模有关,从超基性岩到酸性岩和碱性岩,一些大的侵入岩基都可以形成伟晶岩,但一般孤立的小侵入体形不成伟晶岩。最多见的伟晶岩矿床与花岗岩类有关,多形成国内外一些大的伟晶岩型矿床,特别是一些含稀有、稀土类的伟晶岩矿床。与混合花岗岩有关的伟晶岩,与混合岩化的强度和规模关系密切,矿化特征明显地受围岩条件和地质构造控制,主要形成以钾长石、钠长石为代表的脉型矿床,本区以太古界登封群分布区的伟晶岩为代表。

伟晶岩矿床是在伟晶岩浆形成后的不同演化阶段中形成的,这是个非常复杂的过程。伟晶岩的成矿作用类似岩浆矿床,也包括重结晶作用,母岩重结晶对围岩物质的混染作用等,在这些作用中最起决定作用的是挥发分,挥发分组分主要是 H_2O、F、Cl、P、B 等,它们增加了岩浆的活度,提供了伟晶岩浆的热能并延长了冷却时间,能够使之位移到岩浆的顶部或侵入到母岩边部的围岩中,并能和稀有、稀土、分散元素结合形成络合物,在液体中富集成矿,挥发分形成的气水溶液还对早期晶出的矿物起交代作用。如白云母化、钠长石化、锂云母化等。

伟晶岩成矿作用演化的过程一般分为岩浆阶段、后岩浆阶段、气成阶段、热液阶段和表生阶段,这些阶段分别形成了伟晶岩型非金属矿床。岩浆阶段的成矿作用主要是结晶作用,形成电气石、独居石、磁铁矿;后岩浆阶段主要是形成文象带(文象岩),一些大晶体矿物也随之晶出;气成阶段是主要成矿期,晶出的矿物有黑电气石、白云母、绿柱石、黄玉、钾长石、水晶,含有稀有、稀土的电气石、铌铁矿、磷灰石、锂云母、锂辉石;热液阶段是个封闭系统,主要是长石的水云母化、水白云母化、锂绿泥石化,并产出氟化物(萤石)、硫化物和碳酸盐。最后进入表生阶段,产出次生石英和次生方解石。总体来说,伟晶岩的成矿作用同岩浆岩成矿作用一样,代表的是伟晶岩浆由高温到低温的演化过程。

3)洛阳市的伟晶岩矿床

洛阳各县现发现的伟晶岩矿床主要是钾(钠)长石、文象岩、熔炼石英(含水晶)和白云母。一类产于片麻岩、混合片麻岩中,以北部登封群、部分太华群中的伟晶岩为代表,主要是钾(钠)长石、文象岩、白云母;另一类产于大的花岗岩体中,以花山、老君山花岗岩为代表,含钾长石、熔炼石英和水晶。

a.钾(钠)长石、文象岩

该矿床分两种类型,一类为产于变质岩中的伟晶岩。其中又分为两种:一种产于太古界登封群石牌河组,主要为钾长伟晶岩型,有近南北向、近东西向两组,最大脉体宽在 10 m 以上,断续延长达数千米,形成伟晶岩带,带中岩脉呈分段复合现象。矿物成分主要由微斜长石、条纹长石和石英,多具文象结构和对称的带状构造。伊川吕店老君山伟晶岩,走向近南北,由伊川延入偃师境内,单脉脉体长 800~1 000 m、宽 5 m、厚 4.5 m,代表样品 K_2O 9.40%,Na_2O 3.5%。其他矿区还有伊川江左闫窑、三峰寺、歪嘴山、相寨、马蹄凹、吕店橡子岭、三尖岭,偃师寇店水泉大瓦沟等地。另一种产于宜阳南部太华群地层中,走向北西(和太华群地层产状一致),矿脉长 200 m,宽 5～10 m,矿物成分以微斜长石和石英为主,块状或文象结构,K_2O 7.68%～12.78%,Na_2O 2.33%～4.72%,和登封群中伟晶岩不同的是形成文象结构的文象岩不甚发育,可能因为大部分太华群的剥蚀深度较浅,深部的伟晶岩未出露,所以尚未形成这类矿床。另一类是产于花岗岩基伟晶岩中的钾(钠)长石和文象岩,以洛宁花山为代表,K_2O 14.10%,Na_2O 2.34%,TFe 0.17%。这类伟晶岩一般可形成熔炼石英和水晶矿床。

b. 熔炼石英和水晶

这类矿床主要产于花岗岩体的伟晶岩脉中,指的是分带较好的伟晶岩脉的石英核心和晶洞中的水晶。目前做过工作的有花山岩基和老君山岩基,合峪、太山庙岩基做的工作不多。花山花岗岩体伟晶岩脉中的熔炼石英脉达 73 条,脉体长一般数米,最长脉体24 m,宽 17 m,外部为钾长石带,文象结构的长石石英带,矿体居其中部,其中的 15 号脉体晶洞中发现 24 cm×6 cm 水晶晶体。老君山岩体中伟晶岩较发育,大部分岩脉发育晶洞,其形态呈脉状、囊状、等轴状,直径一般 1～3 m,延伸 3～5 m,外缘为石英质,空洞中产水晶,据 11 个晶洞调查,大部为单晶洞,有时具环带裂隙,并充填黄黏泥,具强烈的绢云母化、绿泥石化、高岭土化等蚀变,由熔炼水晶、压电水晶组成,主要产地有栾川陶湾石门沟、红庙、鹰架石山顶等地。

c. 白云母

白云母产于伟晶岩中,形成小的矿脉,长 15 m,宽 0.5～1.0 m,片径 1～10 cm,以宜阳上观为代表,其他多不成规模,仅在伟晶岩脉的局部形成不规则的白云母囊状和脉状体,区外以卢氏官坡白云母矿为代表,沿混合岩化的地背斜轴,形成白云母矿化带、伴生锂、铍矿产。此外,宜阳马家庄一带的蛭石矿则产于超基性岩边部的伟晶岩脉中。

3.3.1.3　接触交代(矽卡岩)型矿床

1)矿床特点

(1)矿化产于中酸性岩浆岩与碳酸盐岩类的接触带,矿化除热力圈内的热变质外,主要是含矿气水溶液的交代作用。交代作用中的旧矿物溶解和新矿物的形成具同时性和等体积特征,在固体状态下经渗滤和扩散方式下的交代作用形成于特殊的地质环境,不同的交代蚀变矿物分带和典型的矿物组合是交代作用成矿的标志。

(2)交代作用产生于内、外接触带之间 400～600 m 的范围内,矿床中的有用矿物在矽卡岩带中富集,即矿床的围岩是各类矽卡岩,矿床形态受接触带的形态、碳酸盐岩的产状及交代作用的强弱控制,矿体形状多为不规则状、似层状、透镜状、巢状、柱状、脉状等,矿体大小、规模不等,但多属几米、几十米到几百米的富矿体。

(3)由接触交代作用形成的矽卡岩,是识别这一矿床类型和作为找矿标志的特征性矿物岩石组合。由于围岩分属于钙质和镁质碳酸盐岩,因此生成的矿物组合也有较大的区别(见表 3-6)。

由表 3-6 可以看出,矽卡岩的矿物组合的种类较多,主要受含矿热液性质和围岩条件影响,主要为钙矽卡岩和镁矽卡岩两大类,但形成的矿物种类十分丰富而又有区别,一般常见者多与镁质碳酸盐岩有关,围岩的成分越复杂,形成的矽卡岩矿物的种类也越丰富。

表 3-6　钙、镁矽卡岩中主要的典型矿物

矿物组	钙矽卡岩主要矿物	镁矽卡岩主要矿物
硅酸盐	辉石(主要是透辉石—钙铁辉石)、石榴石(主要是钙铝榴石和钙铁石榴石)、硅灰石、方解石	镁橄榄石、透辉石—次透辉石,在深成条件下有顽火辉石及紫苏辉石,在次深成条件下有钙镁橄榄石
含水硅酸岩	角闪石、符山石、绿帘石、黑柱石、绿泥石、阳起石	硅镁石、蛇纹石、韭角闪石、金云母、透闪石
硼酸盐		硼镁铁矿、斜方硼镁石、硼镁石、氟硼镁石
氧化物	磁铁矿、赤铁矿、锡石、石英	磁铁矿、赤铁矿、尖晶石、水镁石、锡石、石英
硫化物	黄铁矿、磁黄铁矿、黄铜矿、闪锌矿、方铅矿、辉钼矿、毒砂	黄铁矿、磁黄铁矿、黄铜矿、闪锌矿、方铅矿
其　他	方解石、萤石、重晶石、白钨矿	方解石、菱镁矿、菱镁铁矿

(4)矽卡岩型矿床的另一特点是具分带性,火成岩一侧为内带,形成的温度较高,形成的矿床如磁铁矿、铅锌矿、辉钼矿等,伴生矽卡岩矿物主要是石榴子石、透辉石、方柱石和硅灰石。近围岩一侧为外带,外带的内侧为钙、镁、硅酸盐矿物和含水矽卡岩矿物,外侧随温度的降低主要为次生硅化和生成大理岩,一些有价值的大理岩、透辉石化大理岩、蛇纹石大理岩(斑花大理岩)都是外带的主要矿床。

2)成矿条件和成矿机制

接触交代型矿床的形成,取决于岩浆岩、围岩和构造三个先决条件,岩浆岩是成矿物质的主要携带者,属成矿母岩。岩浆岩条件取决于形成时的温度、分解出的含矿溶液和形成的变质圈的大小。大量资料表明,形成矽卡岩的岩浆岩,主要是中酸性小侵入体,按岩性分为中酸性系列(花岗岩—花岗闪长岩—闪长岩)和碱性系列(花岗正长岩—石英二长岩—二长岩),不同岩浆岩系列具备不同的成矿专属性。围岩条件是成矿物质沉淀的场所,也影响成矿作用的方式、规模和矿体成分,除围岩的岩性(钙质、镁质)、结构、构造外,构造条件特别是接触带的构造,即侵入体和围岩产状的关系,围岩的层理、断裂、褶皱、捕掳体等因素,乃至接触带的陡缓产状,都直接决定着矿体的形态、规模和大小。

接触交代矿床,由于与一些重要价值的工业矿床密切地联系着,因此对其中重要矿床的成矿作用的研究程度较高,总结出了不少与其相关的可以指导实践的成矿理论,其中的成矿阶段说、渗滤—扩散说都是这一成矿理论的主要支撑点。成矿阶段说将矽卡岩划分为早期矽卡岩阶段和晚期石英硫化物阶段,矽卡岩阶段又划分为早期干矽卡岩或谓简单矽卡岩阶段和晚期湿矽卡岩即复杂矽卡岩阶段和后期氧化物阶段。石英硫化物阶段也分为早、晚两个不同的成矿期。早期简单矽卡岩阶段所形成的非金属矿有硅灰石、透辉石和石榴子石。

晚期湿矽卡岩即复杂矽卡岩(主要是$[OH]^-$、CO_2、H_2S 类矿化剂的加入)阶段,发生了强烈双交代作用,主要是形成金属矿产如富铁、富铜、富钼、钨、铅、锌矿,产生的非金属

矿物主要是阳起石、透闪石、符山石。

石英硫化物阶段主要是金属硫化物的成矿期,和前期不同的是,SiO_2 不再和钙、镁、铁、铝起作用,而表现为硅化(生成石英),形成次生石英岩。硫化物阶段早期的铁铜硫化物阶段形成的非金属矿物有毒砂和黄铁矿,伴生有萤石、石英、绿泥石、绿帘石,主要是在高—中温热液条件下进行的。后期主要是绿泥石、碳酸盐和绢云母等交代早期的硅酸盐矿物、石英及方解石、铁白云石等碳酸盐矿物明显增多,形成与方铅矿、闪锌矿伴生的黄铁矿、黄铜矿和毒砂。

3)洛阳市的矽卡岩型非金属矿床

洛阳市的矽卡岩型非金属矿床,现已发现者以栾川南泥湖、上房沟和三道庄斑岩—矽卡岩型钼矿伴生的非金属矿为代表,原划归钼矿的脉石矿物。该矿床大地构造位于华北陆台南缘的台缘褶皱带中,矽卡岩形成于燕山期斑状黑云母花岗闪长岩、斑状花岗岩、花岗斑岩小侵入体与新元古界青白口系栾川群、蓟县系官道口群不同地层层位碳酸盐岩地层接触带中,非金属矿以硅灰石、透辉石—钙铁辉石、石榴子石、透闪石、阳起石、金云母、蛇纹石、磁黄铁矿、黄铁矿、硅镁石等与辉钼矿、白钨矿、钨钼钙矿形成矽卡岩的共生矿物组合,部分非金属矿石可以圈定为矿体,大部分非金属矿物可以通过矿石综合利用加以选别。除此之外,在岩浆岩的热力圈外围,受热力作用的石灰岩和硅质灰岩,形成了单独的硅灰石、透闪石和大理石矿床。

以上各种非金属矿中的硅灰石、石榴子石、透辉石、黄铁矿在区域矿床中都占有比较重要的地位,其中黄铁矿、硅灰石、石榴子石、透辉石矿床将在第5章选择典型矿床实例作专题介绍。需强调的是,矽卡岩共生组合的黄铁矿分布最广,类型较多,仅栾川县境内就有南泥湖、上房、三道庄、骆驼山、大坪、竹园沟等数处,它们的成矿地质特征如表3-7所示,其中骆驼山、大坪、琉璃沟、南沟单独形成了矿床,矿床多伴生有钼、钨等金属矿产。

表3-7 栾川县接触交代型硫铁矿床简表

矿区名称	母岩岩性	围岩岩性	矿体规模	硫含量	成矿时代	备注
三川南沟	斑状角闪石英二长岩	栾川群三川组条带状大理岩	矽卡岩带 200 m × 60 m,矿体 50 m × 15 m	17.32% ~ 23%	燕山期	伴生铜、钼、钨
冷水骆驼山		栾川群三川组、南泥湖组大理岩	主矿体长 800 m,厚 2 ~ 50 m,矿石 673.1万 t	平均 19.06%	燕山期	伴生铜、钨、锌、铍,附近有花岗斑岩岩墙、萤石
冷水琉璃沟、碳窑沟		栾川群煤窑沟组、南泥湖组大理岩	分 450 m × 25 m,800 m × 20 m 二个矿带,矿体长 40 m × 4 m,60 m × 7 m	27% ~ 28.47%	燕山期	附近有花岗斑岩岩墙

续表 3-7

矿区名称	母岩岩性	围岩岩性	矿体规模	硫含量	成矿时代	备　注
石庙乡、竹园沟	石宝沟斑状黑云二长花岗岩	栾川群白术沟组、三川组大理岩	蚀变带规模长 1 700 m，宽 100 ~ 350 m，内有 10 个硫化矿体	12.75% ~ 15.92%，估算地质储量 0.88 万 t	燕山期	共生水晶 2 300 kg，伴生钼、钨
赤土店乡大坪	斑状黑云二长花岗岩	栾川群三川组、白术沟组大理岩、角岩	黄铁矿产于矽卡岩中，可见长 50 m	12.6% ~ 31.14%	燕山期	伴生铁
赤土店乡、三道庄	斑状黑云母花岗闪长岩，斑状花岗岩	栾川群三川组、南泥湖组大理岩	单矿体长 100 m，厚 15 ~ 20 m	伴生硫平均品位 0.74%，储量 394.19 万 t	燕山期	钼、钨矿体伴生硫
冷水乡南泥湖	斑状黑云母花岗闪长岩，斑状花岗岩	栾川群三川组、南泥湖组大理岩	主矿体长 800 m，厚 2 ~ 50 m，含硫 19.06%	平均品位 0.62%，伴生硫 673.1 万 t	燕山期	钼、钨矿体伴生硫

3.3.1.4　热液型非金属矿床

1) 矿床特点

热液型非金属矿床除前面介绍的含矿热液的多种来源，形成的矿床类型较多，与一些重要金属矿床的关系密切等这些特点外，还包括以下特点：

(1) 含矿热液的特点：含矿热液的成分主要是 H_2O 和多种挥发组分(硫、碳、氯、氟、硼等)，形成的温度一般在 400 ~ 50 ℃，深度在 4.5 ~ 1.5 km 乃至接近地表。由于矿液的多源性，它的物质成分很复杂，成矿的领域很宽，不仅能够形成一些重要的铁、铜、金、银、铅、锌等金属矿床，也形成一些大型的黄铁矿、萤石、重晶石、明矾石、雄黄、雌黄、叶蜡石、水晶等非金属矿产。

(2) 矿床宏观特征：热液矿床成矿时间晚于围岩，属后生矿床，成矿方式以充填和交代作用为主，矿体受构造空间控制，形成的矿物或矿石沉淀于岩体或岩体外围的围岩断裂和各种裂隙中，矿石结构、构造以脉状、网脉状、角砾状、浸染状为主，由热液的温度、成分和围岩的性质决定，与矿化作用相关而产生的围岩蚀变有云英岩化、电气石化、绿泥石化、绢云母化、黄铁矿化、硅化、长英岩化等。

(3) 矿石物质成分以重金属硫化物、砷化物居多，有部分金属氧化物和含氧盐等，脉石矿物多为碳酸盐、硫酸盐及含水硅酸盐矿物，矿石物质成分中除石英外，很少岩浆岩中如长石、云母等造岩矿物，也很少围岩中的矿物成分。

(4) 热液矿床的形成是从高温到低温的一个复杂的成矿过程，具有明显的多期性、多阶段性,从岩浆岩到沉积岩、变质岩的各种岩石中,都不同程度地发现热液矿床,具有很宽的成矿领域。在高温、气成交代阶段,具有气成伟晶矿床和接触交代矿床的一些特点,也有所谓"超低温"层控矿床的近似于沉积矿床的一些特点。

2) 成矿作用、找矿方向

a. 气水溶液的性质

关于气水溶液的性质,由于人们不能直接观察,一直是个探索的问题。一般认为在 1 km 以内浅部存在气相,1 km 以下为液相,溶解度好几倍于挥发性,成矿物质基本上呈真溶液状态,在高压流体中被搬运。当含矿溶液中存在挥发分时,能够形成金属络合物,统称热液为气水溶液。从包体温度和矿物合成试验提供的数据,气水溶液的温度变化在 50 ~ 550 ℃。其化学性质一般认为随温度压力和流经围岩的性质而变化,由岩浆形成的溶液具碱性特征,但其成矿时多是在弱酸、弱碱或中性条件下进行的。

b. 气水溶液的组分

综合各种研究成果,气水溶液的组分如表 3-8 所示。

表 3-8　气水溶液的组分

主要组分	基本组分	金属成矿元素			溶解的气体	其他微量元素
		亲石元素	过渡型元素	其他金属元素		
H_2O（水）	钠、钾、钙、镁、溴、钡、铝、硅、磷、氯、SO_4^{2-}（含氧元素）	铜、铅、锌、金、银、锡、锑、铋、汞	铁、钴、镍、锰	钨、钼、铍、钍、钒、铟、铼、钛	硫化氢、二氧化碳、氯化氢等	锂、铷、铯、铊、碘、硒、碲等

由表 3-8 看出,气水溶液的基本组分主要是含氧元素,是形成主要非金属矿物的基本组分,均属于亲石元素。由于这些元素的丰度较大,它们容易与氧、硫及各种卤化物离子结合,在自然界中容易形成非金属矿物和矿床。

c. 成矿物质的搬运

气水溶液搬运成矿物质的形式比较复杂,学者们有不同见解,归纳起来有硫化物、卤化物、胶体、络合物等搬运形式之说。一般认为硫化物的搬运形式的假说依据不足,卤化物的搬运形式只能存在于高温热液阶段的真溶液中,而胶体形式则仅在低温热液阶段。应强调的是,由于大部分热水溶液中因含有挥发分延长了溶液的冷却时间,并形成金属络合物,所以大部分成矿元素是以络合物形式搬运的。

d. 成矿物质的沉淀

成矿物质的沉淀是由气水溶液形成矿床的一个过程。一般情况下,热液由深而浅在运行过程中随温度、压力的降低以及熔剂的蒸发,溶液中的某些溶质发生过饱和而沉淀。但在自然界中,运行的溶液不单单存在着蒸发浓缩作用,往往由于外来物质的加入或改变溶液的性质,或发生化学反应,促使一些矿质以不同形式发生沉淀,例如由于溶液 pH 值的改变,促使一些原来在碱性介质中溶解的矿物在酸性介质中沉淀,或由 CO_2、SO_2 等气体的加入,促使络合物分解而发生沉淀,或者因溶液中一些气体的挥发,随溶液成分的改变而发生矿物的晶出或沉淀等。

e. 热液矿床的找矿方向

概括起来,热液矿床的找矿应把握以下四点:

(1)深入研究热液矿床的成矿专属性,按照气水溶液矿床的不同来源,预测可能形成的矿床和矿物组合,结合找矿任务,制定找矿规划。

(2)运用大地构造研究成果,按照热液矿床的成矿专属性,部署地质找矿工作,有针对性地在特定地区,寻找特定的非金属矿床。

(3)加强对找矿靶区内各种构造形迹,尤其控矿断裂和断裂体系的研究,包括研究有关矿床的形态、产状、规模和深部的变化。

(4)研究由热液作用发生的各种围岩蚀变,查明不同围岩蚀变和成矿的关系,作为间接找矿标志。

3)洛阳市的热液型非金属矿床

洛阳市境内热液型非金属矿是个大类,包括硫铁矿、萤石、伊利石、重晶石、蛭石、脉石英、脉状方解石、沸石、石棉等,各矿种概略情况如表 3-9 所示。

表 3-9　洛阳市热液型非金属矿床统计表

矿种	数量	矿质来源	围岩性质	矿体形态	伴生矿种	主要产地
硫铁矿	>6	岩浆气液型、火山气—液型	栾川群、熊耳群	团块、巢、带、脉状	与小侵入体有关,伴生 Pb、Zn、Mo、W	栾川、汝阳、嵩县
萤石	>28	岩浆气液型	花岗岩、熊耳群火山岩、变质岩	脉状、网脉状	石英、玉髓,少量 Mo、Pb、Zn	宜阳、洛宁
伊利石	2	火山气—液型	熊耳群	似层状、脉状	硫铁矿	嵩县黄庄、德亭
重晶石	>10	火山气—液型	主要为熊耳群,个别达中元古界	脉状、网脉状	毒重石	宜阳、嵩县、汝阳、洛宁、栾川
蛭石	9	地下循环水低温热液型	片麻岩、超基性岩	脉型、不规则型	黑云母、金云母	宜阳、栾川、洛宁
脉石英	>10	火山气—液型	熊耳群	脉状		嵩县、宜阳、洛宁
脉状方解石	3	地下循环水低温热液型	寒武系、熊耳群	脉状	冰洲石	宜阳、汝阳
沸石	2	火山气—液型	熊耳群、第四系玄武岩	面型壳状	安山岩、玄武岩	宜阳、嵩县
石棉	6	变质热液型	中元古界白云岩	脉状、网脉状	滑石	栾川
蛇纹岩	2	变质热液型	橄榄岩	不规则状		洛宁、宜阳

由表 3-9 看出,洛阳市热液型非金属矿床在全市矿物型非金属矿床中占了比较重要的位置,对这一类型的一些代表性矿床,将选择代表性矿床实例,在第 5 章中专门介绍。

3.3.2 外生矿床

3.3.2.1 风化壳型非金属矿产

1) 成矿条件和成矿机制

a. 成矿条件

成矿条件主要受营力、地质、地理条件三个方面控制。

(1) 各种地质营力。

主要是外部营力,包括水、氧、二氧化碳、各种酸类、生物、温度、湿度等,其中水和生物是主要因素。水具有介电、解离等性质,能溶解风化壳中的许多物质,水的作用包括水化、水解、氧化、去硅、阳离子的带出,以及原生造岩矿物分解后,残余组分的相互作用等,水是地表最重要的风化营力,特别是当有游离氧、CO_2、SO_2、NO_2 等各种气体和水经化学反应,形成酸性水的条件下,水的作用更为重要。生物作用仅次于水,各种细菌的繁衍可以产生 O_2、CO_2、H_2SO_4 和有机酸,成为促进岩石和矿物分解的主要营力,生物可以维持促进岩石分解的酸性介质条件,也可以吸附富集各种分散的金属、非金属离子,形成矿床,也可以排出如磷酸盐、SiO_2、$CaCO_3$ 等矿物而富集为矿床,有的情况下生物对母岩的分解甚至起了决定作用。

(2) 各种地质条件。

原岩条件无异是风化矿床的物质基础,或谓主要条件。超基性岩形成了红土型钴和镍矿,富铝少硅的碱性岩、基性岩形成了红土型铝矿,长英质岩石形成高岭土矿床。由碱性岩风化形成的钾长石矿一般规模不大,一些大型的钾长石矿多是巨斑状花岗岩风化脱落的钾长石斑晶堆积体,而优质的麦饭石矿又是因其重熔地壳、综合富集地壳中各种化学元素的重熔型花岗岩的风化壳部分。

地质构造条件是风化矿床的控矿因素。大地构造不仅与后面要讲的地理和地形条件有关,而且决定了该类矿床的赋存空间。古风化壳矿床多在地壳运动巨旋回的不整合风化夷平面上展布,现代的风化矿床同样分布在被剥蚀的地台区,尤其是相对稳定上升、各种地质作用进行充分的地区成矿条件较好。成矿前的褶皱、断裂、裂隙、破碎带因导致地下水的活动,形成了面型的成矿区和线型的成矿带。成矿后的构造可能破坏矿体,但也会起到使之裸露有助于发现和开采及被掩埋、防止流失的保护作用。

水文地质条件是另一个地质因素,风化矿床中的残余矿床产生于潜水面上的渗透带(充气带)中,潜水面的深度、渗透带中岩石的水文地质条件直接决定着成矿条件,不透水和透水性差的黏土岩不利于成矿,过于透水的砂砾岩也对成矿不利,有利的条件是岩石有适当的孔隙率和裂隙度而易于吸收地表水并使之稳定下渗。

(3) 地理条件。

地理条件包括地形、气候两大因素。岩石风化受地形的影响很大,地形的起伏取决于地壳构造运动,特别是新构造运动。地形条件划分了发生侵蚀和堆积的地区,决定了地表和地下水的动态与风化壳的地球化学特征,物理风化作用强的陡峻高山区、强烈夷平作用使潜水面不断变动的地区、水流不畅的平原积水区都不利于成矿,而高差不大的丘陵和山区、微细的地形起伏区则是易于形成风化矿床的场所。巨厚的风化壳矿床的形成,一般是在地形缓慢上升,风化淋滤速度相对稳定条件下进行的。

气候条件即风化矿床所需要的温度、湿度是形成风化矿床重要的媒体条件。高纬度地区的冻土带,化学作用弱,不形成风化矿床,中纬度地区的温带形成发展到一定阶段的风化壳,即主要形成水云母、黏土型的风化壳,在蒸发量和物理风化作用为主的沙漠地区主要形成卤化物、硫酸盐、盐渍黏土—砂土类特殊性风化壳,而在低纬度的热带、亚热带地区,则形成了成熟度较高的红土型风化壳型矿床。湿度也起着相当重要的作用,极地温度低,不利于风化壳矿床的形成,干热的荒漠戈壁,风化矿床的类型独特,成矿范围有限,只有在湿度较高的热带、亚热带区才有利于这类矿床的形成。

在研究风化矿床形成的地理因素时,其中的气候条件变化不是永恒不变的,在地质历史上,随地球自转轴倾角的变化,常会改变两极和赤道的位置,随之气候也发生变化,因而也改变了风化矿床的地理分布。它提示我们按风化矿床的生成机制去研究和寻找古风化矿床,对此,首先要结合沉积建造,研究分析各地质时期的古地理,另外还要注意,随着近代环境的不断恶化,也在改变着近代风化矿床的成矿作用。

b. 成矿机制

风化矿床的形成,实际上涉及了化学元素从原岩中分解、迁移的规律,风化壳剖面类型、分带,风化壳剖面的形成以及风化壳中一些主要成矿元素的性状等问题。对此,我们可以从一些主要元素的迁移和形成过程,包括原岩分解、元素迁移及一些主要元素的化学性质分析中,大体了解到这一成矿作用过程。

(1) 原岩分解。

原岩的分解,主要反映的是在水参与下,原岩中主要造岩矿物水化水解的过程。如本章 3.1 所述,地壳中的主要造岩矿物是石英、长石(钾长石、斜长石)、云母、角闪石、辉石、橄榄石等。由这些矿物分解后所产生的新矿物,是形成风化矿床物质的基础。因此,从地球化学角度,认识这些主要矿物分解的过程和分解后所产生的物质,是从本质上对风化矿床的解剖,必将加深对这类矿床的认识。

石英(SiO_2)是化学性稳定的主要造岩矿物,在风化壳中主要是机械性迁移,但随气候条件的变化,pH 值的升高,SiO_2 也能够被水溶解,并随水而迁移、沉淀,形成新的二氧化硅蛋白石类(次生石英)沉淀。

长石是另一类主要造岩矿物,以钾长石为例,水解后生成了高岭石、伊利石(水云母)和蛋白石,代表了硅铝矿物的主要水解产物。在无氧参与下,生成高岭石和蛋白石

$$K_2O \cdot Al_2O_3 \cdot 6SiO_2 + nH_2O \longrightarrow Al_2O_3 \cdot 2SiO_2 \cdot 2H_2O + 4SiO_2 \cdot nH_2O + 2KOH$$

　　　　正长石　　　　　　　　　　高岭石　　　　　　　　　蛋白石

在有氢离子的参与下,生成伊利石

$$KAlSi_3O_8 + nH_2O + nH^+ \longrightarrow KAl_2[(Al \cdot Si)Si_3O_{10}] \cdot (OH) \cdot nH_2O + nH_4SiO_4 + 2K^+$$

　　钾长石　　　　　　(氢离子)　　　　伊利石(水云母)

在氧和二氧化碳参与下,黑云母可以分解成微晶高岭石、褐铁矿、二氧化硅、碳酸氢钾及碳酸氢镁,代表了铁镁质暗色矿物的水解产物。

$$2K(Mg、Fe)_3[AlSi_3O_{10}][OH]_2 + nH_2O + O_2 + nCO_2 \longrightarrow$$

黑云母

$$Al_2[Si_4O_{10}][OH]_2 \cdot nH_2O + Fe_2O_3 \cdot nH_2O + SiO_2 + 2KHCO_3 + Mg(HCO_3)_2$$

   微晶高岭石   褐铁矿   石英

由矿物从岩石中脱落到矿物水解后形成新矿物的过程,代表了风化矿床形成的第一步。从这里可以看出,组成地壳主要成分的长英质即硅铝质矿物和铁镁质矿物,风化物的主要成分是石英和蛋白石类即硅的氧化物,其次是高岭石、伊利石一类黏土矿物和褐铁矿、碳酸盐以及包含于上述硅铝质、铁镁质岩石中的金属和非金属矿物。总而言之,由原岩的分解代表了一切外生矿床成矿作用的初始。也由此揭示了包括机械沉积、蒸发岩,化学、生物化学沉积等外生条件下的成矿作用,是由原地到异地、由近而远的一个外生成矿系列的序幕。

(2)元素迁移。

由岩石和矿物风化分解后的物质,可以与地表水混合和被水溶解而迁移,其迁移的方式可呈悬浮状、胶体状和真溶液状三种,呈悬浮体状迁移的距离小,胶体状迁移的距离较大,真溶液状搬运的距离更远,因此为了了解该类矿床成矿的物质来源,首先要弄清哪些元素、哪种迁移方式有利于这种成矿作用。

有关的研究成果证明,Cl、Br、I、S 容易形成真溶液,属强烈迁出的元素,在风化壳中很难存在,即风化壳中不存在这些元素形成的矿床。Ca、Na、Mg、K、F 可以形成化学盐类,但因容易迁移,在风化壳中仅微量存在这些矿物。SiO_2、P、Mn、Co、Ni、Cu 可以呈胶体状态迁出一部分,另一部分在风化壳中比较大量地残留,属可移动元素,而 Fe、Al、Ti 等则属化学性质比较稳定,不容易迁出的元素,能够形成大的风化壳型矿床。由上可知,形成风化矿床的元素主要是第三类、第四类比较稳定和不含有长距离迁移的元素。因此,不同元素的地球化学性质,是风化矿床成矿作用的又一关键问题。

(3)风化壳剖面和分带。

风化壳的形成代表了原生岩石在风化作用过程中依次分阶段得到改造的一个过程,由此形成了风化壳的垂直剖面,称风化壳剖面。按照原生岩石硅酸盐造岩矿物的分解程度,自下而上依次形成了风化壳的不同分带(见图 3-1)。

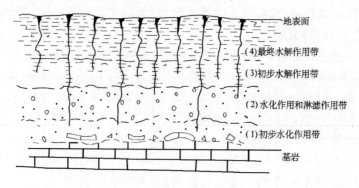

图 3-1 风化壳剖面素描图

①初步水化作用带:为接近原岩以崩解作用为主的一个带,含一定数量的原生残余

物,生成的矿物以云母、绿泥石、水绿泥石为代表,也有少量从上面沿裂隙由淋滤作用带来的物质,pH 值为 8.5~9 或更大。

②水化作用和淋滤作用带:以水云母、水绿泥石大量发育为特征,也有从上部带淋滤下来的复杂碳酸盐和水硅酸盐,pH 值为 7.5~8.5。

③初步水解作用带:以发育绿高岭石和高岭石为特征,风化程度较①、②深,发育一定的淋滤带。pH 值近于 5~8。

④最终水解作用带:以氢氧化铝(三水铝矿)、氢氧化铁、氢氧化锰的发育为特征,pH 值低于 5。

以上各带代表了风化壳剖面的一般情况,由下而上从风化程度较低的铝硅饱和的水云母型,经硅铝不饱和的黏土型,到以氧化铝为主的红土型,反映了风化壳发育的成熟度。所以,风化壳剖面的厚度即代表了风化渗入的深度,随深度的增加,各个带尤其上部水解作用较深的红土带的厚度也就越大。对风化壳的研究是认识风化矿床的关键。

(4)风化壳发育中一些主要元素的活动特征。

风化壳发育过程代表了元素的分解迁移和聚集过程,其中活动量较大的是硅、铝、铁、钙、镁、钾、钠、锰这些在地壳中丰度较高的元素,由这些元素迁移富集所形成的风化壳矿床除金属矿床中的铁、锰、镍、铀外,大部分是由硅、铝、钙、镁、钾、钠元素组成的,因此认识这些元素迁移的特征,对认识风化壳型非金属矿床的成矿作用有特别重要的意义,现择例说明如下:

①硅:由硅元素组成的氧化物是风化壳的主要成分。一般情况下,硅的化学性质稳定,迁移能力较弱,但其溶解度随 pH 值升高为碱性环境而加大,故在初步水化的碱性介质条件下首先发生去硅作用,二氧化硅溶于水后而迁移,后在适宜的条件和部位沉淀为石英、玉髓、蛋白石和水铝英石等硅铝氧化物。

②铝:铝是地壳中组成硅酸盐矿物的另一主要元素,也是风化壳的主要成分。铝是风化壳中迁移性最弱的元素之一。在弱酸—弱碱环境下以不同矿物形式发生溶解迁移,在风化壳发育的不同阶段,分别以水云母、水绿泥石、高岭石、多水高岭石、蒙脱石等含铝矿物产出,在风化很深的环境中形成三水铝石。

③钙和镁:钙和镁在地壳表面以石灰岩与白云岩的碳酸盐岩存在,易溶于水,随水的活动运移迁出风化壳,其中仅有一部分渗入风化壳的底部,形成次生方解石(碳酸钙)和白云石(碳酸镁),在风化壳的上部一般不容易保留。

④钾和钠:钾和钠为原岩中组成长石的主要组分,是风化壳中迁移能力最强的元素,钾、钠从长石中风化后首先形成络合物或被吸附,形成伊利石、膨润土,然后再随这些矿物的分解而被带出,在风化壳中一般不存在钾、钠的盐类,只有在干旱气候带,pH 值较高的条件下形成较薄的风化壳。

2)洛阳市的风化壳型非金属矿床

洛阳市的古风化壳型非金属矿床,以寒武—奥陶系顶部古侵蚀面上形成的本溪组底部的山西式铁矿、结核状黄铁矿、耐火黏土、铝土矿、沉积高岭土矿为主,其次有熊耳群顶部、汝阳群底部的磷铁矿,另在登封群、太华群顶部的古风壳中也发现有叶蜡石、膨润土类黏土矿,这些矿产将列入后面的化学、生物化学沉积部分阐述。

洛阳市近时期形成的风化壳矿床,包括以下几种类型:

(1)风化壳型高岭土矿床。

洛阳市发现的这类矿床产地有三处,可划分为两种类型。一类为产于火山岩系中,与古火山机构有关的石英斑岩风化壳残余—淋积型矿床,该矿床以嵩县纸坊白土塬—支锅石高岭土矿床为代表。矿床规模大、裸露易采,原以瓷土矿进行过普查,并进行过陶瓷工业试验,后经矿石、矿物研究证明为高岭土矿,该矿床将在第5章中专门介绍。另一类为花岗岩和正长岩的风化壳残积型矿床,花岗岩的风化壳产于宜阳木柴关花山花岗岩基顶部凹地中,地名斑鸠峪,民采瓷土售给陶瓷厂,并作黏土矿办理地质勘查登记。正长岩的风化壳型见于栾川三川,高岭土质量较好,但厚度薄,规模小。后两个类型属于成熟度较低的风化壳。

(2)斑岩风化壳型钾长石矿。

斑岩风化壳型钾长石矿为组成巨斑状二长花岗岩、钾长花岗岩中由钾长石斑晶提供的钾长石资源。成矿机制为斑岩经风化后钾长石斑晶(钾微斜长石)首先从原岩中脱落,经地表水流搬运,自然分选,在地表残积层中或经短距离搬运富集为钾长矿体,属钾长石的一种新的工业类型,在国内钾长石矿中占有重要地位,我国最早勘查开发的有浙江东阳大爽大型钾长石矿。

栾川合峪和洛宁、宜阳、嵩县三县交界处的花山花岗岩,都是出露面积达数百平方千米的大花岗岩基,这些岩基均为复式岩体,其中大斑、巨斑状钾长花岗岩多分布在外围,并占相当大的比例。合峪花岗岩中钾长石巨斑晶体积达 $6 \text{ cm} \times 4 \text{ cm} \times 4 \text{ cm}$,在岩石中局部含量达20%以上,分选后的斑晶 K_2O 11.84%、Na_2O 2.65%,目测疏松易采易选的风化壳厚度一般在 2 m 以上,其中陡壁下部,小沟汇流处形成富集带或富集体,厚度达 3~5 m,经筛选可以利用。该矿床规模以千万吨计,易采易选,加之交通条件较好,具有很好的找矿前景和开发经济价值,可以部署正规地质勘查工作。

(3)麦饭石矿床。

麦饭石又称嵩山药石,系一种具多种保健功能的药用矿物。明代李时珍《本草纲目》记"麦饭石山溪中有之,其石大小不等……状如握一团麦饭……"故名麦饭石,依据药物形态、矿石特征,史料和民间传闻,考之发现于伊川江左塔沟一带,属产于太古界古老变质地层中的混合岩化英云闪长岩及斜长花岗岩的风化壳,实际上是一种特殊类型的风化壳矿床,其药用价值和药理、矿床特征、应用性能研究成果以及开发利用价值等,将在第5章中加以专门介绍。

(4)砂姜、钙质淋滤层。

洛阳一带的大部分地区为松散的第四系黄土所覆盖,黄土中的钙质与含有二氧化碳的雨水结合为碳酸钙,然后沿黄土垂直下渗,在黄土层下部的界面附近形成砂姜(钙质结核),由砂姜逐渐集结,形成钙质淋滤层,淋滤层进一步形成钙结岩。这种淋滤层在洛阳一带的黄土分布区非常普遍,主要层位在离石黄土(Q_2)与午城黄土(Q_1)或新近系洛阳组(N_1)之顶部。砂姜层最厚处达 4~5 m,主要成分为碳酸钙,氧化钙含量达54%以上。在无基岩出露的平原丘陵区,以前广泛用于铺路和房屋基石,成为当地的主要建材原料。其中,汝阳北部陶营和宜阳董王庄贾村一带,钙质层发育于新近系黏土层之上,钙结层厚度稳定,质纯而白度较高,可以作填料、涂料开发利用。

需要强调说明的是,洛阳、宜阳境内已在九店组火山岩底部发现了由蒙脱石黏土组成的膨润土矿床。按照膨润土矿床的成因和洛阳所具备的成矿条件,在中元古界熊耳群火山岩系中,特别是火山岩下部的古风化壳中,都存在形成膨润土的可能,现有的找矿线索应引起注意。

3.3.2.2　机械沉积矿床

1)成矿作用和矿床特点

(1)形成机械沉积矿床的矿物来自原生矿床,也可来源于岩浆岩和其他岩石中的副矿物,其分布的范围与其物质来源有密切的联系,受地理和古地理条件限制,多形成有规律的重矿物分散流。研究这些分散流的特点和规律,溯源追索,既可扩大机械沉积矿床的分布范围,又是发现这类矿床原生矿的途径。

(2)砂矿中的有用矿物是在以水为主的介质内,在开放的氧化环境下进行搬运的,因此组成砂矿的矿物必须是化学性质、物理性质稳定,不易发生氧化、分解的矿物,例如石英,虽然比重不大,但化学性质稳定,是砂矿中最多见者,在现代的砂矿中多形成天然石英砂,在地质历史中,形成石英砂岩。利用石英砂矿的化学稳定性,可以对不纯的原矿进行化学处理,以增加其纯度。

(3)砂矿是在以水介质为主的环境内进行搬运,并在重力作用下分级沉积而成,因此它必然具备沉积岩类特有的层、序特征,形成有规律的粗粒在下、细粒在上的沉积韵律层。把握该类矿床的这一特点,能够比较准确地确定其形成时代,进行层位对比以及确定其富集矿段的层位和部位。把握这一特点对于古砂矿特别是成岩后的岩石型古砂矿的地质勘查工作极为重要。

(4)按照形成砂矿搬运介质的不同,该类矿床的成因类型可以分为水成砂矿、风成砂矿和冰成砂矿三种成因类型。风成的漠源相可以形成巨厚的建筑砂岩矿床,冰川期后的冰水沉积物中可以形成有价值的伊利石黏土岩,而纯净的天然石英砂,保留于地层层序中的石英砂岩,都是在水介质,有利的海湾潮坪环境经海水淘洗分选而形成的。

(5)机械沉积型矿床的形成对成矿环境有明显的选择性。干旱的漠原环境以物理风化为主,岩石容易崩解,但因缺少水介质,岩石组分分离较差,不易形成砂矿;只有在潮湿多水的环境中,在化学和生物化学作用协助下,岩石才能得到分解,有用的重矿物才能在母岩中脱离出来,经水搬运,最后富集为砂矿床。沉积物的组合、沉积韵律和层理构造,特别是不同的交错层理构造,是识别机械沉积矿床成矿环境和成因类型的主要标志。

2)洛阳的机械沉积类非金属矿床

洛阳的机械沉积类非金属矿床主要是古砂矿,也包括属于机械沉积形成的砾岩、砂岩、黏土岩,现举例如下:

(1)20世纪70年代,在流经大安玄武岩的杜康河谷中,利用系统天然重砂,发现金刚石一颗,判定来自玄武岩区,与潜火山通道有关。该项勘查工作虽中途停止,但提供了找矿的重要信息。

(2)作为主要建筑材料的河床砂砾石,是现代形成的砂矿床。区内的伊河、洛河等主要河道的河漫滩部分,是建筑砂砾石矿产的主产地,采点甚多。这类矿床需求和开采量都很大,很有经济价值,但应加强管理。此外,建议今后应在一些冲积平原区加强浅层古河床的勘查,对开采掩盖砂矿提出严格采矿要求。

(3)石英砂岩是洛阳重要的矿产资源之一,属于地质历史上形成的古砂矿,并在此基础上形成了全国最大、建厂开采最早的洛阳平板玻璃系列产业,成为"洛阳硅"的重要原材料型矿产基地。现确定的石英砂岩矿床有两个层位,一为中元古界蓟县系北大尖组,以偃师寇店水泉石窑门、佛光五佛山和宜阳城关周村为代表,主矿层产于该组上段,厚 20 ~ 40 m,变余砂状结构,块状构造,含 SiO_2 95.68% ~ 98.73%、Fe_2O_3 0.084% ~ 0.35%、Al_2O_3 0.14% ~ 0.30%。二为新元古界洛峪群三教堂组,以新安甲子沟、方山和宜阳八里堂为代表,方山矿厚 16 ~ 47 m,SiO_2 96.8% ~ 98.8%,Fe_2O_3 0.62% ~ 1.7%,Al_2O_3 0.7%,矿床概况见第 5 章。洛阳石英砂岩矿产分布于新安、宜阳、伊川、偃师和汝阳、嵩县各县,有巨大的资源潜力。

(4)伊利石黏土岩,为产于新元古界震旦系罗圈组冰碛砾岩上部的一种灰白、灰绿色泥岩,成分主要是伊利石。平顶山市鲁山县叶营矿区已做过地质评价并建厂开发利用为塑胶补强剂。按照成矿的特定层位,1997 年河南省区调队发现于伊川常川和宜阳樊村乡交界地区,采样分析,SiO_2 61.88%、Al_2O_3 17.65%、K_2O 7.7%、Fe_2O_3 4.49%、Na_2O 0.81%、MgO 1.76%、CaO 0.82%,与鲁山叶营相近,但未做进一步勘查工作。

(5)耐火红砂岩:系产于二叠系和三叠系之间原划归石千峰统的厚层状紫红色砂页岩,新安县当地群众以其代替耐火砖砌造炼铁炉,并以岩粉代替耐火土做砌缝和炉衬,使用效果良好,经测定耐火度 >1 700 ℃,由新安县地矿局定名推出。

另据了解,洛阳地区的不少石料厂开采这个层位,用于铁路和民用碎石,洛阳市政建设曾以这层砂岩的红色色调做道沿石材和石雕,装饰性能良好。

(6)含钾长石砂岩:目前发现并投入开采利用的以新安曹村乡山查村的长石砂岩为代表,含矿层位在中元古界蓟县系北大尖组上部,岩性为长石砂岩、海绿石砂岩,长 2 000 ~ 4 000 m,厚 10 ~ 15 m,K_2O 9.98%、SiO_2 76.58%、Al_2O_3 10.85%、Fe_2O_3 0.09%,该矿作为含钾岩石也已为地方开采利用。

(7)鹅卵石:系中元古代围绕嵩山古陆形成的中元古界汝阳群底部原称谓的马鞍山砾岩,砾石成分为石英岩,胶结物为含铁较高的砂砾岩,砾石滚圆度极好,风化后脱落易碎,现用于陶瓷球磨机磨料,另因其特殊的装饰性能,可用于园林建筑。

3.3.2.3 蒸发沉积矿床

1)形成条件和成矿机制

盐类矿床的形成过程主要是在一定封闭程度的地表水体中,由溶解于水的盐类物质,以两种方式或因水体蒸发浓缩在水体中沉淀,或因毛细管作用将溶于岩层水中的盐类带出地表而沉淀,前者形成于蒸发盆地的水体中,后者则多见于沙漠戈壁,都属于现代正在进行着的一种成矿作用。另外,一些潜水水位很高地区土壤盐渍化的过程,也与后一种成矿作用密切地联系着。

形成这种矿床的基本条件首先是干旱的气候,蒸发量超过补给量,水体不断浓缩,水中的盐类因过饱和而发生沉淀。造成这种水体浓缩环境,必须具备水体的封闭条件,浓缩的海水(湖水)不致外泄。决定这两个条件的因素有二:一是与古地理、古气候条件有关。

地球的自转,可以造成古磁极的变更,随之改变赤道位置,并促使大地构造运动、海陆变迁,导致古气候、古地理的变化,出现低纬度区的干旱气候,与其同时,地形的高低、海岸线的位置、洋流信风带的作用,乃至宇宙事件、火山活动,也会造成干旱气候。这些干旱气候在大地构造运动的配合下,在地球历史的某个时期,在处于凹陷的沉积环境中,是造成盐类矿产的主要沉积条件。二是盐类矿产沉积的岩相和岩性条件,表现为岩相和岩性的变化。作为含盐岩系,这种记录有两种:一种为咸化的潟湖相,形成白云岩—石灰岩—泥灰岩,简称碳酸盐相;另一种为海相或内陆湖相的红色碎屑岩系。前者形成的盐层厚度稳定,成分均一,后者相反。成盐盆地的沉积建造,在垂向上表现为由粗到细的碎屑物质—碳酸盐—硫酸盐—氯化物—钾镁盐类,在横向上从盆地边缘到盆地中心,则为外圈的碳酸盐相,向内的硫酸盐相,中部的氯化物相,最内部为钾镁盐相,这种岩相形象地称为"牛眼式"。

需要提到的是,这些含盐建造的碳酸盐层序中,相当普遍地分布着生物灰岩、泥灰岩、角砾状碎屑灰岩以及泥钙质碎屑岩中的盐类矿产,它们和化学沉积的石灰岩、白云岩、泥灰岩共同形成了巨厚的海相碳酸盐岩地层,其中属于硫酸盐、卤化物(食盐)等单一的盐类矿产出现于碳酸盐岩层的特定部位,顶板岩石因盐类溶解,石膏底部形成角砾岩,在这种含矿层序中,上述特征性的石灰岩、白云岩或泥灰岩则成为找矿的标志层。其中的泥钙质碎屑岩中的盐类矿床,一般是机械沉积和化学沉积同时存在,在岩石组合上,可以是由粗、细不同的碎屑岩和薄层碳酸盐岩互层,形成较复杂的岩性组合和多层盐类的分层,但这类矿产一般较贫,经济意义较差。

附带说明:关于蒸发沉积矿床形成的机制,历来就有源于海水蒸发浓缩成盐的"沙洲说"和依干旱区由淡水湖变化为内陆盐湖,由盐湖形成盐类矿产的"沙漠说"两种假说。前者针对碳酸盐相盐类矿产,后者则指碎屑岩相矿产。实践证明,已发现矿床的巨大规模使潟湖和沙洲说都不好解释,而复杂的盐类矿床的化学成分,也超过了仅仅是海水浓缩的假说。新的研究成果证明,盐类物质不仅来自海水,也来源于地壳深部的热卤水、地下的含盐岩系及火山作用或深断裂带。这些来自不同方面的盐分,在迁移过程中不断演变转化,最后以不同矿物组合在地层中富集,形成不同的盐类矿床。

2)洛阳地区的盐类矿床

洛阳地区发现的盐类矿产不成规模,仅是找矿线索,主要是三个层位:一为寒武系底部,二为奥陶系中奥陶统,三为新生代古近系。

a.寒武系盐类矿产层位

大地构造位于华北地台二级构造单元渑临台坳,含盐层位有两个,其一为寒武系下统辛集组二段——辛集含膏岩段,是鲁山辛集大型石膏—硬石膏矿床的赋存层位,成矿环境系海相碳酸盐台地潮上带的膏盐湖;其二为下统馒头组中、下部,仅在局部见有含膏层产出,但不稳定。全区早寒武世含盐岩系为海相镁质碳酸盐—石膏、硬石膏建造,其下为辛集组的砂质磷块岩矿床。

辛集含膏盐段工业膏层呈多层状,层数 1~17 层不等,一般 3~11 层,呈层状、似层状、透镜状,矿层厚 15~126 m,一般 30~80 m,与白云质石膏(硬)石膏盐、含膏微晶白云岩及白云岩交替重复出现,组成多个韵律层,产状与围岩基本一致,浅部出现膏溶角砾岩。

已探明工业矿体 6 400 m×(400～1 200)m，单层厚一般 1.5～5 m，工程累计厚 2.16～82.04 m，一般 6～30 m，矿石有石膏、硬石膏两种自然类型，以硬石膏为主，矿石含膏总量（$CaSO_4 \cdot 2H_2O + CaSO_4$）55%～85%，一般 60%～70%，平均品位 64.18%，夹石含膏总量一般 20%～50%，与矿石呈渐变关系。

在石膏层之上的膏溶角砾岩和白云岩中，普遍发育石盐假晶，说明该区存在着一个比较完整的蒸发岩含矿层序。以辛集组剖面为例，下部为砂质磷块岩、含磷砂岩，底部有砾石，反映近滨海—陆棚相堆积，中部为含磷砂岩，发育交错层理，上部为泥灰岩和泥质灰岩，发育膏盐角砾，石盐假晶，过渡为潮坪—潟湖相，再上为豹皮灰岩。

洛阳北部各县和鲁山一带的成盐盆地同处于一个大地构造带中，发育相同的含盐地层，具备相似的古气候、古地理条件和相似沉积建造的岩相与岩性，少量样品中朱砂洞组白云岩薄片中硬石膏含量达 30%～35%，区内是否有形成膏盐矿床的可能，还待进一步研究和探索。

b. 奥陶系含盐层位

据《新安县工业志》，新安北部拴马、竹园石炭系地层中产石膏，厚 0.5～20 cm。据考，该区出露地层为奥陶系马家沟组，岩性由白云质泥灰岩和厚层豹皮灰岩组成，其下泥灰岩段在山西、河北、豫北普遍含硬石膏，山西襄汾、太原、翼城皆形成大型石膏矿床，岩层中硬石膏水化后形成具区域特征的膏溶角砾岩和纤维石膏。本区多处见这一层位中的石膏假晶，多未形成矿床。

c. 新生代盐类矿产

新生代的盐类矿产主要是石膏和盐，地层层位为古近系陈宅沟组顶部（相当沙河街组），但因洛阳的几个盆地不连接，加之各个盆地的成盐条件也不一样，工作程度又不足，对各地的认识程度也不一致。

（1）宜阳盆地。

石膏以宜阳盆地工作程度较高，经专项普查未形成矿床。发现的含膏层位于古近系陈宅沟组上部和蟒川组中下部，岩性为紫红色钙质砾岩，夹猪肝色钙质砂岩，砂质、粉砂质泥岩，白云质泥岩及白云岩。该套地层在区内分布较广，含盐层较稳定，施工的 ZK1、ZK2、ZK3、ZK4 四个钻孔都见到矿层，下部矿化层为陈宅沟组，下段含脉状、薄层状石膏厚达 45 cm，上段含薄层状及脉状石膏与砂岩互层，含矿岩系总厚达 650 m；上部矿化层为蟒川组下段，膏盐与砂岩、紫红色泥岩、粉砂岩互层，石膏为纤维状多水石膏，少数为白色粗粒状石膏。总体上含膏岩系赋存的厚度较大，宜阳城东沈平 1 孔见于井深 25.6～191.86 m，沈平 2 孔为 231.5～374.9 m，宜阳盆地资料可为洛阳、洛宁盆地参考。

（2）潭头盆地。

据潭头盆地资料，相当于陈宅沟组中部的紫红色、褐红色粉砂质黏土岩中也有石膏，但仅厚 0.2～2 cm，长仅 1～5 m，其上之蟒川组也仅是薄层石膏。与前者不同的是，潭头盆地主要是油页岩沉积，说明该区虽也具备蒸发岩形成的气候条件，但沉降幅度较大，不利于石膏矿产的形成。

（3）嵩县盆地。

盐岩矿产的成矿有利地区为嵩县盆地，该盆地分布古近系、新近系地层，地表圈定三个氯离子异常带,一为宋岭异常带,分布于北部,呈近东西向,东西长达6 000 m,平均宽1 500 m,其中大于50 mg/L的异常大于4 500 m,宽600 m,含量最高达877.84 mg/L;二为南李村—马村—上西河异常,近东西向,长6 500 m,宽1 000 ~ 2 000 m,含量20 ~ 178.19 mg/L;三为段庄—马村—王楼—武林异常,分布在盆地南,长12 000 m、宽1 000 ~ 1 400 m,分东西段,含量27.65 ~ 34.15 mg/L。目前尚未进行钻探验证。(资料引自洛阳市地质矿产局矿产卡片)

d. 碳酸盐类

碳酸盐类包括石灰岩、白云岩矿床,是洛阳市最丰富也最具经济价值的蒸发沉积矿床,形成这类矿床的地质时代自太古宙晚期,到中新生代,沉积条件自海相到陆相,岩性包括石灰岩、白云岩、泥灰岩,分布范围遍及洛阳各县,现分别介绍如下:

(1)石灰岩类主要是寒武系、奥陶系、青白口系栾川群和石炭系太原统4个层位。寒武系石灰岩,主要产于中、下统,以中统的徐庄组和张夏组为代表,CaO 品位45% ~ 51.4%,是洛阳市水泥灰岩的主要原料。奥陶系以中统马家沟组豹皮灰岩为代表,但洛阳的这套地层较薄,分布仅限于新安、偃师,又因含白云质和硅质花斑和团块较高,价值不大。栾川群的石灰岩以白术沟组和煤窑沟组中段为主,但厚度较小,CaO 含量45% ~ 46%。石炭系太原统一般发育三层灰岩,其中最底部的一层灰岩厚2.15 ~ 9.04 m,平均厚4.07 m,CaO 含量53.91%,是区内 CaO 含量最高的一层石灰岩。石灰岩除用作水泥、化工、熔剂外,还用于石料、石材和烧制石灰,其中张夏组顶部的白云质灰岩是最好的制灰原料,石炭系灰岩可制成符合填、涂料要求的重碳酸钙粉。

(2)白云岩类主要是三个层位。一为寒武系上统崮山组,全区大部分白云岩矿床产于这一层位,主要由深灰色白云岩、白云质灰岩、泥质白云岩组成,厚30 ~ 50 m,MgO 20.80% ~ 21.43%。二为中元古界官道口群龙家园组和冯家湾组,MgO 21% ~ 21.72%。个别矿区的白云岩产于奥陶系中统顶部,如新安杨岭山、毛头山,MgO 18.52% ~ 21.30%。白云岩主要用作熔剂、耐火材料和建材,优质者可以提炼金属镁。

泥灰岩类主要为三叠系及古近系地层。三叠系泥灰岩以上统延长群顶部谭庄组上段青灰色泥灰岩为代表,多见于钻孔中,据煤田地质资料,该层泥灰岩有多层,单层厚达数米,但未做工作。地表出露的主要是古近系,属湖相沉积,有的资料称湖相泥灰岩,有的称白垩。洛宁盆地兴华一带为陈宅沟组顶部和蟒川组底部,宜阳盆地见于陈宅沟组中段和上段,石油部门将其划归宜阳组,伴生薄层石膏。

除此之外,一些第四系盆地的第四系底部普遍含钙质淋滤层,个别地区也达工业利用要求。宜阳栗封区厚5 ~ 10 m,$CaCO_3$ 94.25%、Fe_2O_3 0.02%、MgO 0.55%。

3.3.2.4 化学、生物化学沉积矿床

1)矿床特征

(1)成矿于大地构造运动后的海进序列底部。

沉积矿床成矿作用的起因,首先取决于地球自身的矛盾运动。一次大的地壳运动,不仅形成了地壳表面的隆起区和凹陷区,也导致了剥蚀搬运和沉积的区间与场所,还可以将地下深部的岩石翻卷上来,为成矿作用带来更多的成矿物质。大量的矿床研究成果指出,一次大的成矿作用,大都形成于一次区域性大地构造运动之后,即地壳运动由强到弱的海

进序列的沉积旋回的底部。例如,熊耳运动(1 350 Ma)结束了豫西熊耳期大规模火山喷发的历史,在熊耳火山弧的南北,分别形成了弧前、弧后的碳酸盐盆地,在盆地中分别沉积了石灰岩、白云岩、海绿石砂岩、沉积磷块岩(含铁)、伊利石黏土岩矿床。又如加里东运动(3.75 Ma)造成了华北地台的全面隆起,形成了自上奥陶世到下石炭世的古陆风化壳,致使后来中石炭世海侵,在海进序列中形成了以铁铝层为主的铝土矿(高铝黏土)、耐火黏土、高岭石黏土、伊利石黏土等一系列的黏土类沉积矿产。

(2)形成了层位稳定的层状矿体。

由以上海进序列所形成的一些矿床,常产于一定时代的沉积岩系或火山沉积岩系中,具特定的沉积层位和由单层组成沉积序列。这些矿层实际上是化学或胶体、生物化学沉积地层的一部分,岩性和层序具有由含碎屑的化学岩(如泥灰岩)—化学岩、生物化学岩(如质纯的石灰岩)—具蒸发岩+碎屑岩的完整的沉积旋回特征,多具地层标志层属性,可以用作地层对比,甚至这种成矿序列在成矿时代上也有明显的标志。例如,寒武系石灰岩层序中的鲕状灰岩、豆鲕状灰岩,奥陶系灰岩层序中的豹皮灰岩,还有硅藻土,最古老的硅藻土矿床产生于白垩纪,以前的地层中不存在这种矿床,这可能与生物的发展历史有关,同样白垩类矿床也仅见于白垩纪以后的地层,这可能因为老的生物成因矿床都变为其他岩石了。

(3)矿体形态特征以层形为主。

矿体形状多为层状和扁豆状,产状与沉积岩层一致,这些不同形态的矿层排列方式,既反映出明显的古地理关系,也反映出与古气候的关系。形成于海侵系列的矿床,矿层位于海侵岩系的底部,层状和扁豆状矿体,向深海一方作叠瓦状掩覆,岩相类型简单,以磷块岩矿床为代表(见图3-2)。另以铝土矿和黏土矿为代表,形成矿体不仅具有垂向旋回特征,而且在横向上表现了对下伏石灰岩凹凸不平古侵蚀面的均衡代偿的填平补齐作用,或者是高铝耐火黏土(铝土矿)和耐火黏土的有规律的替代关系(见图3-3)。

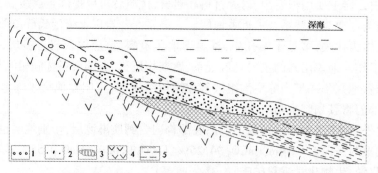

1—砾岩;2—砂岩;3—黏土岩;4—火山岩;5—叠瓦状磷块岩

图3-2 伊川石梯磷矿的叠瓦状沉积构造

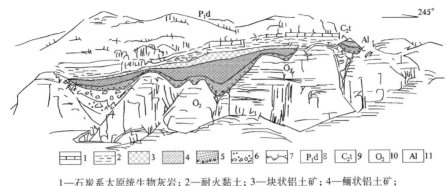

1—石炭系太原统生物灰岩；2—耐火黏土；3—块状铝土矿；4—鲕状铝土矿；
5—含铝赤铁矿、铁矾土；6—矿渣；7—不整合面；8—大占砂岩；9—太原统；
10—中奥陶统；11—铝土矿层

图 3-3　新安青石岭铝土矿分布与中奥陶统顶部古洼地素描

形成于海退系列的矿床，则表现为与前者相反的叠瓦关系，并以蒸发岩的出现而结束，一些地区的白云岩矿床即属其例，而大部分白云岩矿床与石膏伴生。

（4）矿石结构构造特征。

矿石结构一般为鲕状、豆状、肾状、结核状、致密块状、花斑状、豹皮状、生物礁状、竹叶状、假角砾状等，由此形成了薄层状、厚层状、透镜状、棱角状、交错层状等不同的层状体，为化学沉积岩和生物化学沉积岩特有的结构与构造。其中，鲕状、豆鲕状、肾状结构尤具典型性，前者不仅见于赤铁矿、硬锰矿、铝土矿等金属矿产，也见于磷块岩、石灰岩、白云岩等非金属矿产，尤其石灰岩、白云岩包括一些黏土岩矿床中的这类结构非常普遍。鲕状的形态结构，矿物组合又往往相当复杂，包括正常鲕、薄皮鲕、偏心鲕、假鲕、变形鲕等，鲕粒构造常与生物碎屑（如生物骨粒）及生物礁伴生，反映了这种岩石是在动荡的水体或在豆、鲕粒沉落于海底软泥中经生物和成岩化学作用形成的，这种结构代表了这类矿床的独特特征，并成为鉴别矿石、矿层对比的一种标志。

（5）分布广、规模巨大。

该类矿床之所以分布广，一是它的成矿时代与地球表面适于成矿沉积的水体环境的形成和地球上早期生物的繁衍有关。最早的碳酸盐类形成于晚太古代，而大规模的化学、生物化学类矿床形成于中元古代，在我国则为晋宁或吕梁运动之后；二是矿床不仅形成于海相环境，也形成于陆相环境，不仅是化学作用，而且还有生物作用。该类矿床之所以能够形成大的矿床，是因为它们与大地构造、古地理、古气候乃至生物的繁衍有着密切的联系，并作为一种特定的地质环境下的特定沉积相而存在，所以由此形成的矿床往往不是孤立的，而往往以大的成矿区存在，由此也显示其巨大的工业价值和经济意义。

需要强调的是，由于成矿的物质来源和成矿的方式不同，一些纯粹由有机物源和生物作用形成的矿产如煤、石煤、油页岩、石油、天然气类矿产划归能源类沉积矿产，包括与这类矿床伴生的碳质页岩、沉积高岭土、伊利石黏土、陶瓷黏土以及结核状自然硫、沉积黄铁矿床在内，它们都不同程度地表现了以上的矿床特征，因此也将这些非金属矿床归于化学、生物化学类沉积矿床，对它们的成矿作用也将同时进行探讨。

2）成矿作用

对成矿作用的探讨，是对矿床特征的理性认识，加强这种理性认识是研究这类矿床成矿规律，指导勘查和找矿工作最重要的内容，以下主要探讨4个方面。

a. 成矿物质来源

成矿物质来源有陆源、海底火山喷发来源（或岩浆来源）及宇宙来源三种，其中大陆风化物是主要来源。大陆地表的岩石类型很多，有火成岩、沉积岩，也有变质岩，这些岩石在经受风化（包括物理风化和化学风化）之后，就能为成矿作用提供丰富的成矿物质，并呈自然分散流状态被水搬运到低洼地带沉积下来形成矿床。因此，任何一类沉积矿床的形成，都有着特定的物质来源。

以华北地区广泛分布的寒武、奥陶系古侵蚀面上的铝土矿、耐火黏土和山西式铁矿为例，其物质来源的探讨就一直是个各家探索的问题。占统治地位的说法是来自古陆风化壳论，认为铁、铝物质是由古老片麻岩中角闪石、云母、长石类矿物风化分解而来，但实际上一些铝土矿床分布区距结晶岩系的古大陆甚远，很可能来自结晶岩系的衍生物。另一种说法是来自下伏寒武系、奥陶系石灰岩的风化物，但从这类岩石的化学成分分析，这个地层中不可能提供如此多的铁、铝物质。还有一种说法是源于奥陶纪、石炭纪的海底火山提供的硅酸盐类，而这方面的争论也不少。

总而言之，成矿物质是该类矿床形成的基础，成矿物质来源是成矿规律研究首先要解决的问题，因为只有丰富的物质来源才能形成大的矿床。另要说明的是，不同矿种需要不同的物质条件，而不同的物质条件，不仅取决于古陆地区的岩石性质，也取决于风化的程度及当时的地形、气候和生物条件，一般而言，风化最强烈的地区是处于地球低纬度区的地形平坦、气候温湿和植物繁茂的地区。

b. 成矿物质的搬运

古陆地区经风化作用分解了的岩石，多以机械悬浮物、溶于水的化学离子和不溶于水的胶体状态进入天然溶液中进行搬运迁移，其搬运形式有地表径流说和陆源汲取说两种说法。

地表径流说中的河流是风化物的主要搬运者，搬运的形式主要是细粒悬浮物或胶体溶液，胶体是一种细分散的微粒质点，介于粗分散系的碎屑物质与离子分散的真溶液之间，属二相系统。胶体溶液形成于岩石的化学风化、生物活动、水化、水解作用或机械作用等各种因素，胶体的所有质点都带有同一电荷，有较大的比表面积，不溶于水，在腐殖质的护胶作用下，能够长距离地搬运。

陆源汲取说是叶连俊（1963）提出的另一假说，这个假说认为海侵之前大陆已经在侵蚀基准面上堆积了含有成矿元素的风化物，这些风化物在海水侵入后经海解作用得到溶解，使海水中充满了含矿物质，当这些海水被封闭在潟湖、沼泽环境时，含矿物质沉淀下来，形成了矿床。陆源汲取假说比较合理地解释了寒武、奥陶系顶部不整合面之上依次形成的褐铁矿、结核状黄铁矿、铝土矿、耐火黏土、煤以及煤层顶底板和其夹层中的沉积高岭土矿产的形成。

c. 成矿物质的沉积分异作用

成矿物质从溶液中沉淀下来，主要是化学作用和机械作用、生物作用、吸附作用和pH、Eh值影响这四种作用。

化学作用和机械作用主要是通过胶体的凝聚作用或碎屑悬浮的机械作用而完成的。这里的机械作用包括物质搬运过程中的重力分异,这种分异一般在静止的水体中最彻底。化学作用主要是引起分散质点电性中和的凝聚作用,它包括胶体溶液中离子溶液(电解质)的加入,不同电性胶体相遇时的中和作用以及围岩介质的作用或胶体溶液自身的凝聚作用等。自然界的条件千变万化,任何一种胶体都是不能永恒存在的。

生物作用是促进沉积分异作用的另一种因素。生物可汲取液体中的有益元素在体内浓集,这些生物大量繁衍,它们死亡后大量遗体堆积而为矿体,如植物和一些动物可以使碳与碳氢化合物富集形成煤、石油、泥炭及油页岩等可燃矿产,海生底栖生物可以将海水中的钙、镁形成白垩或介壳灰岩,生物中的硅藻对 SiO_2 的浓集形成了硅藻土,而一些生物对磷的富集,又可以形成磷块岩和鸟粪层。

吸附作用主要是有机质胶体、黏土质胶体、二氧化硅溶胶等的成矿作用。由于胶体有较大的比表面积和强的吸附作用。一些存在于溶液中分散的有益元素,可以通过胶体的吸附富集作用达到工业品位而成为矿床,如沥青质碳质页岩或谓石煤中的钒、铀、镍、钼、钴、锰、铜、铅、锌、金、银,铝土岩中的镓、锂等都由吸附作用得到富集,形成矿床或达综合利用要求,所以也就大大提高了这些黑色页岩的综合利用价值。

关于 pH、Eh 值对沉积分异的影响,主要取决于溶解于水的二氧化碳和氧的含量,一般与海水的深度和离岸的距离有关,如一些化学和生物化学沉积矿床主要形成于大陆边缘的浅海地带。另外,由于沉积物质受 pH、Eh 值的控制,在距海岸远近不同环境内,形成了不同的矿物组合。

d. 成岩作用

由上述成矿物质的分异作用所形成的沉积物的初始阶段为软泥状,由软泥经过压缩固化的阶段所发生的物理化学作用即成岩作用。成岩作用是一个复杂的机械过程和物理化学过程,它不仅可使某种矿物由非晶质变成晶质,由细粒变为粗粒,或使不稳定的矿物变成稳定矿物,如将文石变成方解石,完成碳酸盐岩的成岩作用,将蛋白石变成玉髓,形成碧玉岩,再进一步形成石英岩,或将白铁矿变成黄铁矿等,成岩过程中发生的最重要地质作用是随深度的加大,Eh 值迅速下降,pH 值升高,由氧化环境转变为还原环境,一些厌氧细菌大量繁殖,高价阳离子在还原条件下变为低价阳离子,形成了金属的碳酸盐,如菱铁矿、菱锰矿、含铁磷灰岩和沉积黄铁矿等硫化物。特定的成岩环境形成了特定的岩石结构——鲕状、豆鲕状、肾状、结核状等,属于这类矿床具有标志性特征的结构形态,代表着成岩作用时物质再分配的结果,也反映了成岩时软泥中复杂的地质作用。

3) 洛阳的化学和生物化学类沉积型非金属矿产

洛阳因特殊的大地构造和地史条件,是化学和生物化学类沉积型非金属矿产比较丰富的地区,除前面讲的与这种成因有关的石灰岩、白云岩矿床外,还有含铁磷块岩、含钾砂页岩(伊利石黏土岩)、石煤(炭质泥板岩)、沉积黄铁矿、铝土矿(高铝黏土)、耐火黏土、煤系沉积高岭土、陶瓷黏土、绿高岭石、白垩等,其中石灰岩、磷块岩和煤系高岭土、陶瓷黏土将在第 5 章专门介绍,现对其他矿种简介如下。

a. 含钾砂页岩

赋存层位为中元古界汝阳群北大尖组二、三段和洛峪群崔庄组。北大尖组岩性下部为粗—细粒石英砂岩、粉砂岩、页岩与长石石英砂岩互层,砂岩中含海绿石,上部为肉红色、黄白色厚层白云岩，夹中细粒石英砂岩、页岩，含伊利石。崔庄组下部为灰白—肉红色砂岩、页岩互层，中为灰黑、黄绿色钙质页岩，上部为灰、绿、紫红等杂色黏土岩，为含钾岩石的主要层位。该套地层在洛阳北部的新安、宜阳、偃师、伊川、汝阳及嵩县都有分布，据各地样品分析，SiO_2 60.26%、Al_2O_3 15.7%～17.71%、Fe_2O_3 3.14%～4.14%、TiO_2 0.73%～0.69%、K_2O 8.66%～9.04%、Na_2O 0.17%～0.21%，全区 K_2O 含量一般在 7.6%～10.7%，组成岩石的主要矿物为伊利石和海绿石。

除以上两个层位外，还有一个含钾地层为震旦系罗圈组，含钾层位于罗圈组冰碛层的上部，岩性为灰白、灰绿色泥岩，呈肥皂状蜡质光泽，质细而有滑感，K_2O 7.46%～7.7%，成分为伊利石。含量>50%，目前发现的这一含矿层位主要分布在宜阳、伊川和汝阳一带，厚度几米至十几米，但层位比较稳定。

b. 铝土矿和耐火黏土

铝土矿和耐火黏土为洛阳市的优势矿产之一。铝土矿除因提炼金属铝而为有色金属外，也因其高的耐火度、黏结性、成型性和作为人造刚玉、莫来石的主要原料，并与耐火黏土矿产共生而被称为高铝黏土，也划归非金属类。铝土矿分布严格受古地理条件控制，分布在古陆边缘的港湾地带，含铝黏土岩系位于海进旋回的下部，形成的含矿地层在垂向上分三部分，下部为山西式铁矿，中部为铝土矿，上部为黏土。铝土矿也由三部分组成：下部为含铁、含硫较高的角砾状矿石，硫淋滤后呈杏黄色松体状，常见结核和滑塌包卷构造，分布受古洼地控制，厚度变化较大；中部为青灰色厚层致密块状矿石，厚度比较稳定，为铝土矿层的主体；上部为杂色豆鲕状矿石，与块状矿石之间有一层褐色、黄色铝质黏土岩，层位亦相对稳定，有明显的沉积层理。铝土矿的成分和厚度在横向上变化较大，往往变为含铁较高的铝土矿即铁矾土。当铝土矿中 SiO_2 含量较高时（A/S≥2.6），铝土矿降为耐火黏土。它们多是铝土矿稳定的顶板或沿走向相变的贫化部分。与铝土矿伴生的黄铁矿呈结核状，赋存于铝土矿层的下部，洛阳市新安竹园—狂口已勘探为一大型沉积硫铁矿床。另外在铝土矿和耐火黏土矿床中的伴生镓、锂等有益元素，多已达综合利用要求。

c. 沉积高岭土

据中国地质科学院郑直先生对内蒙古清水河石炭—二叠纪煤系地层的研究，仅此一段地层，有关的沉积矿产已达到10余种之多，其中沉积高岭土有数层。洛阳各地现发现的沉积高岭土主要是以下几个层位，但矿石质量各地变化较大。

（1）铁质黏土岩——位于本溪统底部，与寒武—奥陶系顶部的古侵蚀面有关，多见于岩溶凹坑和溶洞之中，由黄铁和菱铁高岭石组成，俗称"羊坩土"。成分为埃洛石。

（2）硬质和软质铝土矿——与G层铝土矿同处一个层位，二者互相消长变化，多见于铝矿顶板，高岭石黏土呈褐灰色，俗称焦宝石，高岭石含量85%～90%。

（3）高岭石黏土岩（或杂色黏土岩）——位于二叠系山西组二₁煤的顶、底板，岩性为灰黑色碳质泥岩，黑色、灰黑色，条痕棕灰色，光泽暗淡，块状构造，似砂状结构，比重2.5，硬度>3，无吸水性和可塑性，称硬质高岭岩。

（4）高岭石黏土岩——位于山西组香炭砂岩顶部，俗称小紫斑泥岩，岩性为粉砂岩、斑块状含菱铁泥岩，夹5层碳质页岩，碳质页岩为高岭石成分，Al_2O_3 37.45%，SiO_2 46.03%，Fe_2O_3 0.70%、TiO_2 0.43%，灼减12.05%。俗称木节土。宜阳一些瓷厂对之开采利用。

（5）硬质高岭土——位于砂窝窑砂岩之上,大紫泥岩之下,岩性为紫红、杏黄、灰绿、青灰色泥质粉砂岩,夹灰色致密状泥岩、灰黑色页岩,紫红色夹杂色紫斑泥岩和泥灰岩。高岭土呈灰、绿、土褐色,细腻致密,风化后呈坩子状,为目前发现的优质矿石,厚 2 ~ 4 m,以伊川半坡白窑为代表,详见第 5 章典型矿床实例。

（6）高岭石黏土岩——位于四煤底砂岩之上,属四煤组,围岩岩性为灰白色、灰色、淡黄色页岩,夹煤线和碳质页岩,含有植物化石。高岭土含于碳质页岩中,厚 3 ~ 4 m,区域中与四$_3$煤伴生。汝州瓷厂所用的"风穴土"来自这一层位。

d. 石煤—碳质泥板岩

赋存于新元古界栾川群煤窑沟组上段的中下部,组成旋回自下而上为含磁铁石英岩—磁铁二云片岩、千枚岩、片岩与含碳大理岩互层,顶部夹 1 ~ 2 层石煤,夹于含碳大理岩中,顶底板为千枚状碳质页岩,总厚 20 ~ 30 m,主要成分为 30% ~ 50% 的碳质、15% 的碳质黏土岩、15% 的石英,相当数量的黄铁矿、白铁矿、绢云母。因有机质含量变化大,灰分含量 >60%,发热量 800 ~ 3 100 kcal/kg,以往多作民用燃料,属高污染的劣质能源,但灰分中普遍含钒、铀、镓、锗、钇、镱等有益元素,栾川石煤经专家预算,有益元素的潜在经济价值为作燃料经济价值的 7 倍。考虑石煤中碳和灰分的含量变化较大,而含碳较低不能用于燃料者又占相当大的比例,故应称其谓碳质泥板岩。

e. 白垩（湖相泥灰岩）

产于古近系地层,分布于大章、潭头、嵩县、伊川、洛宁、宜阳及洛阳盆地中。下部层位为古近系蟒川组上部,为白色、灰白色厚层泥灰岩,底部含绿色泥质斑点,以洛宁兴华董寺为代表。

3.3.3　变质矿床

3.3.3.1　变质矿床的类型及特点

1) 接触变质矿床

由岩浆侵入引起围岩温度增高,产生物理和化学变化所产生的变质作用称接触变质作用。接触变质作用的时代与岩浆岩的时代一致,产生于构造岩浆旋回,分布在构造岩浆活动带中,主要变质作用为围岩的烘烤脱水角岩化,重结晶或重组合作用,生成的变质矿床包括石墨、大理石、红柱石等,它与前面谈到的接触交代或矽卡岩型矿床的不同之处是不发生物质之间的双交代和置换作用。实际上自然界的这两类矿床往往是共生在一起而不易截然分开的。

接触变质矿床的特点:一是矿床常与富含挥发分的酸性、中酸性侵入岩有关,矿体产于岩浆岩和围岩的接触带中,以重结晶成矿作用为主;二是受岩浆岩外围的热力圈大小及由近及远的热力消耗,形成明显的结晶分带,以大理岩为例,内圈为粗晶大理岩,次第为细晶大理岩,外部为石灰岩;三是随岩石的重结晶,特别是压力的变化,挥发分的参与,受变质岩石的矿物成分、结构构造也产生变化。

影响接触变质作用的因素很多,包括围岩的原始成分,围岩的物理化学性质,侵入体的岩性、规模、形态,接触带的深度,接触带及围岩的产状等,这些因素中除侵入体的热源外,围岩的物质成分及物理化学性质起着决定作用,原始成分不同的围岩受变质后形成不同矿床,而围岩的理化性质,如硬度、脆性、导热性,特别是后者,对矿床的形成有着重大意义,如石灰岩容易变质,而泥质灰岩不易变质,未变质过的岩石容易变质,变质过的岩石不易变质。

由接触变质作用形成的矿产主要是非金属矿产,如大理岩、石墨、金云母及红柱石、蓝晶石、夕线石、刚玉等高铝矿物,由于受热力条件不同,石墨有隐晶质和晶质之分,晶质有大鳞片和一般鳞片之分。大理岩有结晶程度、透光度、光泽度之别,它们的工艺技术、应用性能和经济价值也有巨大差别。

2)区域变质矿床

区域变质矿床是矿床中最重要的一个类型。前面列举的国内外一些大型变质矿床都属于这种类型。这种成矿作用是在广大地区内,受区域构造运动的影响,在高温高压并有水汽溶液的参与下,使原来的矿物和岩石经受改造和改组。区域变质矿床的特点是分布广、矿种多、规模大,主要取决于三大因素:

(1)成矿时代跨度长。

在区域变质矿床中,最具代表性的是前寒武纪(太古宇、元古代)的一些大型沉积变质、火山沉积变质及岩浆矿床变质后形成的大型铁矿。矿床中铁的物质来源除岩浆来源外,主要是风化了的铁镁质地壳,丰富的成矿物质来源和经历了漫长时期的地质运动与成矿作用,能够形成巨大规模的矿床,例如在鞍山铁矿区获得的最老的同位素年龄为38.4亿年(是前寒武纪地层研究获得的最老年龄值),延至结晶基底上第一个盖层的形成——熊耳运动(1 850 Ma),即初期地台的形成,这种区域变质成矿作用在全球范围内已延续了20亿年之久。在这漫长的地质时期中,地壳中的铁元素经历了由分散—聚集的多次循环而得到富集,保存在地台的结晶基底中。随后期的地壳运动,它们或隆起于地表,或深埋于地下,成为我们不断认识、不断发现的一些重要矿床。

(2)成矿的空间大。

所谓成矿空间大,是这种成矿作用分布的全球性,并与地壳的发展阶段密切地联系着。早期形成的变质铁矿,为铁镁质片麻岩系的一个组成部分,颗粒较粗大,以磁铁矿为主,比较均匀地分布在片麻岩中,虽然铁的品位较低(TFe = 19% ±),但易采、易选且规模大。这类矿床代表地壳形成早期,以铁镁质火山岩为主的成矿作用,以冀东铁矿为代表的矿床,矿石主要类型为磁铁片麻岩,磁铁矿以大粒度分散于岩石中,原岩系含铁很高的变火山岩;而以辽宁弓长岭和鞍山樱桃园铁矿为代表的"鞍山式"铁矿,其主要特征是代表水下沉积特征的条带状磁铁石英岩的出现,同位素年龄18亿~20亿年,相当于早元古代末期。说明当时的地表已形成三角洲相的以石英碎屑为代表的陆源沉积物,地壳已有了比较稳定的海陆分界。以此启示,当含矿岩系中有了碳酸岩和有机岩的出现如白云石、滑石、菱镁矿、石墨等矿产的形成时,不仅能说明海相环境的扩大,地壳的稳定性增大,而且说明生命的繁衍已具相当的规模。所以说这类矿床的成矿空间大,不仅是全球性的,而且与地壳发展演化、生命发展演化密切联系着。

(3)成矿物质丰富。

所谓成矿物质丰富,是这类矿床与原岩建造密切联系着,或者说它们本身就是一种原岩建造,包括含矿沉积岩、古火山岩、火山沉积岩及岩浆岩的原岩建造等,虽然在变质过程中已有矿物、岩石得到改造,矿石结构、构造得到改变使矿石的矿物成分、化学成分变得复杂化,但仍然保留原来矿床的一些建造特征。比如沉积变质铁矿,首先是地层中的含铁碎屑组合,它们不仅有沉积岩的韵律、沉积岩的层序,乃至沉积地层的形象,而且又因它们本身是地层的一部分,所以也就具有沉积地层的规模、形态和产状。另如火山—沉积变质矿床,成矿物质包括了内生岩浆和外生沉积的两种物源,成矿物质更加丰富,至于变质了的岩浆矿床,则又包括了大部分与岩浆岩有关的内生矿床。这种成矿物质的多元性,构成了成矿空间的广泛性,也是任何一种成矿作用所不能比拟的,所以在国内外各地,凡有古老结晶地块分布区大都发现这类大小不等的变质矿床。

3)混合岩化矿床

混合岩化矿床,是区域变质发展到高级阶段——重熔岩浆阶段的产物,由于广泛而强烈的交代作用,使有用成矿物质富集而形成的一种矿床。成矿过程分为主期交代阶段和中晚期热液交代阶段。主期交代阶段首先是新生的长英质岩浆的热效应促使变质岩中已有硅酸盐矿物的重结晶,在含矿建造中促成云母、刚玉、石榴子石、石墨、磷灰石等非金属矿物粒度加大并得以富集,在有些地区形成与混合伟晶岩有关的白云母、绿柱石、独居石、铌钽铁矿、磷灰石等伟晶岩型矿床,主期的交代作用还促使一部分硅酸岩矿物与水等挥发分发生反应,生成含水硅酸盐类新矿物。其中的碱交代所形成的钾长石化,在石材矿产中具重要意义,一些优质的红色花岗石材矿产源自这种成矿作用。中晚期的热液交代阶段,主要是发生围岩蚀变,热液中的有用组分如 Fe、Mg、Ca 参加交代,可以对原矿加富,如贫铁矿中形成富矿结(辽宁弓长岭、鞍山樱桃园),也可以使白云岩形成滑石矿、菱镁矿等。一些微量元素丰度很高的混合花岗岩型麦饭石矿床也与这种作用有关。

混合岩化矿床的特点是矿床的区域性分布和含矿建造的分布基本一致,矿床基本位于含矿建造之内,并与混合杂岩带伴生,经常在混合岩带残留杂岩体的某个部位形成不太规则,一般为透镜状、梭状的矿体,受混合岩化时期的构造控制,矿体中矿石和变质矿物组合与变质作用阶段或混合岩化的主体阶段形成的矿物组合相似,而且不同阶段的矿物组合往往重复出现,反映了成矿作用与混合岩化作用的相关性和同步性。除此之外,混合岩化矿床大都与长英质脉体的多次穿入与复杂的柔性褶皱相联系,经受构造和重熔岩浆改造的矿床往往不易恢复它们真正的面貌,所以在矿床成因类型的认识方面,大部分矿床多是有争议的。

3.3.3.2　变质矿床与变质作用的几个特性

1)各种变质作用在固相条件下进行

变质矿床成矿条件特殊性之一,是成矿作用大都不在液态中进行,而是在固态条件下,经脱水作用、重结晶作用、还原作用、重组合作用,或矿物成分、化学成分之间的固体扩散、离子交换以及变质热液之间局部的交代作用而完成的。如经脱水作用后,铁的氢氧化物变为赤铁矿和磁铁矿,经重结晶作用,蛋白石、燧石变为石英,碧玉岩变为石英岩,石灰岩变为大理岩,煤变为石墨;经还原作用使高价氧化物变为低价氧化物,赤铁矿变为磁铁矿;经重组合作用使黏土岩变为红柱石、夕线石、蓝晶石和刚玉等。这种变质作用的另一种特点是在矿物成分和化学成分发生变化时,岩石结构和构造随之发生变化,一般表现为三种情况:在以动力为主的浅变质条件下,首先产生矿物的定向排列,形成由千枚状、板状、糜棱状构造为主体的动力变质带,但不发生重结晶作用;在以热力、热动力为主的较深度变质作用中,定向压力继续产生劈理、破碎或褶皱,而热力则促使在破碎带中产生矿物的重结晶,形成如花岗变晶结构、斑状变晶结构、鳞片变晶结构、纤维状结构等不同结构,所呈现的主要构造为片理状、片麻状、条带状构造,在有区域断裂构造参与的韧性剪切带中形成眼球状构造,旋转碎斑系,在褶皱带中又常伴随着复杂的揉皱性构造;当变质气水溶液增多,即变质作用的高级阶段,还形成由各种长英质脉体穿插的条痕状、条带状、石香肠状构造等。

经受以上各种作用所形成的变质矿床的形态,一是取决于变质矿床原来的含矿建造,一般是变质的沉积矿床矿体形态比较规则,矿体产状相对稳定,变质的岩浆矿床,矿体形态比原来更加复杂,变质的火山—沉积矿床介于二者之间;决定矿床形态的另一因素是变质矿床的成因类型,相对而言,以脱水作用、重结晶作用为主的接触变质矿床,不发生大的变形,矿体形态比较简单;而混合岩化矿床因热流体和气液交代作用的参加,塑性变形叠加,矿体形态更为复杂。

2)变质作用的外因通过内因起作用

变质作用的外部因素主要是温度、压力、气液流体作用,这些外部因素是促进变质作用进行的外部条件。变质作用的内部因素很多,主要是原岩形成的性质,包括它们的矿物成分、化学成分,矿物的晶格类型,结晶格架中的离子密度,以及岩石和矿石的结构、构造、热容量、导热性等都属于变质作用的内部因素,在变质过程中,外因是变质的条件,内因是变质的根据,外因、内因缺一不可,但内因起着主导作用。

首先是温度。随温度的升高,原岩首先发生重结晶,继而产生气水溶液,在气水溶液参与下,一些有用成分聚集,出现变质分异,如在热流值较高地区,最早是钾、钠类元素开始活跃产生交代作用,或重熔部分围岩,形成长英质脉体或变质伟晶岩脉,进而随温度的升高发生混合岩化。由温度变化所产生的变质作用主要是外观形象和工艺性能的改变,而不改变原岩的化学成分和建造性质,所谓"万变不离其宗",由温度引起的这种变质起到的仅是改组和重组的作用。

其次是压力。随埋藏深度的增加,先是上覆岩层静压力及垂向压力的加大,另外由于褶皱、断层、地体之间的作用,又产生了侧向压力。在静压力、动压力加上温度的联合作用下,也同样产生出新的矿物,如黏土岩在高温中压时变为红柱石($Al_2[SiO_4]O$),在高压中温时变为蓝晶石($Al_2[SiO_4]O$),在高温高压下变为夕线石($Al[AlSiO_5]O$)。压力改变了铝、硅、氧元素的组合方式,即形成同质异相矿物,也是内因起了质的作用。

水、挥发分是参与变质作用的另一外部因素。它们来自原岩的脱水作用,也来自地下深部,在变质过程中它们主要起着助媒或矿化剂作用。随变质作用的持续进行,水、二氧化碳、氟、氮、氯等都可不同程度地参与矿物中,生成白云母、绢云母、蛭石、滑石、蛇纹石、叶蜡石、绿帘石等含水硅酸盐类变质矿物或矿床,由于挥发分的加入,还为原始矿物增加了新的工艺性能,形成一大批重要的非金属矿产。

3)变质矿床的形成深度

自然界中除火山口、火山颈处产生的烘烤变质外,地表常温常压的外生条件下不能形成变质作用,因为这里不能提供变质作用必需的一定温度和压力。理论和试验研究成果显示,区域变质作用最低的温度界线范围是 450~500 ℃(高岭土的稳定范围),从低温向中温转变的温度是 600 ℃(绿泥石消失),当温度升到 700~750 ℃时,则由中温向高温过渡(白云母的稳定曲线),上限温度根据辉石和紫苏辉石共生现象,确定为 900~950 ℃。温度更高时,就会出现大量重熔现象。

　　除热力变质对压力没有严格的要求外,区域变质严格受到温度和压力的制约,即不同温度下出现不同的变质相带。随温度和压力的升高,不断由低级变质向高级变质相演化,在正常情况下,埋藏深度是变质作用的主要条件。按照地热增温级计算,埋藏 1 km 深的岩石,环境温度可增加 30 ℃,以此推算,达到区域变质的临界温度下限即达绿泥石片岩相的温度下限(450 ℃)时,埋深将在 15 km 以下,若达重熔温度(900~1 000 ℃)上限,埋深当在 30 km 以下。当然在构造运动、岩浆活动、各种气水溶液参与下,变质作用生成的温度会低些。

3.3.3.3　关于洛阳的变质矿床

　　洛阳市的北部比较广泛地分布着太古界的登封群、太华群以及早元古界嵩山群结晶岩系,跨越的地质时期较长,包括混合岩化的高级变质阶段在内,各种成矿作用发育充分,可以形成多种变质矿床。中南部地区除分布有古老岩系外,主要是不同时代岩浆活动的地区,除区域变质作用外,又发育了与中生代岩浆侵入作用有关的接触变质,矿床类型更为丰富。最南部的地槽褶皱带,在以上两种变质作用的基础上,又增加了动力变质,强烈的地质形变增加了地质复杂性。因此,洛阳地区可谓是变质岩、变质成矿作用比较发育的地区,不仅形成了一些相关的变质矿床,而且也是具有变质矿床找矿前景的地区,研究和寻找本区的变质矿床,特别是非金属类变质矿床有重要意义。

　　洛阳市的非金属类变质矿床地质勘查工作程度较低,据不完全统计,包括有关矿点信息在内,有关变质矿床或矿产地有花岗石(板材)、碎云母、石榴石、石墨、钾长石、钠长石、玉(彩石)、石英岩、伊利石、滑石、磷灰石、石棉、蛭石、蛇纹石、大理石、板石等,其中石墨、石英岩、伊利石、滑石、蛭石以及玉(彩石)中的一部分将在后面择例简介,下面就这些矿产作扼要阐述。

　　1)花岗石(板材)

　　列入这一类型的花岗石指的是由混合岩化作用所产生的混合花岗岩。这类花岗岩的特点是经混合岩化重熔岩浆阶段,岩石结晶程度均匀,矿物形态清晰,残留再生岩浆流动或受挤压时的条痕、片麻状构造,尤其混合岩化时钾、钠物质的自生交代作用和镁、锰、铬、钛等元素的混入,岩石多呈现红、紫、绿等不同色调,配以由矿物或流体构造所形成的花纹,具有较好的工艺装饰价值,成为很有价值的花岗石板材矿产。这类花岗石以偃师寇店五龙产出的云里梅、玫瑰红为代表,邻区登封、汝州老婆寨所产的少林红,偃师大口产的牛肉红亦属这种成因。

　　云里梅和玫瑰红均为具有变斑结构的含黑云碱长混合花岗岩,由红色钾长石变斑晶形成美丽的花纹图案,装饰性能很好。不足的是岩体规模小,浅部裂隙比较发育,不适宜作板材矿产开发,但从岩石的花岗变晶结构和美丽色调而言,可以作为工艺石材开采加工,这类花岗石石材的发现,说明在登封群古老变质岩的混合花岗岩分布区,具有寻找这类石材的有利前景。

2）碎云母

产有碎云母的变质地层有三个时代：

（1）太古界登封群顶部的石梯沟组或金家门组和老羊沟组：分布在伊川、偃师、登封一带。岩性为绢云石英片岩、二云片岩、二云石英片岩、石榴白云母片岩，厚度一般 5~6 m，最厚达几十米，其中云母含量一般在 40% 以上，局部高达 94%，一般为细鳞片状，矿石组合有绢云母（含白云母）石英片岩型，石榴石、十字石、绢云母石英型，绿泥石、绢云石英型，二云母（白云母、黑云母）石英型等，因出露地表，易采易选。其中有混合岩化伟晶岩脉发育区，形成片度较大的富集白云母且含量增多，目前这类矿产已经在建厂加工、投向开发利用。

（2）中元古界宽坪群四岔口组：分布于栾川、嵩县南部，濒临黑沟—栾川断裂带作东西向展布。属于该套区域变质地层的主要组成部分，岩性为二云石英片岩、二云片岩、二云变粒岩，部分岩层目估云母含量达 30% 以上，细粒—中粒状，有害杂质为黄铁矿，地表黄铁矿氧化物为褐色、灰褐色，其中未含黄铁矿者质纯为白色。在老君山花岗岩接触带边缘，经接触变质后云母片增大。该矿床规模大、分布广、成矿远景较好，目前还未勘查开发。

（3）新元古界栾川群：栾川群中部的南泥湖组下部、煤窑沟组下部和三川组，都含二云片岩和石英云母片岩，区域分布稳定，云母含量较高，具成矿远景，值得重视。

3）石榴石

区域变质类型的石榴石矿产，在区内主要有两个层位，一类以登封群顶部石梯沟组和老羊沟组为代表，另一类为太华群上部水底沟组或段沟组。

（1）登封群金家门组和老羊沟组。

岩性分别为含石榴石、十字石、绢云母石英片岩，含榴绢云石英片岩，含榴十字石绿泥石英片岩，计 5 层以上，层厚分别为 5~19 m，为区内主要含矿层位。伊川彭婆范坟北部的赵沟石英岩矿区位于石梯沟组石英岩之下的石榴石、绢云石英片岩为另一石榴石含矿层位，类别为铁铝石榴石，目估品位 5%~7%，易选性较好，应引起重视。

（2）太华群雪花沟组、段沟组。

洛阳地区太华群分布比较零星，但各地的太华群中均有石榴石含矿层位，宜阳木柴关地区见于片麻岩中，岩性为含铁铝榴石斜长片麻岩；汝阳—鲁山一带位于太华群上部雪花沟组，岩性为绿帘石化石榴石透辉大理石，洛宁地区属段沟岩组，岩性为石榴黑云斜长片麻岩，夹石榴黑云变粒岩，分布在洛宁兴华郭坪、曹嘴沟一带，风化后地表呈砂状富集，棕红色，属铁铝榴石，品位目估在 10% 左右，可以进一步工作。

4）彩石、工艺石类

列入这一类的矿种，泛指岩石色调明快爽目，质地柔韧，图案美观，具有易雕工艺性能和陈设观赏价值的一些岩石。本书列为工艺石或彩石类，目前已走入赏石领域或制成工艺品者包括区域变质类的洛阳牡丹石，火山岩系变质的梅花玉、吉祥玉，接触变质型的栾川伊源玉等，其中的梅花玉、伊源玉、洛阳牡丹石材在第 5 章典型矿床实例将作专题介绍，现仅对吉祥玉作一简介。

吉祥玉产于洛阳嵩县黄庄乡南部和木植街乡交界处,村名吉匠沟。矿体长 245 m(地表),平均厚 32.5 m,为一大透镜体状,产于熊耳群马家河组下段中部的安山岩中。色调呈灰绿、灰白、白色、翠绿色、淡紫色、浅玫瑰色,各种色彩相互辉映,呈斑点、云朵、条带、串珠、鲕粒等多种色块分布,玻璃、油脂、蜡状光泽,质地细腻润泽,呈隐晶结构,显微镜下具脱玻玻基结构、微粒变晶结构、交代蚀变结构、斑球结构、条带状、条纹状、斑杂状、杏仁状、块状构造,矿物成分经肉眼、显微镜、X 光鉴定以阳起石、透辉石、透闪石为主,次为斜长石、石英,微量矿物有方解石、萤石、蛇纹石、磁铁矿等,恢复原岩为变辉长岩和硅化萤石,物性测定矿石折光率 1.60,密度 3.01 ~ 3.03 g/cm³,白色、绿色部分硬度系数 5.4 ~ 6.2(摩氏硬度)为透辉石类。紫色部分硬度 4.1,具强萤光,裂隙发育为硅化萤石,估算矿体储量 7.47 万 m³,现为嵩县豫光玉石有限公司开采。

5)石棉

石棉矿产主要分布在栾川(卢氏),形成南北两个矿带。北带由白土马超营涧窝、狮子庙计家寨、秋扒白岩寺、二道沟等几个矿点组成;南带由三川青山大和尚沟、三川西坡、陶湾三岔口、东鱼库为代表。控制北矿带的地层为熊耳群许山组、马家河组,矿体受马超营断裂带傍侧低序次次级东西向挤压带控制,形成构造变质带。石棉矿体原岩为强蚀变辉石岩、蛇纹石化次闪石岩,蚀变矿物为次闪石,呈纤维状、针状、块状构造,叶片纤维变晶结构。矿带长数米到百余米,以计家寨矿体规模最大(长 60 ~ 100 m、宽 10 m 左右),其中石棉矿体呈窝子状,宽 2 m,颜色为白、灰绿色,纤维长 1 cm,最长 10 cm,含棉率较低,属角闪石、次闪石、阳起石石棉。控制南矿带的地层为栾川群上部的煤窑沟组及鱼库组的白云质大理岩,成矿受区域变质作用控制,石棉呈脉状、透镜状,石棉构造带长 400 m,宽 0.1 ~ 1.5 m,矿脉厚 1 ~ 5 cm,个别地段 30 ~ 50 cm,产状 310° ~ 320°,倾角 60° ~ 70°。栾川石棉以东鱼库矿区规模较大,远景较好。全县石棉都为民采矿点,没有专门部署地质勘查工作。

3.4　洛阳非金属矿产资源分布特征

洛阳非金属矿产资源特征,可以概括为四句话,即"矿种相当丰富,应用系列齐全,南北差异较大,地域特色明显",前两个特征在前面的 3.1、3.2 节已做了详细阐述,不再多述,这里主要介绍后面的两个特征。

3.4.1　南北差异性

大体上以崤山、熊耳山北坡及外方山北段倾没端,即三门峡—田湖—鲁山断裂为界分为南北两个成矿域,以其区域地质背景和成矿条件的差异性,形成南北两个差异较大的矿产群。研究认识这两个矿产群的情况,不仅可以掌握洛阳非金属矿产的基本特征,也为后面的成矿规律研究奠定了基础。概括而言,南北两地的差异表现为以下四点。

3.4.1.1　矿床成因差异

北部以外生沉积包括沉积变质的一些大型非金属矿床为主,代表性矿种有产于太古界登封群顶部石梯沟组的石英岩(含伴生石榴子石和碎云母)及产于古元古界嵩山群底部罗汉洞组地层中的石英岩;产于中—晚元古界地层中的石英砂岩(玻璃砂岩、铸型砂岩)、磷块岩、含钾砂页岩、伊利石黏土岩;产于寒武系的水泥灰岩、白云岩以及产于石炭—二叠系煤系地层中的沉积硫铁矿、耐火黏土、熔剂灰岩、沉积高岭土、陶瓷黏土、陶粒页岩等矿产;南部则以内生矿产为主,主要是与不同时代岩浆活动有成因联系的接触变质、热液充填以及岩浆岩本身形成的矿产,代表性矿种包括属于接触变质类的硅灰石、透辉石、透闪石、石榴子石,属于热液型的萤石、重晶石、脉状方解石、脉石英、水晶、黄铁矿以及属于岩浆岩本身的钾质碱性岩、花岗岩、稀土型花岗岩等。

除脉石英外,其他不同时代的变质矿床是南部成矿域的一大特色。生成于太华群古老基底地层中的石墨矿,是南部变质基底岩系中的一个特征性矿种,也是南部基底地层太华群和北部基底地层登封群之间的一大区别;仅见于太华群中与超铁镁质岩带有关的蛇纹岩以及与蛇纹岩蚀变作用有关的大型蛭石矿,则成为南、北两类基底岩系的又一大区别。除此之外,另有伊利石、滑石、石棉、大理石等都是与南部一些特定地层有关的变质矿产,伊利石代表了熊耳群火山岩中酸性火山岩的热液叠加变质矿床,滑石、石棉则是官道口群镁质碳酸盐岩的区域变质产物,而大理岩类则是南部地区不同时代碳酸盐地层都可形成的具普遍性的矿种,其中不乏优质的大理石矿床。

尤应提出的是,处于华北地台南缘的南部地区,在经历了多个地质时期的大地构造演化,在不同时代的沉积、火山—沉积地层之上,又叠加了不同时代的构造岩浆活动和变质作用,这种复杂的地质环境,很容易形成彩石、工艺石以及宝玉石类矿床,现在已发现的矿种包括梅花玉、吉祥玉、伊源玉、羊脂玉、蛋白石、竹叶石、水晶、玛瑙等不同矿种,其中不少产地已具规模。依据这些矿种,各地已先后建成具地方特色的工艺美术厂,投放市场后都取得较好的经济效益。依据这类矿种形成的地质条件,洛阳南部地区的地质找矿范围还可扩大,特别是栾川、嵩县南部,很有可能发现更多、更新的矿种。

3.4.1.2 矿床规模上的差异

据全市统计的35处大型非金属矿床产地中,主要分布在洛阳北部,南部地区只占了7处,仅占总数的20%,南北两方矿床规模上成为鲜明对照。

决定矿床规模大小的因素,首先取决于成矿地质条件,即矿床形成的地质环境,由于洛阳市南北所处的地质环境不同,形成的矿床也有很大的差异。以外生的沉积矿床为例,在北部形成的一些大型矿床中,由于大多数矿床形成于三角洲、砂坝、浅海、滨海沼泽环境,具良好的气候条件和充足的成矿物质,成矿条件优越,容易形成一些大型、特大型矿床,并成为区域性矿床优势,如水泥灰岩、白云岩、石英砂岩、含钾砂页岩、耐火黏土(包括铝土矿)、沉积型黄铁矿、高岭土等都是洛阳市的优势矿种。南部则不然,那里因邻近地台边缘,地壳运动剧烈,沉积环境变化大,物质供应不充分,虽也形成了一些石灰岩、白云岩、石英砂岩、黏土岩地层,但却形成不了具规模的矿床。

内生矿床与外生矿床相反,南部处于活动的地块边缘,地壳运动剧烈,岩浆活动频繁,有充足的成矿物质,形成的矿床,除岩浆型的钾质碱性岩、花岗岩、斑岩风化壳型钾长石、石英斑岩风化壳型高岭土外,大部分为与岩浆热液有关的内生矿床,特别是萤石,目前在栾川、嵩县、汝阳发现的萤石矿产地达28处,它们大部生于大的花岗岩体内或边缘附近的后期裂隙中,其中嵩县车村陈楼和合峪柳扒店均达100万t级大型规模;其次是黄铁矿,全市发现的18处黄铁矿,除竹园—狂口一处为沉积型黄铁矿外,其余皆分布在洛阳南部,全部为内生矿床；其三如水晶矿，包括压电水晶、熔炼水晶、光学水晶、工艺水晶，除少量分布在登封群古老基底外，大部分布在南部的大花岗岩体中，而且与钾长石、文象岩有关，除此之外，几乎全部的重晶石、蛭石、脉石英产于南部的成矿域中。北部基本上缺失这些矿产。

变质矿床洛阳南北兼而有之，北方的这类矿床主要分布在古老基底登封群、嵩山群出露区，主要矿产为石英岩、碎云母、麦饭石、伟晶岩型钾长石。南部形成的变质矿床不仅分布较广，而且类型较多，如与金属钼矿伴生和共生的硅灰石、透闪石、石榴子石，与熊耳群火山岩有关的伊利石、高岭土、膨润土、梅花玉、吉祥玉、伊源玉等，与区域变质作用有关的石英岩、滑石、石榴子石、绢英岩、板岩、浅粒岩等，两大成矿域之间矿种和矿物组合的差异性，也从一个侧面反映了南北大地构造和建造之间的差异。

形成矿床规模上的差异性，除矿床成因类型的因素外，还取决于对矿床的认识和地质勘查程度。洛阳北部的一些大型沉积矿床，由于它们大部为沉积地层的组成部分，所以随基础地质工作的深入和相关共生、伴生矿种勘查手段的应用，亦都大致可以肯定矿床的规模。这里要说明的是，北部提交勘查报告的一些矿床规模，往往受着当时选定勘查区的范围限制，实际上它们的数量和规模有的还要大得多。南部的一些矿床则不然，大部分矿种工作程度太低，加之认识上的问题，致使很多矿床不好确定规模，例如栾川三道庄的硅灰石，原来只是在钼矿勘探的岩矿鉴定中被发现，至今没有专门性研究和选矿试验报告，更无一份勘查报告，所以直到现在不能准确地确定矿床规模，这里也包括石榴子石、透辉石和透闪石；再如栾川合峪花岗岩中的钾长石斑晶，在国外可以是一大型钾长石矿类型即斑岩风化壳型钾长石矿，有关调查报告指出，该花岗岩风化壳富集的斑晶占了 20% ~50%，斑晶直径达 5 cm，K_2O 含量 13% ~14%（工业指标 $K_2O + Na_2O \geqslant 10\%$），可肯定为一大型钾长石矿床，但不为人识；三如萤石，除嵩县陈楼外，大部地区仅作了地表工作，其中合峪柳扒店普查时发现 20 条脉，只算了 65 万 t 工业储量，46.67 万 t 地质储量。自 20 世纪 50 年代开始已投入开采，几十年来开采的矿石逾数百万吨，实际上是一处特大型萤石矿床（工业上 <100 万 t 为大型）。

3.4.1.3　控矿条件的差异

北区位处华北地台南缘的内侧，受地台内部比较稳定的大地构造和古地理条件控制，多形成一些巨大的成矿区或成矿带，成矿区、成矿带内的一些大型、特大型沉积矿床，本身是沉积地层的一部分，严格受沉积建造和地层层位控制。例如硅石类矿床，除脉石英外，主要是石英岩和石英砂岩，赋存于区内具有标准地层的早元古界嵩山群、中元古界汝阳群、新元古界洛峪群地层中。又如水泥灰岩、白云岩，主要赋矿地层为寒武系中、上统的张夏组和崮山组。三如耐火黏土、煤系高岭土，它们赋存于石炭—二叠系地层。这些矿床因为受沉积建造控制，有固定的地层层位、稳定的矿物组合和近乎一致的化学成分，因此凡有这些地层分布的地方，都可以形成具有规模的矿床，地层成为主要的找矿标志。

南部形成的一些以内生矿床为主的矿床则和那里的金属矿床一样，控矿条件主要是构造岩浆活动带以及与之有关的区域变质带，成矿物质具多元化，成矿者一是源自沉积地层（如滑石、绢云母、硅灰石、石榴子石），二是火山岩（如重晶石、沸石、伊利石、脉石英、彩石、宝玉石），三是花岗岩（如萤石、水晶、钾长石），四是基性超基性岩（蛇纹石、蛭石等）。由于处于活动的大陆边缘，各个地质历史时期尤其古生代末和中生代的岩浆活动又非常频繁,构造裂隙发育充分,受岩浆活动的多期性和岩浆分异作用的影响,在不同地质时期都可以形成不同的内生矿产,具有巨大的找矿空间。特别需要提出的是,在南北两区控矿因素的差异中,南部地区因熊耳期形成的大规模陆相火山活动,中生代印支—燕山期大规模以花岗岩为主的岩浆活动,对区域成矿作用都起着决定性控制作用,并由此形成了南部和北部矿产方面的极大差异。

以上南北两地控矿条件的差异提示我们,非金属矿床的研究,包括对之进行的地质勘查工作,必须植根于扎实的基础地质工作,涉及地层、构造、岩浆岩、古地理等多个地质工作领域,也涉及矿床学的各个学科,因为不少非金属矿产,不仅是一些主要金属矿床的脉石矿物或伴生矿产,它也成为一些金属矿成矿系列的成员,成为一些重要金属矿的找矿标志,预示在发现某些非金属矿的深部能找到有价值的金属矿床。例如,在汝阳、栾川一些萤石矿脉的深部已经找到了钼和铅、锌矿床。一些由黄铁矿、铁白云石或它们的风化物褐铁矿组成的矿脉或构造带,其深部大部都为硫化物多金属或金的矿体。

3.4.1.4 矿物组合差异

在北部形成的一些非金属矿产中,由于多属于随地层产出的一次成矿活动,后期又未受岩浆活动和变质作用的改造,矿物组合一般比较简单,多由单一的主矿物组成矿体,如水泥灰岩中的方解石、石英砂岩中的石英、白云岩中的白云石等,有害物质主要是钙、镁、铁、铝、锰、钛等贱金属的盐类和氧化物,一般不含金属硫化物;但在南部的非金属矿产则不同,由于它们形成于多期、多代、多成因的成矿带中,除含有以上贱金属的盐类和氧化物外,大多数伴生有多金属的硫化物、氟化物或氧化物胶体,例如黄铁矿、萤石、方解石、石英,它们可以形成单独矿床,或成为某些金属、贵金属矿床的伴生组分。又如硅灰石、透闪石、透辉石、石榴子石类矿物,它们原为矽卡岩的组分,产出于三道庄等钼矿的外接触带中,实际上它们都是重要的非金属矿床,可以单独圈出矿体,或经选矿分离为不同的非金属矿物。这些矿物形成的物质条件,除来自岩浆岩的交代成分外,不纯的碳酸盐岩也是主要因素。

这里要特别提出的是,南部除内生矿产外也形成一些沉积和沉积变质型非金属矿床,如栾川的水泥灰岩、白云岩、滑石和滑石片岩,由于缺乏稳定的沉积环境,岩石成分变化较大,形不成像北部那样规模的大型沉积矿床,但却因为其成矿条件的复杂性,成矿物质的多元性,也形成一些具有综合利用价值的矿床,如栾川的石煤,本是产于栾川群煤窑沟组地层中的一种碳质泥板岩,因具有可燃性和低发热量(800 ~ 3 100 kcal/kg)而得名,石煤中含有很有价值的铀、锗、钇、镱、钒等多种有益元素,应是一种综合性矿产资源。合理开发这些伴生资源,不仅会带来好的经济效益,还能改变燃烧石煤的环境污染。再如栾川一带的碳酸盐类地层,除碳酸钙外,通常含较高的二氧化硅和碳酸镁,还有其他杂质,当这些岩石经受接触变质和区域变质后,能够生成硅灰石、透辉石、透闪石以及滑石和伊源玉等新矿种。依据这类特殊矿物组合和其原岩的关系,依据成矿地质条件亦应扩大找矿方向,发现这些矿种的新产地。

3.4.2 地域特色性

所谓地域特色性,指的是在一定的地域范围内,产出或分布着地域特有的一种以上,唯独本区独有或具一定独特特征的矿种。依照这种特色性,可以在一定地区范围内划分出若干成矿小区或成矿带,成为区域成矿区划或成矿规律研究的单元。就洛阳地区而言,基本上可以按北部地台区和南部地槽区分述其地域特色,但考虑地槽区跨度较小,工作程度又很低,主要将地台区分为北、中、南三个带加以介绍,地槽区可并入南带加以简述。对此后面依大地构造单元为基础的成矿区划研究还将进一步阐述。

3.4.2.1　北带特色性

大体沿三门峡—田湖—鲁山大断裂为界,其北属于北带地域,行政上包括新安、孟津、偃师、伊川、宜阳大部及嵩县、汝阳北部地区,东延登封、汝州,西延渑池、义马。区内按地质结构、矿产组合又分两个小区,一为嵩箕区,二为新、伊、汝区。

1) 嵩箕区矿产

相当嵩箕台隆地区,该区的特点是在古老基底变质地层中产出了以伟晶岩型钾长石、钠长石、文象岩、白云母为代表的内生矿床,伴有与古老侵入岩有关的花岗石(少林红、云里梅)、洛阳牡丹石、麦饭石,与古老变质岩有关的石英岩、碎云母、石榴子石。在这一古老基底的盖层,相当于汝阳群下部的马鞍山砾岩之上的元古界地层中,自下而上产有石英砂岩(玻砂、型砂)、含钾砂页岩(海绿石砂岩、伊利石黏土岩)和具有美观花纹图案的叠层石大理岩。再上在寒武系地层中可形成水泥灰岩、白云岩,石炭—二叠系地层中则形成黏土类(高岭石黏土、耐火黏土、伊利石黏土)和熔剂灰岩矿产。

2) 新、伊、汝区矿产

新、伊、汝区包括北带中嵩箕地区之外的矿产。这部分矿产主要分布在新安、宜阳和伊川、汝阳、嵩县的交界处,各地形成具规模的沉积矿产群,产出情况类同嵩箕地区盖层沉积岩系中的矿产,矿床特征将留待后面专述。这里主要介绍其他两大资源:一是在汝阳北部,伊川南部毗邻汝州的三角地带形成的橄榄玄武岩和与其伴生的玄武质浮石岩,以其用于高速公路路面抗滑石料而大大提高其知名度;二是在该区南侧沿田湖—九店—柏树—上店一线分布的白垩系九店组酸性凝灰岩,还是一种新型建材原料资源,并伴生有膨润土。这两种火山岩矿产不仅指示了地区矿产上的特色性,也指示了在火山岩之下或附近形成其他矿产的可能性。除此之外,这里分布的三叠系、古近系、新近系地层中也预测到白垩、湖相泥灰岩及石膏、盐等矿产的存在,特色性提示了找矿的新线索。

3.4.2.2　中带特色性

大体以崤山南坡、熊耳山、外方山一线为中轴,以中元古界熊耳群火山岩的分布区划为中带,成为另一特色的成矿带。该矿带的特色性矿种主要是重晶石、黄铁矿和脉石英,区内大部分重晶石矿脉与熊耳群火山岩有关,此外还有伊利石、梅花玉、吉祥玉和与次火山相石英斑岩蚀变、风化淋滤作用有关的高岭土及侵入火山岩系的钾质碱性岩。按矿产之间的组合关系,中带又可分为熊耳山和外方山两个亚带。

1) 熊耳山亚带(西部)

熊耳山亚带包括洛宁南部、栾川北部、宜阳西南部和嵩县西北部地区,矿产组合分基底和盖层两部分。基底为新太古界太华群变质岩系,其中的非金属矿产主要有两大类:一是与超铁镁质岩有关的橄榄岩、蛇纹岩和黑色系列的花岗石板材矿产,也包括与其有关的热液蚀变型蛭石矿;二是与富钙富铝和有机质副片麻岩有关的石榴子石、石墨、十字石等沉积变质矿产。盖层主要是熊耳群火山岩,目前发现的主要矿产也有两大类:一是与岩浆活动有关的富钾碱性岩(K_2O 13.20% ~ 14.10%)、钠长花岗岩(Na_2O 8.30% ~ 11.09%)、钾长伟晶岩;二是与岩浆期后热液活动有关的石英脉、重晶石脉及各地都常见的黄铁矿化,后者是指示一些贵金属、多金属矿床的重要找矿标志。几十年的地质勘查工作证明,熊耳山亚带是我国重要的金、银、钼、铅、贵金属、多金属成矿区,这些矿区同样也伴生着丰富的非金属矿产。

2)外方山亚带(东部)

外方山亚带包括嵩县北部和汝阳大部。与熊耳山区不同之处是该区除汝阳三屯地区外,大部地区未出露基底变质岩地层,盖层火山岩系中分布着丰富的以钼、铅、锌、铁为代表的金属、非金属矿产,目前已发现的非金属矿产有重晶石、伊利石、吉祥玉、梅花玉、黄铁矿、沸石、脉石英、脉状方解石,其中黄铁矿化的普遍性是区域主要的矿化特色之一,在该带的嵩县黄庄和纸坊一带,比较集中地分布有十几处以正长岩类为主的大小不等的碱性岩体,其中最大的磨沟、乌桑沟岩体出露面积分别为 13 km^2 和 7 km^2,形成本区的碱性岩体群,该岩体的 K_2O 含量达 14.10%,是重要的含钾岩石。另在嵩县纸坊白土塬—支锅石一带,由高岭土化蚀变的次火山相石英斑岩,经后期风化淋滤,在岩体边部、顶部洼地中,形成了大型高岭土矿床。这里需要说明的是,由于以往对非金属矿床认识肤浅和找矿工作存在的误区,该区所发现的伊利石、高岭土、梅花玉、吉祥玉都仅仅是单一产地,新的找矿线索还没有加以验证,另从这些矿床的特征和成矿条件分析,该区有条件扩大这些矿产地。

3.4.2.3 南带特色性

包括栾川北部秋扒、白土以南的遏迁岭、合峪、车村一线的南部,大体与伏牛山区一致,划为南带。该带按矿产的特色,又可分为西段栾川、东段合峪—车村和南部白河三个不同地区。

1)西段栾川地区

东自栾川庙子,西入卢氏,南至老君山北麓。区内由于地质条件复杂,各个不同地段形成的矿产也不相同。栾川中部、冷水、赤土店一带由于位处花岗岩小斑岩类侵入体的岩浆岩带内,多形成与小侵入体有关的接触变质矿床,如三道庄、鱼库一带矽卡岩型钼钨矿外围接触变质带内的硅灰石、透辉石、透闪石、石榴子石、大理石;与钼、钨、铅、锌多金属矿伴生的黄铁矿、磁黄铁矿、萤石。栾川北部白土、狮子庙、秋扒一线即马超营断裂的北侧,主要是与镁质碳酸盐区域变质有关的滑石、滑石片岩和侵入其中的碱性岩类。区内的地层时代、岩浆活动和主要构造带,对矿床的生成都起了明显的控制作用。除此之外,栾川群大红口组碱性火山岩属于富钾的火山岩,也是一种钾矿资源,而煤窑沟组富镁、含蛋白石结核的大理岩,经变质作用,是形成如栾川伊源玉一类彩石、工艺石的主要岩石。

2)东段合峪—车村地区

该区和西部不同之处,是90%以上的面积为长岭沟(龙王瞳)、合峪、太山庙3个大花岗岩基所占据。目前所发现的矿种除花岗石板材外,主要是萤石,洛阳所拥有的萤石矿产主要分布在栾川合峪柳扒店、嵩县车村、汝阳南部与这些花岗岩基有关的地区。合峪柳扒店一带萤石矿点达十几处,产于花岗岩的北东和近南北方向的裂隙中,已开采20多年,总

开采量 > 100 万 t。嵩县车村萤石主要赋存于车村大断裂旁侧的次级断裂和熊耳群火山岩中，矿脉走向以东西向的陈楼萤石矿为主，外围小矿点多为北东和北西向，已发现和开采的矿床矿点有 20 多处，其中陈楼—南坪为一提交有勘探储量 282 万 t 的大型萤石矿；汝阳南部萤石矿分布于太山庙花岗岩内和其围岩熊耳群火山岩的裂隙中，拥有松门、隐士沟、何庄、皇路、靳村石板沟等矿点数处，该处的萤石成矿带向东延入鲁山境内。其次为钾长石，主要有两种类型：一种是产于合峪和长岭沟碱性花岗岩接触带中的正长斑岩，长数千米，宽近百米（K_2O 含量 11.93%，Na_2O 2.38%，TFe 0.27%）的含钾岩带，另一种是产于合峪岩体外围含钾长石的巨斑状花岗岩，斑晶含量 > 10%，经风化斑晶脱落富集，形成风化壳型钾长石矿，分选后的斑晶 K_2O 11.84%，Na_2O 2.65%。除此之外，分布于本区长岭沟富铁钠闪石碱长花岗岩的面积 130 km^2，岩体富含镧、铈、钇、铌等稀土元素，并在其中的伟晶岩脉旁侧形成富集带，有的地段稀土总量已达工业要求。另在该花岗岩边部已发现后生的斑岩钼矿，片麻岩基底地层—太华群中，还产有石墨、磁铁矿等矿产。

3) 白河地区（伏牛山腹地）

属于地质上划分的东秦岭地槽区，除老君山、龙池幔两个大的花岗岩基伸入的岩枝外，主要为中元古界宽坪群和古生界二郎坪群分布区。由于本区地质工作程度很低，对非金属矿产方面占有的资料很少，目前所掌握的非金属矿种除老君山花岗岩中的天然水晶、熔炼水晶和钾长石，宽坪群中的碎云母（云母片岩）、黄铁矿、板石，二郎坪群中的黄铁矿、大理岩（羊脂玉）以及一处毒砂矿点外，近又发现了优质石英岩和滑石。这里的大部分还是地质工作的空白区。

总而言之，以上划分的"三带七区"，基本上反映了洛阳矿产的地域特色性，代表了不同地质背景下，不同成矿作用的选择性，是后面成矿区划和成矿规律专题研究必须进行的工作，为此特作附表归纳如下（见表 3-10）。

表 3-10　洛阳市非金属矿成矿带划分

成矿带	成矿亚带		矿产组合
	亚带（区）	小区	
北带	嵩箕区	盖层中矿产	石英砂岩、含钾砂页岩、伊利石黏土岩、陶粒页岩、叠层石大理岩、水泥灰岩、白云岩、制灰灰岩、煤系高岭土、耐火黏土、陶瓷黏土、熔剂灰岩、耐火红砂岩、天然油石
		基底岩系中矿产	钾长伟晶岩、钠长伟晶岩、文象岩、云母、碎云母、石榴子石、花岗石（少林红、云里梅）、麦饭石、石英岩、辉绿岩
	新、伊、汝区	边缘断隆区矿产	相当嵩箕区盖层中的各种沉积矿产（略）、磷块岩（伊川）、重晶石、耐火红砂岩、紫砂瓷土、泥灰岩、天然油石、建筑砂岩（石料砌块）
		断陷区矿产	沉积型：白垩、石膏、盐、水泥黏土、砖瓦黏土、河床砂砾、天然型砂 岩浆型：玄武岩、玄武质浮石岩、酸性凝灰岩

续表 3-10

成矿带	成矿亚带		矿产组合
	亚带(区)	小区	
中带	熊耳山亚带	盖层(熊耳群)	重晶石(含毒重石)、脉状方解石、蛇纹石、沸石、膨润土、黄铁矿
		基底(太华群)中矿产	橄榄岩(蛇纹岩)、花岗石、蛭石、金云母、石榴子石、石墨、十字石、钠长花岗岩、钾长伟晶岩、脉石英、脉状方解石、重晶石、黄铁矿、辉绿岩
	外方山亚带	盖层(熊耳群)中矿产	重晶石、伊利石、吉祥玉、梅花玉、黄铁矿、沸石、脉石英、脉状方解石、碱性岩、高岭土、膨润土
		新生代断陷盆地	盐、白垩、建筑砂砾石
南带	栾川县(西段)	栾川北部	滑石、滑石片岩、石棉、大理石
		栾川中部	硅灰石、透辉石、透闪石、石榴子石、黄铁矿、磁黄铁矿、萤石、碱性岩、高岭土、伊源玉、花岗岩、大理石
	合峪—车村(东段)	栾川东部	萤石、花岗石、黄铁矿、沸石、钾长石、花岗石板材
	白河地区(伏牛山腹地)		水晶、熔炼水晶、玛瑙、黄铁矿、毒砂、碎云母、板石、花岗石、滑石、石英岩

第 4 章 成矿区划、成矿系列、成矿规律

4.1 成矿区划与非金属成矿远景区

4.1.1 目的和途径

3.3 节在阐述洛阳非金属矿产资源特征方面,我们从一般归纳法认识的角度总结了洛阳非金属矿产的南北差异性(成因差异、规模差异、控矿条件的差异、矿物组合上差异)和地域特色性,并按分布特色划分了 3 个成矿带、7 个亚带(区)、12 个小区。这是一种通用的归纳分类,在这种分类中虽然考虑到一些地质因素,概括了洛阳非金属矿的一些特征,但对矿产的认识上,则没有涉及它们赋存的地质条件,没有从它们相互依存、相互对应即分布条件方面说明其内在联系和成因上、矿化规模乃至认识程度上的差异,因此是不全面的认识,需要换一个角度,从成矿区划研究方面,将这些矿产分布上的规律性,加以进一步的深化和提高。

成矿区划的研究方法和途径,是以大地构造单元为背景,按构造单元的级别,对比某一级别不同构造单元中矿产产出的不同特征,总结它们之间的相似性和差异性,研究它们的相互关系,综合反映一个区域内矿产或矿床按构造单元分布的空间格局,以这些格局为单元,结合地层、构造、岩浆岩、地球化学、地球物理乃至各种采矿活动中对某些矿床的揭露、认识所提供的信息,总结出一个地区的成矿规律,进而作出成矿预测,并依此部署新一阶段的地质找矿工作。

做好成矿区划研究取决于两个前提:一是大地构造研究成果,尤其是构造单元划分的准确度和深度;二是对矿产资料信息的占有程度和对矿床地质的认识水平。如同第 2 章构造部分的阐述,洛阳大地构造研究程度相对较高,构造单元划分达Ⅲ、Ⅳ级精度,可以说对非金属矿床研究,已保证了基础地质的精度,但洛阳的非金属矿工作程度较低,各地差异较大,不仅对一些矿点研究程度较低,缺乏认识深度,而且大部分矿点没有统计上来,保证不了编图需要,所以下面主要是指出成矿区划研究的方向和研究方法,也是粗略地提出我们的研究成果。

4.1.2 成矿区的划分

依据基础地质领域(大地构造)提供的成果,洛阳成矿区划可以划分为三级,局部可以划分为四级,每一个级别都有特征性的矿种组合。由于现在所掌握的实际资料有限,研究工作较粗,暂划分为三级成矿区。

4.1.2.1 一级成矿区

一级成矿区洛阳境内划为华北地台和秦岭地槽两个成矿区,与构造单元对应。

华北地台成矿区以黑沟—栾川深大断裂和秦岭地槽成矿区分界。华北地台为我国最古老的地台,主体部分由太古宇—古元古界,中、新元古界,下古生界,上古生界,中生界,新生界6个构造层组成,基底($Ar-Pt_1$)和Pt_2以后形成的盖层的双重结构十分明显,缺乏志留系和泥盆系,中元古代的熊耳旋回和中生代印支—燕山期岩浆活动相当强烈,并在印支—燕山运动以来发生地台活化,由其叠加的构造岩浆作用十分发育。地台区的矿产特征:一是台内随各个构造层的形成,分别形成各构造层的矿产组合;二是随熊耳群火山岩及其以后泥积岩盖层的形成,在火山岩两侧的沉积盆地内,尤其在内陆盆地内,形成了优势的沉积矿产;三是在地台南部边缘,随构造岩浆活动,形成了华北地台区具特色性的金属和非金属矿产。

秦岭地槽(褶皱系)成矿区在洛阳版图中仅占一小部分。构造层的特征是北部宽坪群分布区为对应地台盖层中元古代熊耳群的陆相火山岩,在地台边缘产出的同期海相火山岩系形成的拼贴增生带,具回返的优地槽变质带地质特征,矿产特征与优地槽变质带硫铁金属硫化物类型吻合;南部二郎坪群分布区为下古生代初地槽封闭后再次拉开所形成的二郎坪群细碧角斑岩系。矿产组合除地槽(褶皱系)演化阶段铁铜硫化物矿种外,还包括地槽回返,大规模花岗岩侵入以及侵入活动结束后,受板块机制制约,陆块碰撞,形成的动力变质(如板岩)和在本市以外产出的红柱石、夕线石、蓝晶石、石墨、石榴子石、白云母、钾长石等区域变质类矿产。

4.1.2.2 二级成矿区

和地台、地槽的二级构造单元相对应,不同构造元都有与地质建造相对应的矿种组合,各成矿区地质特征参照第2章构造地质部分。

1)嵩箕台隆成矿区

构造层组成包括基底、盖层、中新生代凹陷三部分。与结晶基底有关的矿产为各类花岗石、石英岩、碎云母、石榴子石、钾长石、文象岩、脉石英、麦饭石、洛阳牡丹石等;与盖层有关的矿产有元古代的鹅卵石、石英砂岩、含钾砂页岩,古生代的石灰岩、白云岩,以及晚古生代煤系地层的耐火黏土、沉积高岭土、陶瓷黏土、伊利石黏土等沉积矿产;中新生代凹陷部分沉积了三叠系,所含矿产除耐火红砂岩和建材类的一般性矿产外,目前还未发现其他重要资源。除此之外,区内还形成了侵入登封群基底的基、中、酸性脉岩及与之相关的石材类矿产。

2)渑临台坳成矿区

渑临台坳是华北地台在中元古代发育的弧后盆地基础上依次形成的中、晚元古界,寒武—奥陶系,石炭—二叠系几处沉积凹陷及自中生代以来地台活化进一步形成的坳陷和边缘断隆区。区内最老的地层为中元古界,形成的矿产主要是沉积矿产,包括与中、新元古界地层有关的石英砂岩、磷块岩、含钾砂页岩,与寒武—奥陶系有关的石灰岩、白云岩,与石炭—二叠系有关的铝矾土、耐火黏土、煤系高岭土、熔剂灰岩等煤系矿产。这些矿产主要出露在台坳边缘的断隆区,与嵩箕区的同类矿产性质一样,但多为断层分割。台坳中部的断陷区主要是中、新生界地层分布区,较老的岩石主要是三叠系砂页岩,包含的矿产除建材外,有天然油石、耐火红砂岩、紫砂瓷土、陶粒黏土。新生代盆地中除白垩、湖相泥灰岩、淋滤碳酸钙外,主要是建筑砂砾、砖瓦黏土和水泥黏土,已进行过普查的盐、石膏实际无矿床意义。

3）华熊台隆成矿区

即大地构造单元的华熊台隆区，相当中元古界弧、沟、盆机制中的陆内弧或山弧火山带，它由古老太华群组成的结晶基底和熊耳群火山岩盖层两部分组成。在南、北两侧及外围部分分别形成了中、新元古界的弧前和弧后盆地。华熊台隆是个长期的隆起并经受长期侵蚀的地区，缺失中、新元古界，古生界，中生界沉积盖层。直到中生代末，才为一些断陷盆地——洛河盆地、大章—旧县盆地断陷分割，但隆起的熊耳山、外方山地区，依然处在隆起和长期侵蚀中。

数十年的地质勘查工作证明，华熊台隆是我国重要的金、银、钼、铅、锌、铜、铁金属硫化物成矿区，或谓华熊多金属成矿带，也伴生、共生着重要的非金属矿产，其中与太华群基底有关的非金属矿产有石墨、蛭石、橄榄岩、蛇纹岩、辉绿岩、浅粒岩、石榴子石；与熊耳群火山岩有关的非金属矿产主要是重晶石、萤石、黄铁矿、磁黄铁矿、含钾碱性岩、伊利石、梅花玉、吉祥玉和脉石英。边缘属于弧前盆地部分的非金属矿产有滑石、石棉、白云岩、大理岩。中间的中新生代凹陷部分的非金属矿产有风化壳型高岭土、建材矿产及食盐矿。

4）栾川台缘坳褶带成矿区

该成矿区代表的是黑沟—栾川断裂和车村—马超营断裂之间的这个东西向狭长地带，地质上代表了晚元古代栾川群、陶湾群分布区。数十年的地质勘查成果证明，这是我国一条重要的钼、钨、硫、铁、铅、锌多金属成矿带，著名的三道庄—南泥湖—上房沟钼、钨矿田及冷水沟、赤土店、骆驼山、石庙等铅、锌多金属矿区都分布在这个成矿带中。与其有关的非金属矿产主要有硅灰石、透辉石、透闪石、石榴子石、萤石、黄铁矿、水晶、含钾岩石、伊源玉、钾长石、花岗石、大理石、磷灰石等。

5）北秦岭中元古褶皱带成矿带

位处黑沟—栾川断裂和瓦穴子断裂之间的一个狭长地带，属于秦岭地槽北缘的一个褶皱带，也是秦岭洋板块向华北陆板块之下俯冲后，在陆台边缘不断拼贴的一个增生带。地层由中元古界宽坪群组成，构造线平行地台南部边缘。该成矿带因地质工作程度很低，发现的金属类矿产主要有金、钼、铁、铅矿点，非金属矿产主要是黄铁矿（矿化非常广泛）、滑石、石英岩、毒砂、绢英岩、碎云母、板石等，侵入宽坪群的花岗岩（老君山岩体）中有水晶、文象岩、钾长石、脉石英及花岗石材等。

6）北秦岭加里东褶皱带成矿带

仅在嵩县南部的白河地域跨度这个成矿带，主体地层由古生界二郎坪群变质海相火山岩系组成，岩石由变质拉斑玄武岩—放射虫硅质岩—碎屑碳酸盐岩组成，现已发现这也是一个铁、铜、金多金属硫化物成矿带，与其有关的非金属矿产主要是黄铁矿、水泥灰岩、大理岩、石英岩、羊脂玉等。

综上所述，以上 6 个二级成矿带（区）各有特定的矿产组合，它们的分布与大地构造的关系如图 4-1、图 4-2 所示。

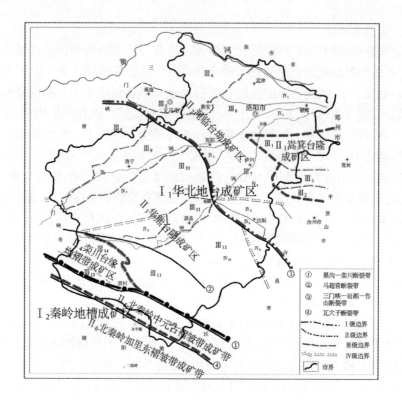

图 4-1 洛阳市非金属矿产分布与大地构造关系

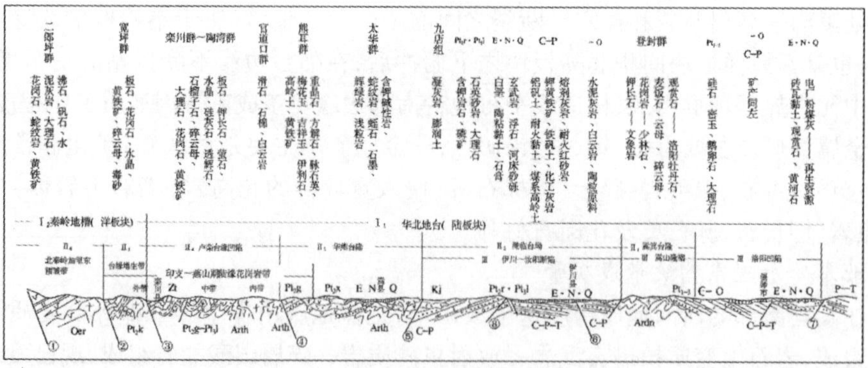

Ardn—太古界登封群;Arth—太古界太华群;Pt_{1-3}—古元古嵩山群、中元古汝阳群、晚元古洛峪群;
Pt_2k—中元古宽坪群;Pt_2x—中元古界熊耳群;Pt_2g—中元古界官道口群;$Pt_2r \cdot Pt_3l$—中元古界汝阳群,
晚元古洛峪群;Pt_3l—晚元古栾川群;Zt_1—震旦系陶湾群,古生界寒武系;$\in$ - O—寒武—奥陶系;
Oer—古生界二郎坪群;C - P—上古界石炭—二叠系;T—中生界三叠系;Kj—白垩系,九店组;E—古近系;
N—新近系;Q—第四系;①朱—夏断裂带;②瓦穴子断裂带;③黑沟—栾川断裂带;④潘河—马超营断裂带;
⑤三门峡—田湖—鲁山断裂带;⑥伊川—宝丰断裂带;⑦五指岭断裂带;⑧田家沟断裂带

图 4-2 洛阳市非金属矿产区域分布与大地构造关系(示意剖面)

4.1.2.3　三级成矿区

三级成矿区是在二级成矿区的基础上,按大地构造三级构造单元的划分方案,对应矿产组合及矿产的特殊性而形成的划分方案(见表4-1)。由于地槽区跨度较小,资料不多,现仅对地台区简述如下。

表 4-1　洛阳非金属矿产成矿区划

Ⅰ级成矿区	Ⅱ级成矿区	Ⅲ级成矿区		Ⅳ级成矿区
		名称	矿产组合	
Ⅰ₁华北地台成矿区	Ⅱ₁嵩箕台隆成矿区	Ⅲ₁嵩山隆起成矿区	石英岩、钾长石、花岗石、石英砂岩、水泥灰岩、煤系非金属、碎云母、石榴子石	
		Ⅲ₂箕山隆起成矿区	花岗石、脉石英、辉绿岩、伟晶岩、磷块岩、水泥灰岩、石英砂岩、煤系非金属等	
		Ⅲ₃大金店凹陷成矿区	耐火红砂岩、湖相泥灰岩	
	Ⅱ₂渑临台坳成矿区	Ⅲ₄黛嵋—云台断隆成矿区	石英砂岩、水泥灰岩、耐火黏土、煤系高岭土、观赏石、重晶石	
		Ⅲ₅义马凹陷成矿区	煤矸石、陶粒页岩	
		Ⅲ₆洛阳凹陷成矿区	砖瓦黏土、河床砂砾、工业废弃物	Ⅳ₁邙山断垒成矿区
				Ⅳ₂洛阳断坳成矿区
		Ⅲ₇伊川—汝阳断陷成矿区	石英砂岩、水泥灰岩、白云岩、含钾砂页岩、磷块岩、重晶石、煤系高岭土、耐火黏土、酸性火山凝灰岩、膨润土、玄武岩、浮石	Ⅳ₃灵山断垒成矿区
				Ⅳ₄伊川—内埠断坳成矿区
				Ⅳ₅九皋山—云梦山断垒成矿区
				Ⅳ₆九店—柏树—上店断坳成矿区
	Ⅱ₃华熊台隆成矿区	Ⅲ₈崤山隆起成矿区	重晶石、脉石英、石材	
		Ⅲ₉洛宁—宜阳断陷成矿区	白垩、砂砾、黏土	
		Ⅲ₁₀熊耳山断隆成矿区	石墨、蛭石、蛇纹岩、脉石英、辉绿岩、变粒岩、重晶石、沸石、工艺石	Ⅳ₇木柴关—庙沟台穹成矿区
				Ⅳ₈北沟台坳成矿区
		Ⅲ₁₁潭头—嵩县凹陷成矿区	油页岩、盐类	
		Ⅲ₁₂外方山断隆成矿区	萤石、重晶石、伊利石、高岭土、脉石英、方解石、梅花玉、吉祥玉、碱性岩	Ⅳ₁₁玉马—背孜断垒成矿区
				Ⅳ₁₀王坪—付店台坳成矿区
		Ⅲ₁₃大清沟—龙池幔台缘隆起成矿区	石墨、钾长石、蛭石、花岗石、沸石、萤石、玄武岩	

续表 4-1

I 级成矿区	II 级成矿区	III 级成矿区		IV 级成矿区
		名　称	矿产组合	
I₁ 华北地台成矿区	II₄ 栾川台缘坳褶带成矿区	III₁₄ 栾川坳褶断束成矿区	萤石、黄铁矿、硅灰石、透闪石、透辉石、脉石英、水晶、水泥灰岩、伊源玉	
		III₁₅ 陶湾坳褶断束成矿区	黄铁矿、重晶石、石棉、硅灰石、蛭石	
I₂ 秦岭地槽成矿区	II₅ 北秦岭中元古褶皱带成矿带		黄铁矿、碎云母、毒砂、水晶、板石、花岗石	
	II₆ 北秦岭加里东褶皱带成矿带		黄铁矿、水泥灰岩、大理石、花岗石、矾类	

1) 嵩山隆起成矿区（III₁）

该区分布在嵩箕台隆的北部,相当区域地质上划分的嵩山地背斜。地质结构分基底与盖层两部分。基底岩系由太古宙登封群、古元古宙嵩山群组成,盖层由中元界汝阳群、晚元古界洛峪群（前人统称五佛山群）及古生界寒武系、石炭系、二叠系地层组成,其中基底地层组成地背斜的核部,盖层组成背斜的北翼,南翼盖层大部断失。区内除铝、铁外,基本上没有发现有价值的金属矿产,而非金属矿产则具有优势地位。基底地层中的矿产以石英岩、钾长石、花岗石类、碎云母、石榴子石、麦饭石为代表,基本代表了前述嵩箕台隆的矿产组合;盖层中的矿产以石英砂岩、水泥灰岩、煤系非金属类为代表,大体与前述的渑临台坳成矿带相似,以沉积矿产为主。

2) 箕山隆起成矿区（III₂）

本区位于嵩箕台隆的南部,相当区域上划分的箕山地背斜,地质结构与嵩山基底隆起相同,也分为基底和盖层两部分,同样是背斜的南翼断失位移,洛阳境内仅存在北翼盖层的一部分。综合邻区地质资料,区内矿产组合同前者一样,除铝、铁外缺乏金属矿产,在基底变质岩中仅有花岗石、脉石英、辉绿岩、伟晶岩类非金属矿产,顶部古风化壳中有叶蜡石,上覆中元古界。与嵩山区不同之处是基底混合岩化程度低,伟晶岩类钾长石脉和后期基性岩脉不发育,但多见安山玢岩类脉体。盖层中的沉积矿产则与前者类同,但出露的震旦系冰碛层中含伊利石黏土岩,寒武系底部的辛集组含磷,朱砂洞组含石膏。

3) 大金店凹陷成矿区（III₃）

这是嵩箕台隆区夹于两个背斜间的一处向斜凹陷,出露地层为三叠系陆相沉积,上覆古近系和新近系,凹陷深度南浅北深,矿产除深部的煤、铝和煤系非金属外,主要是三叠系地层中的耐火红砂岩、湖相泥灰岩、天然油石、紫砂瓷土和建材石料等。

4) 黛嵋—云台断隆成矿区（III₄）

本区属渑临台坳北部边缘一个隆起区的南部地段,北、西、南三面有断层分布,构造层以宽缓单斜向东部伸延。地层自下而上为熊耳群（零星）、汝阳群、洛峪群（下部）、寒武系和石炭—二叠系。形成的矿产除熊耳群中有内生热液重晶石脉外,主要是其他时代地层中的各类外生沉积矿产,其中除煤、铝、铁外,代表了前述渑临台坳区的全部非金属矿产组合,形成了本市几处特大型石英砂岩、含钾砂页岩、水泥灰岩、煤系高岭土矿床,著名的王屋山—小浪底—黛嵋山世界级地质公园和蜚声中外的观赏石种——洛阳黄河石就产在这个成矿区。

5)义马凹陷、洛阳凹陷成矿区(Ⅲ₅、Ⅲ₆)

本区大地构造属义马凹陷和洛阳凹陷两个三级构造单元。

义马凹陷的主体在渑池县和义马市境内,仅有一小部分伸入本市区,它和洛阳凹陷的不同之处,是这里除三叠系基岩外,上覆侏罗系基底,在凹陷的边缘分布寒武系和石炭—二叠系。矿产方面,在义马凹陷主要是侏罗系煤层(义马煤田),伴生的非金属矿产没有专门研究;洛阳凹陷分布面积大,除边缘局部出露三叠系上统外,主要是新生界,凹陷中心的沉积厚度达数千米,油气普查成果显示这里存在油气资源,非金属方面的盐类普查,仅发现石膏薄层和盐类异常,未肯定为矿产,其他非金属矿产主要是砖瓦黏土、黄土、淋滤碳酸钙、河床砂砾。但应指出的是,这里是人类稠密,工农业基础雄厚的经济发达地区,从循环经济角度讲,人类工业发展所产生的大量工业废弃物和生活垃圾实际上是大量的再生资源,这也是本区的一个特色。

6)伊川—汝阳断陷成矿区(Ⅲ₇)

本区系渑临台坳向东南伸延的一个三级成矿区,它包括中间地段所夹的云梦山断垒隆起,也包括伊川县、汝阳县两个小断陷区,还包括南部平行三门峡—田湖—鲁山断裂中段的白垩系火山岩带。洛阳境内的断垒隆起包括宜南—灵山断垒和伊川、汝阳之间的九皋山—云梦山断垒,其间为白沙—临汝镇断凹区。本区的特点是:南侧发育了几条平行于断裂(包括该断裂在内)的大规模区域性推覆构造,前述的两处断垒隆起实际上是两大推覆片体。

与本区有关的矿产主要是以煤、铝为主的各种沉积矿产,其中断垒隆起区的矿产组合同前述的黛嵋山成矿区一致,主要矿种为石英砂岩、水泥灰岩、白云岩、含钾砂页岩及煤系沉积矿产。由于推覆构造的幅度差异,宜南断隆区在煤系之上保留了三叠系地层,各种矿产资源保留较好,而云梦山—九皋山断垒大部分地层剥蚀,仅残留了煤系地层的下部及下伏寒武系,因此保留沉积矿产有限。特征性矿产是推覆断层南侧熊耳群断片中形成的重晶石成矿带和伊川云梦山组的磷块岩及汝阳、嵩县北部的水泥灰岩等。

断陷区的凹陷部分发育了自晚白垩世到中更新世的两条火山带,也是凹陷区的两种非金属矿产资源:一条是北自宜阳董王庄,经嵩县田湖、九店,汝阳柏树到上店、三屯的白垩系酸性火山岩带,测试和研究成果证明,这是一种理想的水泥添加生料,也已证明是膨润土的成矿区和预测区;另一条是西自伊川白元、葛寨,经汝阳蔡店、大安到汝州临汝镇的新近纪—第四纪的玄武岩带,其应用领域已从铸石、岩棉、路面抗滑石料发展到高科技的玄武岩丝制品。

最后需强调指出的是,该凹陷区为渑临台坳的重要组成部分,区内地层主要是第四系和新近系洛阳组,有关的非金属矿产也主要是与其松散层有关的砂砾和洛阳组顶部的淋滤碳酸钙,这种成层的结核状碳酸钙在一些地区厚度大而稳定,$CaCO_3$ 含量高达95%以上,可以形成碳酸钙系列矿产。另据煤田地质和水文地质资料,凹陷带基岩除三叠系外,主要是煤系地层,深部蕴藏着与煤系地层有关的各类非金属矿产,该凹陷区已成为近年来寻找煤、铝矿产的主要靶区。

7)崤山隆起成矿区(III_8)

北东侧为三门峡—田湖—鲁山断裂带,南为马超营断裂,东、东南侧为洛宁—卢氏凹陷。该成矿区的基底部分为太华群,盖层部分为熊耳群,在洛宁西南与卢氏交界处还出露有熊耳群上部的官道口群,现发现的非金属矿产有熊耳群中的重晶石、脉石英、黄铁矿以及一些建材、石材类矿产。

8)洛宁—宜阳断陷成矿区(III_9)

这是一个沿洛河河谷、在华熊台隆区由东北伸向西南的一个新生代断陷区。断陷区的西南为洛宁盆地,东北与洛阳凹陷的宜阳盆地相接,据石油钻孔资料,断陷深度 > 2 075 m。洛宁盆地出露地层为古近系,由西南向东北逐渐为新近系洛阳组掩盖。非金属矿产以洛宁古近系上部的湖相泥灰岩(白垩)为代表,另在其底部的石英砂岩中产有天然油石,洛宁附近的古近系地层中夹有薄层石膏。

9)熊耳山断隆成矿区(III_{10})

这是分布在洛宁和嵩县之间走向东北、为两个新生代断陷盆地截断了的隆起地体,地质结构为华熊台隆的缩影,其核心部分出露太古界太华群,环绕太华群核心,上覆熊耳群火山岩系,火山岩系之上,在南部马超营断裂北缘残留中元古界官道口群盖层。在北部的太华群核心部分,有花山、李铁沟两大花岗岩基侵入太华群和熊耳群地层,沿洛宁盆地边缘为区域性山前断裂所截切。

现已查明,该区为我国重要的金、银、铅、锌、铜、钼成矿区,拥有洛宁熊耳山金矿田、铁炉坪银铅矿、下峪铅银矿等重要矿产地。有关的非金属矿产也十分丰富,包括与基底片麻岩系有关的石墨、蛭石、脉石英、蛇纹岩、辉绿岩、变粒岩;与熊耳群火山岩伴生的重晶石、脉石英、沸石、工艺石;与官道口群地层有关的滑石、石棉、白云岩、大理岩,以及与花岗岩和其他火成岩、变质岩有关的花岗石板材类等。

10)潭头—嵩县凹陷成矿区(III_{11})

同卢氏—洛宁凹陷一样,这也是一个自中生代末期发育起来的一处凹陷盆地,地层由白垩系秋扒组、古近系潭头组和新近系洛阳组组成,发现的矿产有潭头的油页岩,在嵩县盆地盐矿普查时发现有盐的浓集区,其他主要是河床砂石类建材矿产。

11)外方山断隆成矿区(III_{12})

同熊耳山断隆区一样,系由潭头—嵩县凹陷分割出的华熊台隆的一部分,它和前者的不同之处是除在北部(汝阳三屯)、东北部(鲁山背孜瓦屋)一带出露太华群基底和南部有太山庙花岗岩侵入外,全部为熊耳群分布区。在外方山腹地的嵩县木植街、汝阳王坪地段形成喷发中心,各类火山岩厚达万米。

现已查明,外方山区为我国重要的铅、锌、钼、铜、金、银、硫化物多金属成矿区,拥有汝阳南部诸多铅锌矿区和新发现的东沟、纸坊秋磐、竹园沟等钼矿,并肯定了该区还能找到大型钼矿的成矿远景。有关的非金属矿产包括北部断裂带边缘的重晶石、脉石英、脉状方解石,南部沿太山庙花岗岩内、外接触带裂隙中的脉状萤石,与火山岩有关的伊利石(黄庄)、黄铁矿,与石英斑岩风化壳有关的风化壳型高岭土以及梅花玉、吉祥玉,还有嵩县纸坊、黄庄一带的钾质碱性岩,与碱性岩、花岗岩等火成岩有关的花岗石类石材和蛭石矿产。

12)大清沟—龙池幔台缘隆起成矿区(Ⅲ₁₃)

与大地构造单元伏牛山台缘隆褶区相吻合,北以马超营断裂为界,南以官道口群、栾川群分界线和黑沟—栾川断裂为界,西接栾川—陶湾坳褶断束,东延南召地区。该构造单元的突出特点是官道口群的走向断裂极其发育,另在黑沟—栾川断裂带的北侧发育了NEE 与 NWW、NE 和 NW 向的两组共扼断裂构造,在共扼点处形成了长岭沟、合峪以及太山庙几个多期活动的巨大花岗岩基。从理论上推断,该区为台缘褶带的隆起区,濒临活动的大陆边缘,地史上存在古陆边缘的增生和碰撞机制,有多种成矿溶液活动的可能,推断是一处理想的成矿预测区,但存在的现实是该区地质工作程度很低,大部分几乎是空白区(1:20 万简测区)。发现的非金属矿产主要是萤石(合峪、车村、汝阳隐士沟、松门)、石墨(大清沟、平良河、牧虎顶)、钾长石、蛭石、花岗石、沸石、玄武岩等,据近几年地质勘查和采矿提供的资料,在车村栗子树南部的混合岩化太华群地层出露区,已发现石墨、萤石、云母矿化。另据区域成矿规律研究,栾川北部沿马超营断裂带是一个重要的金矿成矿带,地质找矿正在向东南的空白区延伸,大清沟的大砭峪铜矿深部、合峪杨山和竹园沟以及汝阳太山庙的萤石脉深部都相继发现钼矿化,钼、铅锌与萤石位于同一成矿构造带中。因此,随地质和民采采矿工作的深入,这个空白区也将提供更多的矿产资源。

13)栾川坳褶断束成矿区(Ⅲ₁₄)

本区为洛南—栾川台缘褶带中栾川群的分布区,北以官道口群、栾川群分界处为界,南以栾川群和陶湾群分界处为界,东部犬牙交错状插入大清沟—龙池幔台缘隆褶区(伏牛山台缘隆褶区),西部延入卢氏境内,呈一东西向狭长地带。该区的特点是形成了一套类复理石的栾川群火山—沉积变质岩系和叠加在这一地层上的强烈褶皱与断裂形变,并有多处燕山期的小斑岩体侵入上述地层。伴随岩浆侵入时的接触交化和区域变质热液的成矿作用,形成了我国重要的钼、钨、铅、锌、硫化物多金属成矿带。区内的非金属矿产也相当丰富,主要有以下几类:一是与热液型金属矿伴生的萤石、黄铁矿(骆驼山);二是与接触交代钼矿伴生的硅灰石、透辉石、透闪石、黄铁矿、石榴子石;三是与热液活动有关的脉石英、水晶;四是与地层岩性有关的小型水泥灰岩、大理岩、伊源玉;还有与岩浆岩有关的不同色调的花岗石、含钾岩石、磷灰石以及碱性岩风化后的高岭土等。

14)陶湾坳褶断束成矿带(Ⅲ₁₅)

本区为华北地台南缘西段的成矿带,分布范围即陶湾群出露区。它是一个成矿组合和栾川坳褶断束类似但不太发育的一个铁、金硫化物成矿带,主要的非金属矿物以黄铁矿、重晶石、石棉、硅灰石、蛭石等为主,陶湾群秋木沟组大理岩可以形成大理岩矿床,局部形成透辉石,但这些非金属矿的地质工作程度一般都很低。

4.1.3 成矿区划研究的几个问题

不考虑地质历史发展的纵向因素,仅从矿产分布的横向关系中去研究一个地区的成矿规律,有关成矿区划研究的上述方法肯定是不够全面的,但就这种不全面的方法所探讨的结论又多为人信服,现择几个重要的结论加以进一步阐述,并在从其他角度研究成矿规律时加以补充。

4.1.3.1　黑沟断裂带是一级成矿区的分野

黑沟—栾川断裂带是豫西地区一条重要的断裂带,也是一条重要的控矿构造带。该断裂带不但显示了南北两侧不仅在地层沉积建造、岩浆活动、构造形变、岩石地球化学、地球物理特征方面的极大差异,而且也是一条重要的控矿构造带,南北两侧形成的矿产有极大的不同。

(1)从矿产的一些基本特性上,断裂带北侧除过渡带外,总体表现为地台型的矿产特征,地台基底和盖层分别表现为不同的矿产组合,尤其地台盖层中那些宽缓层状,构造稳定,轻变质和未变质的层状、属岩石型的非金属矿产,成为北部矿产的主要标志,且越向地台内部越加明显;断裂带南侧因为没有地台的双重结构,矿产赋存于褶皱的地层中,加之强烈的褶皱,多旋回的岩浆活动,一般矿产都经历了多期的变质作用,呈现出与地台完全不同的矿产组合和矿化特征。

(2)断裂带毗邻的西部栾川北部地区,矿产组合表现为台缘褶带即台槽的过渡带特征,该区构造岩浆活动相对发育,地质作用剧烈,系我国重要的钼、钨多金属、硫化物成矿带,具有多种成因的金属和非金属矿产组合,也是洛阳市唯一一处矽卡岩型硅灰石、石榴子石矿和硫化物多金属矿区;断裂带毗邻的西部栾川以南地区,除大面积为燕山期老君山花岗岩岩基占据,形成与花岗岩有关的矿产组合外,主要为绿片岩相的宽坪群变质岩系,矿产主要与区域变质岩有关。

(3)东部的大清沟—栗树沟—千佛坪以东地区,北部为台缘隆起部分的太华群基底地层,其中有合峪、太山庙、长岭沟三个大岩基侵位,在太华群基底地层中发现石墨等变质矿产,在花岗岩的内部和边缘发现萤石、钾长石和铜、钼矿化;在断裂带南部的银洞沟、佛爷沟一带,发现有铅、锌、银、毒砂等矿点,黄铁矿化相当普遍,是宽坪群中一处最为理想的成矿预测区,由此也指示断裂南毗邻的宽坪群分布区也是一个硫化物多金属的成矿远景区。

需强调一点,断裂带北部栾川群、陶湾群地层中极发育的片理,倒转褶皱,一些地层的缺失、掩覆,南部宽坪群与北部地层相反方向的挤压倒转,尤其与栾川钼矿田有成因联系的老君山花岗岩分布在断裂带以南等因素说明,现在的黑沟—栾川断裂并非原来地缝合线的位置,而是南部地槽带向北推覆后的位移。

4.1.3.2　三鲁断裂与推覆构造

三门峡—田湖—鲁山断裂具有两个明显的特点,一是该断裂为区域内生和外生矿产的一条鸿沟,二是后期转化为区域性的推覆构造。在大地构造分区上,它是南部华熊台隆和北部渑临台坳的一条天然界限,北部以砂岩、黏土岩、石灰岩、煤、铝等沉积矿产为特色,南部以金、银、铅、锌等内生矿产和与之相伴生的非金属矿产为主,成为豫西地区矿产分布上一个鲜明的特征。该断裂带自中生代以来表现为明显的推覆性质,由西北而东南,中元古界熊耳群包括由其驮载的蓟县系、青白口系地层及寒武系,分别逆冲在石炭—二叠系和中新生代地层之上,形成叠瓦状板片。认识这一推覆构造将预示着对豫西地区煤田地质勘探有新的突破,可预测一些煤盆地南缘的元古界、古生界地层之下可以找到新的井田。另外,在宜阳、伊川、嵩县北部,沿熊耳群推覆片体前缘的几十千米延长线上,产有多处重晶石和脉状方解石矿产,显示了区域性热液矿化,这些矿脉群走向与推覆构造走向均为锐角相交,属羽张性,建立它们之间成矿作用上的内在联系,研究重晶石矿化区是否伴生有其他金属硫化物矿化,是值得进一步工作的问题。

4.1.3.3　马超营断裂的控矿作用

马超营断裂是个长期活动的断裂带,切穿的地层有熊耳群和官道口群,据物探航磁研究证实,切穿地壳深度 38 km,但从断裂带南部车村北部发现的第四系玄武岩提示,断裂后期发育已达地幔深度。据现观察到的断裂两侧的地质条件,原始的断裂带也不是现在的位置,推断的古马超营断裂应是洋、陆两大板块之间重要的增生带,北部形成安第斯型火山弧,并进一步发育为弧沟盆体系。有关区域研究成果指出,大约在海西—印支期,南部秦岭地槽封闭,西部特提斯海形成俯冲机制,华北地台南部产生由西南向东北的大推覆、大走滑、大旋转作用下,古马超营断裂北侧由旋转拉伸作用,发育了一系列 NE 向断裂,沿断裂发育一系列金、银、铅多金属矿床,成为我国一条重要的金、银多金属成矿带,伴生的非金属矿物包括黄铁矿、脉石英、萤石等,黄铁矿大部分矿区达到综合利用要求,萤石、黄铁矿则成为金属矿化的标志性矿物。

4.1.3.4　非金属矿与金属矿床

组成非金属矿床的物质单位是非金属矿物,无论是金属矿床,还是非金属矿床,它们的矿物组成很少是单一的,而是多元的。按照地球化学特征,亲铁元素、亲硫元素的金属矿床,它们除特定的金属矿物组合外,也有特定的非金属矿物组合,如硫化物金属矿床中的黄铁矿、重晶石、萤石,它们可能因为含量少而仅为伴生矿物,但也可以按综合利用的品位要求而圈定为伴生矿床,这类矿床在豫西的典型矿床实例有灵宝银家沟、栾川骆驼山等,所以从矿床学研究的高度而论,非金属和金属矿物一样,都存在于对应的金属矿或非金属矿床中,或处于同一个成矿系列之中。

就此意义而言,研究非金属包括开采加工非金属矿产,都意味着科学的发现。天津地矿所任富根(1996)等在研究外方山金矿中,通过对熊耳群的研究发现了碲化物和颗粒金,指示了外方山区可能找到与碲化物有关的矿床。历经 10 年的新一轮回地质工作,外方山地区在铅锌矿的基础上已发现了大中型钼矿床。另如栾川合峪、汝阳太山庙,从两大花岗岩体中的脉状萤石、脉石英矿物组合中发现了深部的钼矿化。尤其是大多数的金矿床,都是先发现黄铁矿化,进而从黄铁矿类型的识别上发现了有价值的金矿床,因此非金属矿化(蚀变)也是金属矿的找矿标志。

正因为非金属在寻找金属矿产中的这种特殊意义,我们不能孤立地把非金属的研究仅仅停留在管理矿产和矿产品的水平上,而应将其提到一定高度,首先提到矿床学的高度,然后再延拓到非金属矿物学的研究领域,提高一个层次。但目前存在的问题是由于大量地质工作集中于金属矿产,安排的非金属矿种有限,而又缺乏专题研究,加之经济因素的驱动,无论国有或民采成分都集中于个别金属矿产,致使已发现的非金属矿种非常不均衡,在南部地质勘查工作薄弱、人迹稀少、民采工作程度低的地区,非金属矿产发现的矿种也就更少,所以也难以全面进行矿床学的研究,自然也影响了那里对金属矿的找矿工作。

4.2 成矿系列

4.2.1 成矿系列及区内主要成矿系列的划分

"矿床成矿系列"是程裕祺、陈毓川院士在矿床学方面提出的一种新的成矿理论。它的含义主要是指在一定地质(构造)单元内,在一定地质发展时期,与一定的地质作用有关的不同地质演化阶段中,在不同地质部位所形成且相互有成因联系的不同矿种、不同类型的一组矿床。这一认识包含了时间和空间的对立统一,充满了事物不断发展和发展阶段的辨证关系,它冲破了以往在矿床学研究上的单一成因、单一类型、一次性成矿思路的约束,将矿床学研究拓宽到区域时空统一演化模式的理念上,产生了复成因、多类型叠加成矿即涂光炽先生提出的"多代同堂"的新成矿理念上,大大弥补了前述只讲横向分布关系不讲成矿历史的成矿区划研究的不足,代表我国成矿理论研究在科学的认识论指导下取得的新成就。

运用成矿系列这一新的成矿理论,可以清晰地将各个不同级别大地构造单元中不同类型、不同成因、不同产出形式的不同矿种,按它们之间在成矿作用上的相互关系,依照地质构造单元之间和构造单元本身的发展史,建立起不同的成矿系列,由此形成区域成矿规律研究的一种新的理念,合理解释了同一构造单元中多种成因类型,多次成矿作用的叠加关系,将前面成矿区划研究中按构造单元归纳综合出的不同矿产组合,按构造单元的发展演化特征建立起它们的内在联系,由此来认识成矿规律,显然是从哲理逻辑上为成矿规律研究寻求了支柱,较之从成矿区划方面研究成矿规律又前进了一大步。

依据洛阳和豫西地区的地质和矿床组合特点,可以将全区划分为 11 个构造岩浆旋回,也是 11 个不同的构造层。对比它们之间的关系和在本区的价值,经合并取舍,分别归并为五大构造层,即确定为五大成矿系列。

(1)嵩箕台隆—华熊台隆太古宙—元古代,与火山—岩浆侵入活动有关的地球早期成矿系列,简称地台演化初期成矿系列(初始成矿系列)。

(2)华熊台隆、洛南—栾川台缘褶带、渑临台坳区中—晚元古界的形成,并逐渐发育完善的弧、沟、盆体制成矿系列,简称弧沟盆成矿系列。

(3)华北地台南缘以渑临台坳、嵩箕台隆为主体,早、晚古生代石灰岩、白云岩、煤、铝沉积矿产成矿系列,简称古生代内陆盆地成矿系列。

(4)印支—燕山期陆内板块效应(碰撞机制)、裂谷形成地台活化,与同期岩浆活动系列有关的以内生矿产为主的成矿系列,简称碰撞型陆内成矿系列。

(5)新生代(喜山期)古陆风化壳及断陷盆地成矿系列,简称新生代成矿系列。

以上五大成矿系列的划分,基本上概括了洛阳亦即豫西地区大地构造发展史的五个阶段,以及按五个阶段划分的五大构造层形成过程中,在地壳及不同部位发生的成矿作用。这是区域成矿规律研究中按成矿系列理论进行的一种探索。需要强调的是,豫西大地构造演化遵循着一条由陆内指向地槽、由地槽指向大陆边缘的规律。以加里东运动和华力西运动为例,它们主要影响着地槽的纵深地区,对北部构造层的影响相对较小。另外,由于研究的范围所限,仅在第三构造层阐述时加以顾及。另需说明的是,大成矿系列的确立,也是在综合利用各种地质研究成果的基础上,结合区内大地构造发展史的研究,按构造演化的阶段性,分别探讨了各个不同构造单元与各个构造层相联系的各种矿产组合又是如何在不同阶段大地构造发展演化中形成的。这是运用这一新的成矿理论对洛阳及豫西金属、非金属矿产成矿规律研究的新尝试,也是我们的一种新见解。

4.2.2　不同成矿系列的成矿作用

4.2.2.1　地台形成初期——新太古—古元古宙成矿系列

大约在46亿年前后,地球由天文时期进入地质时期,炽热的熔融体表面冷凝为原始的地壳,但当时的地壳很薄,火山遍布,此发彼熄,内外物质剧烈对流,称为"泛火山"期。伴随着火山喷发,凝固坠落,在强烈的构造运动中,原始地壳被撕裂、挤压为碎片并漂浮在熔融的上地幔软流层上,经过相当地质时期,漂浮中的这些碎片又不断聚集为原始的古陆核。按照康迪(Condie,1980)的观点,早期的地壳演化大体经历了以下几个阶段:由铁镁质形成的初始地壳阶段(约40亿年)、由花岗岩和分异火山岩混合而构成的以铝硅质成分为主的古陆核阶段(38亿年)和以TTG岩系为主的花岗—绿岩地体阶段(35亿~27亿年)。

由初始地壳形成的古陆核,代表原始地壳的基本单元。伴随古陆核的形成,由泛火山期喷发的大气中凝聚了水汽,并由原始的水汽凝聚为地球原始的水圈。原始古陆核下部的地幔对流,同化混染作用,形成以TTG岩系为代表的花岗—绿岩地体,并在古陆核和水体之间形成了具有相对稳定边界的古海岸线。从而由陆、洋地壳比重上的差异产生原始的增生机制,形成早期的火山弧、弧前盆地、陆内裂谷火山带,在大陆边缘形成早期绿岩带,大洋一侧形成弧前沉积盆地。

由于地壳趋于相对稳定,开始形成了以厚层石英砂岩为代表的古海岸线,在盆地内形成了碳酸盐类和原始的生命(有机物),这时的地壳相当新太古宙(嵩阳期)。

大约演化到了18亿年前后,经过嵩阳运动后相对稳定的地壳,又经历了一次较大规模的构造运动(中岳运动),早期嵩阳旋回形成的构造层,包括同期的岩浆岩,再次卷入大规模的构造运动,强烈的区域和热动力变质作用,使部分地壳再次重熔,生成新的花岗岩(石秤花岗岩18.54亿~15.05亿年)和与区域混合岩化作用有关的伟晶岩。早期地壳中的成矿元素得以活化迁移,形成矿层和矿源层,该期大规模的区域变质形成了早期的矿源层——太古界绿岩系。

涉及该成矿系列的地层在洛阳及豫西一带主要是太古界登封群、太华群及其上覆的嵩山群。登封群组成了嵩箕台隆的基底,它包括了下部的TTG岩系和上部的绿片岩系,形成明显的二重结构,上覆嵩山群石英岩和片岩。登封群的特点是混合岩化的程度较高,与混合岩化作用有关的伟晶岩脉很发育,但二重结构之上的绿岩和磁铁矿富集层不发育,代之而成的是变质的碎屑岩——云母片岩和石英岩并发育酸性火山岩—混合花岗岩的早期岩浆活动;太华群为华熊台隆的基底岩系,地台上相对位置为登封群的外缘,也形成了明显的二重结构,上覆元古界铁铜沟组。太华群的特点是混合岩化程度各地不均匀,伟晶岩脉一般不发育,但绿岩地层保留的厚度较大,有超铁镁质岩类侵入,并发育了登封群未见的碳酸盐类地层。大量的研究成果认为,太华群绿岩系为豫西金矿提供了矿源层。由太华群和登封群形成的相对位置,岩性组合特征,有人认为太华群为拼贴在登封群古陆核之上的又一地体,或为登封群古陆核外缘的洋壳部分,后在古元古界末,二者拼合,并经中岳运动,形成华北陆台的刚性基底,同时结束了华北地台第一构造层的历史。

该成矿系列在金属矿产方面,有形的矿产是 TTG 岩系(下亚群)之上绿岩系(上亚群)之下提供了磁铁矿(鞍山式)的成矿层位,相当于毗邻鲁山地区的铁山岭组。无形的矿产是太华群的绿岩系为公认的豫西金矿和多金属矿的矿源层,该矿源层在其广泛分布的华熊台隆地区成为找金的间接依据,其中形成的热液型硫化物多金属矿被认为是后期构造和岩浆热液活动叠加的结果。

与该构造层有关的非金属矿产大体可分为以下五大类:

(1)与 TTG 岩系中斜长花岗岩、英云闪长岩有关的淡蓝色花岗石板材矿产,淡蓝色色调与该类岩石中的钠长石和钠闪石有关,系一种罕见的石材品种,见于邻区登封境内(裂隙发育)。

(2)与超铁镁质岩有关的橄榄岩、蛇纹岩等超基性岩类,主要矿点有洛宁下峪崇阳沟龙门店,宜阳上观柱顶石、张坞马家庄,嵩县黄水庵,汝州尚庄白马石沟,与超基性岩伴生的还有蛭石、辉长岩等矿产。

(3)与区域沉积—变质、火山沉积—变质、混合岩化作用有关的石墨(栾川、宜阳、洛宁的太华群石板沟组)、石英岩、碎云母、石榴子石(伊川赵沟马山寨)以及偃师的洛阳牡丹石矿产。因太华群分布区非金属矿工作程度很低,可能还有新的矿种。

(4)与嵩阳期混合花岗片麻岩有关的红色系列花岗石板材矿产(少林红、云里梅、玫瑰红)和与超基性岩、基性岩有关的黑、绿色板材矿产。

(5)区域混合岩化热液活动有关的伟晶岩脉型钾长石、钠长石、文象岩、脉石英及云母、电气石等。该类矿产主要分布在登封群出露的伊川、偃师及毗邻的登封境内。

4.2.2.2 中、新元古代弧沟盆体系成矿系列

华北地台(陆板块)自形成了巨厚的嵩山群罗汉洞组石英岩之后,表明地台具一定稳定性,古陆与古海洋之间有了较长而稳定的海岸线。随之,古陆的范围不断扩大,大体在18 亿年前后,其南缘形成宽坪地槽(洋板块),发育了以拉斑玄武岩为代表的大洋火山活动,进而由洋陆地壳物质的比重差异,在地球自转能的诱发下,于两大板块之间产生了规模较大的板块俯冲运动,首先形成陆台边缘的第一个盖层——安第斯山型火山弧,即我们今天所称的厚达 10 000 m,具地区性地层标志的中元古界熊耳群火山岩带。与此同时,在大陆内部发生着裂谷型喷发和红层沉积。大体演化到中、晚元古代,洋区的宽坪群火山—沉积岩系褶皱上升,形成陆台边缘年轻的褶皱山,并在熊耳群火山带的南、北两侧发育了弧前和弧后盆地,标志弧、沟、盆体系已在全区形成,并开始了新一轮的成矿系列。

1)熊耳期岛弧火山带

熊耳期形成的岛弧火山带是横亘在华北地台南缘的巨型火山岩带,大量的研究成果证明,由壳、幔物质重熔、同化形成的中酸性岩浆中,含较高的 Au、Ag、Fe、Cu、Mo、Pb、Zn等较高的地球化学背景值和广泛的硫化物、碲化物矿化,使之成为后来生成这些有益金属矿床的衍生矿源层。由岛弧火山带控制了由火山沉积岩、火山沉积变质岩、次火山岩以及

与火山作用有关的非金属成矿系列,包括与英安质火山熔岩有关的气液作用下形成的梅花玉矿床,火山沉积岩热液蚀变作用形成的伊利石、叶蜡石,蛇纹石化、透闪石化大理岩形成的吉祥玉矿床,与次火山石英斑岩蚀变、风化、淋滤形成的高岭土矿床,以及分布相当广泛的黄铁矿化和黄铁矿矿床(汝阳王来沟、嵩县石磐等)。这些矿床主要分布在外方山地区,熊耳山和崤山地区由于火山岩的厚度相对较小,加之区域矿产调查的工作程度低,发现的非金属矿也只是以星散状的黄铁矿、脉状重晶石和脉石英为代表。除此之外,火山岩中还报道有沸石、膨润土矿信息。

火山弧北部华北地台内部的嵩箕台隆区的太古—古元古界基底上没有熊耳期的火山岩盖层,说明火山弧分布的地域性十分明显。但在基底的片岩、片麻岩中却在多处(南部更明显)见到安山玢岩、流纹斑岩的岩墙,岩性与古老变质岩很不协调,按同位素年龄资料,它们均属熊耳旋回的产物,推测是熊耳火山弧伸入陆内的裂谷型火山带或地表火山岩(已剥蚀)的根部。这类岩石由于结构紧密,石质细腻,多具美丽的花纹图案,是当地开发的一种重要的饰面石材和工艺石材资源。此外,零星的熊耳群也出现于渑临台坳边缘黛嵋—云台断裂隆起区,产有重晶石和玉髓、玛瑙。

2)弧前盆地

早期形成官道口群,系一套由滨海潮坪三角洲相—滨海—浅海相砂岩、页岩、碳酸盐岩沉积建造;晚期形成栾川群和陶湾群,属陆源浅海相复理石、类复理石相沉积建造。该弧前盆地沉积的特点是地壳一直处在震荡中,形成的地层旋律性特别发育,以栾川群为代表。尤其地球化学环境比较复杂,海水中富硅、富镁、富铝、富有机质,是弧前盆地区域地球化学的一个特点。形成的官道口群的杜关组,栾川群的白术沟组、三川组、南泥湖组分别形成了碳质泥岩(页岩、板岩)地层,并在煤窑沟组发育为可以燃烧的石煤——碳质泥板岩。弧前盆地沉积的最具特殊性之处是以低等生物相当繁衍的官道口群、栾川群之后,在进入陶湾群沉积时,变为缺乏生物的哑地层,至今尚无破解此谜的准确答案,较为有力的推断是封闭的海盆并遇到了元古代末的大陆冰期(南沱冰期),不利生物的繁衍。

该弧前盆地形成的非金属矿产具有以下几个特点:

(1)官道口群总厚1 880~3 185 m,其中80%以上为碳酸盐岩,但这些碳酸岩类含硅质条带和团块,普遍为含镁质较高的白云质灰岩、白云岩,不能用为水泥灰岩,但经受区域变质后能够形成滑石、石棉矿床,在栾川狮子庙、白土、秋扒以北形成滑石、石棉成矿带,向西延入卢氏境内,另在栾川赤土店九丁沟,因受岩浆岩侵入的双重叠加变质形成透闪石和大理石矿床。

(2)栾川群是一套由砂岩—页岩—碳酸盐岩类完整的沉积韵律层组合,间有碱性火山喷发岩。这套地层中的砂岩类一般含较高的铁质,分选性差,不能作为玻璃原料,页岩类普遍含碳质较高,在煤窑沟组地层中形成碳质泥板岩(石煤),并因有机碳的吸附作用,它们成了锗、镓、铀、钒、铅、铜等十几种金属元素的富集层。石灰岩类的局部地层可以形成低标号硅酸盐水泥的矿物原料,并成为后来形成矽卡岩钼矿等金属矿的矿化围岩和硅灰石、石榴子石、透闪石的赋矿层位,在一些地区石灰岩区域变质和接触变质后形成的透辉石、蛇纹石是形成宝玉石类——伊源玉的母岩,而大红口组的碱性火山岩,是含钾岩石类资源,另外普遍发育的黄铁矿化、磁黄铁矿化可以形成硫铁矿床。

（3）陶湾群分布区尚无有价值的同生非金属矿床,但陶湾群秋木沟组大理岩中分布的小岩体的接触带中形成了硅灰石矿床,风脉庙组的云母片岩,可以综合利用为碎云母,另在陶湾群中分布的非金属矿床有东鱼库白崖根的石棉矿、陶湾红崖沟的蛭石矿,以及与沿黑沟断裂带秋木沟组大理岩断落、伊水下切,在地下水作用下形成的石灰华类溶洞资源（鸡冠洞）。

3）弧后盆地

对应于弧前盆地,弧后盆地形成的地层系统是汝阳群、洛峪群和震旦系罗圈组。汝阳群系一套三角洲—滨海—浅海相沉积建造,洛峪口组代表滨海—浅海相沉积,而震旦系罗圈组则是一套由冰碛—冰水沉积的地层。总体代表一个由海进到海水萎缩,最后地壳抬高接受陆相冰—冰水沉积的巨旋回。该旋回的最大特点,一是下部发育了厚层砾岩（云梦山砾岩、马鞍山砾岩）,二是上部形成了分选较好的厚层石英砂岩,三是碳酸盐岩地层不发育,但其中保存了比较丰富的生物遗迹。总体反映的是一个稳定的沉积地质环境,建造特征与弧前盆地形成明显的差异。

和弧前盆地的另一不同之处,是这里除沉积了不太厚的赤铁矿外,几乎没有形成金属矿产,同样除早期有规模较弱的火山活动外（熊耳火山旋回尾声）,几乎不存在岩浆活动,但却形成了丰富的沉积型非金属矿产:

（1）环嵩山古陆,在形成的相当汝阳群底部云梦山组的马鞍山砾岩,为一套以白色石英岩为主体的砾石层,砾石成分单一,自然浑圆度极好,直径大小差别不大,是一种独特的建筑石材和特种磨料。

（2）产于云梦山组下部层位的伊川石梯磷矿（含铁）,为河南省北方唯一一处具规模的沉积型磷块岩矿床,规模已达中型。

（3）层位为北大尖组和三教堂组的石英砂岩矿床,是河南省重要的大型玻砂、型砂矿床,该类矿床广泛分布在新安、宜阳、伊川、汝阳和偃师各县,在地方硅质原料工业中起了支柱作用。

（4）产于崔庄组、北大尖组的含钾砂页岩,主要成分为伊利石黏土,除可制作钾肥外,是制作陶粒和陶瓷的重要原料。

（5）产于洛峪口组的叠层石白云质大理岩,可提供板材和印章石、工艺石。

（6）产于震旦系罗圈组的伊利石黏土岩已被开发为塑胶补强剂。

4.2.2.3 古生代沉积矿产成矿系列

古生代的成矿系列有两个:一为地台区——地台南部所形成的寒武—奥陶系、石炭—二叠系两个构造层;二为地槽区的加里东地槽成矿系列和华力西期成矿系列,本区仅涉及了北部的加里东地槽成矿系列。

1）地台南部内陆成矿系列

寒武纪以来,华北地台表现为轴向东西呈翘翘板式的垂直升降运动。早期是地台南缘在元古代弧后盆地的基础上,首先下沉形成寒武系的辛集组、朱砂洞组,这两个组主要分布在地台的南部边缘,接着是地台北部下沉,自北而南发生馒头组以上的海侵,在地台腹心地区形成沉积盆地,晚期的寒武系上统,代表海洋面积的缩小,白云岩化程度升高。至早奥陶世,地台边缘再次下降,形成冶里组、亮甲山组,延至中奥陶世随怀远运动而上升成陆,豫西地区中奥陶统仅厚百余米。

石炭—二叠纪以来,由怀远运动上升的早古生代的沉积盆地再次下降,接受来自北方的海侵,形成海陆交互相的石炭系地层,至二叠纪初期转沼泽、陆相沉积。这是豫西地区一次重要的以煤、铝为代表的煤系沉积矿产成矿系列,波及的范围包括熊耳、中条、太行几个古陆之间的广大地区。

与该成矿系列的下构造层——寒武、奥陶系有关的非金属矿产有:鲁山、汝州一带产于辛集组的含磷砂岩(磷块岩碎屑),产于朱砂洞组的石膏,产于寒武系馒头组的紫砂瓷土、陶粒页岩,产于徐庄组、张夏组的水泥灰岩、制灰灰岩(白云质灰岩)和上部崮山组的白云岩。洛阳境内的奥陶系灰岩因为厚度较小,硅、镁类杂质含量高,一般不具成矿意义。

与该成矿系列的上构造层——石炭—二叠系有关的非金属矿产主要是包括耐火黏土、沉积高岭土、沉积型黄铁矿(新安竹园—狂口)、陶瓷黏土(伊利石黏土)、熔剂灰岩(石炭系太原统生物灰岩)以及砂、页岩类建材、陶粒页岩、耐火红砂岩、石料等矿产。

古生界构造层所形成的沉积矿产如表 4-2 所示。

表 4-2　洛阳古生界构造层,沉积矿产含矿层位

地层			主 要 沉 积 矿 产	备　注
古生界	上古生界	二叠系	石千峰组　耐火红砂岩、紫砂瓷土、建筑石材	
			上石盒子组　煤系高岭土、伊利石黏土	煤系地层
			下石盒子组　煤系高岭土、伊利石黏土、陶瓷黏土、煤矸石	
			山西组　煤系高岭土、伊利石黏土、陶瓷黏土、煤矸石	主煤层层位
		石炭系	上统太原组　熔剂灰岩、陶瓷黏土、燧石(磨料)	煤系
			下统本溪组　铁矾土、耐火黏土、铝矾土、颜料矿产	氧化铁红
		泥盆系(缺失)		
	下古生界	志留系(缺失)		
		奥陶系(中统)	石灰岩、熔剂灰岩(规模小)	新安县出露中、下统
		寒武系	上统　白云岩(崮山组)、建筑石料	崮山组分布最广泛
			中统　水泥灰岩(张夏组、徐庄组)、制灰灰岩、石料	
			下统　紫砂伊利石瓷土、工艺石材、磷、石膏	磷、石膏以邻区为主

由表 4-2 可看出,华北地台南缘的古生代地层及其分布区,是我国重要的沉积矿产成矿层位及其分布区,其中寒武系的水泥灰岩、白云岩,石炭系的耐火黏土、沉积高岭土均为河南省的优势资源,前者在多处形成大型、特大型矿床,后者具很大的找矿潜力。具有区域特色性的是,寒武系底部形成南型北相的辛集组含磷(磷块岩)砂岩,另在邻区的朱砂洞组中形成大型石膏矿床,这个时代形成的地层和矿产为豫西的一大特色,在研究区域大地构造发展史和古地理演化中很有科学价值。

2)秦岭地槽北部二郎坪群成矿系列

一度稳定的古中国地台,在古生代初留下寒武系辛集组的含磷地层和朱砂洞组的膏

盐地层之后又开始分开,在华北地台和扬子地台之间形成了广阔的古秦岭—昆仑海域(李春昱等:《亚洲大地构造图说明书》),即横跨本区南部的加里东地槽和该海域中的陆岛。对二郎坪群的研究成果指出,在形成这一地层原始的海域中也存在着海底扩张和碰撞增生机制,这一机制指示了华北地台南缘抬升后,秦岭地槽正发生着翻天覆地的变化。

据区域矿产预测资料,二郎坪火山岩分布区已查明是河南省一条重要的Fe、Au、Ag、Cu、Pb、Zn硫化物成矿带,虽然地质工作程度不够,但发现的矿点、矿化点较多。该区的非金属除石墨、红柱石、夕线石、蓝晶石外,还有黄铁矿、磁黄铁矿、白铁矿、各种矾类及脉石英、石英岩、脉状方解石、硅灰石、滑石等,二郎坪群的大庙组大理岩已勘探为特大型水泥灰岩矿床。区内嵩县白河黄花崖石英岩矿质优量大,油路沟一带黄铁矿矿点较多,品位很富,也具相当规模。另外,其中的板岩、大理岩及闪长岩、花岗岩岩体也提供了优质的石材资源。

4.2.2.4　中生代陆内板块运动地台活化成矿系列

华力西旋回,秦岭地槽封闭,地槽中不同地质时期形成并已固化的各种地体,又一次(宽坪群褶皱带之外)拼贴于陆台的南缘,并与华南扬子地台产生对接,从而于中生代开始,地台南缘产生了新的板块构造机制——大陆与大陆碰撞。与此同时,扬子地台西北、华北地台的西南,形成了特提斯地槽与华北地台的俯冲增生机制(任纪舜:《印支运动及其在中国大地构造演化中的意义》,1984),华北地台南部受到两种作用力的差异效应,使地台南缘包括地槽内的一些东西向断裂发生了顺时针挤压、扭转,形成北西端收敛、东南端撒开的帚状断裂系,接着发生伸张走滑,使不少北西西向断裂复活、产生断陷,形成地台南缘和隆起的地槽带中的三叠系山间盆地沉积,一些巨型断裂带转化为走滑断层,并有小规模的岩体尤其碱性岩类沿断裂带侵入。

往往被人忽略的是印支期无论是金属还是非金属矿产因没有形成重要的矿床,也没有形成规模的岩浆岩而导致了关于豫西印支运动的很多误区,令人注意的是,印支期地台边缘的大碰撞、大推覆、大旋转、大走滑却促使了地壳内部岩石和成矿物质的再次活化,印支期的构造为矿液运移提供了良好的通道和促进矿液活动机制,印支运动孕育了后来燕山运动的构造岩浆活动和成矿作用,拉开了燕山运动的序幕。

华北地台在进入燕山期后,由于东南部环太平洋增生机制的形成和参与边界的受力条件的加剧与复杂化,导致了地台的全面活化,表现为旧的断裂带再次复活,地台边缘构造机制由印支期的顺时针向旋扭,转化为逆时针向的扭裂拉伸,从而导致一些地区沿NWW向断裂发生火山活动——在华熊台隆和渑临台坳之间形成九店组的火山岩带;另在地台的南沿沿熊耳山背斜轴部和黑沟断裂两侧,形成了几处巨大的花岗岩基,它们的岩枝还伸向周边地区,包括栾川北部的小花岗岩体群。

继印支运动之后的燕山运动,代表了因大陆碰撞激化的陆内效应,伴生着几个花岗岩带的生成,产生了Au、Cu、Pb、Zn、Mo、W、Fe、S的系列成矿作用,形成了区内重要的熊耳山金矿田,南泥湖钼矿田,外方山钼、铅、锌、硫矿田和马超营等金矿成矿带,该系列形成的非金属矿产包括:

(1)与岩浆岩及岩浆期后气液活动有关的矿产,包括各类花岗石石材,花岗岩岩体内及外围围岩裂隙中的萤石、重晶石、水晶、脉石英、钾长石、脉状黄铁矿、文象岩矿床。

（2）与岩浆活动、岩浆与碳酸盐岩类岩石接触交代作用形成的接触交代型硅灰石、透闪石、石榴子石矿床，岩浆气液作用的磷灰石、锂云母矿床和围岩热力变质型大理石及彩石类矿产。

（3）与燕山期火山喷发活动有关的火山岩矿床，包括作为建材用的含沸石的火山凝灰岩及产于火山岩底部的膨润土矿产。

4.2.2.5 新生代成矿系列

与前边阐述的成矿系列相比较，这是个经历的时间最短，与人类活动有直接和间接联系甚至人们在经历着的成矿系列，它的内容包括以下四个方面。

1）风化壳型矿床

继燕山运动之后，地台上新的隆起抬升区，开始经受到了新一阶段的侵蚀和剥蚀作用，期间形成的风化壳型非金属矿床包括：嵩县纸坊白土塬风化—淋滤型高岭土矿床，嵩县旧县、栾川合峪巨斑状花岗岩风化壳型钾长石矿床（斑晶富集），伊川江左塔沟麦饭石矿床（中岳麦饭石），宜阳花山花岗岩风化壳高岭土矿化点，宜阳董王庄、嵩县饭坡白垩系九店组火山岩膨润土矿。

2）玄武岩、玄武质浮石岩矿床

分布在汝州市、汝阳、伊川三县交界处，出露面积达 148 km^2 的大安玄武岩，是喜马拉雅山期地台活化，超壳类断裂进一步加深，导致地幔物质对流，在豫西地区发育的最后一次岩浆活动，也是玄武岩、玄武质浮石岩及沸石类矿床的一次成矿作用。区内目前发现的玄武岩有三处，除大安一处外，另一处在汝阳上店西南，喷出机制可能与三门峡—田湖—鲁山断裂有关，还有一处在嵩县木植街南，包含在马超营断裂插入太山庙花岗岩体的断裂带中，后者以强烈的方沸石化为特征。和玄武岩伴生的有玄武质浮石岩，伊川酒后南王的浮石岩面积达 0.5 km^2。

3）新生代断陷盆地中的矿床

自中生代末期开始的新构造运动，在新生代初达极盛时期，在豫西地区沿一些主要断裂带的构造复活形成多处地堑式或一侧断陷、一侧倾斜的掀斜式断陷盆地及包括沿黛嵋山—荆紫山断裂发育起来的黄河新安段谷地，沿洛河自上而下发育起来的卢氏—洛宁兴华盆地、洛宁—宜阳—洛阳盆地，沿伊河发育的潭头—旧县盆地、嵩县盆地、伊川盆地以及汝河的汝阳盆地等。这些盆地中沉积了除少量白垩系地层（如潭头盆地的秋扒组）外，主要是新生界的古近系、新近系和第四系。据石油钻孔资料，洛阳盆地新生界最厚达 3 600 m 以上。与新生界有关的非金属矿主要是砂砾建材，盐类只是找矿线索，潭头—旧县盆地古近系产有油页岩，洛宁的古近系地层中的白垩系厚达 5 m 以上，宜阳、伊川和汝阳新近系中有淋滤碳酸钙，局部达加工利用要求。

4）工业废弃物与人文矿种

人类是地球生物圈中的高等生命。地球赋予了人类的生存空间和生存条件，环境改造人类，人类也改造环境。随人类社会工业化的发展，大量的工业废弃物和生活垃圾倾注，正在日益危及地球，并酿成公害，环境问题日益严重。但从循环经济的观点，这些工业废弃物（包括煤矸石、粉煤灰、选厂尾砂），工业、生活垃圾又成为一种再生资源，或谓亚矿种。另之，随人类物质文明和精神文明的发展，一批新的来自自然的各种奇石（观赏石），包括工艺矿物岩石(工艺石)、医疗保健药用矿物岩石(寿石、药石)等,相继加入到人们的生产和生活中,称之为"人文矿种"。它们将是一个很有发展潜力、很富生机的矿产系列。

综上所述,这个系列不仅内容丰富,而且直接贴近人们的生产和生活。其中的河床砂砾石、残积黏土、砖瓦黏土用量极大,与人们的生产生活息息相关,一方面可以创造极大的经济价值,成为民办企业的支柱,另一方面又有极大的危害性(如砖瓦黏土与民争地,采矿破坏地表生态);第二类如风化壳型高岭土、蒙脱石黏土、玄武岩、麦饭石等,因易采易选,在开发利用中有很高的技术附加值;第三类矿种是人文矿种中的再生资源及观赏石、药用矿物,前者要求人们要善待自然,后者则是人们与自然的贴近,开发这类矿种极富经济价值,很受人们欢迎。因此,我们要对这个系列矿种加深认识,积极做好相应的地质工作。

4.2.3 成矿系列研究的几点说明

4.2.3.1 成矿规律研究的新探索

把成矿规律研究和地区地质发展史结合起来,是成矿规律研究的新发展,也是成矿系列理论的生命力所在或成矿系列研究的独到之处。它从传统的归纳不同构造单元的矿种组合的成矿区划研究,发展到按不同构造单元的发展演化史建立起来的构造岩浆和建造组合成矿机制,是从动态与静态两个方面去认识成矿的规律性。按照这一理论的含义,以往的实践是以一个地区内的某类矿床或某类矿种,按有用元素富集成矿的规律性,分别按照所在的大地构造单元地质历史的发展演化阶段,总结成矿规律,建立成矿模式(如长江中下游的玢岩铁矿模式等),是矿床研究的高级阶段。这里与其不同的是研究一个区域内的多矿种组合,而是在参照成矿系列研究成果的基础上,借助洛阳地区基础地质、矿床地质的研究成果,分别按不同构造单元、不同构造层的发展演化,依据所涉及的那些矿种组合,探索它们在成因上与构造层发展的内在联系,并按构造层的分布去预测新的找矿靶区。从而给人一种清晰的成矿思路,使我们对一个区域矿产的认识更富有层次性、阶段性,避免工作的重复,因此这是在非金属矿产(也是金属矿产)研究中的一种新思路,也是一次有益的尝试。

从地质历史的发展规律上看,地壳的构造岩浆活动不仅是不断发展的,而且是有阶段的,此即旋回性,地史上的成矿作用——有用元素从分散到聚集的过程,也是遵循着这一规律。因此,作为某种矿产研究,必须结合地壳大地构造单元,按大地构造发展演化规律,抓住每个构造层形成过程中有用元素从分散到富集,直至完成它们形成矿床的过程,从而总结出更能反映客观实际的成矿规律。本书因研究对象是非金属矿床,无论从当前国内非金属矿研究的水平,还是我们占有的资料,只能是见于某一构造层的矿种组合,还难于从矿物元素角度去深层次地研究矿物和矿床,因此运用成矿系列的理论程度也就仅此而已。

4.2.3.2 对洛阳矿产资源丰富性的新认识

洛阳包括豫西地区的矿产资源何以丰富,主要是位处活动的大陆边缘这一优越的大地构造位置。怎么去认识这种活动大陆边缘,它们是怎么样形成的,又是怎么样发展的,尤其他们的发展演化与矿产形成之间的关系,以往虽然也有些文章涉及其中的一些片断,但很少从系统的地质发展演化史方面加以探索。本书按构造层和地壳发展演化的规律性由老而新系统地阐述了豫西即洛阳地区的地质构造演化历史,从根本上解剖了活动大陆边缘的属性及其形成和发展演化的复杂过程,进而演绎了豫西地区的成矿史,这是从理论上回答了豫西洛阳地区矿产资源何以如此丰富的根本原因。

　　成矿史的研究还提示我们,洛阳地区客观上存在着原始古陆核拼贴增生、大陆边缘增生、大陆碰撞的多种类型的造山和成矿带,包括新太古—古元古宙的古陆核拼贴增生,中、新元古代的弧、沟、盆体制,古生代地槽洋陆变迁,中生代地台活化所发生的大推覆、大走滑、大旋转和大规模的岩浆活动。每一个地质历史时期,每一个构造层,都代表一次重要的成矿作用。据此,我们可以遵循这一大地构造演化的规律性,从成矿系列理论角度研究认识洛阳地区的地质矿产,也能运用这一理论在同一构造单元按它们生成的规律性去找到新的矿产地。

4.2.3.3　由非金属矿产的研究所揭示的金属矿产

　　非金属和金属在矿产分类上是两个大类,分别有自己的研究领域,但在成生关系上,它们是密不可分的,有岩浆型的金属,也有岩浆型的非金属,同样有热液型的金属,也有热液型的非金属,在成矿区划、成矿系列、成矿规律研究中,它们处于一个统一体中而不可分割。应特别指出的是,在矿床学中,非金属和金属都同时处在一个成矿系列中,仅是因为勘查对象的不同而确定它们的主次关系。例如,铝土矿和耐火黏土,前者是金属,后者是非金属,勘探金属铝土矿时,圈出了伴生矿种耐火黏土。又如黄铁矿是金、铅、锌、钼硫化物的载体,它的含量又多于金属硫化物,只是在勘探这些金属硫化物矿床时,按综合利用标准去圈定黄铁矿矿床。再如勘探铬铁矿床时圈定了非金属类橄榄岩、蛇纹岩这些超铁镁质岩载体。可以这样说,从矿物含量上一些非金属矿物远远多于金属矿物,但也因为它们的经济价值和勘探的目的性,很多非金属矿被淹没了,就此意义上讲,非金属矿产的产地要比我们现在掌握的要多得多。

　　另就赋矿的空间而言,大部分金属和非金属矿产不仅处于统一的地质体中,而且也处于同一化学和物理场中,如锂、铍、白云母、电气石、钾长石同处于伟晶岩中。萤石、重晶石、脉石英又往往与金、铅、锌、钼同处于一个矿脉中。据金、钼矿产研究成果,一些大的金的化探异常中经常有砷,铅的化探异常中有硼,金的重砂异常中有重晶石,另有不少地方在开采花岗岩体中的萤石和火山岩中脉石英时,在深部发现辉钼矿和金矿。利用它们的共生关系,这些重晶石、脉石英和萤石矿脉往往指示了深部重要金属矿的存在,非金属类实际是某些金属矿不可忽视的找矿标志。

　　由以上例证可以看出,在矿床学领域中,金属和非金属是不能顾此失彼的。它们都是某一矿床家族的一个成员,正因为如此,我们在成矿系列研究中把金属和非金属按它们的成矿机制加以统一阐述,这意味着从成矿规律的高度着眼,金属和非金属矿物有着同样的意义,密不可分,由此提示我们研究非金属,除开发利用非金属外,也可能是寻找某些金属矿的重要的找矿标志。犹如现代成矿理论阐述的地壳连续模式,某些非金属矿物不仅仅是一个成矿系列中的一个成员,它还具有成矿作用中的价值,而且有更重要的找矿标志价值。

4.3　成矿规律

成矿规律是矿床学研究的高级阶段,也是成矿区划、成矿系列研究要达到的最终目的。成矿规律研究既是对各种地质科学知识包括哲学知识的运用,也是对矿床学领域的全面探索,其最终目的是指导地质找矿。因此,成矿规律研究所取得的结论性认识,实际上是对研究领域的高度综合和概括。综合已有成矿规律方面研究成果,内容大体包括大地构造、地质建造、地层层序、岩浆活动四大因素。针对洛阳地区成矿规律的研究成果,大致可以概括总结为以下四句话:大地构造控制了矿种的空间分布,地质建造控制了矿种组合,地层层序控制了沉积矿种,岩浆活动控制了内生矿床。依据上述结论,联系对照第2章洛阳地质条件和前面成矿区划、成矿系列两节中阐述的内容,我们已经从地层、构造、大地构造、构造发展演化方面,对成矿的规律性作了比较系统的研究和阐述,故不再重复,下面仅就建造控矿、岩浆岩控矿方面作进一步探讨,间或也涉及一些地层和构造领域方面的问题。

4.3.1　不同建造控制不同矿种组合

4.3.1.1　含矿地质建造与洛阳非金属含矿地质建造

1)含矿地质建造

建造指的是组成、组合。含矿地质建造泛指地壳发展的某一个阶段中,在特定的大地构造条件下所产生的具有成因联系的一套岩石、矿产共生组合。依其定义,这种岩石(或矿产)必须具备三个属性:其一是这些岩石矿产必须是一套、一组或一个系列,并有成因联系,且在同一地质环境下形成的产物;其二是在特定的大地构造环境即矿种或矿体赋存的特定大地构造单元内;其三是限定于地壳发展的某一个阶段内。由此构成了不同建造之间质的差异。以洛阳北部寒武系产的水泥灰岩为例,这是在华北地台加里东期的内陆盆地中所形成的浅海相碳酸盐建造,其中寒武系中统张夏组和徐庄组为形成水泥灰岩的特定层位,伴生矿种是上覆寒武系上统崮山组的白云岩。同样包括寒武系的其他层位,以及奥陶系、官道口群、栾川群、陶湾群虽都有碳酸盐地层或碳酸盐建造,但都因不具上述三个属性,不是水泥灰岩的成矿层位。再以晚元古界洛峪群的玻璃用石英砂岩为例,这是在华北地台晋宁期陆内海盆地中元古代火山弧、沟、盆体系弧后盆地的基础上,由滨海—浅海潮坪带中形成的碎屑岩建造,同样,汝阳群、栾川群以及上古生界、中生界地层中也都形成了碎屑岩建造,但那个建造与形成玻砂的碎屑岩建造有着本质上的差异。

由以上关于建造的定义和解析的两例看出,从地质建造角度和从岩石、矿物学角度去看待某种岩石或矿物有着本质的区别,前者确定的研究对象和后者确定的研究对象要更加具体,具有时空统一的物质属性,而后者确定的对象则是一般的,没有时空统一的泛泛物质,这是建造研究赋予研究对象更加科学、更加严密的含义,以"矿床"角度和"矿产"两个术语为例,建造研究能够抓住它们之间的本质区别。所以,从建造入手去研究某一种特定矿产,是成矿规律研究的一个进展。因此,我们在前面第2章就提出从矿床学的高度去认识洛阳地区的非金属矿产,提倡将非金属矿床的研究与基础地质学结合,从基础地质学方面探索非金属矿,从而也为本处的建造研究打下了基础。

2)洛阳非金属含矿地质建造

依据洛阳大地构造格架和对大地构造单元(区划)的划分,按不同构造单元的岩石组合,对照与之相关的非金属矿产,全市划分为岩浆建造、沉积建造、变质建造 3 个大类、15个亚类、27 种含矿建造。其中的岩浆岩类包括侵入岩类的超基性、基性、中性、酸性、碱性5 种岩石的 7 含矿建造;脉岩类包括石英脉、重晶石脉 2 种含矿建造;火山岩类包括拉斑玄武岩和细碧角斑岩、玄武岩、中性火山岩、酸性火山岩 4 种含矿建造,合计 13 种。沉积岩类的含矿建造包括海相—滨海—三角洲相 2 个建造,海、陆相含煤碎屑相建造的 2 个建造;内陆盆地河流碎屑相的 3 个建造,加上风化壳建造合计 8 个含矿建造(不包括变质沉积岩系和火山碎屑沉积岩)。变质岩类包括接触变质、区域热动力变质、区域变质、混合岩 6 个含矿建造。各含矿地质建造的大地构造环境、主要产出时代、岩石组合特征、非金属矿种组合和主要产地如表 4-3 所示。

针对表中内容下面着重说明三个问题:

(1)花岗岩建造问题。洛阳包括豫西、豫西南地区,花岗岩活动的期次多,出露的面积大,其中洛阳范围内主要是中岳、熊耳和燕山中、晚期。按其各自独特的成矿专属性、成因类型、岩石特征、分布范围,表 4-3 中划分为大花岗岩基(单元)、小花岗斑岩、爆发角砾岩三个含矿建造。需强调的是,小斑岩类与区内钼钨多金属矿产密切,爆发角砾岩类与金属矿贴近,大花岗岩基也证明它们的内部和边缘除萤石、伟晶岩矿脉外,也叠加着上述两种类型的花岗岩及相关的金属矿产。区内对这类花岗岩的研究程度较高,积累的资料丰富,提示今后应综合勘查、利用与之伴、共生的非金属矿产。

(2)脉岩类建造。脉岩的种类很多,如伟晶岩脉、辉绿岩脉、脉石英、脉状方解石、萤石、重晶石、蛭石、石棉、细晶岩等,成因也很多,岩浆期后、火山期后、变质作用、混合岩化、侧分泌等均可形成。表 4-3 中仅列出了岩浆建造中的脉石英、重晶石 2 类。突出脉石英的目的是支撑起洛阳新兴的硅产业,强调运用本地资源,加强对该项目资源的地质勘查和上游产业的深加工业。突出重晶石脉建造的目的,是因为这类矿脉广泛分布在熊耳群火山岩的大断裂带旁侧,而且比较集中地分布在华熊台隆北缘——三门峡—田湖—鲁山断裂带的内侧,形成几十千米的矿化带,它们在深部有无联系,与内生金属矿产有没有关系,应引起注意。

(3)栾川断裂带两侧的区域热动力变质带问题。断裂带北部的地层系统为栾川群、陶湾群,南部为宽坪群。以往的资料笼统划分为区域变质岩带。近几年的研究资料发现,沿断裂带以北的官道口群、陶湾群中分布着 8 处石棉矿化点;西段叫河—乱木沟—陶湾北沟口—罗庄一线以南的宽坪群、陶湾群中发现蓝晶石、方柱石类高温变质矿物。尤其地层中极发育的挤压片理和一些地层的掩复缺失,西段的栾川群全部为断裂斜切,说明现在的断裂带不是原来地缝合线的位置,显示的是南部的宽坪群褶皱系推覆在北部的陆地边缘地体上。因此,这类建造的提示,有助于研究后期构造活动及与相关的金属、非金属矿产。

4.3.1.2 地质建造与矿产组合

矿产组合指的是一定构造环境内相关构造活动阶段中所形成的具有时空联系的一种以上共生矿物中所提供的矿产总称。地质建造矿产组合之间的关系是:建造指的是研究对象的属性,而矿产组合则是研究对象的内容成分,矿产组合是建造研究的深化。由建造研究到矿产组合研究,标志着我们在建造领域中对成矿规律研究又进入一个新的阶段。

自然界里的金属和非金属矿产,都是以一定的矿产组合形式出现的,不同构造环境、不同构造活动阶段,可以形成不同的矿产组合。这些矿产组合,各自因为含量的不同,可以划分为主要矿物和次要矿物,也可因为经济价值和勘探的目的性不同而确定为主要矿物与次要矿物,但有一个共性的特征是金属矿和非金属矿同为一族,相处一堂,而很多非金属矿在数量上为主要矿物,或成为形成金属矿化的标志矿物,下面分别就内生矿床中的含金硫化物、建造和外生沉积型非金属矿床择例分析如下。

表 4-3   洛阳非金属矿含矿建造特征

序号	含矿建造	构造环境	主要产出时代	岩石组合特征	发现的矿种	主要产地
1	超基性(超铁镁质)岩建造	蛇绿岩套(洋壳下部)	Ar—太古代嵩阳期	产于太华群岩系中,以小岩体群组成岩带与太华群同步褶皱,形态呈蝌蚪状、卵状等。伴生有辉长岩、辉绿岩等基性岩类,普遍蛇纹石化、阳起石化和绿泥石化	橄榄岩、蛇纹岩、蛭石、黑色和绿色石材	洛宁南部、宜阳上观—张午马家庄、嵩县西北雷门沟
2	辉长—辉绿岩建造	蛇绿岩套或大陆壳内部	Ar—Pt_3(嵩阳、少林期)	主要产于太古界超基性岩带和片麻岩中。辉长岩呈小岩体或岩床状,辉绿玢岩呈岩墙状,辉绿岩形成脉体群	洛阳牡丹石,系列石材,辉绿岩、铸石	伊川、偃师、宜阳、洛宁、栾川
3	闪长岩、石英闪长岩建造	陆缘火山弧大断裂边缘	Pt_2(熊耳期)	为熊耳群火山岩的次火山相侵入体,多系沿断裂或断裂交叉点的被动式侵入,呈岩墙、岩株状,岩性为闪长岩、石英闪长岩、闪长玢岩,最大岩体面积 8 km^2	建材类板材、石料	汝阳、洛宁、嵩县、栾川北部
4	大花岗岩基(单元)建造	大陆边缘火山弧及弧后花岗岩带	中岳期、熊耳期、(燕山中、晚期)	主要活动期为燕山中、晚期,形成大岩基。岩石具多期性,主要是花岗岩、二长花岗岩,斑状、巨斑状结构,多为复式岩体	石材、风化壳型钾长石,萤石,文象岩、水晶、脉石英	燕山期有合峪、老君山、太山庙、花山、李铁沟等大岩基
5	小花岗斑岩建造	陆缘火山弧及弧后花岗岩岩浆带	Mz(燕山中、晚期)	岩性有钾长花岗斑岩、花岗斑岩、二长花岗斑岩、二长花岗岩、黑云二长花岗岩,侵入管道口群、栾川群和陶湾群,接触带附近蚀变作用较强	硅灰石、石榴子石、大理石、黄铁矿、萤石等	栾川三道庄、南泥湾、上房、骆驼山、鱼库

续表 4-3

序号	含矿建造	构造环境	主要产出时代	岩石组合特征	发现的矿种	主要产地
6	爆发角砾岩建造	陆缘火山弧及弧后花岗岩岩浆带	Mz（燕山晚期）	属开放型伴有爆发角砾岩的小花岗斑岩组合。岩石类型有含黑云母钾长花岗斑岩、花岗斑岩、硅化花岗斑岩等，角砾岩多为花岗质成分岩石胶结	黄铁矿、钾长石、石英、高岭土、伊利石（水云母）	嵩县西北部祁雨沟、雷门沟（26 处）、洛宁西竹园沟、栾川狮子庙等
7	正长岩、碱性杂岩建造	地缝合线和陆内裂谷附近的深大断裂带	Pt$_3$（少林期）、Pt$_2$（华力西期）、Mz（印支期）	Pt$_3$ 为富铁钠闪石花岗岩，侵入太华群和栾川群，火山岩为栾川群粗面岩、正长斑岩；Pt$_2$ 为侵入熊耳群的碱性岩带，以霓辉正长斑岩为主，由 14 个中、小岩体组成；Mz 为正长斑岩岩墙，侵入官道口群和陶湾群	磷灰石，钾长石、蛭石、红色花岗石板材	Pt$_3$ 栾川长岭沟碱性花岗岩，Pt$_2$ 嵩县纸坊、黄庄碱性岩带，Mz 卢氏、栾川、陶湾岩峪群
8	石英脉建造	火山弧、弧后岩浆带及其继承性地区	Ar、Pt（围岩）	主要为太古界、元古界变质岩及熊耳群火山岩中，往往因含多金属而被划归相关的金属矿床—含金石英脉、含钼石英脉。区内石英脉以熊耳群火山期后热液脉为主	脉石英（不包括含金、含钼石英脉）、水晶、电气石、钾长石	洛宁、嵩县、宜阳
9	重晶石脉建造	火山弧断裂带附近	Pt$_2$（围岩）	主要发育在熊耳群火山岩系中，矿物以重晶石为主，部分含毒重石，多充填于断裂带边缘，往往由复脉体组成	重晶石、毒重石、方解石	新安、宜阳、伊川、汝阳、嵩县、洛宁、栾川
10	变拉斑玄武岩、细碧角斑岩建造	大洋壳蛇绿岩套上部	Pt$_2$（熊耳期）、Mz（加里东期）	Pt$_2$ 以宽坪群变质的斜长角闪片岩、绿泥钠长阳起片岩为主；Mz 以二郎坪群为代表，原岩为细碧角斑岩、石英角斑岩、硅质岩组合	角闪岩、黄铁矿、石英岩、碎云母、大理岩、毒砂、滑石	栾川、嵩县南部

续表 4-3

序号	含矿建造	构造环境	主要产出时代	岩石组合特征	发现的矿种	主要产地
11	玄武岩建造	陆内裂谷带	N—Q（喜山期）	岩石类型为钾、钠较高的碱性玄武岩类，主要岩性为橄榄玄武岩，分5个大旋回（岩组）10个小旋回，一般厚20~30m，火山口处遍布浮石岩	玄武岩、玄武质浮石岩、高速公路、抗滑石料	汝阳北部、伊川东南及汝州西北部，零星见于汝阳上店、嵩县两河口
12	中—酸性火山岩建造	陆缘火山弧、近缝合带处山间或地缘盆地	Pt₂（熊耳期火山岩）	早期以安山岩—流纹、英安斑岩、凝灰岩、次火山岩组成强喷溢旋回；中期以安山岩、流纹斑岩、沉凝灰岩组成火山—沉积旋回；晚期以流纹岩、石泡流纹岩形成酸性火山岩带；末期以小规模的安山岩喷发结束	黄铁矿、伊利石（变质酸性凝灰岩）、高岭土（火山口相石英斑岩风化壳）等	广泛分布在嵩县、洛宁、汝阳、宜阳南部、栾川北部的熊耳山、外方山区
13	酸性火山岩建造	陆缘弧及弧后断裂带	K（燕山早期）	主要是白垩系九店组火山岩。岩性为含晶屑、岩屑（熔岩碎片）的层状凝灰岩	膨润土、建筑砂石料、沸石	汝阳、嵩县北部
14	海相碳酸盐岩建造	陆缘海—弧前盆地与弧后台地	Pt₂、Pt₁	Pt₂为形成于弧前盆地的官道口群含燧石、白云质灰岩，Pt₁为寒武系、中奥陶统，岩性为石灰岩、白云质灰岩、白云岩，属元古代弧后盆地的继承性沉积	水泥灰岩、熔剂灰岩、化工灰岩、熔剂白云岩、建筑石料	Pt₂栾川北部，Pt₁新安、宜阳、宜川、偃师、汝阳、嵩县（北部）
15	滨海—浅海相碎屑—碳酸盐岩建造	陆缘三角洲、陆缘浅海、沙坝	Pt₂—Pt₃	以汝阳群和洛峪群为代表，汝阳群以巨厚的红色砾岩和具多种波痕、交错层的红色石英、长石砂岩互层为主体；洛峪群以海相页岩、粉砂岩、海绿石砂岩、厚层石英砂岩、含叠层石白云岩为主，总体形成一个大的沉积旋回	磷块岩、石英砂岩、含钾砂页岩、页岩、砚石、观赏石（黄河日月石）	新安、宜阳、汝阳北部、伊川、偃师

续表 4-3

序号	含矿建造	构造环境	主要产出时代	岩石组合特征	发现的矿种	主要产地
16	滨海相—滨海沼泽相含煤碎屑	内陆滨海—沼泽	中晚石炭世、早二叠世	由本溪组铁铝质黏土岩、铝土矿组成，中部太原组由数层生物灰岩、燧石灰岩夹砂岩和煤层(线)组成；上部下二叠系山西组为砂岩、粉砂岩、黏土岩夹煤层组成	黄铁矿、铝土矿、耐火黏土、煤系高岭土、陶瓷黏土等	新安、宜阳、伊川、偃师、汝阳
17	陆相含煤碎屑岩建造	内陆堡岛—三角洲及山间盆地	P_{1-2}、P_{2-1}、T_1	主体为二叠系三、四、五、六煤组，分别由砂岩—粉砂岩—泥岩—薄煤(线)组成；P_2 由七、八(九)煤组组成，岩石组合同上。T_1 为南部山间构造盆地中	陶瓷黏土、陶粒黏土、煤系高岭土、砂岩石材	新安、宜阳、伊川、偃师、汝阳
18	红色砂岩建造	内陆干涸盆地	P_{2-2} 晚二叠世	以浅色厚层平顶山砂岩为底界，向上过渡为巨厚的红色砂岩、粉砂岩夹页岩，岩石含盐度高，有非常发育的大型交错层理，缺少生物化石	耐火黏土、砂岩石材	新安、宜阳、伊川、偃师、汝阳
19	河湖相碎屑岩建造	陆内山前、山间构造盆地洼地	T	地层发育完整，继承于干涸的湖相沉积盆地，岩性组合由红色砂页岩转为黄绿色砂页岩、湖相泥灰岩、含油砂岩、油页岩和煤线	砂岩、页岩、泥灰岩	伊川、新安、偃师、孟津
20	新生界碎屑岩建造	大陆内部山前、山间构造盆地	E、N	古近系红层盆地，为山前磨拉石相砾岩、砂砾岩—湖相泥岩—河流相砂砾岩组合；N 为新近系沉积盆地，主要是河流相砂砾岩—红色黏土岩建造	E—石膏、白垩；N—蒙脱石黏土、陶粒黏土	洛宁、宜阳、嵩县、新安、伊川、偃师、孟津
21	风化残积淋滤建造	大陆内构造隆起区为主	Q	主要岩石组合以不同类型的一些花岗岩、高岭土化石英斑岩风化壳为代表，也包括第四系黄土底部的淋滤层	高岭土、麦饭石，钾长石砂矿钙质淋滤层	嵩县、伊川、栾川、宜阳、汝阳
22	角岩、矽卡岩建造	弧后岩浆带及其继承性地区	Mz—燕山期	角岩化围岩岩石为硅铝、硅镁质，生成长英质角岩、刚玉红柱石角岩组合；矽卡岩化围岩为碳酸盐岩，形成透辉石、阳起石、石榴子石等	硅灰石、透闪辉、透辉石、石榴子石、大理岩、伊源玉等	主要是栾川三道庄、南泥湖、上房等钼钨矿区、中鱼库

续表 4-3

序号	含矿建造	构造环境	主要产出时代	岩石组合特征	发现的矿种	主要产地
23	大理石、滑石片岩建造	大陆边缘火山弧弧前盆地	Pt_2（汝阳期）Pt_3（少林期）	分布在栾川大断裂北侧，地层为管道口群和陶湾群的变质碎屑—镁质碳酸盐岩，管道口群下部夹火山碎屑岩，断裂和褶皱十分发育	滑石、石棉、滑石片岩、大理岩	栾川白土—狮子庙—秋扒以南至栾川—陶湾
24	绿片岩、镁质碳酸盐岩建造	大陆边缘地缝合线附近深大断带旁	Pt_2	主要分布在华北陆板块和秦岭洋板块的对接部位，沿栾川大断裂南侧分布，以宽坪群斜长角闪片岩、二云片岩、绿泥石大理岩为代表，具强烈褶皱和沿层面滑动特征	黄铁矿、碎云母、滑石、石英岩、板石	栾川、嵩县南部西延卢氏、东延南召以远
25	绿片岩、角闪岩建造	古大陆地缝合线附近	Ar、Pt_1	相当太古界登封群、太华群二重结构的上亚群和嵩山群。岩石组合为绿泥变粒岩、绢云石英片岩、角闪片岩。太华群中夹白云岩、石墨大理岩透镜体；嵩山群为石英岩、绢云石英片岩	石英岩、石墨、浅粒岩、碎云母、铁铝石榴子石、叶蜡石	登封群、嵩山群分布于伊川、偃师，太华群分布于洛宁、宜阳
26	混合岩—混合花岗岩建造	地缝合线附近	Ar	以登封群的混合片麻岩、混合花岗岩、黑云斜长片麻岩、斜长角闪片麻岩组合为主，岩石强烈褶皱，长英质脉体穿插；太华群混合岩化程度不高。未见混合花岗岩	花岗石板材、石墨、云母、蛭石	登封群—伊川、偃师，太华群—栾川、洛宁、宜阳
27	混合岩化伟晶岩建造	地缝合线附近	Ar	由强烈混合岩化形成的伟晶岩脉群具较大规模。有较为完整的文象带和长英带具规模石英核心，并有混合花岗岩伴生	钾长石、钠长石、文象岩、云母、电气石	伊川、偃师及登封

1）内生含金硫化物建造

a.上官金矿

主要矿物（>5%）：黄铁矿、石英、绢云母。

次要矿物（1%～5%）：方铅矿、绿泥石、萤石、重晶石、菱铁矿、白云石、钾长石、铁白云石。

微量矿物(<1%)：自然元素(自然金、自然银、银金矿、自然铜等)，硫化物及含硫盐(黄铜矿、闪锌矿、黝铜矿、辉铜矿、辉钼矿、磁黄铁矿、辉银矿、斑铜矿、辉锑铋矿)，碲化物(碲金矿、碲银矿、碲金银矿、碲铅矿、碲镍矿、碲镍钴矿、碲汞矿)，氧化物(赤铁矿、磁铁矿)，钨酸盐(黑钨矿、白钨矿)。

次生矿物：褐铁矿、白铅矿、黄钾铁矾、铅矾、铜兰、孔雀石、水白铅矿。

微量脉石矿物：方解石、绿帘石、高岭石、蒙脱石、钠长石、白钛石、磷灰石、电气石、榍石、菱铁矿。

上宫金矿是成生于华北地台华熊台隆构造单元中，与太古界太华群绿岩带矿源层有关，在印支—燕山期区域构造—岩浆活动带中形成的构造蚀变岩型大型金矿床。从以上矿物组合中可以看出其多元结构特征，在矿物数量上金并非主要矿物，但微量矿物中的金可以成为大型矿床，说明了金的多期、多次的叠加成矿作用，在每次成矿作用中金都得到富集。同样在多次富集中形成了含量比例较大的如黄铁矿、石英、绢云母、萤石、重晶石、钾长石、白云石这些非金属矿物，其中黄铁矿已达综合利用的工业要求，其他非金属局部也达工业品位。换一个角度，如果勘探对象是黄铁矿等某一类非金属矿床，将其他金属矿物列入伴生组分也不是没有道理的。

b. 栾川三道庄—南泥湖—上房沟钼矿矿物组合

主要矿物：黄铁矿、辉钼矿、磁黄铁矿、磁铁矿(上房)。

次要矿物：白钨矿、黄铜矿、方铅矿、闪锌矿。

伴生非金属矿物：透辉石—钙铁辉石、石榴子石、透闪石、阳起石、硅灰石、方解石、萤石、白云石、石英、绿帘石、尖晶石、镁橄榄石、绿泥石、黑云母、钾长石、沸石、石膏、金云母、蛇纹石。

次生矿物：褐铁矿、钼华、钼钙矿、赤铁矿、孔雀石。

栾川三道庄—南泥湖—上房钼矿田是在华北地台南部的台缘坳陷带的栾川坳褶断束这一构造环境中，在印支—燕山期形成的与小花岗斑岩体有关的斑岩—矽卡岩型矿床，矿产组合中的黄铁矿、磁黄铁矿同辉钼矿同为主要矿物，都达到综合利用的工业要求，伴生矿物硅灰石、石榴子石、透闪石、透辉石等可以形成非金属矿床。处在同一成矿区的骆驼山多金属铅锌矿的黄铁矿、磁黄铁矿、透辉石—钙铁辉石、钙铁石榴子石、石英、钾长石同为主要矿物，属次要矿物的萤石已达综合利用的工业要求(CaF_2 7.73%)，提交综合利用工业储量 5.92 万 t。形成这种矿产组合的决定因素，除斑岩外，与该区的含镁铁碳酸盐岩和碎屑岩有直接关系。

c. 汝阳西灶沟铅锌矿矿物组合

主要矿物(含量>4%)：石英(30%)、绢云母、闪锌矿、方铅矿、正长石(15%)、绿泥石(占45%)。

次要矿物(含量>1%)：黄铁矿、方解石、锐钛矿、白云石、白钨矿、钠长石、黄铜矿、菱锌矿、赤铁矿、绿帘石、磷灰石。

微量矿物(含量>0.1%)：磁黄铁矿、磁赤铁矿、穆磁铁矿、斑铜矿、硅锌矿、石榴子石、白云母、阳起石、高岭石、黑云母、锆石、榍石、白钛石。

次生矿物：褐铁矿、软锰矿、黄钾铁矾、铅矿、孔雀石、白铅矿等。

西灶沟铅矿为汝阳铅锌矿的组成矿区之一,该矿大地构造位处华熊台隆之外方山隆起区,属印支—燕山期有关的构造(岩浆)型热液矿床,成矿围岩为熊耳群火山岩系,矿体产于火山岩的构造蚀变岩中,矿区内未见同期与成矿有关的岩浆岩,蚀变作用主要是绿泥石化、硅化、黄铁矿化和青盘岩化。该矿区同其他几处铅锌矿(老代杖、宝丰沟、王坪西沟、筛子山等矿区分布在付店东沟钼矿外围,钼矿区有隐伏花岗岩体,在区域上组成了由中心的高温到边缘的中低温环状成矿区,成矿区内与铅锌伴生的黄铁矿局部形成矿床(王来沟)。

d. 嵩县祁雨沟爆发角砾岩型金矿

主要矿物:自然金、黄铁矿、褐铁矿、石英、绿泥石、绿帘石。

次要矿物:含银自然金、黄铁矿、方铅矿、针铁矿、方解石、钾长石、绢云母、钠长石。

微量矿物:闪锌矿、辉铋矿、斑铜矿、兰辉铜矿、辉钼矿、钛铁矿、孔雀石、赤铁矿、白钛石、黄钾铁矾、金红石、白钨矿、黑云母、阳起石、斜长石、次闪石、褐帘石、萤石、石膏。

祁雨沟金矿大地构造位处华熊台隆木柴关—庙沟台穹区。属于与燕山期中酸性次火山小岩体所形成的爆发角砾岩型金矿,成矿围岩为基底太华群,矿物组合中黄铁矿、石英、钾长石、绿帘石、绢云母、绿泥石、方解石等都是多数或普遍出现的非金属矿物,其中除次生矿物方解石、褐铁矿外,大都出现在成矿热液活动的各个阶段,其中黄铁矿也达综合利用的工业要求,石英、绢云母、绿泥石的含量都高于金属矿物。

e. 西峡高庄式金矿床

主要金属矿物:黄铁矿、磁黄铁矿、黄铜矿、褐铁矿(少量)、方铅矿、闪锌矿。

金矿石中主要成矿元素为金。

伴生元素:银、铜、硫20余种。

矿石类型:

(1)氧化矿石:褐铁矿—石英组合。

金属矿物:褐铁矿(20%~30%)、黄铁矿、磁黄铁矿、自然金。

脉石矿物:石英、黑云母、角闪石等。

(2)原生矿石:

①含金石英脉型。

脉石矿物为石英和少量硫化物。

②黄铁矿石英脉型。

主要矿物为黄铁矿(2%~15%)、自然金、石英、黑云母。

③黄铜矿、磁黄铁矿、黄铁矿石英脉型。

主要矿物:磁黄铁矿(20%~30%)、黄铁矿、黄铜矿、自然金。

脉石矿物:石英、黑云母、绿泥石、方解石。

次生矿物:褐铁矿、胆矾类、孔雀石。

高庄式金矿为产于本区南部(区外)加里东地槽褶皱带中的石英脉—构造蚀变岩型金矿(造山型矿床),矿床围岩为二郎坪群大庙组中段变细碧岩、细碧玢岩、变角斑岩,矿化空间为该套地层形成的韧—脆性剪切带,金矿化产于石英脉和其旁侧细碧岩的构造蚀变岩中,石英脉结构和矿物组合简单,但其旁侧蚀变岩中的矿物组合相当复杂,反映了矿质来源的丰富性和矿化蚀变的多期性,有关资料提供了矿区内发现的矿石矿物达 43 种,其中金属矿物 26 种,非金属矿物 17 种。

由上述矿物组合可以看出,从勘查目标、经济价值,将该矿床定为金矿床当无可非议,而以矿物组合而论,该矿床中的黄铁矿含量达 12% ~ 15%,磁黄铁矿达 20% ~ 30%,均达工业品位(S≥12%)要求,实际上是一个大型硫矿床。高庄式金矿的发现,指示了黄铁矿化普遍发育的加里东二郎坪火山岩带有形成大型含金硫化物矿床的找矿意义。

2)外生沉积型含矿建造

a.地台区寒武系水泥灰岩矿产组合

水泥灰岩属外生沉积矿产,主要矿物为方解石,次要矿物为白云石,伴生矿物为伊利石、蒙脱石、水铝石、高岭石类黏土矿物及赤铁矿、菱铁矿、黄铁矿等。总体说,水泥灰岩矿物组合比较简单,圈定矿体主要取决于化学成分(CaO、MgO)的含量,这种化学成分差异与石灰岩的岩性有关,凡沉积岩类矿种的岩性组合通常靠研究沉积岩的层序和岩性来决定。

以寒武系水泥灰岩为例,矿化是以岩性和化学指数来决定的,现以伊川半坡水泥灰岩矿点为例加以说明(见表4-4)。

表4-4 伊川半坡樱桃山水泥灰岩矿地层层序

地 层 层 序			岩 性	CaO(%)	MgO(%)
寒武系	崮山组	11	灰白色厚层细鲕粒状白云质灰岩	31.27	19.76
	张夏组	10	中—薄层云朵状白云质花斑灰岩	51.27	3.26
		9	薄—中层含白云质条纹花斑灰岩	50.40	3.97
		8	薄层—瓦板状泥晶花斑灰岩	52.46	1.23
		7	中—厚层泥晶条带、条纹鲕状灰岩	51.91	1.19
		6	厚—巨厚层状—豆鲕状灰岩	51.67	1.85
		5	黄灰—灰绿色薄板状泥晶灰岩	51.33	1.34
		4	中薄层泥晶—斑纹含豆、鲕灰岩	50.50	0.97
		3	厚层、紫灰色鲕状灰岩	52.34	1.76
		2	褐灰色假角砾状厚层灰岩、竹叶状灰岩	48.46	1.49
	徐庄组	1	薄板状泥灰岩、薄层灰岩	40.59	4.44

由表4-4 中的地层层序看出,水泥灰岩层位主要是寒武系张夏组中下段,岩性为鲕状灰岩、豆鲕状灰岩和薄层生物灰岩、泥晶灰岩,矿床严格受地层层位控制,顶部层位白云质含量高、MgO 超标,底部 MgO 合格但 CaO 较低(<45%),主矿层无夹层,底板为角砾状灰岩和竹叶状灰岩,顶板以出现白云质条带、花斑为界,矿层稳定,并可在整个豫西地区进行对比,亦为豫西水泥灰岩的典型层序。

b.地台区石炭—二叠系煤系非金属矿产组合

同水泥灰岩一样,石炭—二叠系地层中的煤系非金属矿产,也是依其沉积层序沿特定的层位产出的,据中国地质科学研究院郑直等研究,沿煤系地层仅沉积高岭土的层位已达数层以上,俗名包括羊拧土、木节土(黑毛土)、大同砂石、焦宝石等,包括其他类非金属,组成柱状剖面如图4-3所示。

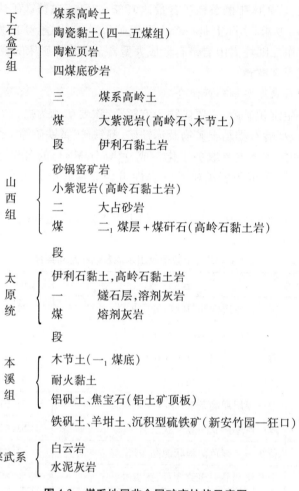

图4-3　煤系地层非金属矿产柱状示意图

4.3.1.3　矿产组合与成矿规律

由矿产组合分析指示的建造内容为成矿规律研究开拓了思路,归纳起来大体表现为以下八个方面。

(1)矿产组合即建造的差异归结于大地构造条件。

以上所举7处矿床的矿种组合,不论是内生或是外生矿床,它们的成矿过程都是相伴于地壳不同形式的大地构造运动,在不同大地构造部位或不同构造运动方式下形成的不同矿床。如濒临地槽的栾川台缘褶带形成了三道庄—南泥湖—上房矽卡岩型钼钨矿床,华熊台隆的隆起区形成熊耳山金矿田,外方山火山坳陷区形成钼、铅、锌、多金属硫化物矿田,而在地槽区则形成造山型高庄式金矿田,在地台内部,在具继承性的古生代沉积盆地中则形成不同的沉积矿床。这些矿床虽然在矿床成因、矿物组合、建造性质上有很大差异,但它们成矿都取决于大地构造条件,都是在特定的大地构造环境中形成的特定矿产组合。

(2)矿床形成过程与构造活动密切相关。

上宫金矿是经勘探和开采证明了的大型金矿床,该矿床因为断裂的规模较大,活动的期次较多,矿液运移充填作用充分,矿化程度高,矿物组合复杂,矿化作用彻底,形成的矿床规模也越大。汝阳西灶沟铅锌矿则与之相反,所以形成的矿床仅为中型,高庄式金矿系相伴于地槽发育过程中形成的金矿,早期相伴于中基性火山岩(细碧角斑岩)的发育形成矿源层,后期伴随岩浆侵入发生充填交代形成石英脉,在地槽回返的造山作用中产生叠加交代形成蚀变岩,成矿具明显的多期性,虽然现勘查的金矿床规模不大,但与之伴生的矿种达数十种之多,说明成矿物质丰富,有形成大矿的条件,因此区域内进一步找矿是有潜力的。

(3)围岩条件对矿床的控制。

南泥湖钼矿田形成于地台边缘凹陷带,矿物组合上最大特征是矿石出现双交代作用,形成复杂矽卡岩矿物组合和辉钼矿、磁黄铁矿、石榴子石等高温矿物,成矿空间为燕山期小花岗斑岩和硅镁质碳酸盐岩地层接触带,成矿作用严格受着围岩条件的控制。而上宫、祁雨沟、西灶沟金、铅、锌矿床等,分别产于熊耳群火山岩和太华群变质岩地层,矿物组合反映的是高—中—低温热液在构造空间中的充填作用,对围岩没有明显的选择性,形不成矽卡岩,因此决定矿床规模的主要因素是构造提供的空间和成矿物质的供给条件。

(4)成矿条件的差异取决于成矿的空间。

同属一个二级构造单元,同属多金属硫化物建造的上宫、祁雨沟、西灶沟矿床,由于所处的构造部位即成矿空间不同,矿物组合上也有明显的差异。上宫金矿构造规模大,成矿空间大,矿化范围宽,矿物组合包括高温、中温、低温三类矿物,成矿阶段多,形成的矿床规模大;西灶沟铅锌矿构造规模小,成矿空间小,以中低温矿物组合为主,矿化范围较窄,形成中小型规模;祁雨沟金矿介于以上二者之间,虽然矿化的系列较长,矿石组合比较复杂,但大部分矿石因成矿空间较小而含量甚微,形成矿床仅达中型规模。

(5)沉积矿床取决于建造性质和古地理条件。

地台区寒武系水泥灰岩矿产组合、地台区石炭—二叠系煤系非金属矿产组合分别形成于早、晚古生代地台区的陆内盆地,水泥灰岩系潮坪浅海相沉积矿床,成矿于华北地台南缘广阔的海盆地,沉积环境稳定,形成的矿床以鲕状、豆鲕状、泥晶薄层状灰岩为代表,区域层位稳定而可以对比。晚古生代石炭—二叠系煤系地层为地台型海陆交互相沉积,古地理条件相对稳定,除形成"北型南相"的煤层外,还形成了与煤系伴生的高岭土类等非金属矿产。

4.3.2 岩浆活动控制了内生矿产

岩浆活动为地壳与地壳、地壳与地幔之间在特定的时间和空间内所产生的物质对流活动,由岩浆带来的物质,包括岩浆岩本身,岩浆产生的气液和热力作用,在适宜的物理化学环境下,可以形成各种内生金属矿床,同样也可以形成各种非金属矿床。在一定的构造环境内,伴随大地构造运动的发生和发展,往往诱发着或以火山喷出或以岩浆侵入方式的岩浆活动,这类岩浆活动也遵遁着发生、发展、收敛、停息等物质运动的规律,在地壳发育的历史中,阶段性地、此起彼伏地发生发展着,称为构造—岩浆旋回,每一旋回都形成了一批相关的内生金属和非金属矿产,这些矿产都分布于特定的构造—岩浆旋回。现将洛阳非金属矿产比较集中的几个旋回阐述于后。

4.3.2.1 嵩阳岩浆旋回的内生矿产

如第2章所述,该旋回代表了22亿～25亿年前的岩浆活动,同期形成了北部的登封群和南部的太华群古老基底岩系,但二者的岩浆活动和矿产组合不同。

1)登封群中的岩浆活动与矿产

登封群中的岩浆活动与矿产可以粗略地划分为3～4个组合:

(1)下部石牌河组的变石英闪长岩混合花岗岩,相当于TTG岩系的一部分,代表最早的岩浆旋回产物,这些岩石因含较高的钠长石和钠闪石,岩石色调淡蓝,系一种价值较高的花岗石材,但区内混合岩化脉体发育,风化较深,风化裂隙纵横,不能成为开采加工的石材资源。

(2)郭家窑组以斜长角闪片麻岩、黑云角闪片麻岩、角闪片麻岩组合为代表,原岩恢复为一套基性火山岩建造。在偃师和伊川之间分布的奇石——洛阳牡丹石(菊花青),经多次观察研究,认为是一种区域热动力变质的古老杏仁状基性火山熔岩。斑晶和基质同为不同粒度的斑状结构,粗大的聚斑晶为钠黝帘石化斜长石,因其形态酷似牡丹花形而被地方命名为洛阳牡丹石。在区域上形成的几个牡丹石矿体,呈蛇状同步于片麻岩系走向,夹于片麻岩的层序中断续出现,仅在其膨大部分的中部形成聚斑结构。

(3)在登封群分布区内,出露多处片麻状花岗岩和混合花岗岩,前者规模较小,边界清晰,形态呈蝌蚪状、椭球状,似为小侵入体;后者规模较大,边界为渐变关系,界限不清晰,多为不规则状,这两类岩石提供了区内的主要石材品种,前者为云里梅、玫瑰红,后者为少林红,二者共同的特点是具较强的钾化作用,推测二者为登封群形成时的一次重要的岩浆活动,风化后的片麻状花岗岩中发现了麦饭石。

(4)登封群上部的金家门组、老羊沟组原岩恢复为中—酸性火山—沉积变质岩系,同期形成的非金属矿产主要为二云石英片岩中的变质矿产碎云母、石榴子石等,石榴子石含量可达工业品位(4～6 kg/m^3)。

2)与太华群有关的岩浆活动与矿产

太华群变质的火山岩以中基性为主,形成一定规模的超镁铁岩带,侵入岩明显的有3期,太华群岩浆活动的特点为:

(1)太华群同登封群一样,是具二重结构的深变质岩系。下部为以TTG岩系为主的变质侵入岩,上部为以变火山—沉积岩为主的表壳岩系。由于太华群在多个地段出露,上、下两部分岩石在各地的比例变化较大,局部地段出露的石英闪长岩、钠质花岗岩和登封群的TTG岩系相似,但同样因结构构造和风化碎裂程度较深而难做板材。

(2)太华群和登封群的不同之处,是由超镁铁质岩形成岩带,该岩带的岩石组合比较复杂,岩石类型有纯橄榄岩(蛇纹岩化)、辉杆岩、辉石岩、辉长岩、辉长辉绿岩等,分别出露于宜阳上观—张午、洛宁下峪及嵩县黄水庵一带,形成的非金属矿产有橄榄岩、蛇纹岩、黑色系列石材以及与之有关的蛭石等。

（3）片麻状黑云二长花岗岩，多以小岩体形式侵入 TTG 岩系的石英闪长岩和片麻岩中，浅红—灰白色，变余花岗结构，大部分绢云母化、绿泥石化和高岭土化，局部块度较大者可做一般石材。

4.3.2.2　中岳—熊耳岩浆旋回的矿产组合

相当于古元古代—中元古代之间的一次大的岩浆旋回，包括古元古代的中岳（中条）旋回和中元古代的熊耳旋回，系嵩阳期之后一直延至中元古代后期的岩浆活动，时限大致为 22 亿~13.5 亿年，岩浆活动波及了嵩箕台隆、华熊台隆和地槽北缘的宽坪群分布区，岩浆活动型式包括火山岩（熊耳群、宽坪群）、侵入岩和各类脉岩。

1）嵩箕台隆区岩浆活动与矿产

发育于该区的岩浆岩有三种类型。

（1）钾长花岗岩：区内形成的花岗岩体较多，接近洛阳地界的岩体以登封的石秤和白家寨岩体为代表，石秤岩体面积 60 km²，岩石呈灰白—浅肉红—砖红色，中—粗粒花岗结构，结构均匀，无色线色块，节理不发育，属上好石材品种，唯地势平缓，风化带深，风化后为砂状，当地皆用作建筑砂石。

（2）伟晶岩脉：区内伟晶岩脉十分发育，形成了区内的脉体群，所见者有 NNE 向和 NWW 向两组，脉体切穿登封群片麻岩走向，延长一般几百米到 1 km 以上，形成文象岩和钾长石，分带较好的伟晶岩脉发育有石英核和文象岩、钾长石带。

（3）辉绿岩和石英斑岩岩墙：代表嵩箕地区一种最新的脉岩，出露宽度一般在 10 m 以上，走向北东或北东东向，截切南北向脉体，分析为熊耳期产物，形成雪花青、五龙青等花岗石板材。

2）华熊台隆区岩浆活动与矿产

（1）侵入太华群基底岩系的辉绿岩、辉绿玢岩、闪长玢岩。这是华熊台隆太华群基岩出露区最为发育的一种脉岩类，出露特征和嵩箕区很相像，走向大致也为东西向、北西西向，唯规模和结构变化较大，但相对的密集度较高，推断为熊耳群火山岩的根部渗漏和喷溢通道，仅作石材开发。

（2）熊耳群火山岩，包括与火山岩同期的次火山相闪长玢岩，为豫西地区地质上具划时代意义的最大的一次火山活动，形成火山弧。伴生的非金属矿主要是普遍的黄铁矿化、伊利石（水白云母）化、透闪石化，形成了相应的非金属矿，区内几乎绝大部分重晶石矿产产于熊耳群中，大部分地区的具规模的脉石英、脉状方解石矿产也与火山岩有关，熊耳群为区内金和多金属硫化物的衍生矿源层，为后期大规模的成矿作用准备了成矿物质。

（3）中—酸性小岩体与矿产：在熊耳群火岩分布区，经常可以看到一些闪长岩、石英斑岩、石英正长岩的小岩体，呈岩墙、小岩株状产出，它们多属火山岩的次火山相侵入体，一般仅见轻度蚀变，但多未形成矿床。

3）宽坪群海相火山岩及矿产

分布于华北地台南缘宽坪群下部的广东坪组绿片岩系，原岩为基性火山岩、四岔口组二云片岩、二云变粒岩，系火山—复理石建造，叫河组为浅海富铝硅质碳酸盐岩，整个宽坪群代表与北部熊耳群陆相火山岩相对应的同时期海相火山活动，目前发现的主要是与形成后期硫化物矿床有关的大量黄铁矿化和较发育的脉石英类。

4.3.2.3　少林—华力西期的岩浆岩与矿产

该阶段的岩浆活动主要是基性—碱性的岩浆活动,主要分为两期或两个阶段:

1)少林期岩浆活动

代表性岩浆岩有三类:

(1)顺层"侵入"栾川群的辉长岩床,伴生的非金属矿产主要是夹于辉长岩层间,原岩为栾川群煤窑沟组,经热变质交代形成的工艺石类(伊源玉)矿床(透辉石化与蛇纹石化),部分可提供黑色花岗石板材。

(2)栾川群大红口组正长岩,粗面火山熔岩、火山凝灰岩,为含钾岩石,K_2O 一般 $8\% \sim 10\%$,最高 11.80%。

(3)龙王瞳(长岭沟)含钾碱性岩,其明显的成矿作用是该岩体中稀土(铈、镧、钇)和铌较高,局部可以综合利用,岩体边部因后期岩浆侵入有铜、钼矿化,并局部产生钾交代,K_2O 可达 14% 以上,形成钾矿资源。

少林期在豫西的一次最大地质事件,是华北地台,包括台缘凹陷部分的全面隆起,华北地台南部的海洋向南迁移,陆内仅在边缘地带形成以碱性岩浆为代表的大陆裂谷型火山—侵入活动,之后在南部区外发育了加里东期的以二郎坪群为代表的海相拉斑玄武岩和同期的花岗岩侵入,这些岩浆活动带来的是黄铁矿和矾类为主的矿产,但不影响本区。

2)华力西期岩浆岩与矿产

华力西期重大的地质事件是南部的秦岭地槽经全面的褶皱回返后封闭,岩浆岩方面的主要标志是发育了以南召牧虎关花岗岩基为代表的几个花岗岩体,它们提供了丰富的花岗石板材资源和花岗岩分布区的旅游地质资源。

这里要特别提出的是,嵩县纸坊、黄庄一带侵入熊耳群火山岩中的以磨沟、乌桑沟岩体为代表的碱性岩体群(大小 15 个岩体)。其生成时代按前人资料为华力西期,但也很可能同栾川的碱性岩一样为少林期同一构造机制下的形成物,它们的 K_2O 含量较高,达 14.10%(龙头岩体),是本区重要的农用含钾岩石资源。

4.3.2.4　印支—燕山期花岗岩与矿产

(1)印支期碱性岩:印支运动代表了三叠系和侏罗系之间的不整合,豫西洛阳一带除义马盆地外大部地区缺失侏罗系,是印支运动比较发育的地区。伴随地壳运动该期已有较小规模岩浆活动,最具代表的为地台南部发育的正长岩脉,这类岩脉(局部形成小岩体)走向多为东西向,代表区内含钾岩石的一次成矿作用,其中一些较小的脉岩形成红色花岗石板材(卢氏)。

(2)燕山期火山岩带:燕山期火山岩以栾川潭头盆地秋扒组及嵩县九店组火山岩为代表。秋扒组岩性为青灰色砂质泥岩,含有火山凝灰岩,发现的生物遗迹为栾川霸王龙牙齿和栾川盗龙化石,时代为晚白垩世。九店组以岩屑、晶屑凝灰岩为代表,时代划归白垩纪,厚 1 700 m,其中含沸石的凝灰岩活度好,可作为水泥生料添加剂,另在宜阳董王庄、嵩县饭坡等地,九店组底部发现蒙脱石含量超过 40% 的岩石,肯定为膨润土。

(3)燕山期大花岗岩:燕山期大花岗岩以花山、斑竹寺、李铁沟岩体组成北带,以合峪、太山庙、老君山、石人山岩体组成南带,与花岗岩有关的矿产有合峪、太山庙岩体中的萤石、辉钼矿,老君山、花山岩体中的水晶、脉石英、钾长石(风化壳中斑晶)等。各类岩体都可提供芝麻灰类的石材资源,其中太山庙岩体的枫叶红板材、花山岩体的宝石花板材都有较好的市场,尤其各大花岗岩区都蕴含了优势的旅游地质资源。

(4)燕山期小斑岩、爆发角砾岩:典型的是栾川北部的小斑岩带和嵩县西北部的爆发角砾岩群。它们形成了区内的钼、金及硫化物多金属矿化。栾川的一些小斑岩的接触带形成了与钼、钨多金属伴生的硅灰石、透闪石、黄铁矿、萤石等矿产,嵩县的爆发角砾岩体群在形成金、钼矿同时,也伴生了黄铁矿等硫化物矿化。

印支—燕山期岩浆旋回,代表豫西地区的一次最强烈的岩浆活动,也是一次波及整个豫西地区的区域构造运动,其中最具代表性的是形成沿华熊台隆和渑临台坳边界的三门峡—田湖—鲁山断裂带,后来的研究工作证实,这是一条自西南伸向东北的区域性推覆构造体系,在推覆构造系内缘由熊耳群组成的推覆片体上,多处形成南北走向的重晶石脉体(宜阳赵堡、嵩县黄门、八道河、伊川酒后、汝阳三屯),明显显示了这些重晶石矿脉对北西走向推覆构造带的依存性,说明它们不是火山期后的热液活动成矿,可能是后期推覆构造作用产生的构造热液作用形成的矿床。

对应于前面第2章关于洛阳地史上岩浆活动旋回的划分,以上所述的与岩浆活动旋回有关的矿产,代表了洛阳地区内生矿产的几次主要成矿作用,除此之外,也应包括中岳旋回、加里东旋回的岩浆与矿产,特别是喜山期的大安玄武岩。据区域地质资料,大安玄武岩除沿渑临台坳原划分的新—伊—宝断裂形成大面积喷发外,还零星出露于汝阳上店和嵩县木植街,后者分别为三门峡—田湖—鲁山断裂和马超营断裂所控制,说明喜山期岩浆活动的广泛性和构造活动的烈度。玄武岩曾是铸石、岩棉、水泥添加剂的天然原料,20世纪90年代开发为高等级公路路面抗滑石料,目前正在向玄武丝方面发展,以代替昂贵的碳丝制造抗高温防护材料,玄武岩也是平原地区重要的石材资源。

综上所述,有关岩浆活动和内生矿产的关系,首先应研究认识岩浆活动与区域大地构造发展演化的关系,进而在岩浆活动的分布、规模、岩性、特征等方面,来认识和预测它们和相关矿产的关系,从中总结出岩浆控矿的规律性,其所揭示的成矿规律是:岩浆活动的多旋回、多阶段和多期性控制着成矿作用的旋回性、阶段性和多期性;不同时代岩浆岩石组合的多样性、复杂性,决定形成的非金属矿产(特别是岩石型矿产)矿种的多样性;岩浆岩在各地出露面积的局限性,构成了一些相关矿种分布的局限性;一些岩浆岩的成矿专属性(如玉类、彩石类),构成了一些矿种的特殊性;区内岩浆岩分布上的规律性,构成了相关矿种分布上的规律性。在进行非金属矿成矿预测和开拓找矿方向上,掌握以上规律性特别重要。

第5章 典型矿床实例及勘查
开发利用前景展望

为了提高洛阳非金属矿产的品牌性,在研究矿床分类、分析矿床特征的基础上,从中选出25处典型矿床实例加以解剖,其目的一是按"典型引路,以点带面"的原则,加深对区内不同类型非金属矿床的认识,便于从成矿条件、矿床地质、矿床规模方面提高洛阳非金属矿的品牌性,确立洛阳非金属矿产的地位;二是为适应千变万化的市场地质需要,通过对洛阳市一些主要矿种中一些矿区的矿床资料收集和整理,随时以完整系统的矿床资料,提供招商引资开发利用;三是有利于今后合理部署地质勘查工作。

这25例典型矿床实例及勘查开发利用前景展望,基本上可以反映出洛阳非金属矿方面的优势矿种和代表性产地,不仅反映了其地质工作程度,而且阐明了这些矿产的区域地质和矿床地质特征,并对国内这些矿产的开发利用现状及该地区矿产今后的开发利用进行了展望。这是当前洛阳市唯一的一套非金属矿产系统成果,也是初建的原始资源档案。从这些矿床实例的实践性、科学性、可利用性方面,增加洛阳非金属矿产资源的特色性,也展现其品牌性。

5.1 嵩县陈楼萤石矿

矿区位于嵩县车村乡陈楼—南坪一带,西距洛栾快速通道30 km,北距311国道合峪至鲁山段1 km,交通方便。

5.1.1 区域地质

矿区构造位置位于华北地台之华熊台隆南缘,Ⅲ级构造属伏牛山台缘隆褶区的南东端。区域基底地层由太华群结晶片麻岩、混合片麻岩、混合花岗岩组成,分布于南部边缘。北部、东北部边缘有熊耳群分布,并多为后期断层切割为断块状。中部大面积为花岗岩侵入,西北部为长岭沟、合峪花岗岩体,东北部为太山庙花岗岩体,南为包含有太华群混合花岗岩的石人山花岗岩。由于位处地应力集中的强烈活动带,又加上多点多期的岩浆侵入活动,区内褶皱发育,基底太华群中表现为不同期次、不同方向的复式背向斜形态,褶皱轴向近东西或北西西。随褶皱的加剧,岩浆活动的参与,加之地台边缘南北向地应力的作用,在区内产生了以东西向为主,北东、北西两组共轭断裂相与匹配的断裂构造体系,其中东西向主断裂以车村断裂为代表。

以陈楼为中心的车村萤石成矿区,呈东西向展布,西延栾川,东延鲁山境内,主矿床以陈楼、南坪为代表,经民采证实,主矿区的北部有韭菜沟、洙园沟、老代沟、贾沟、鹿鸣沟、小豆沟、养廉沟、黄水、和尚坟、草庙、上河南、胡业凹、竹林等大小矿点十几处,矿体主要产于车村断裂带及其以北包括北东、北西两组次级断裂带中,矿体围岩为熊耳群火山岩;南部工作程度低,已发现的矿点,以千佛坪为代表,矿体分布在混合片麻岩的断裂带中,成矿与附近的花岗岩侵入体有关。为了加深认识该萤石成矿带,下面重点介绍陈楼—南坪萤石矿床。

5.1.2　矿区地质

陈楼萤石矿区除第四系外,全为燕山期花岗岩分布,岩性分为肉红色细粒花岗岩,中、粗粒似斑状二长花岗岩,粗粒花岗岩和黑云母花岗岩,以灰白、肉红色,中、粗粒似斑状二长花岗岩为主。在矿化带中产生不同的蚀变作用,形成各种蚀变花岗岩。

断裂为矿区主要构造形式,通过矿区的断裂带有 5 条,分别以 F_1、F_2、F_3、F_4、F_5 表示。其中 F_1 和 F_2 为非容矿构造,F_1 即车村断裂的主要断裂带,通过矿区南缘,呈近东西向展布,东西各延采区外,矿区长 1 500 m。F_2 位于矿区西部,与 F_1 同步,相距 320 m,走向近东西,倾向北,倾角 70°~75°,可见长度 200 m,亦为非容矿构造。F_3、F_4、F_5 为容矿构造,构造特征见表 5-1。

表 5-1　陈楼萤石控矿构造特征

特征	断裂带		
	F_3	F_4	F_5
位置	矿区西部,南距 F_1 650 m	F_3 南侧相距 10~20 m	F_3 中段南侧 60 m
产状	倾向北西,倾角 53°~79°	倾向 155°~185°,倾角 80°	倾向北东转北西,倾角 65°~85°
规模	横贯全区,控制长 1 900 m,出露标高 700~748 m	断续出露长 710 m,宽 2~7 m	出露长 350 m
矿化特征	为主要控矿构造,充填块状、角砾状萤石	有萤石脉充填,最厚 5 m,属高硅贫矿	萤石细脉充填(10.3~0.5 m)盲矿体
备注	断裂带宽 0.6~21.4 m,控制标高 329.63 m	CaF_2 含量 30%~40%	产状变化大,沿走向摆动

5.1.3　矿床地质

5.1.3.1　矿体形态、规模、产状

萤石矿体受断裂带产状形态控制,呈陡倾斜脉状,F_3 断裂带为主要容矿构造,西、东两侧分别赋存Ⅰ号和Ⅱ号矿体,中间 330 m 无矿地段,Ⅰ号矿体长 1 100 m,垂直延深 448 m,水平厚 0.56~11.22 m,平均 3.25 m,形态为两端稍作收缩的梭形,平均倾向 350°,大体呈反"S"形弯曲,倾角变化在 53°~79°,平均 67°,总体由上而下逐渐变缓,Ⅱ号矿体规模较小,矿化沿构造带边部平均分布,累计厚 5.33 m,中段被 4.19 m 厚蚀变岩分开,走向东西,倾向北,倾角 65°。

5.1.3.2　矿石矿物组成

主要矿物为萤石,颜色呈淡紫、灰白、淡绿色,少量为深紫及无色,半自形粒状、他形不

规则状、粒状、块状结构,集合体为块状、细脉状、条带状、胶结物状,以块状为主。脉石矿物有玉髓(微粒石英)、绢云母、高岭石(少量),局部有重晶石、方解石、石英。蚀变作用有硅化、绢云母化、高岭石化等。

5.1.3.3　矿石类型

由 5 种矿石组成,主要是块状萤石,次为胶结物状、细脉状、条带状和胶状。块状萤石由萤石单矿物组成,多形成块状富矿,CaF_2 含量平均达 86.74%,条带状萤石由萤石与玉髓相间呈平行条带产出,CaF_2 含量可达 90% 以上,属另一类富矿,但开采出的矿石多为砂状。胶结物状和细脉状萤石多与断层带碎裂的花岗岩、角砾状花岗岩有关,萤石呈充填物状,矿石杂物较多,CaF_2 品位为 39.54% ~ 69.37%。胶状萤石矿中玉髓和萤石无规律混生,CaF_2 含量为 32.09%。

5.1.3.4　矿石化学成分

有益成分为 CaF_2,原矿品位为 32.09% ~ 90%,选矿后精矿品位达 97.74%。有害组分:SiO_2 4.02% ~ 63.76%,平均 24.63%;S 0 ~ 0.56%,平均 0.05%;$BaSO_4$ 0 ~ 4.78%,平均 0.28%;Pb + Zn 含量为 0.009%。

5.1.3.5　勘查程度和成果

车村萤石发现于 1958 年,1970 年成立嵩县萤石矿,进行地表开采。1971 年河南省建委地质三队进行地表评价,估算萤石矿石量 62 万 t。1976 年武汉钢铁学院实习队进一步开展地表工作,重新估算萤石矿石量 108 万 t。1981 年河南省冶金勘探公司地质二队投入详勘,至 1984 年详勘工作结束,共完成钻探进尺 10 695 m,勘探大小矿脉 37 条,提交 B + C + D 级矿石量 281.99 万 t,其中 1 号矿体 250.43 万 t,Ⅱ 号矿体 31.55 万 t,确定为一大型矿床。1984 年后为车村萤石矿开采至今。

5.1.3.6　成因类型

岩浆热液型。

5.1.4　萤石开发利用现状及展望

5.1.4.1　我国萤石开发利用现状

根据用途要求,目前我国萤石矿产品主要有 4 大系列品种,即萤石块矿、萤石精矿、萤石粉矿和光学雕刻萤石。主要消费结构大致为:钢铁工业 13.3%、炼铝工业 7.3%、化学工业 29.4%、水泥和玻璃工业 40.0%、其他 10%。

在钢铁工业中,萤石大量用于化铁、炼铁、炼钢的熔剂。萤石的作用一是降低冶炼温度,节省燃料消耗;二是降低炉渣黏度,提高炉渣流动性,以便从金属中排除杂质并顺利排渣。每熔炼 1 t 铁需萤石 6 ~ 9 kg。每生产 1 t 钢需萤石 2 ~ 9 kg。

在炼铝工业中,为了制得用于生产原生铝的氟化盐,萤石首先必须转换成 HF。铝是通过在电解槽中将熔融氧化铝电解来生产的。氧化铝的高熔点(2 000 ℃)使得熔化和电解非常困难。然而,借助冰晶石(Na_3AlF_6)的助熔作用,它可以在 950 ~ 1 000 ℃ 的条件下熔融。人造冰晶石是由萤石转换成 HF 后制得的。每吨冰晶石的平均萤石消耗量为 1.35 t 左右。

在化学工业中,萤石主要用来制造氢氟酸及其衍生物。世界上萤石产量的一半用作制氢氟酸,供人造冰晶石用于炼铝工业。一部分用作制氟化碳,氟化碳具有无味、无毒、惰性、耐腐蚀等特性,可作涂料、润滑剂、防腐剂、清洁剂等。在核动力工业中,氟化氢还是分离 ^{235}U 的试剂 UF6 的原料。制塑料时,加氟化物制成号称"塑料王"的聚四氟乙烯在液态空气中不变脆,沸水中不变软,可在 $-269 \sim +260$ ℃ 温度范围内使用,耐腐蚀性、化学稳定性均超过玻璃、陶瓷、不锈钢以及金、铂等。萤石还是生产含氯氟烃(CFCs)的原料。CFCs 具有广泛的工业用途,其中主要用途有气溶胶抛射剂、致冷器的冷冻剂和泡沫制造中的吹制剂。在制造 CFCs 时,萤石首先转变成氢氟酸,生产 1 t CFCs 平均需要萤石0.75 t。目前,消耗量最大的 CFCs 是 CFC11、CFC12、CFC13 和 CFC22。前三种被认为对臭氧层具有威胁,世界年总产量估计为 110 万 ~ 130 万 t。而 CFC22 被认为是安全的,世界年产量大约 30 万 t。

在水泥工业中,萤石主要用作生产水泥的矿化剂。在水泥生产中煅烧熟料时,加入少量萤石可使水泥生料在较低的温度下就出现熔融液相,从而延长水泥熟料烧结作用的时间,增加主要矿物 C_3S 形成的数量。在水泥配料中加入 0.5% ~ 1% 的萤石,可提高窑炉生产率 10%,节省燃料 5% ~ 7%。此外,萤石可用来生产氟铝酸盐水泥和氟石固体水玻璃矿渣水泥。

在玻璃工业中,萤石可起到助熔作用,降低玻璃液的黏度,有利于玻璃的匀化及澄清,提高玻璃质量。在熔制玻璃时加入萤石也是有效的节能措施。玻璃助熔剂用的萤石质量要求:$CaF_2 > 80\%$,$Fe_2O_3 < 0.2\%$。

萤石还可用在陶瓷工业中,促进陶瓷坯体的烧结,提高瓷釉质量;在熔炼铸石时,萤石也是很好的熔剂,有利于调整铸石的成分,降低熔融温度,提高流动性;无色和浅色萤石的透明晶体又称光学萤石,是制造光学仪器的材料,主要用来制造光学棱镜和透光镜;萤石可作砂轮的黏合材料;多种电焊条涂料都掺有萤石;色泽鲜艳的萤石可作美术工艺品;纯度高的萤石含 Nd 等稀土元素到一定量时,还可作激光材料。

5.1.4.2　嵩县陈楼萤石矿勘查开发利用现状及前景展望

1970 年自开采陈楼萤石矿始,便成立了嵩县萤石矿,当时为全省四大萤石矿之一,至1984 年萤石矿区详勘结束,开采规模不断扩大。20 世纪 80 年代末期,地区兴起萤石开采加工高潮,除嵩县萤石矿外,地方又成立了联办萤石矿,至 1991 年,全区开采的大小矿山已达 26 个,年产矿石 1995 ~ 2000 年为 19 万 ~ 50 万 t,2000 年全县萤石累计开采量约 300万 t,其中陈楼萤石累计开采矿石 200 万 t。至 2005 年,陈楼萤石矿 8 ~ 32 勘探线之间,已采空 6 个中段,标高 389 m,接近勘探深度(400 m),说明陈楼萤石勘探储量告罄,矿山已面临资源枯竭阶段。

从陈楼矿区钻孔剖面分析,Ⅰ号矿体 8 线剖面之Ⅲ号、Ⅴ号矿体均未完全控制,Ⅰ号矿体沿断裂带仍有延伸可能;另从开采巷道分布情况,矿带的东、西两端尚未完全采空,另外,Ⅲ号矿体东矿段和Ⅴ号矿体尚有部分储量。因此,"探边摸底,攻深找盲"仍是陈楼萤石矿的找矿方向。应特别强调的是,所称的车村萤石矿区是由陈楼等十几处萤石矿床(点)组成的萤石成矿区,该成矿区包括车村断裂南、北两地,已发现的矿点、矿化点较多,成矿条件有利,仍有较好的成矿远景,其中仅仅是陈楼按地质工作要求做了系统地质工作提交了详查地质报告,其他大部分矿区,尤其距车村较远、交通不便的矿点,基本未作地质工作,民采程度也很低。编者认为,对该成矿区如能立项加强包括其他矿种在内的全面性的萤石成矿预测和开展萤石矿床深部地质工作,本区萤石等矿产必有新的突破性发展。

如何将有限的、宝贵的且不可再生的萤石矿资源合理开发利用,发挥最大的经济效益,造福人民,支持和推动工业化进程,是开发萤石矿的基本思路,也应作为企业、政府主管部门的指导思想。根据市场调研,结合嵩县陈楼萤石矿地质特征、开采条件、矿石质量、保有矿石量、开发现状等特点,应将萤石矿由粗加工向深加工及精细加工发展,即去掉出卖萤石原矿的传统经营模式,应由政府统一规划、统一管理、集中开采,通过选矿形成萤石国标精粉,再进行深加工。矿山应统一设计和规划,对原有采矿系统不合理成分进行改造,以提高安全性、降低生产成本、扩大生产能力、提高资源利用率和劳动效率。建议在嵩县陈楼建成日处理 500 t 选矿厂 1 个,将该区萤石矿就近集中加工,以满足企业深加工生产要求。要发展萤石深加工工业,提高萤石矿的附加值。在国际市场上,含 $CaF_2 \geqslant 97\%$ 的制酸级萤石价格为 140～145 英镑/t,而 CaF_2 含量在 70% 以上的冶金级萤石价格仅为 85～90 英镑/t(均为英国交货价),前者是后者的 1.65 倍。这说明,选矿后可以实现萤石的初步升值。萤石制氢氟酸,目前我国这项生产技术成熟,设备简单,投资少,生产 1 t 氢氟酸需 2.3～2.5 t 酸级萤石,每吨氢氟酸加工成本不足 3 000 元,而售价为 5 000 元,即每吨萤石精矿加工成氢氟酸售价可提高近 7 倍。以萤石为原料的氟化工被列为国家化工新材料优先发展的行业,属国家高新技术发展的重要领域之一,也是衡量一个国家化学工业发展水平的重要标志,因此发展萤石的深加工氟化工业,其经济效益可观。编者对嵩县陈楼萤石矿的开发利用前景提出以下几点建议:

(1)尽快完成嵩县陈楼萤石矿资源整合工作,走萤石矿开发一盘棋,统一规划,合理开发,统一调配,集中加工精粉,走氟化工深加工及精细加工道路。

(2)开发工作应统一规划和设计,矿山、选矿厂、化工加工相匹配、相衔接;矿山、选矿厂规划设计工作应交由专业人员及早进行。

(3)开发中应贫富兼采,综合利用。

(4)开发中应注重矿山探矿工作。

(5)由于萤石资源紧缺,政府、企业应委托地勘单位进行萤石找矿和评价工作,以储备资源,满足企业及社会可持续发展要求。

(6)政府及主管部门应加强保护萤石资源,限制外流,支持企业发展;创造萤石矿开发一盘棋的环境和条件。

5.2　伊川石梯磷矿

伊川石梯磷矿为一种含铁磷块岩,是目前河南省经地质勘查,提供工业储量的唯一一处中型磷矿床。

石梯磷矿位于伊川县葛寨乡沙元村南。由葛寨北至伊川、南至沙元各有城乡三级公路,沙元到石梯有村村通水泥路相接。葛寨距伊川 20 km,伊川接太澳高速公路和焦枝铁路,矿区对外交通方便。

石梯磷矿于 1975 年由河南省地质局原地质三队在普查富铁矿时发现,同年开展地质普查工作,动用探槽 21 个,土石方 1 269.89 m³,取化学样 247 个(刻槽样 217 个),岩矿样 17 个,填制 1:5 万区域地质图 16 km²,区内圈出 7 个矿体,提交 C1 + C2 级矿石量 186 万 t。1985～1987 年,复经化工部河南省地勘公司详查,按(200～400) m×(100～200) m 工程网度,施工钻孔 20 个,获 C + D + E 级矿石量 1 080.9 万 t,表外 338.28 万 t,合计 1 442.88 万 t,肯定矿床达中型规模(未提交地质报告)。另对矿石中伴生铁进行综合评价,按 TFe > 12% 样品圈定,估算伴生铁矿石量 539.91 万 t。

5.2.1　矿区地质

本矿区大地构造位处华北地台(Ⅰ级)渑临台坳(Ⅱ级)伊川—汝阳断陷(Ⅲ级)的九皋—云梦山断垒区(Ⅳ级),区内出露地层主要是中、晚元古界,南部残留部分古生界。不同级别断层发育,褶皱宽缓,周边有元古代、中生代及新生代火山岩出露。

5.2.1.1　地层

矿区出露地层以中元古界蓟县系汝阳群为主,边缘出露新生界。汝阳群下伏层为中元古界长城系熊耳群火山岩,见于石梯、翟沟南水库一带,岩性为暗紫、褐黄色安山岩,夹灰绿色凝灰质页岩,大部分断失。上覆汝阳群,由云梦山、白草坪、北大尖三个组组成(见图 5-1)。

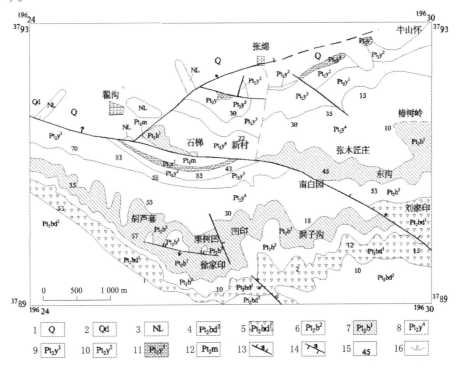

1—第四系;2—大安玄武岩;3—新近系洛阳组;4—汝阳群北大尖组上段;5—北大尖组下段;
　6—汝阳群白草坪组上段;7—白草坪组下段;8—汝阳群云梦山组四段;9—云梦山组三段;
　10—云梦山组二段;11—云梦山组一段;12—熊耳群马家河组;13—正断层;14—逆断层;
　　　　　　　　　15—地层产状;16—磷矿层露头

图 5-1　伊川县石梯磷矿地质图

云梦山组分为四个岩性段。

一段(Pt_2y^1)：岩性为灰白及浅灰色砾岩,夹粗—极粗粒石英砂岩,顶部由砂岩、页岩薄层过渡为磷块岩,磷块岩为该套地层中的唯一含矿层。砾石成分以脉石英质成分为主,次为石英岩、火山岩、玉髓、玛瑙、碧玉等,分选性差,大小混杂,滚圆度中等—较好,厚60~80 m。

二段(Pt_2y^2)：下部为紫红色砂质页岩,杏仁状安山岩;中部为灰白色中粒石英砂岩,夹紫红色砂质页岩;上部为紫红色页岩夹少量褐色、红色及灰白色中粒石英砂岩,其中紫色页岩内常具淡绿色条带、斑块及斑点,形成奇异图案。总厚100~120 m。

三段(Pt_2y^3)：紫灰色(具灰白色条带)中—厚层状中粗粒石英砂岩,顶部一层厚10 m左右的砖红色薄—中层泥质砂岩(小石门红砂岩)为标志层,总厚100~200 m。

四段(Pt_2y^4)：紫灰色(具灰白色条带)中—厚层状中粗粒石英砂岩,本段特征为岩石层面普遍有波痕,顶部有一层具大波痕的粗粒—极粗粒石英砂岩,普遍发育斜层理,厚210 m(见图5-2)。

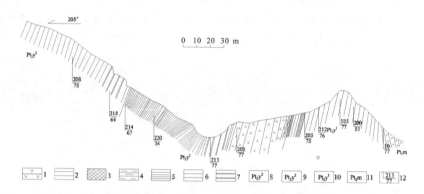

1—安山岩;2—砾岩;3—磷矿层;4—砂质页岩;5—页岩;6—石英砂岩;7—石英岩;
8—云梦山组三段;9—云梦山组二段;10—云梦山组一段;11—熊耳群马家沟组;
12—地层产状(倾向、倾角)

图5-2　伊川县石梯磷矿地质剖面图

白草坪组分上、下两个岩性段。

下段(Pt_2b^1)：为紫红色砂质页岩夹薄层细中粒石英砂岩及褐黑色钙质页岩,厚150 m;上段(Pt_2b^2)为褐灰、白色钙质砂岩和石英砂岩,含紫色页岩砾石,上中部为紫红色砂质页岩,钙质砂岩,厚70 m,白草坪组以岩层厚度较薄、色差变化较大、交错层发育为特征。

北大尖组分上、下两段。

下段(Pt_2bd^1)为厚—巨厚层细粒石英岩,石英砂岩夹泥质砂岩薄层,下部夹紫色砂质页岩,顶部为含铁细、中粒砂岩,厚200 m;上段(Pt_2bd^2)为灰白色薄板状含褐铁矿斑点石英砂岩,顶部被剥蚀,可见厚仅20~40 m。

5.2.1.2　构造

矿区构造基本上为断层及小褶曲复杂化的单斜构造,近断层处地层产状陡,远离断层处渐缓。其中的断层形成于成矿之后,破坏矿体并使区域构造复杂化,区域构造研究成果认为它们与九皋山推覆断块的形成有关。

1)翟沟南—张绵—牛山怀断层

属区域性山前大断裂(田家沟断层)南侧的一个正断层。断层走向北东,倾向北,局部地段向北东、北西扭动,倾角60°,下降盘出露新近系砂砾岩和第四系大安玄武岩,上升盘为中元古界汝阳群、熊耳群,有很宽的断层角砾岩,并有重晶石脉穿插,据电测深资料,断距300~500 m。

2)石梯—南白园—刘家印断层

属正断层,石梯西与北东向断层相接,走向112°~120°,倾向北东,倾角60°~70°,断距东大西小,石梯附近达600 m,石梯一带在新村南和翟沟南两处切断磷矿层,并使地层倾角变陡,局部出现倒转。

3)其他断层

以南部粟树洼逆断层为代表,断层走向103°,断层面倾向南,倾角65°,垂直断距100 m,该断层向东与凹印北西向断层相接。

5.2.1.3　岩浆岩

区内主要是火山岩活动,主要有三期,第一期为中元古代熊耳期,以安山质为主的火山活动,结束于蓟县系形成初期,覆盖含磷岩系;第二期为以白垩系九店组为代表的酸性凝灰岩喷发,主体沿田湖断裂带分布,上述山前断裂的交会处有零星出露;第三期为第四纪大安玄武岩,分布在山前断裂以北的大片地区。

5.2.2　矿床地质

5.2.2.1　矿体形态、产状

石梯磷矿赋存于云梦山组一段顶部,由砾岩—粗粒砂岩—硅质页岩—磷块岩组成。据石梯矿区1 686 m长度露头和19个探槽观察,矿层由大小7个透镜体组成,其长度分别为125 m、50 m、270 m、440 m、65 m、345 m、415 m,厚度0.85~7.87 m,平均2.43 m,透镜体多系由砾岩一侧向外形成叠瓦状掩覆,与由粗到细的沉积层序相对应,形成海进序列特征,倾向南,倾角由距断层近处的倒转或陡倾斜向距断层较远处变缓为30°~40°。

5.2.2.2　矿石品位

矿石的 P_2O_5 含量13.22%~23.08%,一般在20%左右,平均18.97%,TFe含量为4.45%~17.45%,一般在10%左右,平均10.28%,含量变化相对稳定,其他成分亦然,据5个组合样分析,其他化学成分含量见表5-2。

表5-2　组合分析结果　　　　　　　　　　　　　　　　(%)

编号	矿石类型	SiO_2	CaO	MgO	Al_2O_3	FeO	MnO	Fe_2O_3	有效磷
1	铁质磷块岩	22.16	31.04	0.35	3.90	0.90	0.63	12.20	1.36
2	铁质磷块岩	21.44	30.74	0.45	4.40	0.40	1.00	14.11	1.50
3	铁质磷块岩	16.02	30.25	0.22	3.86	1.00	0.75	18.60	1.56
4	砂砾质磷块岩	51.50	16.72	0.82	2.86	1.05	0.10	10.63	1.50
5	铁质磷块岩	30.58	26.14	0.31	4.72	1.25	0.10	12.91	1.60

由表5-2看出,除个别样品中的硅、钙变化幅度较大外,矿石中其他组分和P_2O_5含量一样,变化相对比较稳定,具有化学—生物化学沉积矿床特征,属于有效磷含量较低的高铁、高硅磷块岩。

5.2.2.3 矿石自然类型

矿石自然类型可以划分为铁质磷块岩、铁锰质磷块岩、砂质磷块岩三类,其特征如表5-3所示。

表5-3 石梯磷矿矿石自然类型对比

特 征	铁质磷块岩	铁锰质磷块岩	砂质磷块岩
宏观特征	暗紫色,常具灰褐色斑块,外貌和铁矿石相似	颜色灰黑,松软,染手	含磷砾岩—含砾磷块岩系磷矿层与下伏砾岩之间的过渡层
结构、构造	泥质、泥沙质,假鲕状结构,块状、堆积状构造	粉末状细粒结构,块状构造	层状、似层状构造
矿物成分	主要矿物成分为胶磷矿(65%～80%)、赤铁矿(10%～20%),次为重晶石、水云母,含少量石英、硅质岩、云母、锆石碎屑	主要矿物成分为胶磷矿、软锰矿、赤铁矿,少量黑云母,微量矿物有重晶石、锆石、石英、电气石	由胶磷矿、赤铁矿胶结的石英细砾岩组成
P_2O_5含量	12.67%～28.56%	14%～28.23%	9.64%～13%
TFe含量	3.58%～17.45%	4%～21.50%(MnO 0.74%～4.03%)	2.95%～10%
矿区含量比	>90%	<5%	较少

5.2.2.4 矿床成因

本矿床的主要矿物磷块岩、赤铁矿、软锰矿与砾岩关系密切,伴生石英、云母、锆石、电气石等沉积碎屑矿物,无黄铁矿及有机质,形成于海进序列沉积旋回之上部,推测是在强氧化、弱碱性环境的碳酸盐沉积区近岸内缘的生物化学沉积型矿床。

5.2.3 磷矿开发利用现状及展望

5.2.3.1 我国磷矿开发利用现状

磷矿是我国重要的战略资源,它既是制作磷肥、保障粮食安全的重要物资,又是精细磷化工的物质基础,具有不可替代性、不可再生性。磷是生物细胞质的重要组成元素,也是植物生长必不可少的一种元素。从世界范围看,68%的磷矿用于生产浓缩的固体磷肥,8%用于生产动物饲料,8%用于食品工业,其余16%用于工业生产。在中国,大约有70%的磷矿石用于制取磷肥,16%用于生产元素磷,其他14%用于生产饲料及其他磷化工产品。

　　磷肥对农作物的增产起着重要作用。目前,我国生产的磷肥主要为过磷酸钙、钙镁磷肥、脱氧磷肥以及重过磷酸钙、磷酸铵和磷酸二氢钾等高效复合肥料。

　　磷矿在化工工业中用于制取纯磷(黄磷、赤磷)和化工原料。磷酸锆、磷酸钛、磷酸硅等可作涂料、颜料、黏结剂、离子交换剂、吸附剂等。磷酸钠、磷酸氢二钠用于净化锅炉用水。磷的衍生物用于医药。赤磷用于制造火柴盒磷化物。黄磷有剧毒,可制农药。黄磷还可以制燃烧弹、曳光弹、信号弹、烟幕弹、发火剂。

　　磷矿在冶金工业中用于炼制磷青铜、含磷生铁、铸铁等。磷与硼、铟、镓的磷化物用于半导体工业。

　　磷矿用于尖端技术,磷酸二氢铝胶材料耐火度高、耐冲击性好、耐腐蚀性强、电性能优越,氟磷灰石晶体是最理想的激光发射材料,磷酸盐玻璃激光器已得到应用。

　　伴随资源消耗型工业化进程和农业发展,磷矿资源需求急剧上升。与此同时,全球磷资源争夺加剧,磷矿资源战略地位日益凸显。因此,我国磷矿资源今后开发利用的趋势一直受业内人士的高度重视和密切关注。

　　(1)未来富矿供应趋紧,中低矿将成主流。

　　我国30%以上高品位磷矿资源日趋枯竭,磷矿资源面临贫化,开发利用正逐步从开发富矿转向中低品位矿。也就是说,我国磷资源将迈入以中低品位开发利用为主的时代。中低品位磷矿开发利用,对于转变磷矿资源开发利用方式、提高磷矿资源开发利用自主创新能力、推进矿产资源综合利用、增强资源远景保障能力、实现磷肥工业和农业可持续发展具有重要意义。

　　(2)磷矿资源整合渐行渐近。

　　我国磷矿资源开发利用现状已引起各个层面的高度重视。今后资源整合将以产业结构优化、产业层次升级为主线,以矿肥结合、矿化结合为方向,多途径实现矿山企业“多、小、散”格局明显改变,矿山企业规模化、集约化步伐明显加快,矿山企业数量明显减少,矿产资源开发利用效率明显提高,矿山生态环境明显改善的资源整合目标。磷矿资源整合会逐渐集中在国有大企业集团手中,实行采选加工一体化发展。未来磷肥工业发展趋势是拥有资源的企业将得到生存发展,没有磷矿资源的企业将面临被淘汰和兼并的命运。

　　(3)产能扩张拉动资源开发升温。

　　目前我国磷肥处于产能过剩状态,但很多缺磷地区和一些民营企业仍在盲目发展。随着我国粮食生产的刚性需求不断增长和出口利益驱动。未来几年,一方面,我国磷肥产能还将继续扩张,并拉动磷矿资源开发持续升温;另一方面,我国重点骨干磷肥企业将按照国家循环经济示范项目要求,加快磷化工生态园区建设,并在加强内部管理、实施节能技术改造、努力降低成本、提高产品质量和市场竞争力上下功夫,着力促进企业和行业尽快由过去以量取胜到以质取胜的转变。

　　(4)磷矿资源开发利用步入转型升级新时代。

　　我国磷肥工业50年的发展,经历了开发矿业的第一次创业和发展磷化工的第二次创业,取得了举世瞩目的成就,走出了一条具有中国特色的磷化工产业发展道路。但存在产能严重过剩、产品技术工业水平落后等问题,制约了行业的进一步发展。面对一系列压力,我国磷肥工业应坚定地迈出发展精细磷化工的第三次创业步伐。以精细化、集群化、循环化、高端化主导磷及磷化工产业发展的未来。

（5）磷肥工业科技创新步伐加快。

磷及磷化工领域未来竞争格局将会是一种产业链横向耦合共生和纵向延伸发展的综合实力竞争，说到底就是科技创新能力的竞争。今后一个时期，我国磷肥工业将把提高自主创新能力作为战略基点和产业结构优化升级的中心环节，进一步加强产、学、研相结合的技术创新体系建设，不断加大研发投入，加快科技进步和技术创新，吸收外部创新要素向内积聚。磷矿资源高效开发利用、磷精细化工、磷矿伴生资源及废弃物综合利用三个领域的技术创新将在现有基础上取得重大突破，从而深刻改变我国磷肥工业的面貌。

5.2.3.2　伊川石梯磷矿开发利用现状及前景展望

石梯磷矿由于含铁较高（4.45%～17.45%）、磷铁分离工艺复杂、有效磷含量低（1.36%～1.60%）、不能直接利用、开发投资大等问题，自发现以来，一直没有得到合理的开发利用。但据相关资料，该矿床在 1985 年由原化工部省化工局投入详查时，曾专门做过工业试验，主要数据为：产率 61.545%，P_2O_5 回收品位 30.35%，回收率 93.26%，尾矿 P_2O_5 品位 3.568%，TFe 2%～6%，但因未提交详查报告而未予公布，该选矿成果应引起重视。

1989 年伊川县筹建 5 万 t/a 钙镁磷肥厂，1991 年投产前后，曾分别开采葛寨铁质磷块岩及酒后黑龙沟碎屑、角砾状磷块岩数十万吨，配以湖北磷矿石和江苏东海蛇纹岩推出产品，供应地方农业利用。1996 年因环保问题停产。之后，石梯磷矿也因市场上铁矿石紧俏和由炼铁炉渣供作硅肥原料的硅肥热而进行磷铁分离试验，并建成小炼铁高炉，然而终因技术、资金和管理等多种因素而关停破产。石梯磷矿开发利用再次沉沦。

针对该地区磷矿地质特征、矿石质量等特点，当前应加强磷矿生产整顿，加紧选矿技术研究，加大对低品位磷矿浮选技术的开发。因此建议：

（1）加强选矿科学研究，开发合理高效的贫矿选矿新药剂、新工艺及新设备。开发选择性高、专属性强的高效浮选药剂是磷矿选矿的关键；而采用重－浮联合工艺，既能使精矿质量达到要求，又能降低尾矿 P_2O_5 的品位，减少资源损失，降低选矿成本；较之传统浮选机，浮选柱具有分选性能好、选择性高、能耗低、占地面积小等优点，能明显提高磷矿浮选的效果。

（2）加强选矿厂建设，提高共生、伴生矿产的综合利用水平。开采磷矿石需要一定规模的选矿厂进行处理。为最大化利用资源，必须加强选矿厂的建设，针对不同的矿石性质采用正－反浮选、双反浮选、单反浮选等工艺，处理全层开采的中低品位矿石，实现磷铁的有效分离。研究高效率、低成本又无污染的新选矿方法是石梯磷矿开发利用的关键及攻关的方向。

（3）开发尾矿利用新成果，实现无尾矿生产，提高磷矿的资源综合利用率。

（4）加强磷矿深加工建设，加快资源优势向经济优势的转化。该地区磷矿开发一直以初级产品为主，磷矿资源大部分以矿石形式销往区外，每吨商品磷矿石的港口价在百元左右，且其中主要是运输成本和开采成本，磷矿资源本身的经济价值几乎没有体现。今后应加大磷矿深度加工业建设的投资，建设一批先进的磷铵、重钙等高浓度磷复合肥工程。

5.3　新安县方山石英砂岩矿床

矿区位于新安县城西铁门镇北 4.5 km 的方山一线。矿区有公路通向外地,还修有铁路专线,直通洛阳玻璃厂,交通极为方便。

方山石英砂矿为 1953 年建材部非金属勘探公司中原地质队普查铁门石灰岩时所发现。1955 年围绕洛玻建厂需要,由建材部 702 队在方山西段新安、渑池交界处进行普查勘探,提交 B + C 级矿石量 3 838 万 t,其中硅砖原料 1 933 万 t,由洛玻、洛耐、武钢开采利用,省建材厅在渑池赵瑶北建成洛阳石英砂岩矿(加工)。1958 年以来,随地方发展工业的需要,由新安县工业局地质科已勘查矿段东部另行开展普查,1960 年 4 月提交《河南省新安县铁门方山石英砂岩矿区地质报告》,计算 C1 + C2 级矿石量 6 121.5 万 t。1963 年为满足型砂资源需要,由冶金部中南地质勘探公司 601 队在上述普查区的基础上选段进行详查,提交了《河南省新安县方山头石英岩矿区地质勘探最终报告》,获 B + C 级石英岩矿石量 1 775.2 万 t,其中特级品矿石为 1 245.8 万 t。此后矿山转入开采和矿石加工阶段,没有开展新的地质找矿工作。

5.3.1　矿区地质

矿区大地构造位于岱嵋山—西沃镇断隆的南缘,处于观音堂扇形向斜北侧的方山小背斜南翼,方山背斜轴走向北西西,向南东倾伏,轴部出露中元古界汝阳群北大尖组,北翼和轴部东段被北西向龙潭沟断层截切,断层以北出露寒武系和石炭—二叠系;南翼出露新元古界洛峪群崔庄组和三教堂组,缺失洛峪口组和震旦系罗圈组,上覆寒武—奥陶系。三教堂组为石英砂岩赋矿层位。矿区构造简单,断层不太发育,矿层稳定。

三教堂组为灰白—浅黄色石英砂岩,分三部分:底部为浅灰、灰白色中薄层状含黏土质细粒石英砂岩,致密坚硬,具弱油脂光泽,含 1% ~3% 的绿泥石类黏土矿物;中部为中厚层状细粒石英砂岩,致密坚硬,具有油脂光泽,质纯,呈灰白—淡绿色;上部黄白、褐红色中—厚层状细粒石英砂岩,节理裂隙发育,节理裂隙面上附有棕褐色氧化铁薄膜,岩石中含少量海绿石。区内总厚 21.76 ~41.03 m。

据区域资料,新安曹村以北缺失洛峪群,曹村以南仅见洛峪群之崔庄组,缺失三教堂组,越过龙潭沟断层至方山一线,崔庄组和上覆三教堂组完整,缺失洛峪口组,标示晚元古代三教堂时期地壳由北而南稳定抬升,在古陆边缘的三角洲海湾浅滩中形成含矿地层。稳定的沉积环境、充足的物源和海浪的长期淘洗分选,为形成该大型、优质的石英砂岩矿床提供了理想条件。

5.3.2　矿床地质

5.3.2.1　矿床形态、规模

矿床为稳定的、无夹层隔离的层状矿体,产状受背斜倾伏端控制,西部倾向 150° ~170°,倾角 10° ~15°;中部倾向 130° ~140°,倾角 10° ~15°;东部倾向 90° ~110°,倾角 15° ~20°。1960 年新安工业局地质科控制的矿体长度 >1 000 m,宽约 300 m,平均厚 33 m。

1963 年 601 队勘查区控制的矿层露头长仅 600 m,深部控制 300 ~ 500 m,面积 0.25 km^2,矿层最大厚度 36.99 m,最小 15.87 m,平均 29.66 m。以上控制的矿体规模均不包括 702 队 1955 年控制的区段。实际上矿体规模远远大于控制的规模。

5.3.2.2 矿石特征

肉眼观察,矿石呈灰白、青灰、黄褐、浅黄等色,细粒致密块状结构,层状构造,贝壳状断口,断面呈油脂光泽,成分近于纯净,仅含极少量的黑色斑点,节理发育,在浅部风化面和节理面上,可见被铁染的锈斑。颗粒半透明状,等粒砂状结构,花岗变晶结构及多角形细粒结构,硅质胶结,颗粒直径 0.15 ~ 0.3 mm。矿物成分主要为石英,含量 96% ~ 99%,呈半滚圆状,另有少量石髓(1% ~ 3%)及黏土矿物(1% ~ 3%),其他微量矿物为磁铁矿、褐铁矿、云母、锆英石和绿泥石。黏土矿物及磁铁矿、褐铁矿主要存在于砂状结构的胶结物中,胶结物中铁矿物含量较高时,岩石呈现紫红色或肉红色。

5.3.2.3 化学成分、物理特征

矿石化学成分取三个报告的平均数(见表 5-4),供参考。

表 5-4 矿石化学成分

化学成分	SiO$_2$	Al$_2$O$_3$	TiO$_2$	Fe$_2$O$_3$	CaO	MgO	K$_2$O	Na$_2$O	S	P	灼减	单位
含量(%)	98.46	0.482	0.025	0.08	0.06	0.02	0.12	0.02	0.006	0.003		601 队
	98 ~ 98.8	0.4 ~ 0.7	0.01 ~ 0.05	0.07 ~ 0.1	0.00 ~ 0.1	0.02 ~ 0.1		0.16 ~ 0.25			0.20 ~ 0.27	洛玻
	98.65	0.94		0.12	0.18	0.06	0.12	0.04				上海

矿石物理性质如表 5-5 所示。

表 5-5 矿石物理性质

项目	参数					
耐火度(℃)	1 750 ~ 1 770					
吸水率(%)	0.415					
湿度(% rh)	最高	0.17	最低	0.06	平均	0.115
比重(kg/m^3)	最高	2.68	最低	2.619	平均	2.65
体重(t/m^3)	最高	2.667	最低	2.62	平均	2.64
孔隙度(%)	最高	1.332	最低	0.112	平均	0.76
普化硬度系数(%)	14 ~ 18					
松散系数(%)	16					

5.3.2.4 矿床评价

依地层组合,三教堂组石英砂岩上、中、下三部分分别形成三层矿:上部矿为砂状石英砂岩,厚 0 ~ 5.49 m,大部分为 Ⅰ 级品矿石(SiO$_2$ > 97.5%、Al$_2$O$_3$ < 1.0%),少数为特级品和 Ⅱ 级品(SiO$_2$ > 96%、Al$_2$O$_3$ < 1.5%);中部矿为质纯的石英砂岩,厚 16.80 ~ 28.05 m,平

均 23.72 m,矿层厚而稳定,几乎全部为特级品矿石($SiO_2 > 98\%$,$Al_2O_3 < 0.5\%$);下部矿为含黏土质石英砂岩,厚 4.96~7.49 m,大部为Ⅱ级品。

按以上矿石主要品位,本矿区矿石大部分可满足平板玻璃原料要求($SiO_2 > 96\%$,$Al_2O_3 < 2.0\%$,$Fe_2O_3 < 0.2\%$),部分达工业技术玻璃要求($SiO_2 > 98\%$,$Al_2O_3 < 1.0\%$,$Fe_2O_3 < 0.1\%$),经洗选后除可达特种玻璃原料要求外,还可以制成质量优良、成品率很高的焦炉硅砖、电炉硅砖及高密度硅砖等耐火材料。

本矿区位于新安境内方山之顶,在当地侵蚀基准面以上 270 m 处,矿层产状平缓,第四系剥离系数 0.9%。含水极微,矿体倾向又与地形坡度一致,地表水易于排泄,矿层底板稳固,矿石致密坚硬,不含水,露天开采条件良好,目前仍为半机械化开采。

5.3.3　成矿特征与找矿前景

熊耳运动之后,豫西北部的弧后盆地分布区,在动荡中有幅度较大的下沉,首先形成以汝阳群为代表的巨厚层砾岩—砂岩类陆相沉积,称汝阳旋回。进入洛峪期后,地壳下沉速度渐慢,出现了一个比较缓慢的海泛期,形成厚度、岩性、化学成分都相对稳定的崔庄组页岩(含钾砂页岩),之后,海水退缩,海岸由北而南推进,形成三教堂组石英砂岩,地层沉积进入一个新的旋回,为石英砂岩矿的成矿期。

豫西地区洛峪群三教堂组分布在陕县峡石、渑池、新安、宜阳、伊川、嵩县、汝阳、偃师、汝州、鲁山等地,分别围绕熊耳、嵩山、箕山古陆及岱嵋山、灵山古隆起的边缘分布,形成陕县—渑池—新安、宜阳西部—南部、偃师、嵩县—伊川—汝阳、汝州—鲁山几个成矿区,其中陕县—渑池—新安矿带贴近岱嵋古隆起,形成方山、方山头、甲子沟等石英砂岩矿,矿石质量较好,渑池砥坞仁村以北有很好的找矿远景,其次为宜阳西部、南部及伊川西北部,成矿物质来自灵山古陆及杨店高地,矿石质量也较好,已拥有八里堂鸡冠山矿区,SiO_2 达99.04%;再次为偃师的骆驼畔组砂岩,有一部分达硅石矿要求,但厚度较薄;伊川南部、汝阳、嵩县北部及汝州、鲁山一带的三教堂组南距熊耳古陆太近含铁较高,矿石质量变化大,不能形成有价值的矿床。由以上分析认为,石英砂岩的找矿靶区,主要应锁定在渑池、新安、宜阳、偃师的三教堂组分布区,南部的伊川、嵩县、汝阳,石英砂岩成矿转为下部汝阳群的北大尖组,同样汝州、鲁山等地石英砂岩矿也完全由汝阳群的北大尖组提供。

5.3.4　石英砂岩开发利用现状及展望

5.3.4.1　我国石英砂开发利用现状

石英砂又称硅砂。它包括由石英岩、石英砂岩、脉石英经风化作用形成的碎屑即天然硅砂和用机械粉碎成的粒状产物即人造硅砂。硅砂的主要矿物为石英,一般占 95% 以上。质纯的硅砂为白色、乳白色,当混入铁、钛等杂质时,呈淡黄色、褐红色等颜色,硅砂比重 2.55~2.65,莫氏硬度 7,耐火度 1 650~1 770 ℃,不溶于酸(HF 除外),具有电绝缘性和良好的化学稳定性。

众所周知,硅砂是玻璃工业的主要原料,它约占玻璃原料用量的 70%。世界上主要玻璃生产国,如美国、日本、俄罗斯、德国、比利时等国的硅质原料大部分是用天然硅砂。我国因天然硅砂质量较差,玻璃原料主要是用石英砂岩和石英岩粉碎加工的人造硅砂。

此外,硅砂还广泛用于机械铸造、陶瓷、电瓷、化工、冶金、建材、耐火材料、磨料磨具、光学通信及无线电等工业领域。

硅砂的质量要求随工业用途不同而异。世界各国因生产制品的品种不同,对硅砂原料的质量要求亦有差异。一般来说,根据用途不同,对硅砂的化学成分和粒度组成有不同的要求。

硅砖用的硅砂颗粒度一般要求 3 ~ 1 mm 占 35% ~ 45%,1 ~ 0.088 mm 占 20% ~ 25%,0.088 mm 占 35% ~ 45%。

玻璃及玻璃制品:石英是形成玻璃及玻璃制品的主要组分和骨架,它使玻璃及其制品具有一系列的优良性能,如透明性、机械强度、化学稳定性及热稳定性等。世界各国对玻璃用石英砂的粒度控制不完全相同,但一般认为颗粒度最适宜的范围在 0.5 ~ 0.1 mm,大于 0.5 mm 和小于 0.1 mm 的粒度均不得超过 5%。我国熔制玻璃的硅砂粒度控制在 0.1 ~ 0.75 mm,其中 0.25 ~ 0.5 mm 的粒度不应少于 90%,小于 0.1 mm 的不超过 5%。硅砂粒度过粗,熔融困难;粒度过细,又容易结成团块,使配料不容易拌匀,影响玻璃质量。

耐火制品:用于生产硅质耐火制品的主要产品是硅砖。硅砖中 SiO_2 含量为 93% ~ 98%。它是典型的酸性耐火材料,具有良好的抗酸性渣侵蚀能力,导热性好,热震稳定性高,是砌筑冶金炉、炼焦炉、熔制玻璃窑等炉窑的优质耐火材料。

陶瓷、电瓷制品:硅砂是陶瓷电瓷坯釉的主要原料之一,它作为一种脊性原料,起着补偿收缩和骨架的作用,使其制品具有较高强度。电瓷石英颗粒度大部分处在 15 ~ 30 μm 范围内。

建筑涂料和建材制品:硅砂用作各种高级涂料的填充物和生产轻质高强硅钙板的硅质原料。在建筑涂料中,石英砂的作用是防止涂层收缩、增加涂层的质感和防止涂层膜老化。要求石英砂白色、质纯($SiO_2 \geqslant 99.5\%$)、含铁低。硅钙板则是一种轻质高强的新型建材制品。石英砂用量约占 45%。硅砂原料的质量一般要求 $SiO_2 > 90\%$,$Al_2O_3 < 5\%$,颗粒度小于 180 目。

铸造用砂:利用硅砂高熔点特性制成铸钢件的砂芯。根据铸钢件大小及精密度的要求,可使用 40 ~ 320 目各种不同规格的石英砂。一般多用 $SiO_2 \geqslant 99.5\%$ 的精制石英砂。普通铸钢件要求石英砂质量稍低。

冶金熔剂和硅铁:作冶金熔剂是利用石英砂在有色、黑色金属冶炼过程中起到增温、造渣、脱氧、脱硫的作用。对石英砂的要求为 $SiO_2 \geqslant 90\% ~ 95\%$,$Al_2O_3 \leqslant 2\% ~ 5\%$,$Fe_2O_3 \leqslant 1\% ~ 3\%$,$CaO \leqslant 3\%$。

磨料和磨具:利用石英砂含硅高和高熔点、高硬度的特性,制取碳化硅和制成石英砂纸。碳化硅分绿色和黑色两种。绿色碳化硅一般要求石英砂的 $SiO_2 > 99.4\%$,$Fe_2O_3 < 0.03\%$,粒度 8 ~ 24 目,颗粒合格率 > 80%。黑色碳化硅要求石英砂质量稍低。石英砂纸(木砂纸)用于打磨木制物品表面,要求硅砂颗粒均匀,颗粒合格率大于 95%。

化工产品利用石英砂含硅高和化学稳定性制取泡花碱。固体泡花碱中,石英含量约占 60%。固体泡花碱主要在炼制石油工业中作催化剂。要求石英砂中 $SiO_2 > 99\%$,$Fe_2O_3 < 0.03\%$,粒度 20 ~ 40 目,颗粒度合格率大于 75%。液体泡花碱主要作为纸箱用的黏合剂和肥皂、洗衣粉等,按它们的用途和生产工艺不同,对石英砂的质量要求也不完全

相同,一般可使用 20 ~ 320 目,各种规格石英砂要求 $SiO_2 > 98\%$,$Fe_2O_3 < 0.2\%$,颗粒度合格率 $> 80\%$。

光学玻璃和光通玻璃纤维:对硅砂质量要求很高,一般采用 $SiO_2 \geqslant 99.92\%$,$Fe_2O_3 < 0.003\%$ 的精制砂和高硅砂制作各种中、高级光学镜片及炼制光纤通信用的高级石英玻璃纤维。

其他工业用途包括炼制结晶硅,制作高温石英坩埚,水泥校正料以及作为自来水酸、碱废液和废水等滤池用的过滤砂。

5.3.4.2 方山石英砂开发利用现状及前景展望

洛阳以其丰富的硅石资源,早期形成了洛玻、洛耐等我国重要的硅石原料产业基地,目前正在筹建全国最大的结晶硅制造产业,"洛阳硅"将以优质品牌产品和高科技含量问鼎中外。新安县方山石英砂岩矿床是洛玻、洛耐的主要原料产地。

根据新安县方山石英砂岩矿床矿物组成分析,结合不同行业对石英砂中各成分含量的要求,可以看出,该矿床的特级品石英砂可以满足平板玻璃、器皿玻璃、耐火材料、陶瓷、电瓷以及铸造等行业对石英砂各成分含量的要求,但就经济价值来说,以上各种产品用石英砂的价格是建筑用石英砂价格的几倍甚至十几倍,而且在制造上述产品中筛选出来的 SiO_2 含量低的石英砂还可以加工成建筑用品,以满足新安县建筑用砂的需求;该矿床的 Ⅱ 级品石英砂也能满足耐火材料 C 级以及铸造三级和四级用石英砂对各成分含量的要求,但经济价值要比建筑用砂高。由此可见,对新安县方山石英砂岩进一步加工并且改变开发石英砂岩的单一的使用途径,是改变新安县石英砂岩经济效益和社会效益的重要举措。

为了尽早合理地利用矿产资源,可以建立粉碎—擦洗—分级—清洗的简单洗选流程,生产不同粒度的石英砂,以生产各种玻璃,同时生产各级型的砂和各型耐火石材供本地建筑及附近钢铁厂之用,兼顾生产陶瓷黏土,各方位拓宽石英砂矿产资源的利用途径,提高石英砂岩的经济效益。等矿山积累了一定的资金后,再行改建和扩建成现代化的生产线,以生产深加工产品,最大程度地提高石英砂的经济效益。在石英砂的开采中,力求形成一条"以矿养矿、以矿建矿"的新途径。要拓宽石英砂的使用范围,还要从提高 SiO_2 的含量入手,即对矿石进行除铁、钛,并进行分级选矿加工,其关键是除铁。建议对破碎后的矿料进行擦洗,可以有效去除矿石表面黏附的铁矿物,能大大提高石英砂的质量;采用合理的选矿工艺流程,可拓宽石英砂的利用范围,实现"优矿优用"的目标,提高石英砂利用的经济效益;综合利用尾矿是进一步提高新安县方山石英砂岩开发经济效益的重要手段,矿区的副产品——尾矿,可作为烧制陶瓷的材料,这不但可达到"一矿多用"的目的,而且还可解决尾矿排放带来的环境污染。

5.4 宜阳李沟塑性黏土矿床与沉积高岭土

1962 年 10 月,原河南地质局豫〇一队(地调一队前身)提交了《河南省宜阳县李沟地区塑性黏土地质普查报告》。该报告划分了 11 个黏土矿层,以其中的 3、7、9 三个矿层,计算矿石量 230.3 万 t,初步肯定了矿床规模和可利用价值,对后来研究开发沉积高岭土矿开拓了思路,提供了资料。

塑性黏土为工业矿物名称,指的是制陶工艺中用作黏合剂的矿物原料。依据矿物组成,一般所称的塑性黏土包括高岭石黏土、蒙脱石黏土、伊利石黏土等。本矿区提交普查报告的塑性黏土,产出于石炭—二叠系煤系地层,采自宜阳历代诸陶瓷窑厂的一些新旧采点,与近些年来各地研究开发的煤系高岭土的层位大体相当,由此可以肯定,20世纪60年代对这一塑性黏土矿的地质勘查,属于煤系沉积高岭土矿床研究开发的早期工作,故特将该矿区的塑性黏土矿层,联系本区的地层特征加以专题阐述,并在此基础上进一步全面探索沉积高岭土矿产资源。

李沟塑性黏土矿区为宜阳城关镇所辖,位于城西南的李沟河(藻河)流域,北起三道岔,向南经二里庙、马庄,南延兰家门外、何年,东延焦家洼、沈村、灯盏窝一带,出露范围大体与宜洛煤矿李沟井田、高崖井田和沈村井田一致,也与李沟、锦屏山铝土矿区相吻合。

李沟塑性黏土矿区三孔桥采点距宜阳县城不足1 km,最远的何年、马道也不足8 km,矿区各主要采点至宜阳均通汽车,宜阳距洛阳30 km,亦为洛宜铁路专线的终点站,交通极为方便。

5.4.1 塑性黏土含矿地层

塑性黏土的含矿地层,底界不超过石炭系本溪组底部的不整合面,顶界大体在二叠系顶部,主体多选自石炭系顶部生物灰岩到二叠系下石盒子组顶部的田家沟砂岩之间的这段地层。一般而言,下部石炭系虽薄但岩性特征明显,容易识别,而二叠系则因生成环境复杂,即使在同一矿区,岩相和厚度变化也较大,为地层对比增加了难度。而这个层位则是洛阳市煤和塑性黏土的重要含矿层位,因此我们正需借助煤田地质工作利用标志层进行煤层对比的经验,研究和识别塑性黏土的层位,并加强这一领域的研究工作(见图5-3)。

为了帮助大家识别塑性黏土矿在地层中的特征和赋存状态,下面将1:5万白杨镇幅灯盏窝实测地层剖面简述如后。

43. 田家沟砂岩(七煤组或上石盒子组底界)(略)

42. 灰黄—紫红—杏黄色粉砂岩—粉砂质泥岩　　30.7 m

41. 灰绿色细粒长石砂岩夹多层灰色泥岩　　3.0 m

40. 灰黑色页岩(五$_3$煤层位)　　3.1 m

39. 灰黑—灰黄色页岩、粉砂质泥岩、粉砂岩,夹细粒长石砂岩　　14.3 m

38. 青灰色粗粒含砾长石石英砂岩(红砂炭砂岩)　　3.3 m

37. 灰绿色中厚层状细粒长石石英砂岩—杏黄色厚层状粉砂质泥岩—灰色页岩、粉砂岩　　14.2 m

36. 下部杏黄色厚层状粉砂质泥岩,上部灰白—灰黑色页岩、碳质页岩,夹煤线,产植物化石碎片(四$_3$煤层位)　　16.8 m

35. 灰白色细—中细粒长石石英砂岩　(四煤底砂岩)　　5.3 m

34. 紫红色粉砂质泥岩,底部含鲕状赤铁矿　　9.8 m

33. 灰白色、紫红色细粒长石砂岩、粉砂岩、泥岩　　6.5 m

32. 灰、灰黄、灰红色粉砂质泥岩夹铁质长石砂岩　　29.1 m

31. 灰黄、灰红、杏黄色粉砂岩、铁质岩、粉砂质泥岩、夹杂色页岩及煤层(三煤段)

21.9 m

30. 灰黄色含泥砾中细粒长石砂岩—厚层状细粒长石砂岩—灰白色页岩或高岭土页岩(老君庙砂岩) 14.9 m

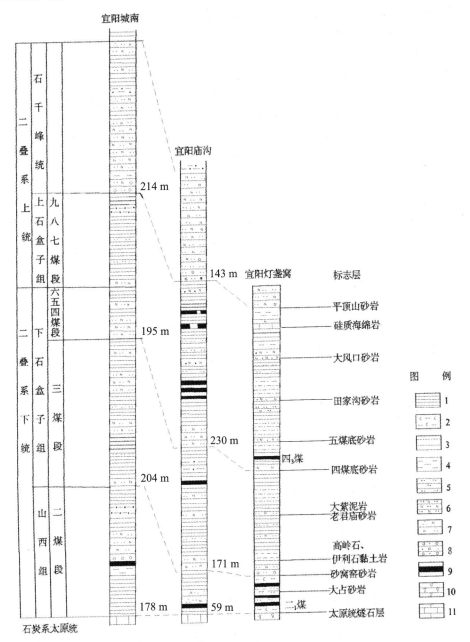

1—页岩;2—炭质页岩;3—粉砂质页岩;4—泥岩;5—粉砂岩;6—长石砂岩;
7—长石石英砂岩;8—含砾石砂岩;9—煤层;10—燧石层;11—灰岩

图5-3 宜阳南部二叠系柱状对比图

29. 灰黄色粉砂岩夹灰色页岩　　　5.5 m

28. 紫斑泥岩,灰黄色泥岩夹厚层长石粉砂岩(大紫泥岩)　　　11.0 m

27. 紫红、杏黄色粉砂质泥岩、底部含铁质　　　13.3 m

26. 灰—杂色紫斑泥岩　　　5.0 m

25. 紫红色粉砂质泥岩夹黑色页岩及鲕状、肾状赤铁矿泥岩　　　9.68 m

24. 杏黄、紫红、灰绿色泥质粉砂岩、粉砂质泥岩互层　　　4.9 m

23. 灰黄厚—中厚层含砾长石砂岩,细、粉砂岩(砂窝窑砂岩)　　　14.0 m

22. 灰黄色块状泥质粉砂岩　　　3.4 m

21. 灰黄、灰白色中厚层状粉砂岩—青灰色含铁结核斑块状泥岩—灰黑色碳质页岩,底部白云母粉砂岩(小紫泥岩)　　　27.0 m

20. 灰白、灰黄色厚层中细粒石英砂岩(大占砂岩)　　　5.2 m

19. 灰色斑块状泥岩,含铁质结核　　　2.5 m

18. 灰黑色碳质页岩夹煤线(二$_{12}$煤)　　　3.8 m

17. 灰黄、灰白、含白云母细粒砂岩　　　2.6 m

16. 灰黑色碳质页岩夹煤线(二$_1$煤)　　　5.4 m

15. 灰黑色中厚层状燧石层(石炭系太原统)　　　2.0 m

由于黏土类矿物太细,在人们肉眼下还不能辨认其种类,又非专门进行陶瓷黏土和沉积高岭土矿研究,一般在野外不太容易准确地鉴定出这类含矿层,1:5万白杨镇幅也不例外,但仅仅是上述28个层位的地层剖面已大体可以看出剖面中夹有多层泥岩(包括大紫泥岩、小紫泥岩),实际上这些泥岩就是塑性黏土矿产的主要层位,另外和煤线伴生的灰白—灰黑色页岩、碳质页岩的主要成分也是黏土岩,它与塑性黏土的层位也有关系。节录这段剖面的目的,是提醒读者要会利用以往的煤系地层资料,不致漏掉我们需要的陶瓷黏土乃至重要的沉积高岭土矿层。

5.4.2　李沟塑性黏土矿床

由原河南省地质局豫〇一队普查确定的该区11层塑性黏土矿的最低层位位于本溪统顶部和太原统的分界处,相当二$_1$煤的底板,最高层位相当石盒子组顶部的五$_3$煤层位。含矿岩系总厚187~200 m(见表5-6),现就11个矿层中的几个主要矿层特征说明如下。

(1)三矿层。位于地层剖面中大占砂岩之上的香炭砂岩段(灰白色含白云母粉砂岩,砂质页岩,含铁质结核,顶部相当小紫泥岩层位),岩性为灰—灰黑色碳质页岩、硬质、薄层状、页理发育,内含较多的植物根茎和碳质碎片,矿石颜色由底至顶变深,厚度和形态沿横向变化较大,最厚处由粉砂岩、斑块状泥岩和碳质页岩互层,其中黏土岩有9层,厚10.2 m,化学样平均含量 SiO_2 55.34%、Al_2O_3 25.96%、Fe_2O_3 2.26%,为本地区的塑性黏土的主矿层,前述地层剖面中属21层。

(2)七、八矿层。位于大紫泥岩下部,夹于紫色砂质泥岩及鲕状、肾状赤铁矿泥岩之间,Al_2O_3 含量26.22%,但铁含量较高,上、下两层矿间距10 m左右,该层高岭石黏土在河南各煤田的研究报告中已有报道,高岭石含量80%以上,有些地方(如伊川半坡)已形成规模矿床,相当剖面中的25~26层,灯盏窝一带变薄。

表 5-6　宜阳李沟塑性黏土矿矿层特征对比

矿层编号	层位	厚度(m)	岩性	化学成分(%)					备注
				SiO$_2$	Al$_2$O$_3$	Fe$_2$O$_3$	CaO	MgO	
11~10层	石盒子组中部四煤、五煤段之间	0.2~0.5	灰色硬质黏土页岩,顶底板多为紫色、杂色页岩,在厚度大的页岩中时隐时现	57.60	23.07	2.25	0.56	0.48	下距9层40~50 m,两层相间20 m
				59.00	22.07	3.60	0.83	0.58	
9	四煤(y$_6$)段下部	0.4~0.8,局部1~2,平均0.67	灰黑色薄层状黏土,质地坚硬,内含少量碳质细片或古植物根茎碎片	53.00	24.15	2.80	1.39	0.31	矿层不稳定
				60.00	23.05	1.80	0.51	0.59	
				61.90	21.37	2.65	0.58	0.30	
8	大紫泥岩	0.4~0.5	为相距不足10 m的两个单层,矿层不太稳定,沿走向尖灭	56.50	25.01	2.90	0.49	0.21	保留不好
7		0.8~1.1		54.40	26.22	3.90	0	0.59	
6	二叠系山西组顶部,相距第3层50~60 m	多在0.3~0.5变化	顶板均为砂岩底板,多为砂岩、砂质页岩或页岩。灰—暗灰色,硬质、夹少量砂质及硅质条带层6,局部被冲刷						相邻各10~20 m,有民采坑
5				59.80	24.77	1.65	0.28	0.37	
4				55.18	26.68	2.75	0.65	0.74	

续表 5-6

矿层编号	层位	厚度(m)	岩性	化学成分(%)					备注
				SiO_2	Al_2O_3	Fe_2O_3	CaO	MgO	
3	大占砂岩之上,相当香炭砂岩段顶部二_3 与二_4 煤之间	一般1~3层总厚2~5 m,最厚处为9层10.2 m	灰—灰黑色硬质薄层状,页理发育,内含较多的古植物根茎化石,少量云母或碳质碎片,矿石横向厚度、形态变化较大,但层位相对稳定	55.68	24.74	2.45	0.69	0.32	距层240~50 m,相当小紫泥岩层位
				56.60	26.23	2.10	0.14	0.66	
				52.04	27.02	3.65	0.56	0.49	
				54.64	27.16	1.50	0.37	0.45	
				60.50	23.26	1.85	0.37	0.43	
				52.72	27.36	2.05	0.46	0.46	
2	二叠系山西组底部,大占煤(二_1)底板	0.3~0.8	薄层状黑灰色页岩,风化后为深色土状物,产状不稳定						下距层135~40 m,属木节土类
1	本系统顶部顶板为生物灰岩,底板为杂色铝土页岩	0.3~0.5	灰—暗灰色,薄层状,松软易碎,地表风化为灰黑色土状物	40.62	39.66	0.80	0.09	0.10	作细瓷瓷釉原料
				41.44	38.40	1.20	0.14	0.25	

（3）九矿层。位于四煤段下部,相当四_1~四_3 煤的层位,岩性为灰—灰黑色页岩,质地坚硬,断口为叶片状、刀棱状、砂状,含植物根茎碎片,Al_2O_3 平均含量22.83%,厚度平均0.67 m,最厚1~2 m,相当剖面中的36层。

（4）一矿层。位于石炭系本溪统顶部,顶板为太原统生物灰岩,底板为耐火黏土,相当一_1 煤的层位,呈灰、青灰色,致密、细腻,风化或锤击之为薄片,刀棱状断口,俗称"焦宝石"。矿区厚仅0.3~0.5 m,SiO_2 40.83%、Al_2O_3 39.03%、Fe_2O_3 1.00%,化学成分接近高岭石,当地瓷厂多用作细瓷和制釉原料。

综上所述,李沟塑性黏土矿在本矿区虽然层数较多,但层位相当稳定,并可与区域地层相对比,不足之处是大部矿层 Al_2O_3 含量较低,说明原矿高岭石含量较低,另外单矿层的厚度也较薄,最大厚度仅1.5 m。需要强调的是,该矿床因勘查年代较早,且又中途停止工作,运用的岩矿测试成果很少,以后几十年又没有补充,所幸该区地表观察深入,煤系地层对比准确,为后来的沉积高岭土矿找矿勘探提供了扎实的资料。

5.4.3　关于煤系高岭土

　　煤系高岭土又称沉积高岭土,系我国产于华北地台区煤系地层中的特有矿种,成分为以高岭石类黏土矿物为主的沉积黏土岩,亦称高岭岩,1957 年由沈永和教授首先提出,20世纪 60～70 年代郑直、吕达人等以内蒙古清水河煤系地层剖面沉积岩研究厘定了含煤岩系中高岭土的层位。自 20 世纪 80 年代以来,河南各地也掀起了沉积高岭土的开发热潮,已经划分出了沉积高岭土的主要类型,并与各地陶瓷原料开发相结合,锁定了区内高岭土矿床赋存的主要层位,表 5-7 就是根据各地开发利用沉积高岭土的资料,联系并对比表 5-6 和地层剖面,所总结的 5 种高岭土类型,并加简述于后。

表 5-7　洛阳一带煤系高岭土的主要类型和特征

类型	俗名	层位	矿石特征	高岭石含量	开发利用	备注
陶粒页岩	瓷土	含矿层位较多,主要为二叠系下石盒子组	灰白、淡黄、灰色黏土岩、黏土质粉砂岩、页岩,黏土类占 40%	高岭石、伊利石为主	陶瓷原料	含紫砂瓷土
高岭石黏土岩	大同砂石(黑砂石)	山西组、下石盒子组,一般位于沉积旋回顶部,主要为二₁、四₃煤底板	致密光滑,半贝壳状断口,质地细腻,不吸水、不膨胀、不松散,块状者呈黑灰色,煅烧后呈白色,劈理呈刀状,粗糙断口,外观呈砂状	矿物成分以高岭石为主,含埃洛石、地开石	邻区巩义市有土矿生产煅烧高岭土	含植物化石碎片,风化后易碎
硬质高岭土	焦宝石	层位至少有三层,最上在下石盒子组、最下在本溪组顶部	矿石呈灰黑一灰、浅灰一灰白色,致密块状构造,质细而性脆,不溶于水,风化后呈竹叶状和砾屑状碎块,厚 3～4 m	高岭石含量 90%～95%,含铁较高并含伊利石	用于陶瓷和耐火黏土	常为本溪组顶部耐火黏土夹层
软质高岭土	木节土、紫木节、树皮黏、黑毛土	为煤系地层中与煤层呈渐变过渡或沉积相变的一种黏土岩,层位较多	紫红、灰白,微薄层状,常有揉皱之纹理,颗粒细,含有机质高,具较好的可塑性,是一种优良的黏合剂,易溶于水,具膨胀性,常为煤层顶板	高岭石为主要成分(>90%)	各陶瓷厂广泛利用,伊川已建高岭土加工厂	主要产出层位为大紫泥岩、小紫泥岩及二₁煤底
10Å 埃洛石黏土	羊肝土、羊油坩	石炭系底部一寒武系或奥陶系顶部风化面	白、灰白、淡绿、淡黄色页片状、纹层状黏土岩,多形成巢状、似层状,充填脉状堆积体	埃洛石一多水高岭石为主	烧制高档陶瓷瓷土	常因上部黄铁矿风化淋滤而染色

5.4.3.1　10Å 埃洛石黏土

10Å 埃洛石黏土在区内普遍存在,为古风化壳型,含矿层位于山西式铁矿、铝土矿即铁铝层之下,层位单一而稳定,但矿体形态变化较大,矿层也多被污染,虽高岭石含量较高,但仅可作为陶瓷原料,不作高岭土开发的重点。

5.4.3.2　软质高岭土

软质高岭土为区内高岭土开采利用的主要类型,依地层层位,相当塑性黏土剖面中的3、7、8 层,大体位于小紫泥岩和大紫泥岩的层位,呈薄层状,可见微层理,易风化、吸水后黏度增大,常含有碳质页岩薄层,新鲜岩石和高岭石黏土岩(大同砂石)不易区别,区内多与煤层和煤线共生,厚度较薄,但矿层层数较多,找矿领域较宽。伊川半坡相当大紫泥岩下部形成优质、硬质高岭土矿层。

5.4.3.3　焦宝石

焦宝石属硬质高岭土,质细腻、硬脆而不溶于水,一般可见 3 层,下矿层位于本溪统顶部和太原统之间,相当第 1 层塑性黏土,虽厚度不大,但层位稳定,质量最好($Al_2O_3 >$ 35%)。第 2 层相当第 3 层黏土,和软质黏土伴生,厚度较大,单层厚可达 3 m,第 3 层相当第 4、5 层塑性黏土,层位相对不够稳定。

5.4.3.4　高岭石黏土岩

该层高岭土与前述的硬质高岭土相似,但外观上因含碳较高而颜色较深,断口粗糙类似砂岩,含植物化石碎片,抗风化能力弱,区内常见于四煤组层位,相当第 9 层塑性黏土,另见于二$_1$ 煤底板,相当第 2 层塑性黏土。

5.4.3.5　陶粒页岩

为上面各类高岭石黏土中高岭石含量较低的层位,多与伊利石黏土共生,均可作为陶瓷原料,并可作为高岭石黏土的找矿标志,如 10、11 层塑性黏土。

5.4.4　煤系高岭土开发利用现状及展望

5.4.4.1　我国煤系高岭土开发利用现状

煤系高岭土是一种宝贵的自然资源和重要的非金属矿产。它的学名是高岭石黏土岩,具有较高的利用价值,是一种与煤共伴生的硬质高岭土。它是一种具有特殊成因的矿石,利用其特殊的物理工艺性能,如耐火性、电绝缘性、化学稳定性、分散性等,开发后可用于造纸、橡胶、油漆、化工、建材、冶金、陶瓷、玻璃、电瓷、石油等行业,是许多工业部门不可缺少的矿物原料。在我国,煤系高岭土分布广泛,储量丰富,已探明的储量非含煤高岭土13.7 亿 t,含煤高岭土 16.7 亿 t,具有良好的开发利用前景。

1)在化工方面的应用

一般煤系高岭土 Al_2O_3 含量较高(35% ~38%),可用作生产铝盐的原料,进一步深加工可生产氧化铝、纳米级 α 氧化铝等高附加值产品。其中生产铝盐过程中所产生的残渣主要成分为 SiO_2,可用来生产硅酸钠、白炭黑等。另外,煤系高岭土还可直接加碱合成4A 沸石,并在此基础上合成 3A、5A 沸石等。

a. 生产铝盐及氧化铝

(1)结晶氯化铝和聚合氯化铝。结晶氯化铝($AlCl_3 \cdot 6H_2O$)主要用作精密铸造的硬化剂(较用氯化铵强度高)、造纸施胶沉淀剂、净化水絮凝剂、木材防腐剂、石油工业加氢裂化剂单体的原料及污水分离剂等。聚合氯化铝是一种无机高分子化合物,可作为絮凝剂,用于净化饮用水和给水的特殊水质处理,铁、镉、氟、放射污染、漂浮油等;用于工业废水处理,如印染废水;此外,还可用于精密铸造、造纸、医药、制革等。

(2)硫酸铝。硫酸铝[$Al_2(SO_4)_3 \cdot xH_2O$]是白色或灰色粉末状晶体,主要用于造纸工业作糊料及净化絮凝剂、媒染剂、医药收敛剂、木材防腐剂及泡沫灭火剂等领域。

(3)氢氧化铝。氢氧化铝[$Al(OH)_3$]为白色单斜晶体,典型的两性氢氧化物,加热到230~260 ℃以上脱水吸热,具有良好的消烟阻燃性能。氢氧化铝广泛用作聚氯乙烯及其他塑料和聚合物的无烟阻燃填料、合成橡胶制的催化剂和阻燃填料、人造地毯的填料、造纸的增白剂和增光剂等。

(4)纳米级 α-氧化铝。超细 α-氧化铝颗粒是生产电子工业上集成电路基片、透明陶瓷灯管、荧光粉、录音(像)磁带、激光材料和高性能结构陶瓷的重要原料。α-氧化铝颗粒的粒径大小直接影响上述产品质量。按一般规律,颗粒粒径越小越有利于制备各种高性能指标的产品,因此人们非常重视对超细 α-氧化铝颗粒制备工艺的研究。煤系高岭土制备纳米级 α-氧化铝工艺采用盐酸浸取煤系高岭土,在浸取的氯化铝溶液中通入氯化氢气体,制得高纯结晶氯化铝,该结晶体在一定温度下热解,生成固体碱式氯化铝,加水活化后制得高纯铝溶胶并加入分散剂分散,干燥后煅烧转型即得纳米级 α-氧化铝。

b. 生产水玻璃及白炭黑、硅胶

这是利用生产硫酸铝、氯化铝等产生的残渣来生产的。在用煤系高岭土为原料生产硫酸铝、氯化铝等铝盐过程中,相应会产生大量的残渣,残渣的主要化学成分为 SiO_2,可用来生产硅酸钠和白炭黑。酸浸后的残渣用烧碱进行溶解,通过过滤除去残渣中不溶于碱的物质可以获得硅酸钠溶液。硅酸钠溶液加入电解质,用稀硫酸或盐酸进行处理,可沉淀出含水二氧化硅,经过滤、洗涤、干燥后得到白炭黑。

c. 合成沸石

沸石因其独特的晶体结构,具有较好的热稳定性、化学稳定性与独特的选择吸附性和离子交换性,被广泛用于石油、化工、冶金、电子、医药、环保等部门。近年来,国内外学者对以煅烧煤系高岭土合成沸石进行了广泛的研究,应用水热晶化法可合成 A、X、Y 型等沸石。其中 4A 沸石(4A 分子筛)作为洗涤剂助剂可以代替对环境有污染的三聚磷酸钠,用于生产无磷洗涤剂。优质高岭土的铝硅比与 4A 分子筛相近,因而可用于生产。

2)在橡胶、塑料工业的应用

经过特殊处理的煅烧煤系高岭土是一种独特的优质原料,比表面积大大提高,同时其表面电荷也大大增加,因而可以显著提高煅烧煤系高岭土的应用性能。经过超细粉碎和表面改性等深加工技术处理,可成为橡胶、塑料等高分子材料的填料。

a. 煅烧土在橡胶中的应用

在橡胶制品中,提高各种配合剂在胶料中的分散程度,是确保胶料质地均匀和制品性能优越的关键。

改性煅烧高岭土与胶料的表面极性相近,易被胶料湿润,吃粉较快,可提高其分散效果,起到一定的补强效果,并且改善了生产工艺和产品的力学性能。普通的改性煅烧高岭土在橡胶中应用,一般都能起到半补强以上的效果,并有利于分散和交联。硫化效率有明显的改善,对其加工性能也有一定的提高,并且可以增大填充量,有利于降低成本。

b. 煅烧土在塑料中的应用

煅烧煤系高岭土应用于塑料中,可提高玻璃化温度,提高拉伸强度和模量;在聚丙烯中起到成核剂作用,可以提高聚丙烯的刚性和强度;煅烧煤系高岭土具有良好稳定的电绝缘综合性能,用于制造 PVC 高压电缆的护套,可以起到良好的绝缘效果。另外,煅烧煤系高岭土具有良好阻隔远红外线的作用,将其添加到农用塑料大棚膜中可以有效阻隔远红外线,并且效果好于其他非金属矿材料,可使棚内夜间的温度提高 $2 \sim 3 \, ℃$,同时农膜的无雾滴效果也有所增强,光照均匀性有所改善,是农膜理想的保温助剂。

3)在其他方面的综合利用

(1)制取高温高强特种陶瓷。在足够量正己烷存在的条件下,将高岭土(<100 目)与炭黑混合,磨细到 100 目,放在 N_2 气中加热(1 200 ~ 1 500 ℃),还原为 Si_3N_4、β – Sialon 和 AIN。此外,反应中还可生成 SiC 和 Al_2O_3。上述方法原料便宜,工艺简单,工业上意义较大。Si_3N_4 具有耐高温、质轻、硬度大、高强热膨胀系数小等优点。

(2)以煤系优质高岭土作为主要添加剂制取多种产品,如高强度、低吸水率建筑陶瓷、制造多孔泡沫材料、制造化妆品及高档填充料等。

(3)对劣质高岭土,可制成发泡材料,用于建材制品。

5.4.4.2 宜阳李沟沉积高岭土开发利用现状及前景展望

洛阳北部诸县、市虽系河南沉积高岭土矿床的主要成矿区,高岭土开发的呼声也较早,但迄今为止,基本没有进行勘查投入,在区内还未勘查评价出一处沉积高岭土矿床。另由于高岭土矿成矿条件复杂,各地对矿床地质未进行认真研究,成矿规律不明,因此虽在近十几年的沉积高岭土开发热潮中也发现了一些矿点,但因矿床地质工作粗浅,又不曾做过一例选矿试验,开发工作进行缓慢。由于以上两种原因,迄今很少见到论述河南沉积高岭土的文章和报告,自然也大大延误了洛阳市的高岭土矿产找矿和开发工作。基于此,这里特从介绍沉积高岭土地层层序入手,结合已普查的宜阳李沟塑性黏土矿床,按照塑性黏土矿的层位,与区内已肯定的 5 种沉积高岭土矿床类型进行对比,深化对高岭土矿床成矿地质条件和赋矿层位的认识,以求有助于推进沉积高岭土矿床的勘查开发工作。

今后应加强对该地区沉积高岭土矿床的地质勘查工作,摸清储量,并对不同地区的高岭土进行矿物鉴定,了解其物化特性,从而能根据其地质特征和矿石质量,设计合理的选矿流程,生产出适合不同行业需求的高岭土产品,以有利于宜阳李沟沉积高岭土的开发和综合利用。

5.5 栾川合峪平良河石墨矿床

豫西石墨类矿床主要分布在灵宝泉家峪、鲁山观音寺、汝州拉台和栾川平良河,已发现石墨矿化的矿点还有宜阳木柴关的横岭等地。栾川合峪平良河是洛阳市发现并唯一做了地质评价和选矿试验的矿区,与平良河下游未评价的马路湾石墨矿应属一个矿床,区域上原发现的矿点还包括穿王庙沟、重渡、牧虎山等地,但都未进行专项调查。平良河石墨矿的评价对认识其他石墨矿点有指导意义。

平良河石墨矿位于栾川县合峪乡杨沟门外村。矿区有 10 km 村村通公路至合峪乡庙湾与洛栾公路干线相接,庙湾经合峪 30 km 通栾川县城,向北 140 km 通洛阳市。

5.5.1 地质概况

矿区所处区域大地构造位于华北地台华熊台隆南缘伏牛山台缘隆褶区,Ⅳ级构造单元为大清沟—千佛坪断隆。区内以太华群变质岩组成紧闭的褶皱系。矿区位处其西北边缘的三门—重渡倒转复背斜中。复背斜走向东西,有几个次级背斜和向斜组成,轴面向北倾,向南倒转,大清沟段形成倾伏端,地层相对变缓,石墨矿层出露于背斜翼部,倾角40°~50°。

5.5.1.1 地层

区域地层以太华群深变质的各类片麻岩、均质混合岩为代表,岩性复杂,原岩相当变质程度较深的中酸、中基性火山岩和侵入岩,一般不含石墨。

矿区出露的片麻岩呈向北东和向北倾斜的单斜状,自下而上分为6个岩性段,现简述如下:

(1)黑云斜长条痕状混合岩,混合岩化黑云斜长角闪片麻岩。

(2)含石墨绿泥绢云片岩,含石墨混合岩化黑云斜长角闪片麻岩,黑云斜长片麻岩,为石墨含矿层,组成南矿带,厚105 m。

(3)阴影状混合岩,黑云斜长混合片麻岩,黑云斜长片麻岩。

(4)黑云斜长条痕状混合岩,暗色矿物角闪石含量达10%~15%,石墨弱矿化。

(5)含石墨石榴绢云石英片岩,含石墨绢云石英黝廉石变粒岩,上部石墨绢云石英片岩,组成北矿带,厚246 m。

(6)混合岩化黑云二长片麻岩,混合岩化白云二长片麻岩。

5.5.1.2 构造

由于位处地台边缘地带,区域构造相当复杂,但矿区构造相对简单,主要是构造挤压片理化带特别发育,大体以近东西向展布,走向和地层一致,沿地层走向常见扭动弯曲和强弱变化,矿区内自南而北主要有5条,详见表5-8。

表5-8 平良河矿区构造挤压带对比

编号	位置	产状			规格(m)		地质特征	矿化情况	备注
		走向	倾向	倾角	长	宽			
一号	先生沟赵家北	245°	335°	70°	700	25	强烈挤压片理化,并有基性岩脉穿插	弱矿化	分布在第二岩性段中
二号	杨沟口—小黄六沟	282°	22°	75°	>800	20~70	沿走向多次弯曲扭动,强烈挤压糜棱岩化	Ⅴ、Ⅳ号矿体	分布在第四岩性段中
三号	前岭东—松树沟西	E—W	北	45°~68°	>1 350	20~80	挤压片理化石英脉沿走向弯曲	不均匀石墨矿化	分布在第五岩性段中
四号	福家村北—耿家	E—W	北	68°~74°	1 500	20~50	与第二矿化层吻合	有富矿化	分布在第五岩性段中
五号	前岭北西70 m	E—W	北		250		向东与三号相连	弱矿化	分布在第四岩性段中

矿区断层不发育,主要是北东和北西向的后期断层,可见截断了挤压片理化带。

5.5.1.3 岩浆活动

本区区域上是岩浆活动极发育的地区。多期次的岩浆活动包括太古界嵩阳期的变中基性—基性火山岩、中岳期的混合花岗岩,熊耳期的火山岩、次火山岩,少林期的长岭沟碱性岩,加里东期的石英闪长岩,印支期的碱性岩,燕山期的花岗岩(合峪岩体)和小斑岩(东坪岩体)的侵入。

矿区岩浆活动相当简单,主要有两期:一是中岳期的变辉长岩、变辉绿岩,各以规模不大的脉状、不规则状脉体插入太华群;另一类为次玄武岩、次英安岩及石英脉,多分布在太华群的顶部层位,推断应为上覆熊耳群火山岩的根部余脉。

5.5.2 矿床地质

5.5.2.1 含矿层与矿体

区内矿化带范围比较广泛,全区划分的6个岩性段中,有3~4个层位都有不同程度的石墨矿化,但具普遍意义的是两个矿化层,二者都分布在该区挤压片理化较强的层位中,均被辉绿岩脉截切,并使石墨在局部地段富集成矿。

第一矿化层:相当第二岩性段(南矿带),出露长1 800 m,石墨呈鳞片状赋存于矿化层的各种岩石中,组成岩性为含石墨的绿泥绢云片岩,含石墨混合岩化黑云角闪斜长片麻岩,厚49.30 m,但经7条探槽揭露,41个样品分析,固定碳含量仅0.33%~2.32%,未达工业要求,属于石墨矿化层。

第二矿化层:相当第五岩性段(北矿带)的第三、四两个挤压片理化带。矿区内出露长2 800 m(厚246 m),东、西两端各延出图外,矿化层岩性下部为含石墨石榴绢云石英片岩,含石墨绢云石英黝廉石变粒岩(下矿层),厚142.50 m;上部为含石墨绢云石英片岩,含石墨石榴石石英变粒岩(上矿层),含最大的Ⅰ、Ⅱ号工业矿体,厚103.80 m。

5.5.2.2 矿体形态、规模、产状

矿体呈似层状、脉状、透镜状、贫富变化较大,按工业要求,评价区内仅圈出矿体6个,主要矿体为Ⅰ、Ⅱ号矿体。Ⅰ号矿体长356 m,厚1~6.65 m,平均1.33 m;Ⅱ号矿体长330 m,厚1~1.5 m,平均1.33 m,其余Ⅲ、Ⅳ、Ⅴ、Ⅵ4个矿体均系单工程控制的小矿体,推断长度50~60 m。矿体产状与地层构造挤压带一致,呈单斜状,倾向北或北北西,倾角45°~75°,总体属于大矿化带中的小矿体,犹如河道中的"小鱼群"。97%储量集中于Ⅰ、Ⅱ号矿体。

5.5.2.3 矿物成分与结构构造

含石墨的矿石包括石墨石榴石英变粒岩、石墨石榴矽线石变粒岩、含石墨长英变粒岩、石墨绿泥绢云片岩和石榴石墨黑云片岩等。从矿物岩石学角度而言,石墨仅仅是上述变质岩石中的一种副矿物,能在多种岩石中出现,但从矿床学角度,石墨是一种有用矿物,有着广阔的成矿条件即矿化的普遍性,可以分布在多种岩石中。

岩矿测试成果指示石墨晶体呈细小鳞片状,片度变化在0.2 mm×0.03 mm~3.9 mm×0.17 mm,含量变化在5%~15%(体积比,下同),个别达20%,其他组成矿物主要为石英(20%~40%)、绢云母(10%~45%)、矽线石(20%~40%)、石榴石(3%~20%)、黑云

母(5% ~40%)、绿泥石(3% ~20%),其次为更长石、斜黝帘石、褐铁矿、钾长石,微量矿物有锆石、榍石、白云石等。矿物成分相当复杂。

矿石结构为花岗变晶结构,构造为层状平行构造和不明显的定向,片麻状、片状、条纹条带状构造。

5.5.2.4　矿石类型

矿石有两种类型:一为石墨变粒岩型,二为石墨片岩型。

(1)石墨变粒岩型:包括石墨石榴石英变粒岩,石墨石榴矽线石变粒岩,含石墨长英变粒岩等,矿石中石墨呈半自形—他形片状,分布于石英、矽线石和绢云母集合体之间,并沿矽线石长轴方向作定向排列,一般石榴矽线石变粒岩和石榴石英变粒岩中石墨含量较高(10% ~15%),而石墨长英质变粒岩中石墨相对较低(5% ~7%)。

(2)石墨片岩型:包括石墨绿泥绢云片岩和石榴石墨黑云片岩,矿石具花岗变晶结构,片状构造,石墨等矿物沿矿石片理分布形成条纹,石墨含量10% ~15% ,片度0.35 mm×0.05 mm ~3.9 mm×0.17 mm,呈自形、半自形片状,分布于绿泥石、黑云母及绢云母集合体中。

5.5.2.5　化学特征

矿石分布的固定碳变化在 2.5% ~ 6.85% ,平均 4.24% ,一般 3.0% ~ 4.91% ,6.85% 为个别样品,采自密集矿化带。

其他化学成分 SiO_2 46.64% ~ 54.72%、Al_2O_3 19.13% ~ 21.39%、Fe_2O_3 9.45% ~ 15.60%、TiO_2 0.85% ~ 1.38%、K_2O 2.5% ~ 2.94%、Na_2O 0.70% ~ 2.6%、CaO 0.41% ~ 0.53%、MgO 1.87% ~ 2.29%、S 0.04% ~ 0.12%。

5.5.2.6　储量

边界品位:含固定碳≥2.5% 。

工业品位:含固定碳≥3% 。

可采厚度:≥1 m。

夹石剔除厚度:1 m。

按以上工业指标,全矿区动用槽探工程 1 000 m^3;化学样241 个,组合样4 个,小体重样18 个,岩矿鉴定样23 个和选矿样1 个(500 kg),1∶1万地质填图6.2 km^2,1∶2 000地质剖面1 800 m,获得石墨矿物储量,表内17 921 t,表外1 227 t,合计19 148 t。

5.5.3　石墨开发利用现状及展望

5.5.3.1　我国石墨开发利用现状

石墨属非金属矿产品,是一种宝贵的战略资源,依其地质成因和性质,分为晶质(鳞片)石墨和隐晶质(土状)石墨。晶质石墨矿又可分为鳞片状和致密状两种。中国石墨矿以鳞片状晶质类型为主,其次为隐晶质类型,致密状晶质石墨工业上实用价值小。鳞片状石墨结晶较好,晶体粒径大于 1 mm,一般为 0.05 ~1.5 mm,大的可达 5 ~10 mm,多呈集合体。隐晶质石墨一般呈微晶集合体,晶体粒径小于 1 μm,只有在电子显微镜下才能观察到其晶形。矿石呈灰墨色、钢灰色,一般光泽暗淡,具有致密状、土状及层状、页片状构造。隐晶质石墨的工艺性能不如鳞片石墨,工业应用范围较小。隐晶质石墨主要用于钢铁行业及铸造行业制作碳晶棒。晶质石墨则因其具有的耐高温、抗腐蚀、抗热震、抗辐射、强度大、韧性好、自润滑以及导电、导热等特有的物理、化学性能,广泛应用于冶金、机械、电子、军工、国防、航天等领域,小到日用的铅笔芯,大到原子弹爆炸、人造卫星上天,都离不开石墨。我国第一颗原子弹爆炸成功就使用了南墅石墨矿生产的石墨,美国轰炸南联盟使用的石墨炸弹更是石墨的用途在军工领域延伸的明证。随着科技的发展,石墨的用途越来越广泛。

(1)在冶金工业中,石墨可用于制造石墨坩埚和用作钢锭的保护剂、冶炼炉内衬的镁碳砖耐火材料。

(2)在电器工业中,石墨被广泛用作电极、电刷、电棒、碳管以及电视机显像管的涂料导电材料等。

(3)作为耐高温润滑剂基料、耐腐蚀润滑剂基料,石墨可被用作化肥工业催化剂生产中的脱模润滑剂和粉末冶金脱模剂及金属合金原料。

(4)柔性石墨可用作离心泵、水轮机、汽轮机和输送腐蚀介质设备的活塞环垫圈、密封圈等密封材料。

(5)耐腐蚀材料。用石墨制作器皿、管道和设备,可耐各种腐蚀性气体和液体的腐蚀,广泛用于石油、化工、湿法冶金等部门。

(6)石墨还可用作抗辐射的内衬材料、高温下杂质扩散的挡栅材料、高温炉衬热屏蔽材料、高温防热震材料、导弹进入大气层的鼻锥材料、固体烯料火箭发动机喷嘴等。

(7)作为橡胶、塑料及复合材料的填充剂或性能改进剂,石墨可以提高材料的耐磨、抗压和传导性能。

(8)鳞片石墨是一种结晶型碳,可用于制作高级高压密封材料,导电、导热、润滑材料,高级耐火材料,如镁碳砖、坩埚、电池、电刷、显像管、涂料、金属锻造离型剂、机械固体润滑剂等。

(9)膨胀石墨材料又称柔性石墨材料,是近30年来发展起来的新型碳素材料,由美国联合碳化物公司在1963年首先申请专利并于1968年进行工业化生产。柔性石墨不仅保留了天然石墨耐高温、耐腐蚀,能承受中子流、β射线、γ射线的长期辐照,摩擦系数低,自润滑性好,导电导热,并呈各向异性等性能,又克服了天然石墨脆性及抗冲击很差的缺点。经膨胀后的石墨材料疏松、多孔而卷曲,表面积大,表面能高,吸附力强,蠕虫状石墨之间可自行嵌合,无需黏结剂,仅机械加压就可使蠕虫状石墨互相吸附而嵌合起来,制成各种密封材料的基础元件。这种石墨元件具有非常优异的压缩回弹性、自黏性、自润滑性、低密度等特性,广泛应用于石油、化工、机械、冶金、电力、轻纺、仪表、电子、核工业、宇航、军工、医药、交通等诸多领域中。

5.5.3.2 栾川合峪平良河石墨开发利用现状及前景展望

平良河石墨矿在洛阳市内系唯一一处经过正规地质普查评价,并做了选矿试验的矿区。1989年前后,栾川合峪乡按选矿报告确定的工艺流程,设计建成了石墨选厂,并试选出石墨产品,从开发利用角度,已经走完了第一步。平良河石墨矿西延大清沟乡的马路湾矿区。另在栾川穸王庙(巧庙沟)、重渡、牧虎山以及宜阳木柴关等地均有石墨矿化带分布,本矿区的地质工作和开发试验,对开展全区的石墨地质找矿和开发利用,也将起着示范意义。

　　遗憾的是,由于当时的资金投放和地方政府职能所限,初期评价工作仅限于合峪乡辖区,人为割断了平良河与马路湾两处矿体的内在联系,而且又仅限于重渡背斜的一翼;另外,当时使用的工程间距部分过大(170 m),可能漏掉了一些小矿体,故而提交的储量较小,不为人重视,但不可忽视的是,该矿区为大鳞片晶质石墨,易采易选,并可捕收一部分大鳞片,从石墨的经济价值上仍是不可忽视的。

　　今后应加大地质勘查力度,将该矿区优质的石墨资源充分利用起来,加强石墨工艺矿物学研究,开展选矿试验研究,积极发展石墨深加工,不断开发新产品、新工艺,开拓高附加值产品的应用领域。

5.6　嵩县黄庄西岭伊利石矿

　　20 世纪 80 年代初,当地村民高玉良等开挖了被古人称为"玉石坑"中的矿石,经由地调一队鉴定为"叶蜡石"。1988 年石毅、李天兆等调查矿山,野外定名"绢云母质次蜡石"。同年,省地科所乔怀栋定名为"绢云母岩"。依据其矿物和化学成分,1990 年石毅与汝州于斌在汝州汝瓷四厂进行了全岩型浇注制瓷试验,从复合型陶瓷原料方面得以启迪,后与唐山建筑陶瓷厂总工高士俭联系,又送去样品进行工业小试(制瓷砖),在取得成功的基础上,发现本地所产的这种石头,与唐山建陶利用的"章村土"(产于河北沙河章村的一种伊利石黏土)的化学成分有惊人的相似性,同时也对比研究了浙江温州渡船头等地伊利石矿的资料,并由洛阳耐火材料研究院作 X 衍射和电镜扫描,依鉴定结果,1994 年定名为伊利石。1995 年对矿区开展地质普查时,由于测试和参考资料方面出现了伊利石、绢云母的不同认识,地质报告称"伊利石绢云母"矿床。本书编者考虑到本矿床的测试样品较少,矿石矿物研究工作程度较低,仍称其为伊利石矿床。

　　矿区位于嵩县黄庄乡付沟村西岭的北沟一带,矿区至黄庄 5 km,有简易公路相通,黄庄西行 25 km 通嵩县,东 25 km 通汝阳,交通相当方便。

5.6.1　地质概况

　　矿区大地构造位于华北地台二级构造单元——华熊台隆的东部,三级构造单元属外方山断隆的北中部,区域褶皱构造为大庄—中胡背斜,矿区位于背斜倾伏端的北东翼部位,地层走向 290°~320°,倾向北东,倾角 26°~40°。

5.6.1.1　地层

　　地层为中元古界熊耳群火山岩系。矿区出露上部鸡蛋坪组和马家河组。鸡蛋坪组为一套巨厚层状青灰、紫灰、灰黑色流纹斑岩,局部为英安斑岩,顶部夹薄层状或透镜状灰绿色块状安山岩、杏仁状安山岩,夹灰白色蚀变晶屑、岩屑凝灰岩。马家河组以灰绿色安山岩为主,夹多层灰、灰白、深紫色沉凝灰岩夹层,底部与鸡蛋坪组呈喷发不整合接触。伊利石矿化位于二者之间的蚀变晶屑、岩屑凝灰岩及其下部的断层糜棱岩带中。

5.6.1.2　构造

　　沿矿区褶皱构造北东翼的付沟(大村)附近的马家河组分布区,保留一近东西向展布的长透镜状火山机构,以爆发相安山质集块熔岩发育为特征,圈定几处古火山口。结合其周边马家河组的多层沉凝灰岩所示的岩相,说明该区为一处火山喷发—沉积盆地,伊利石矿区位于盆地的边缘,并受火山机构控制。

矿区内的断裂带比较发育,最具规模的 F_2 断裂横贯矿区东西,延展于温家沟—椿树壕—南沟—玉石坑一带,长大于 1 100 m,宽 5 ~ 30 m,破坏的地层厚度 3 ~ 15 m,走向 298° ~ 320°,倾向北东,倾角 25° ~ 34°,大体与鸡蛋坪组顶部的流纹斑岩的顶面产状一致,发育糜棱岩系和碎裂岩系,亦为伊利石矿的矿化富集带。

5.6.1.3　侵入岩

区内侵入岩有两期。早期为与熊耳期火山岩喷溢相关的中酸性次火山相岩茎、岩墙和岩脉,主要分布在火山机构附近。晚期的侵入岩主要是碱性正长岩类,形成岩株和岩脉,属于嵩县—纸坊—黄庄间的碱性杂岩群的组成部分,最近的乌桑沟岩体位于矿区东南 25 km,侵入大庄—中胡背斜倾伏端,岩体出露面积 7 km²,受岩体热力影响,接触带具强烈硅化、绢云母化、黄铁矿化,并使围岩形成褪色带。

5.6.2　矿床特征

5.6.2.1　矿体形态、产状、规模

矿床受地层层位、岩性和断裂构造多种因素控制,矿体围岩为晶屑、岩屑凝灰岩和碎裂岩—糜棱岩,矿体呈层状、似层状,总体走向 300° ~ 320°,倾向北东,倾角 25° ~ 37°,局部 >40°,由于矿区地层倾向和坡向一致,经受地形切割,大部分矿体被剥蚀掉,仅在椿树壕以西、里沟以北保留完整矿层(见图 5-4)。

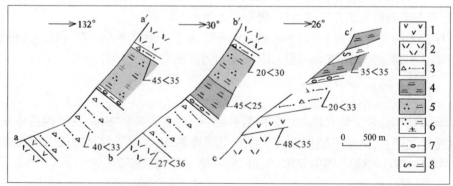

1—安山岩;2—流纹斑岩;3—含星点状黄铁矿(或褐铁矿)碎裂糜棱岩;4—伊利石矿层;
5—石英伊利石矿;6—高岭石石英伊利石矿;7—含叶蜡石碎斑层;8—伊利石化蚀变岩

图 5-4　矿体剖面图

依据地形切割后矿体出现的不连续性,普查时把矿体分为 5 个块段,椿树壕以西划为 2 个块段,里沟以北为第一块段,以南为第五块段,以东划为 3 个块段,自西向东,编号为二、三、四,四块段即玉石坑,未在平面图内,五个块段中,一、二块段规模最大,矿体最大长度 270 m,最大厚度 8.9 ~ 9.31 m,以五号矿体最小,长仅 60 ~ 100 m,平均厚 1.5 m。

5.6.2.2　矿石成分

1）矿物成分

矿物成分,主要是伊利石(或谓绢云母、水白云母)、高岭石,其次为石英、长石、叶蜡石、黄铁矿、褐铁矿,微量矿物有白钛石、锆石、绿帘石、金红石、硬绿泥石、磷灰石、明矾石等,以主要矿物的含量决定矿石的品级,优质矿石的伊利石含量高达95%以上,颜色为浅绿、青灰、灰白、灰黄,半透明或不透明,有玉质的滑腻感,蜡状油脂光泽,断口平整光滑,具贝壳状、参差状,硬度1~2,比重2.75~2.82,含石英高时为白色,高岭石高时呈土状,黄铁矿高时多锈斑。

2）化学成分

本区伊利石矿在化学成分上具"三高一低"特征,即高硅、高铝、高钾、低铁,但因矿石产出部位、矿石类型不同,化学成分和含量也不同,详见表5-9。

表 5-9　伊利石矿矿石化学成分对比

矿石名称	化学成分(%)									备注
	SiO_2	Al_2O_3	Fe_2O_3	TiO_2	CaO	MgO	K_2O	Na_2O	H_2O	
浅绿色蜡石状伊利石	44.24	40.48	0.23	0.31	0.48	0.69	7.75	0.51	5.20	伊利石型
青灰色致密块状伊利石	46.56	37.66	0.23	0.80	0.48	0.52	8.34	0.35	4.78	伊利石型
伊利石绢云母矿	46.24	35.15	0.95	0.5			10.69			伊利石型
伊利石绢云母矿	53.76	28.27	0.75	1.68			8.08			绢云伊利石型
高岭石石英伊利石矿	70.04	21.46	0.35	0.80			5.05			石英伊利石型
白色粗屑矿化凝灰岩	69.50	19.64	0.65	1.05	0.43	0.13	6.26	0.21		石英伊利石型
白色土状伊利石	49.41	34.04	0.87	0.47	0.24	1.57	8.74	0.37	4.27	高岭土化伊利石型
褐铁矿高岭土伊利石	52.04	28.82	2.20	0.82			8.50			褐(黄)铁矿型
浙江温州渡船头伊利石	47.94	35.47	0.42	0.30	0.17	0.08	9.48	0.22	5.86	提纯样
浙江温州渡船头伊利石	57.60	29.17	0.24	1.10	0.26	0.15	6.50	0.28	1.62	原矿样
伊利石黏土(章村土)	45.66	36.04	0.72	1.04	0.28	0.22	8.71	0.91	5.06	河北章村

5.6.2.3　矿石结构、构造

矿石结构有显微鳞片变晶结构、变余糜棱结构、变余晶屑凝灰结构、变余斑状结构、变余玻晶交织结构、角砾状结构等。矿石构造有定向构造、流动状构造、条纹条带状构造、块状构造、蜂窝状构造、片状构造、碎裂构造、土状构造等。结构与构造明显地反映了矿石的矿物形态、矿床成因以及矿床形成后受内力和外力作用的演化特征。

5.6.2.4　矿石类型

依据矿石的矿物、化学成分,参考矿石的颜色、结构,将矿区矿石划分为5种类型。

(1)伊利石型。浅绿、浅黄、青灰色、白色,致密块状构造,伊利石含量大于90%,含少量高岭石、石英,产于主矿层下部,为矿化断裂带上盘,或为二次矿化的叠加部位,主要分布在二矿段的局部和五矿段。

(2)绢云母伊利石型。一般呈浅黄、青灰、浅绿色,致密块状,油脂—丝绢光泽,有滑腻感,伊利石含量50%~95%,含部分石英、高岭石,Al_2O_3含量相对较低,具不均匀硅化,矿石硬度较大,分布在三、四块段。

(3)高岭石石英伊利石型。一般呈灰白色、白色,粗糙块状,含碎屑,伊利石含量50%~70%,石英含量10%~25%,高岭石含量5%~15%,矿层位于构造蚀变带的上部,矿层稳定,规模大,分布在一块段,为矿区首采段主矿层(陶瓷原料)。

(4)高岭石叶蜡石型。深绿、黄绿色,风化后为白色,致密块状—碎裂状构造,蜡状光泽,滑感性强,局部含叶蜡石80%~90%。呈蠕虫状,硬度1~2.5,主要分布在玉石坑和第一块段下部。

(5)黄铁矿化叶蜡石型。呈灰、淡黄、褐色,致密块状,切面有滑感,含伊利石不等,含黄铁矿7%~8%,分布在矿体下部的构造带中,或呈窝子状出现在矿体的局部地段。

以上五种矿石类型以(1)、(2)、(3)种类型为主,其中第(2)种类型为过渡类型,第(4)种类型和第(5)种类型规模较小,除此之外,还有高岭土化的土状伊利石和浅部由地表水浸染而形成的具花纹图案的矿石(印章石)。

5.6.2.5　矿化与蚀变

伊利石矿物族包括了水白云母、绢云母在内,代表着由云母族矿物向蒙脱石族矿物转变的过渡产物,这个矿物组内的矿物之间没有明确的定义和截然界限。由火山碎屑、断层碎屑物而成为矿床,实际上经历了复杂的绢云—伊利石化矿化蚀变作用,与其伴生的还有高岭石化、叶蜡石化、硅化、黄铁矿化以及后生的高岭土化、黄铁矿化,代表了火山岩地区一次复杂的成矿作用。

5.6.2.6　矿床成因

该矿床属于在火山沉积—变质成矿作用基础上,被后期岩浆热液叠加的火山气液交代(改造)矿床。矿化大体可分为三个阶段:早期鸡蛋坪组末期形成的酸性晶屑、岩屑凝灰岩,以其长英质矿物和岩屑的高硅、高铝、高钾、低铁的地球化学特征,成为矿床形成的"母岩"或"矿源层"。鸡蛋坪组之后,处在马家河组形成时近火山源(火山机构)火山沉积盆地边缘,含H_2S的酸性水,促进酸性凝灰岩中长英矿物的分解,并在火山岩叠压的火山变质热力场中,使Si、Al、K元素重新组合为伊利石族矿物。熊耳群形成后,经受后期构造岩浆活动,产生沿层的滑脱构造,并受与后期碱性岩侵入时的热液叠加,使矿床局部富化。

5.6.3　伊利石开发利用现状及展望

5.6.3.1　我国伊利石开发利用现状

我国对伊利石矿的开发和应用始于20世纪80年代,伊利石黏土矿主要分布在浙江、四川、江西、河北、河南、陕西、甘肃、新疆、内蒙古、吉林、辽宁等地。由于伊利石具有粒径小、比表面积大和胶体性质,因此作为低成本的吸附剂,应用于工业废水、蓝藻、核污染等环境领域。根据伊利石近10年来在中国和美国专利中的数量看出,伊利石矿的开发利用技术正在增加。这表明随着对伊利石认识的加深,我国对伊利石的开发利用领域正在不断拓宽。目前,伊利石在新型陶瓷、橡胶、高级纸张、化肥、建筑材料、农牧业等领域有很好的利用。

天然伊利石矿资源大多含有杂质,因此加强伊利石提纯加工是充分、合理利用资源的有效途径。目前,国内外对质量低下的伊利石原矿的提纯还没有成熟的工艺,参照硅藻土或黏土等矿物的提纯方法,伊利石选矿提纯工艺包括分级、高梯度磁选法、酸浸法、焙烧法、干法重力层析分离法、热浮选矿、化学漂白法等。经过纯化加工的伊利石黏土,可根据其矿物硬、白度,化学成分中 Al_2O_3、K_2O 的含量,伊利石粉纯度、粒径大小等指标的不同,而应用于不同工业领域。我国伊利石专利中主要应用领域是用作填料、涂料、水泥、陶瓷等的原料,其次是用于制钾肥及水污染处理方面。

1)化肥工业

a. 钾肥

伊利石含钾高,通过不同的工艺流程,可制得钾氮肥、钾钙肥、氯化钾等钾复合肥。目前,我国不少地区利用当地丰富的伊利石资源生产钾肥。例如,吉林省东辽县的宴平伊利石矿,原矿经过浸泡、过滤除砂、脱水、干燥后,再用硫酸酸浸、洗涤、分离,滤液冷却结晶得到钾矾石,以氨水对其进行碱化处理,浸取液经过滤除去滤饼,母液经浓缩蒸发后即得钾氮肥。利用伊利石制取钾氮肥不仅生产工艺简单,原矿利用率高,而且可以有效改善我国钾肥靠进口的情况。天然伊利石矿具有分散性、含钾量高等特性,通过矿石焙烧,活化了的矿石中的 K_2O 易从矿石中淋滤出来,形成易被植物吸收的 K_2O 溶液,从而起到对植物施钾肥的功能。

b. 新型颗粒肥

除用于制作钾肥外,伊利石还能用来做成一种新型颗粒肥,该新型颗粒肥主要由微量元素和黏土组成,微量元素主要是 Fe(11% ~13%)、Zn(3% ~9%)、Mn(0.1% ~2.5%)、Cu(0.5% ~0.7%)、钼酸铵(0 ~0.1%),黏土矿物主要由高岭石、伊利石或蒙脱石按一定的比例混合组成。这种新型颗粒肥中的黏土可以吸附颗粒肥中的微量营养元素,防止其滤去或反应,使植物可以更有效地吸收。该新型颗粒肥中的营养元素以硫酸盐的形式存在,在水存在的条件下使土壤酸化,有利于碱性土壤中微量营养物的吸收。同时,伊利石层间的钾离子也可以通过阳离子交换释放出来,为植物生长提供钾元素。因此,伊利石在农业生产中将发挥重要作用。

2)吸水保水复合材料

伊利石与丙烯酸钠、丙烯酰胺,采用溶液聚合法合成高吸水性复合材料。由伊利石加入的高吸水复合材料不仅具有传统吸水树脂的吸水保水性,且原材料成本低,环境相容性较好。伊利石加高含量的层间 K^+ 与丙烯酸钠中的 Na^+ 进行离子交换,可以释放间 K^+。高吸水保水复合材料作为一种质优价廉的抗旱节水材料和土壤改良剂,将在无土栽培、农田抗旱保水、改良土壤、防风固沙等方面有着广阔的应用前景。

3)橡胶、塑料工业

近年来,具有耐低温、热稳定性高、阻燃、机械强度好的橡胶、塑料的填料引起广泛关注,主要集中在无机纳米填料,例如纳米二氧化硅、纳米层状硅酸盐(高岭石、埃洛石、伊利石、蒙脱石等)方面的研究。用于填料的伊利石一般有两种:经一般选矿处理得到的普通伊利石粉和对普通伊利石粉进行表面改性处理得到的活性伊利石粉。伊利石具有良好的隔热、绝缘性能及化学稳定性,天然粒度细、分散性好、资源丰富、价格较低,且煅烧后活性增强,是很好的功能性填料。伊利石作为主要原料,经过粉碎、表面改性、煅烧等加工,作为新型填料在橡胶和塑料行业中极具开发利用价值。

4)陶瓷业

伊利石是用于生产蒸煮罐、盘子、瓷砖等传统陶瓷的主要黏土成分。伊利石在陶瓷生产原材料中的比例对陶瓷的生产工艺性能具有重要的影响,由于伊利石钾含量较高,因此增加伊利石含量会降低熔点,从而产生较高比例玻璃相和降低水吸附。高温塑性变形、线性收缩随着伊利石含量的减少而减少。同时,伊利石中含铝、硅量较高,易形成碱玻璃,抑制了多铝红柱石和方石英的形成,从而可提高陶瓷制品的强度、化学稳定性及热稳定性。大多数伊利石黏土矿中存在 TiO_2、FeO 或 Fe_2O_3 等显色剂,影响陶瓷制品的白度和质量,因此含量越低越好。陶瓷配料中,伊利石的工业指标是 $Al_2O_3 \geqslant 26\%$,$K_2O \geqslant 4\%$,$Fe_2O_3 + TiO_2 < 0.8\%$,白度 65%。由伊利石、蒙脱石、凹凸棒石组成的流变剂可以应用于新型陶瓷生产过程中孔体涂层的应用特性。在陶瓷工业中,流变剂在给未加工的陶瓷体上施釉的过程中可起着重要作用,伊利石流变剂可以调整釉料的成熟温度及流动性能,增加釉浆的悬浮性。

5)化妆品和药物

伊利石具有较高的阳离子交换能力和极细小的粒径,用于化妆品可以吸收皮肤分泌物、毒素、油脂等。由于伊利石具有无毒、抗菌、除臭且可反射紫外线等特性,因此用在化妆品中可起到吸附重金属和抗紫外线的作用。伊利石的 pH 值一般为 6~7(接近人体的值),耐酸耐碱,化学性能稳定,矿物组分简单,不含对人体有害的成分。

6)环保

随着工业的迅速发展,水、土壤污染越来越严重,尤其是由核工业排放的放射性同位素等重金属污染日益突出,直接威胁到了人类生存。为了有效地保护和改善人类生存环境,需要开发高效、经济的水污染处理剂。伊利石层间有一价阳离子 K^+,废水中的重金属阳离子通过离子交换被除去。伊利石、高岭石及伊利石和高岭石的复合物可以很好地吸附核裂变中产生的具有长期辐射危害的放射性废弃物锶和铯。伊利石黏土矿物对锶、铯有两个主要吸附位:层间阳离子交换位、黏土边缘吸附位。锶和铯等阳离子的吸附量与伊利石的阳离子交换能力相对应。同时,锶、铯等吸附机制除阳离子交换过程外,也可能通过扩散进入黏土空隙中。伊利石、蒙脱石、蛭石等层状黏土,加上絮凝剂、螯合剂、催化剂、黏结剂、络合剂等,再加上氢氧化钙、金属盐、碳酸钠、硼、硅胶等就可以制得废水处理剂来处理水中的重金属和放射性同位素。以伊利石为载体,加氢氧化钠、硝酸铈等制成处理剂可以有效地处理水中的蓝藻。伊利石还可以制作核废料储存中的缓冲剂,在一定程度上消除放射性污染。

7)建筑业

伊利石矿物有较高的铝含量,能够提高制品强度,较高的钾含量可以降低烧成温度,因此可作为生产墙地砖的原料及石膏板的配料。伊利石用于烧制墙地砖,产品实用性好、廉价、绝热效果好。以十二烷胺和乳化沥青添加到伊利石黏土原料中,制得的墙地砖可以增加抗压强度和降低吸水率,使其广泛应用于现代建筑工业中。天然伊利石粉末可以辐射出一种对人体健康有益的红外线;伊利石具有抗菌效果,同时它可以形成较强的负离子,中和由恶劣气味招致的正离子,伊利石做桑拿室的四周墙板材料,可以起到对桑拿室的空气进行除臭和巴氏消毒的作用。

8)伊利石制备分子筛

合成沸石在工业上有着非常重要的应用,主要作为离子交换剂、分子筛、吸附剂和催化剂,同时也应用于光化学和太阳能转化方面。通常情况下,沸石由新制备的铝硅酸钠凝胶制备,从各种二氧化硅和氧化铝化学原料通过水热处理合成沸石。然而,由二氧化硅和氧化铝化学原料合成沸石的成本高。综合分析国内外有关沸石分子筛的合成文献,可以看出,天然伊利石可以作为廉价矿物原料合成沸石分子筛。

9)伊利石的其他用途

伊利石、蒙脱石等黏土矿物可以吸附 DNA、蛋白质等,因此可以作为 DNA、蛋白质的载体,在基因治疗方面得以应用。伊利石作为载体,具有无毒、安全的特点。伊利石与蛋白质可以形成复合物,在体内中性、碱性环境下,蛋白石释放出来,用来治疗疾病。纳米级的伊利石可作药物载体,从而达到药物的可控释放,这在药物应用方面极具开发利用价值。药物的可控释放,可以最大程度地发挥治疗效果,使药物副作用最小化。药物(主要是有机化合物)与伊利石之间主要是通过疏水作用、氢键、阳离子交换机制作用。伊利石具有较好的化学惰性、电绝缘性、绝热性等特性,因此还用来制备阻燃无纺布,应用于阻燃电力电缆、阻燃橡胶电缆等方面。此外,由于天然伊利石粉末放射的远红外线能够分解或除去各种食物释放的臭味,同时能够活化食物中的水分子,使其保鲜,减缓氧化,因此可以避免食物的变质。

5.6.3.2 嵩县黄庄西岭伊利石矿开发利用现状及前景展望

西岭伊利石矿是在特殊的历史背景下,由地方群众、地质部门、生产厂家联合发现的一种特殊矿种。在地质部门业务冷落、投资极端困难的情况下,经市地矿办协助,由省地矿厅拨出资源补偿费,在有成矿远景区内选择该矿点做了普查评价工作,提交 C + D 级资源量 95.20 万 t。该成矿区内尚有矿化有利地段及已知矿点未做工作,扩大找矿,评价出新矿区仍具较好远景。

该矿床已做陶瓷工艺试验,曾使用一块段的高岭石石英伊利石型矿石,为汝州艾迪生陶瓷公司开采加工,也为神垕等地其他陶瓷厂制作日用陶瓷。该矿床的伊利石型优质矿石,已被韩国商人选中,但因矿山和运输问题而搁置。当前存在的主要问题是对矿石的开发应用研究还仅限于陶瓷方面,其他用途的研究和进一步扩大矿床勘查,却因经费和其他原因而未曾展开。

针对该地区伊利石矿“高硅、高铝、高钾、低铁”的特点,应积极开发其在化肥、吸水保水复合材料、橡胶和塑料工业、化妆品和药物、环保、建筑业、制备分子筛等方面的应用研究,并加大地质勘查力度,加强伊利石矿生产整顿,加紧选矿技术研究,开发尾矿利用新成果,提高该矿区矿石的资源综合利用率。

5.7 伊川江左嵩山(塔沟)麦饭石矿

该麦饭石矿区位于河南伊川东北部嵩山西段的塔沟、三峰寺、上王村一带,西南距吕店 8 km,南距江左 7 km,属江左乡。东邻国家嵩山地质公园旅游区,距登封市 40 km,矿区南部有郑—少—洛高速公路横贯东西,交通十分方便。

5.7.1 区域地质

矿区大地构造位处华北地台之嵩箕台隆北部,区域地质构造位处拉马店—郭家窑复背斜西段,背斜北翼组成万安山脉,由中元古界兵马沟组、马鞍山组(归汝阳群)、震旦系罗圈组及上覆寒武系组成;南翼断失,仅在吕店袁庄、青石岭、石佛寺一带出露寒武系中、上统和石炭—二叠系;背斜轴部出露古老的太古界登封群结晶岩系,构造线方向与两翼垂直为近南北向,组成复式褶皱,背斜轴部由石牌河组的黑云斜长片麻岩、角闪斜长片麻岩、斜长角闪岩、混合片麻岩组成,两翼出现郭家窑组的角闪片岩、石榴云母石英片岩、注入长英质混合岩。西部马山寨、黄瓜山一带出露的另一套厚层片状石英岩、石榴石英云母片岩划归登封群上部石梯沟组。

区内岩浆活动至少在三期以上:嵩阳期岩浆岩以石英闪长岩、斜长花岗岩及一些基性火山岩、脉岩类为主,以强混合岩化为特色,包括由区域混合岩化作用形成的钾长伟晶岩脉;中条期岩浆岩以侵入登封群的辉长辉绿岩(υ_2)、花岗岩(γ_2)为代表;第三期相当熊耳期,以各种脉岩,包括辉绿岩、辉绿玢岩、石英斑岩等为代表。其中经受混合岩化作用,侵入登封群石牌河组的塔沟岩体(γ_1),其风化壳部分即下面要阐述的麦饭石矿床。

麦饭石矿床的应用机制,反映的是在生态平衡的原理下,从人和自然间内在联系中探索到的一种规律。生命起源于地壳表面的水圈,由低级进化到高级而为人类,人类依赖水(H_2O)、空气及各种常量与微量元素而生活和繁衍。生态平衡机制的研究证明,人体中含有的微量元素的种类与比例与大陆岩石圈类同,而地球化学的研究成果又指出,花岗质岩浆岩的平均化学成分,实际上又可代表地壳的平均化学成分。因此,从一定意义上说,麦饭石探索的是人体化学和地球化学之间的内在联系以及人类生存的基本条件。嵩山麦饭石选的是塔沟岩体,因此对该岩体的研究即为探索麦饭石地球化学特征或为麦饭石矿床地质的主要内容。

5.7.1.1 岩体出露情况

岩体出露于登封群石牌河组分布区,呈梨形,北宽南窄,南北长 2 km,东西最宽处 1 km,南侧为黄土覆盖,出露面积 1.5 ~ 2 km²,西部王窑、三峰寺及东北部马蹄凹一带均有钾长伟晶岩脉出露,北部、西北部有角闪岩、辉绿岩、安山玢岩出露。岩体内部有较多的伟晶岩脉、细晶岩脉、石英脉及基性岩脉,断裂、裂隙发育,冲沟切割较深,岩石出露较好。

5.7.1.2 结构、构造及造岩矿物特征

新鲜岩石为浅灰色,风化后为淡黄白色,遭受不同程度的混合岩化作用,具不等粒花岗变晶结构、交代残余结构,块状构造,局部具片状构造,主要矿物为斜长石 40% ~ 50%、钾微斜长石 30% ~ 35%、石英 25% ~ 35%、黑云母 5%、角闪石 1% ~ 2%,另有少量金云

母、绿帘石、石榴石(1%),副矿物为锆石、磷灰石和金红石。微斜长石交代斜长石,边界呈缝合线状,在斜长石中形成蠕虫状石英,在微斜长石中有斜长石残余,斜长石普遍绢云母化,石英为他形粒状与不规则状,裂纹发育,具有波状消光。依据主要造岩矿物,岩石定名为石英二长岩或谓斜长花岗岩。

5.7.1.3　次生蚀变

麦饭石类岩石的次生蚀变和风化作用,代表了岩石经受的化学作用过程,与麦饭石的药用效能即有益元素的渗出率有关,一般认为由地表重熔而形成的岩石,其化学成分更接近地壳的化学平均值。次生蚀变作用和风化作用越强,元素的渗出率也越高,所以麦饭石均形成于岩石的风化壳部分。

岩石中主要造岩矿物次生蚀变明显,长石的绢云母化、黏土化作用最强,黑云母、角闪石发生一定程度的绿帘石化、白云母化和绢云母化。扫描电镜下,经次生蚀变作用的岩石具疏松海绵结构,形成的主要黏土矿物为水云母、蒙脱石、水铝英石和高岭石。

5.7.1.4　化学成分

1)常量元素化学成分

岩石中 Al > K + Na + 2Ca,(K + Na)/Al = 0.78 ~ 0.82,岩石化学分类应属富硅、铝过饱和类型,主要元素与天津蓟县、日本及中岳麦饭石化学成分相近,属酸性岩石,二氧化硅、铁略低,其他无大差别(见表5-10)。

表5-10　岩石化学成分对比　　　　　　　　　　　　(单位:mg/kg)

麦饭石	SiO$_2$	TiO$_2$	Al$_2$O$_3$	Fe$_2$O$_3$	FeO	MuO	MgO	CaO	Na$_2$O	K$_2$O	P$_2$O$_5$	H$_2$O	岩性
嵩山	73.40	0.24	13.6	1.88	0.65	0.03	0.33	0.95	3.74	4.33	0.08	2.15	石英二长岩
内蒙古中华	62.17	0.76	17.75	1.89	2.27	0.07	1.39	3.87	5.00	3.24	0.36	0.97	闪长玢岩
辽宁阜新	65.19	0.54	15.36	2.34	2.01	0.13	1.72	3.88	3.67	3.31	0.22	1.11	角闪二长岩
天津蓟县	71.33	0.37	14.06	0.92	1.63	0.03	0.78	1.67	3.58	4.31	0.15	0.70	石英二长岩
日本	69.76	0.30	14.01	1.29	1.40	0.02	3.55	2.00	3.10	3.19	0.26		
中岳	70.84	0.30	14.02	1.57	0.65	0.02	0.28	1.04	3.18	4.78	0.93		石英二长岩

2)有益、有害微量元素

麦饭石的药用价值,除可以提供人体所需的常量元素外,还能够提供人体所需的多种微量元素,伊川嵩山麦饭石微量元素分析对比如表5-11所示。

表 5-11　伊川嵩山麦饭石微量元素对比 （单位:mg/kg）

元素		伊川嵩山麦饭石				中华	蓟县	阜新	中岳	地壳平均值
有益微量元素	Ga	4.21	5.63	5.11	5.12	17.0		15.52		
	Ta	0.65	0.83	0.79	0.77	5	<10	10	<10	2
	Co	3.18	3.64	3.44	3.52	1.16	5.70	8.50	10	25
	Sr	100.4	92.8	158.3	96.6	450		397.03	300	375
	Li	11.1	24.2	31.1	16.3	24	13.72	24.34	50	20
	V	12.9	19.7	14.5	16.5	130	35.33	240	30	135
	Zn	33.4	32.5	41.2	36.8	80	44.95	45.83	48.80	70
	Cu	19.8	16.0	18.0	13.5	4.81	64.06	23.16	13.58	55
	Mo	0.23	0.44	0.14	0.20	2.0		0.53	<10	1.5
	Cr	7.03	12.41	8.77	8.22	52	16	6.44	50	100
	Ni	0.61	2.91	0.55	0.03	4.2	6.17	4.36	10	75
	Nb	12.4	13.8	10.7	13.2	22	26.39	12.68	30	20
	La	44.0	71.6	66.5	66.8	38.25		39.88		39.0
有害微量元素	As	<0.5	<0.5	<0.5	<0.5	1.06	<1	2.04	0.30	1.8
	Cd	0.16	0.18	0.16	0.22	痕	<1	0.05	<1	0.02
	Hg	0.007	0.0068	0.0093	0.0182	0.014	<1	0.018	0.01	0.08
	Pb	16	16	16	16	20	40.07	14.02	11.34	12.5

　　由表 5-11 可知,伊川嵩山麦饭石同其他地区的麦饭石一样,均含有多种对人体有益元素,但与其他地区麦饭石有三大不同之处:一是微量元素除 Li 外,大部分元素偏低或接近;二是 La(镧)元素,或谓以镧为代表的镧系稀土元素偏高;三是有害元素除 Cd(镉)外,其他元素较其他地区麦饭石或地壳平均值含量均低。

　　经对镧系 14 种稀土元素的配分研究证明,伊川嵩山麦饭石为中等铕亏损的轻稀土富集型,$\delta Eu 0.41 \sim 0.53$,其中除镧外,铈(Ce)、镨(Pr)、钕(Nd)、钐(Sm)类轻稀土都高于其他麦饭石和地壳平均值。需强调指出的是,稀土元素因其强的生化机制,在促进人体健康长寿方面具有重要意义,所以伊川麦饭石因高的轻稀土含量,必将大大提高其利用价值。

5.7.1.5　放射性元素

　　伊川嵩山麦饭石 U 含量平均 1.25 mg/kg,低于地壳丰度值 2.5 mg/kg,Th(钍)含量24.5 mg/kg,高于地壳丰度 13 mg/kg,但总 χ 平均值(3.33×10^{-10}),总 β 平均值(3.33×10^{-10})均小于阜新麦饭石(2.268×10^{-9}、5.10×10^{-9}),也小于蔬菜、牛奶标准(核工业部203 所)。

5.7.2　应用性能研究

5.7.2.1　浸泡试验

　　主要进行了自来水、蒸馏水、去离子水浸泡试验,浸泡时间 12 ~ 48 h,其中超声波浸液1.5 h,所含常量、微量、稀土大部元素都能浸出,其中 K、Na、Ca、Mg 由 200 ~ 5 436 μg/kg,

SREE 465.6 ~644.7 μg/kg,Fe 达 1 400 μg/kg,Zn 达 100 μg/kg,Ta 达 104 μg/kg,Rb 达 197 ~259 μg/kg。但有害元素的 Cd、Hg 未检出,Pb、As 为 0.90 μg/kg 和 31.1 μg/kg,均小于国家饮用水标准(<40 ~100 μg/kg)。

5.7.2.2　有害元素吸附试验

麦饭石对有害有毒元素的吸附性能,是评价麦饭石质量优劣的重要标志,试验结果为浸泡一周以上,对镉的吸附率平均为 99.76%,浸泡 12 h 的平均值为 99.66%。对铅的吸附试验,浸泡一周,5 个样的平均值为 95.81%,比镉的略低。对砷的吸附试验为 98.37% ~99.08%。对以上三种有害元素的试验效果均好,唯汞的吸附率仅达 60.27%,但岩石中的 Hg 含量甚微,无害。

5.7.2.3　对 pH 值的调节试验

采用 pH =6.0 蒸馏水进行试验,12 h 浸泡达 7.54,24 h 为 8.14,48 h 为 8.25,水液由弱酸变为偏碱性,具良好的酸碱调节功能,调节后的溶液符合国家饮用水标准。

5.7.3　地区生态调查

(1)麦饭石产区村落居民无地方病史。民国十一年伊川、登封大范围瘟疫,村民无一例感染,塔沟村民 1981 年平均寿命为 73 岁。

(2)地区小麦籽粒饱满,斗(25 kg)重比外地多 1.5 ~2.5 kg,千粒重多 2 ~3 g。

(3)生活应用试验能除臭、防腐、除垢。

(4)临床试验可治疗痤疮、手癣、脚气和老年性角化症等皮肤病。

5.7.4　麦饭石开发利用现状及展望

5.7.4.1　我国麦饭石开发利用现状

麦饭石是一种含有丰富常量元素、微量元素及稀土元素的花岗质浅色岩类,含有近 60 种元素,其中 18 种是动物体正常生长所必备的,同时还具有无毒无害性、良好的溶出性、生物活性、吸附性、矿化性和水质调节性。麦饭石是一种普通硅酸盐岩类,主要矿物有石英、斜长石、钾长石及少量暗色矿物黑云母、角闪石、磁铁矿。麦饭石的原岩多为石英斑岩、石英二长岩、石英闪长岩、花岗闪长岩、二长花岗岩、花岗片麻岩等,经风化蚀变后,成为结构疏松的层状、脉状、透镜状体的麦饭石产出,矿层厚几厘米至几十米不等。其矿物成分和化学成分基本与未风化的原岩一致,只是麦饭石中多了一些高岭土、绢云母、蒙脱石、绿帘石、绿泥石等蚀变矿物;化学成分中氧化物含量和微量元素、稀土元素含量比原岩要低些。但在岩石结构构造上麦饭石颇有特色:具孔隙发育的筛网状结构。这就是它能溶出人体所需的常量元素和微量元素的原因,这种结构也使它具有吸附能力,能除去有毒有害的重金属、有机物、细菌、病毒与异味,它的溶出物具有生物活性,使经它处理的水(液体)的 pH 值具有双向性调节能力。这就是麦饭石的溶出功能、吸附功能、自行双向调节 pH 值功能与生物活性的特点。因而,麦饭石在医药、保健、美容、环保、畜牧、水产养殖、植物栽培、食品生产等方面有极大的应用价值,具有广阔的开发潜力。

1)医疗、保健

对麦饭石为中药的记载最早见于 11 世纪宋代的《图草本经》,明代李时珍的《本草纲目》则对麦饭石的形态、用途等记载详细,称麦饭石"甘、温、无毒,治一切痈疽发背"。可见,麦饭石的药用历史久远。我国传统医药文献中,麦饭石疗效多记述了它具备的止痛、排脓、脓后伤口的愈合等作用,主要是外用。以麦饭石、珍珠粉、白银为原料生产出的中药眼药水,用于治疗病毒性结膜炎和电光性眼炎,疗效较好。由于麦饭石中的很多活性元素如 K、Na、Fe 等能置换皮肤中的有害物质,以麦饭石为原料之一的治疗皮肤病的药膏治疗色素沉着、老年性细胞角化等也取得很好的效果。用麦饭石浸泡液治疗脚气、皮炎、手癣等具有独特的疗效。利用麦饭石的吸附性生产出的牲畜用的解毒性药剂也前景看好。随着医学研究的不断深入和发展,人们发现,很多疾病并不是由于病毒、细菌和寄生虫等引起的,而是与微量元素的缺乏有关。微量元素虽然不足人体体重的 0.05%,却对促进新陈代谢,维持生物体正常运转有举足轻重的作用。以麦饭石为原料制成的制剂能帮助人们获取到所缺的微量元素。由发明专利"制取麦饭石有疗效成分的方法"制成的元素集合体(麦饭石精),经输液制剂工艺生产出的"复合微量元素液"对于微量元素缺乏症具有显著的疗效。试验表明,麦饭石经煮沸过滤后得到的麦饭石液,对家蝇寿命的延长有较好的影响。这说明,麦饭石具有一定的抗衰老作用。随着人体年龄的增长,人体内所需的有益微量元素含量逐渐降低,而有害元素则逐渐积累,从而增加了得病的机会。麦饭石含有丰富的人体所需的常量、微量及稀土元素,根据不同的需要,选择不同的溶出条件,就能生产出适应人体对不同微量元素需要的营养液,因而以麦饭石为原料的营养剂确实能起到延年益寿的功效。同时,因麦饭石还具有吸附性及置换性,因而这些补剂还能吸收人体内的有害物质,达到排毒强体的功效。经常饮用这些营养保健品能够祛病强身,延缓衰老。基于这一原理,麦饭石营养液、麦饭石保健壶、麦饭石保健杯、煮饭用麦饭石、茶用麦饭石等保健产品应运而生,受到消费者的肯定和欢迎。

2)美容

由于麦饭石含有丰富的对人体有益的元素,能调节 pH 值,使其达到中性;对重金属离子、细菌等有较强的吸附性,因而在美容方面也大有作为。以麦饭石为原料生产的化妆品,首先消除了一般化妆品中含过高铅、汞、砷的弊端,符合当今人们对天然制品强烈渴望的心情;其次麦饭石化妆品能增强皮肤血液的循环,加速新陈代谢,改善细胞的营养供应,因而使用该类化妆品能使皮肤的光泽和皮肤的弹性得到改善,达到美肤的目的,受到人们,特别是女性的欢迎。经常用麦饭石过滤水洗脸,不但能清洁皮肤,而且能营养肌肤,是一种既简单又经济实用的美容方法。因而洗脸用麦饭石、浴用麦饭石等美肤用品,销路颇好。另一类以麦饭石为原料的美容产品是麦饭石美容液,它采用内服的方法,首先用于补充人体中所缺乏的常量元素、微量元素、稀土元素,同时吸附置换人体内的有毒有害元素,调节人体的酸碱平衡,使人体气血通畅,身体健康,由内而外改善肌肤状态,达到排毒养颜的目的。

3)畜牧、水产

麦饭石被广泛地用于动物饲料的添加剂,取得了良好的效益。因其具有动物体所需的常量元素、微量元素及稀土元素,又具有生物活性、吸附性等,可增强动物健康、提高成活率、促进生长增重、减少饲料消耗、节省常规饲料原料。有实践表明,在进行对比饲养试验中,麦饭石组中猪日重提高 3.85%,增重饲料消耗(饲料/增重)降低 5.88%,大猪日重增重提高 6.23% ,增重饲料消耗降低 9.86%;用于肉鸡对比试验也取得显著的效果,麦饭石组增重 2.87%,鸡成活率提高 1.7%;在蛋鸡饲料中添加 3% 的麦饭石可以使开产日龄提早,产蛋率提高 8%,同时鸡蛋中所含的氨基酸均高于对照组;在奶牛饲料中每日添加 150 ~ 250 g 麦饭石,每天奶牛产奶量提高 3.85% ~ 8%,乳脂率提高 1.22% ~ 9.15%,同时牛奶中的微量元素含量也有增加;水产试验表明,网箱养罗非鱼,饵料中添加 3% 的麦饭石制成的膨粒饲料投喂,麦饭石组平均增重比对照组提高 8.9% ~ 13.8%,饵料系数(饲料/增重)降低 3.4% ~ 10.0%,成活率提高 0.7 ~ 1.0 个百分点,在对照试验中室内养罗氏沼虾的成活率比对照组高 6.0 个百分点,平均体长增加 0.3 cm,体重提高 16.9%,饵料系数降低 23.7%。随着对麦饭石作为饲料添加剂研究的重视与深入,它在畜牧、水产中的应用会更加广泛。

4) 食品生产

用麦饭石矿化水作为生产用食品用水,不但可以达到提高水质的作用,并且产生了意想不到的效果。据报道,使用麦饭石矿化水酿造啤酒和米酒,可以促进微生物发酵,缩短发酵时间周期 2 ~ 3 d,使酒精度升高 1 度。这是因为麦饭石矿化水中的 Mg、K、Mn 等离子含量较多,可促进麦芽糖酶、丙酮酸脱羧酶等活力,使酵母有氧呼吸旺盛,加速了三羧循环,并且可以降低双乙酰的含量,加大啤酒和米酒中矿物元素的含量,从而提高了产品质量,有益人体健康。另外用麦饭石作食品添加剂,能增加食品中微量元素的含量,并能延长保鲜时间。相信随着对麦饭石在食品应用方面研究的深入,它在食品工业领域中的作用会越来越大。

5) 环保

污染越来越严重的今天,水质的污染也日趋严重,污水的处理回收利用得到人们的重视。由于麦饭石具有良好的吸附性,对 Cr、As、Pb 等有害性物质具吸附性,对细菌、色素等异物有捕捉和吸附能力;在水溶液中,对于溶液的 pH 值具有双向调节功能,并使一些有益人体的元素缓慢而持续地渗出,而其本身又是无毒无害的,因而是一种优秀的水过滤剂,它不产生一次污染,具有安全、高效、经济的特点。试验证明,将麦饭石投入到 pH 值为 9 的水中 24 h 后,可使水的 pH 值达到中性。用麦饭石对工厂废水进行处理,使废水中 Hg 含量由 0.010 5 mg/L 下降到 0.001 9 mg/L,对汞的吸附率为 98.2%。用经过麦饭石过滤的水作浴池水,11 d 内经过 300 人次连续使用,水中细菌量每毫升仅 5 个,这表明麦饭石在环保工业方面的应用前景非常广阔。

6) 其他

麦饭石除以上几个方面的用途外,还有很多其他的用途。在生产铝板中,添加了麦饭石粉,生产出的铝板表面会更加光滑。生产丝绸中使用了麦饭石粉,织出的绸会更加艳丽。用麦饭石肥料种植出的玉米、粟子产量是一般玉米、粟子的 1 ~ 2 倍,所种植的萝卜比一般的大 27 倍。麦饭石还是优秀的保鲜剂和除味剂,广泛地用于蔬菜、水果、水产品、海轮淡水的保鲜,并具有冰箱等的除异味作用等。

5.7.4.2　伊川嵩山麦饭石开发利用现状及前景展望

伊川麦饭石推出的研究成果较早,也曾在杜康酒生产线中作为杜康矿泉水饮料少量生产。但因缺乏持续的应用研讨,得到应用的领域小而有限,加之宣传媒体不力,尤其伊川(塔沟)嵩山麦饭石的研究报告为伊川县科委提交,不属正规地质报告和地质科研成果的传送渠道,传播范围有限,故而一直被淹没于中岳麦饭石中,没有引起业内人士的重视,自然也影响了开发应用,至今仍处于以销售原矿石为主的低级阶段。麦饭石的开发是一个系统工程,涉及地质、医药、饮食、环保、农业、畜牧等诸多学科。所以,要加速麦饭石的开发利用,需上述各部门相配合,研制系列产品,开拓应用途径。

由伊川麦饭石的地质特征、化学成分分析及应用性能研究结果可知,伊川麦饭石同日本、中岳地区的麦饭石一样,均含有多种对人体有益元素,且具有良好的溶出性、吸附性和水质调节性。因此,今后应积极开发其在畜牧业、医药、环保等方面的应用。随着我国人民生活水平的提高、营养知识的普及、饮食结构和传统习惯的改变,人们会逐渐注意到"微量元素营养源"的保健、长寿功能。具有千年临床应用历史的河南麦饭石,必将重放异彩,产生显著的社会效益。

5.8 汝阳大安玄武岩与何村抗滑石料矿床

5.8.1 概述

5.8.1.1 大安玄武岩

大安玄武岩指的是分布于汝阳、汝州、伊川交界处的岩盖型新生代火山岩,分布范围大体以汝阳大安—内埠—蔡店和伊川酒后—葛寨—白元一带为主体,其余零星分布于汝州桂张、汝阳陶营以及上店等地,出露面积约 $100~km^2$,因大安位于主干公路线上,地理标志明显,故以大安命名。

大安玄武岩在 1959 年由河南省区测队完成的 1:20 万临汝幅时,认为它与鲁山大营一带分布的大营组为同期产物,定名为大营组,时代归上第三系(新近系)。1986 年由河南省第一地质调查队完成的《豫西成矿地质条件分析及主要矿产成矿预测》科研报告指出:"大营组火山岩早于大安玄武岩,系新生代不同期次的火山活动,而大安玄武岩是不整合在新近系和第四系中更新统之上的最后一期陆相火山岩,串时时代为 N_2—QP_2,划归内埠组。"

5.8.1.2 何村抗滑石料矿床

所谓的抗滑石料,指的是高速公路沥青路面制动减速的功能性添加料。1991 年河南省交通厅首建开(封)—洛(阳)高等级公路,为仿照京—津—唐高速公路利用的张家口汉诺坝玄武岩所提供的抗滑石料工业要求,委托地调一队在大安玄武岩分布区全面开展地质调查评价,并经钻探工程、系统样品控制,而提交的何村—吴起岭地段 B + C 级石料 67.93 万 m^3 的一处新型矿床,定名"高等级公路面层抗滑石料"。经十几年的开采加工利用,证明该矿床不仅质量可靠,而且规模远高于勘查查明量。

5.8.2 地质概况

5.8.2.1 区域地质

1)大地构造与区域地层

本区玄武岩处于华北地台二级构造单元——渑临台坳的中部,三级构造单元属伊川—汝阳断陷区,玄武岩分布区的南部属云梦山—九皋山断垒,分布的地层以中、新元古界蓟县系汝阳群和青白口系洛峪群为主,东、西两端零星出露中元古界熊耳群火山岩。北部、东北部为地台的另一、二级构造单元——嵩箕台隆的箕山背斜北西翼,轴部出露太古界登封群,翼部为元古界—古生界—中生界,其余大部分为新生界覆盖。但在玄武岩覆盖区的蟒庄南部孤零零地出露了汝阳群石英砂岩及寒武系下、中、上统,顶部不整合面上还残留石炭系铁铝层,该部分地层为区域性推覆构造系中的一个夹块。

2) 区域构造

区内基岩地质构造在南侧的隆起区以褶皱为主。断裂为褶皱的二次形变或叠加构造,在中部凹陷区以断裂为主,主要断裂有东西向、北西向、北东向三组,各组断裂都显示了多期活动特征,依形成序次,东西向最老,次为北西向,最晚一组为北东向。

(1) 东西向断裂——主要发育在玄武岩分布区的南部,以黑龙沟—田家沟断裂为代表,北部分别有陶营、蔡店二条隐伏断裂。推断黑龙沟—田家沟断裂为九皋山—云梦山推覆断块的前缘断裂,与其平行的断裂带显示了多期活动特点。

(2) 北西向断裂——区内有四组,自西南向东北依次为铁佛寺—田湖断裂(三门峡—田湖—鲁山断裂)、中溪—葛寨断裂、蟒庄断裂和白沙—夏店断裂。除后者外,这些断裂几乎都与区域性断裂带相连接,大部分具有西南向东北的推覆性质,其中蟒庄断裂北接伊川的殷桥断裂,南接温泉街断裂,系区内推覆构造系的前锋断裂。

(3) 北东向断裂——由西向东依次为宋店断裂、伊河断裂、蔡店—白沙断裂和内埠—大安断裂,各断裂带大体呈等间距分布,并截切北西向断裂。形成区域性的格子状断块构造,其中白沙断裂切断洛阳组地层,说明在新生代该断裂还在活动。

5.8.2.2　控制玄武岩的地质构造

据河南省地质科研所对大安玄武岩区卫星影像线性构造和环形影像的解译认为,该区存在喜山期的复活断层,主要断裂为东西向、北西向和北东向,大安玄武岩系陆相裂隙喷发,断裂构造对玄武岩涌溢起着控制作用(见图5-5)。

由图5-5看出,玄武岩主体分布于以上三组断裂构造的交会部位,并明显限定在渑临台坳区最发育的北西向构造带分布区,西北部出露地表,东南部被淤积掩埋于地下,边缘基岩区零星分布,但最西部没有越过伊河断裂带。另依航磁资料延拓处理,与蟒庄—温泉断裂带一致的北西向断裂(原划分的新—伊—宝断裂)切穿地壳深度较大,具多期活动特征,也是区域性的地热梯度带,结合卫星影像解译,该断裂带可能是控制玄武岩活动的陆内裂谷构造。

5.8.2.3　熔岩地质

据1992年河南省地矿厅地调一队提交的《河南省洛阳市何村玄武岩矿区路面用抗滑石料地质评价报告》,通过1:5万 40 km^2 地质填图和5个钻孔揭露,揭示该区玄武岩为高原型平缓波状多旋回喷发的层状熔岩。边部以微角度向中心倾斜,最大倾角不超过15°,厚度一般 15~20 m,最大厚度 81 m,厚度变化的总体趋势是由东南指向北西,岩石由老及新,岩石特征如下。

1) 岩石类型特征

本区玄武岩具两个明显特征:一是矿物组合简单均一,岩性均为橄榄玄武岩;二是没有爆发相喷出物,但是由于喷发环境的差异,熔岩流距喷发通道的远近以及冷却条件的先后,却形成了不同的岩石类型,各个类型的差异见表5-12。

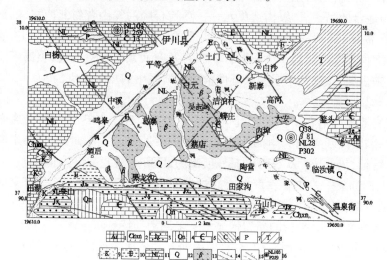

1—太古界登封群;2—中元古界熊耳群;3—中元古界蓟县系汝阳群;4—新元古界青白口系洛峪群;
5—下古生界寒武系;6—上古生界中、上石炭系;7—上古生界二叠系;8—中生界三叠系;
9—白垩系九店组火山岩;10—新生界古近系;11—新生界、新近系;12—第四系;13—大安玄武岩分布区;
14—实测基岩断层;15—推断的盆地区基岩断层;16—钻孔穿过的地层时代铅垂厚度

图5-5 大安玄武岩区域地质构造略图

表5-12 大安玄武岩岩石类型

岩石类型	产出条件	岩性特征	发育程度	备注
玄武质浮石岩	产于玄武岩盖边缘的局部地区	多孔玻璃质岩石、渣状气孔结构,不浮于水	岩体内不发育	分布于桂张、南王、陶营西南山坡
绳状熔岩	产于熔岩表面	熔岩层面构造,见于1 cm厚的冷凝边上,下为气孔氧化层	稀少难见	见于闫村北部
气孔杏仁状熔岩	普遍发育于各类熔岩中,晚期熔岩成层性出现	气孔大小不一,大者为气泡,小者为气孔,有充填物者为杏仁,杏仁成分为橄榄石、方解石	极发育	分层标志
致密块状熔岩	以喷发旋回的中部为主	块状构造质地坚硬,击之有金属声,易球状风化	多以原始喷发的单层出现	分布于何村、吴起岭等地
层板状熔岩	产于玄武岩区的下部层位	为水平节理比较发育的杏仁体较多的层状熔岩,浅部呈薄层状,深部为厚层状	大安、内埠、双泉下部层位	不具矿物成分和结构上的递变规律
蚀变熔岩	岩石自身变化	碳酸盐化、伊丁石化、脱玻化等自变质作用	普遍性	局部有石灰华
角砾状熔岩	岩体边部	熔岩块和浮石岩共生,伴生沸石、方解石和泉华	边缘局部	射气通道

2）分层标志和岩组的确定

玄武岩盖由多层玄武岩组成,分层标志较多,主要包括各种岩石类型,熔岩的层叠关系,冷凝壳、绳状构造、红顶氧化层、气孔层、混入漂砾等顶面标志和崎岖缝合面、底角砾、烘烤层等底界标志,以及红土、灰泥岩等熔岩夹层,还有岩性色差等,都是分层的要素。紧紧把握以上分层标志,结合野外大比例尺地质填图追索和准确的钻孔编录,首先是在不同地段确定岩石层序,然后以层序为基础,按熔岩喷发的间歇标志划分喷发旋回,进而对比不同喷发旋回的岩石特征建立各个岩组,现以何村 ZK1 孔岩性柱状图作示范说明（见图5-6）。

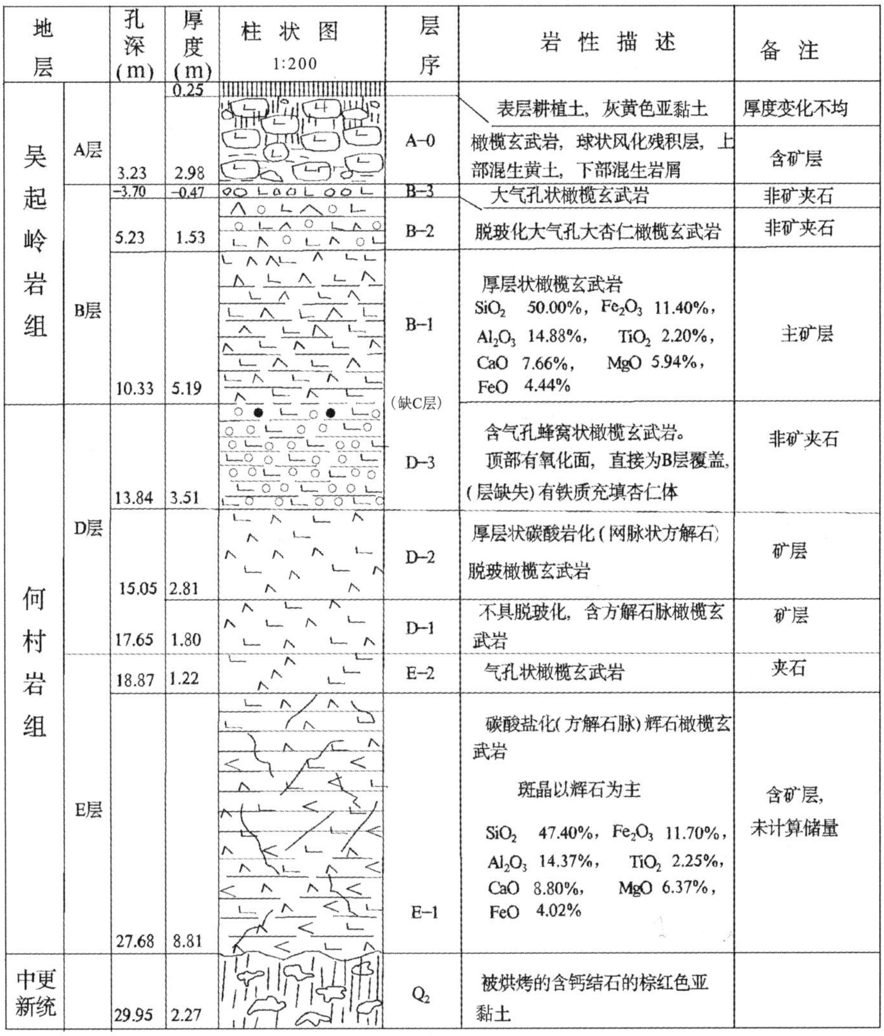

地层		孔深(m)	厚度(m)	柱状图 1:200	层序	岩性描述	备注
吴起岭岩组	A层	3.23	0.25 2.98		A-0	表层耕植土,灰黄色亚黏土 橄榄玄武岩,球状风化残积层,上部混生黄土,下部混生岩屑	厚度变化不均 含矿层
	B层	-3.70	-0.47		B-3	大气孔状橄榄玄武岩	非矿夹石
		5.23	1.53		B-2	脱玻化大气孔大杏仁橄榄玄武岩	非矿夹石
		10.33	5.19		B-1	厚层状橄榄玄武岩 SiO_2 50.00%, Fe_2O_3 11.40%, Al_2O_3 14.88%, TiO_2 2.20%, CaO 7.66%, MgO 5.94%, FeO 4.44%	主矿层
何村岩组					（缺C层）		
	D层	13.84	3.51		D-3	含气孔蜂窝状橄榄玄武岩。顶部有氧化面,直接为B层覆盖,(层缺失)有铁质充填杏仁体	非矿夹石
		15.05	2.81		D-2	厚层状碳酸岩化(网脉状方解石)脱玻橄榄玄武岩	矿层
		17.65	1.80		D-1	不具脱玻化,含方解石脉橄榄玄武岩	矿层
	E层	18.87	1.22		E-2	气孔状橄榄玄武岩	夹石
		27.68	8.81		E-1	碳酸盐化(方解石脉)辉石橄榄玄武岩 斑晶以辉石为主 SiO_2 47.40%, Fe_2O_3 11.70%, Al_2O_3 14.37%, TiO_2 2.25%, CaO 8.80%, MgO 6.37%, FeO 4.02%	含矿层,未计算储量
中更新统		29.95	2.27		Q_2	被烘烤的含钙结石的棕红色亚黏土	

图 5-6　汝阳何村玄武岩矿区 ZK1 钻孔柱状图

3）喷发旋回与岩组划分

岩组的划分基础为喷发旋回,按不同喷发旋回的叠压关系确定岩组。由于未进行全区的岩石填图,对初始喷发情况缺乏资料,故暂由上到下、由新到老划分为五个岩组,各组岩石特征见表5-13。

表 5-13　大安玄武岩岩组划分对比

岩组	岩性	结构构造	矿物特征	特征性标志	厚度(m)	备注
吴起岭岩组	橄榄玄武岩、浮石岩、蜂窝状熔岩	致密块状构造、粗玄结构	斑晶为伊丁石化橄榄石和辉石,占15%基质部分为隐晶质斜长石,占40%~50%	以"吴起石"为标志的球形风化极发育,气孔、杏仁具成层性,岩石易劈性好	9.53~17.18,自上而下分为A、B、C三层	C层色调较深,厚度变小
何村岩组	伊丁石化橄榄玄武岩	厚层状、斑状结构,交织结构,间粒结构	斑晶为伊丁石化橄榄石,基质为斜长石,斜长石间充填橄榄石、辉石和玻璃质	气相、固相物质分异好,顶部有极发育的蜂窝状气孔层	13.81~17.35,分为D、E二层	和吴起岭组间有厚1 m左右的红土层夹层
大安岩组	碳酸盐化伊丁石化橄榄玄武岩	薄层板状、斑状结构,间粒结构	斑晶同上,但结晶细小密集。基质中斜长石 NO=47±	沿层面有大量淋滤钙质薄膜,风化较强	大安一带厚仅10~20	小气孔和小杏仁极发育,风化后为紫灰色
内埠岩组	含微气孔橄榄玄武岩	中薄、中、厚层状构造,斑状结构,填间结构	斑晶为伊丁石化橄榄石、辉石,基质为具聚片双晶的斜长石 NO=50±	由上、下两层熔岩组成,下部岩石呈厚层状,方解石脉体较多	上层厚5.92,下层厚11.74	顶部和大安组之间有几米厚红色土层
双泉岩组	中厚层状橄榄玄武岩	斑状结构、基质为更钠长石	斑晶同上,基质中有较多磁铁矿及玉髓类,形成黑斑	宏观特征为层理发育。类似何村岩组,硬度较大	10	和上部的何村岩组有几米红土层相隔

　　以上划分的五个岩组的下部三个岩组和上部的两个岩组,按分布关系和岩性对比,分别属于两个喷发源。其中,下部的双泉岩组和上部的何村岩组间有几米厚红土沉积物,代表局部地区的喷发间断且间隙较长,与上覆内埠岩组虽因剥蚀而不连续,但岩性相近,岩石中 SiO_2 含量低,TFe、MgO 含量高,更偏基性,推断为全区发现的最低层位,与内埠岩组、大安岩组同为一喷发源。

5.8.3　抗滑石料矿床特征

5.8.3.1　抗滑石料矿床的工业要求

　　抗滑石料矿产在地质矿产领域尚无先例,属新开拓的新型矿种,交通部公路研究所推荐的技术标准和技术要求如下:

　　(1)物理性指标。

　　抗滑石料物理性指标见表 5-14。

表 5-14　物理性指标

物理性指标	磨光值（Psr）	冲击值（J）	磨耗值（cm³/1.61 km）	摩擦系数	压碎值（%）	饱水极限抗压强度（MPa）	碎石磨耗率（%）（洛杉矶法）
数值	>42	<20	≤12	52~55	<20	>100	<30

（2）开采技术指标。

①最小可采厚度≥2 m；

②夹石剔除厚度<2 m；

③露天平均剥采比≤1:1。

以上物性指标选自京—津—唐高速公路利用的张家口汉诺坝玄武岩，依据岩石特征，对比区内五大岩组的岩性，认为大安组、内埠岩组的玄武岩风化、蚀变强烈，内部气孔杏仁发育，质地疏松，不合要求，双泉组埋深较大，吴起岭岩组的 C 层和何村组的 E 层薄而变化较大，可作为矿床勘探对象的只有吴起岭组的 A、B 层和何村岩组的 D 层，地质勘查时对其作了较详细的调查和探索。

5.8.3.2　矿层划分

1）吴起岭岩组 A 层

A 层为出露于地表的熔岩层，仅出露在吴起岭、蟒庄、何村一带。岩石硬度大，易劈为建筑材料，经球状风化，地表形成大小不等的残积层，俗称"吴起石"。地表含石率 39.5%，厚 2.55~4.40 m。

2）吴起岭岩组 B 层

吴起岭 B 层分上、中、下三部分，分布区同上，多见于钻孔中。上部为蜂窝状氧化气孔层，气孔平行排列，岩石易风化，厚 0.47~1.35 m；中部为气孔和杏仁混合层，气孔杏仁减少，岩石结构致密，厚 1.53~4.11 m；下部无气孔，全为致密块状熔岩，厚 1.75~8.49 m。

其下的大部分地区缺失 C 层，直接与何村岩组接触。

3）何村岩组 D 层、E 层

D 层新鲜岩石呈墨绿色，顶部有十分发育的层状气孔分带，向下逐渐过渡为致密块状熔岩，钻孔中厚 7.32 m。D 层之下和 E 层以气孔层相接，E 层以方解石脉发育为特征，局部厚达 8.81 m，石质较好，类似 D 层，但分布局限，埋藏较深。

5.8.3.3　岩石结构构造

该区玄武岩的一般性特征为矿物组合简单（见表 5-13），约 15% 的斑晶均为伊丁石化橄榄石和少量辉石，其余为基质部分，由辉石、斜长石组成交织结构、填间结构，在斜长石、辉石晶体间充填粒状橄榄石、辉石和磁铁矿，一般具备细粒交织结构、间粒结构、填间结构者均为致密块状熔岩。它的另一特征是，气孔杏仁的逸散区集中在岩层的顶面，下小上大，成层排列，气、液固相分异性好，反映岩浆的黏度大、冷凝快、硬度大，是较理想的抗滑石料，区内的吴起岭岩组、何村岩组明显地反映了这一特征，其他岩组则不具备。

5.8.3.4　化学特征

矿区玄武岩的化学特征分别体现于常量元素和微量元素的研究成果中，常量元素的

SiO_2 与 $K_2O + Na_2O$ 重量百分比相关性的邱氏图解中,各投影点均落入碱性玄武岩区,肯定熔岩为碱性玄武岩成因类型,所作扎氏向量图,指示岩石矿物组合均一,化学成分相似,SiO_2 总量不足,铁镁矿物相对较高,并显示自下而上的碱质升高,形成碱性铝硅酸盐类的矿物,这说明岩浆来自深度较大的地幔,上涌时穿过地壳,使碱质升高。现将主矿层的化学成分列表如表 5-15 所示,供参考。

表 5-15　吴起岭、何村岩组化学成分

层　序		化学成分含量（%）												
		SiO_2	Al_2O_3	Fe_2O_3	TiO_2	CaO	MgO	FeO	SO_3	K_2O	Na_2O	P_2O_3	MnO	H_2O
吴起岭岩组	A 层	49.24	15.30	11.50	2.20	8.26	3.32	4.25	0	2.31	2.98	0.45	0.11	1.98
		47.00	15.41	12.45	2.35	6.96	5.98	2.35	0.018					
	B 层	49.76	14.97	11.55	2.20	8.15	5.51	3.92	0.018	2.02	2.98	0.43	0.10	1.83
		49.44	15.56	11.75	2.20	6.63	4.96	2.15	0.018					
		50.00	14.88	11.40	2.20	7.66	5.94	4.44	0.018					
	C 层	46.80	14.81	12.00	2.30	7.71	5.51	2.12	0.037	2.19	2.09	0.50	0.11	2.75
		47.60	15.44	12.15	2.15	7.50	5.66	1.61	0.018					
何村岩组	D 层	46.86	15.82	12.40	2.20	7.28	5.35	2.76	0.018					
		45.72	15.54	11.95	2.30	7.61	5.74	1.64						
	E 层	47.00	14.37	11.70	2.25	8.80	6.37	4.02	0.018					

微量元素含量,含矿岩组(吴起岭组、双泉岩组)与非矿岩组(大安、内埠、双泉岩组)也有明显区别。含矿岩组的 Cu、Ag、Ga 含量高于非矿岩组 1.75 ~ 2.9 倍,而 Mn、Ti、Zr、No 低,另外的 Pb、Cr、Ag、Ba 含量较高,Mo 则相反,悬殊 3.6 倍,另外玄武岩中的 Sr 高于克拉克值 2.27 ~ 2.94 倍,而 Pb 高达 38 倍。

5.8.3.5　物性特征

物性指标是确定抗滑石料矿床的主要依据,按照交通部颁发的标准,对比张家口汉诺坝玄武岩的几项参数,选择吴起岭岩组的 A 层、何村岩组的 D 层熔岩,采取试样,由交通部公路研究所测试的结果如表 5-16 所示。

表 5-16　玄武岩抗滑石料物性测定结果

项　目	交通部推荐标准	汉诺坝玄武岩	吴起岭 A 层玄武岩	何村 D 层玄武岩
磨光值（Psr）	>42	44	45	47.5
磨耗值（cm³/1.61 km）	≤12	10.25（洛杉矶法）	7.1（转盘值）	碎石样 18.3,岩心样 9.9
摩擦系数	52 ~ 55			
冲击值（J）	<20	8.3	10.6	碎石样 16.5,岩心样 12
压碎值（%）	<20	17.7	8.4	
抗压强度（MPa）	100 ~ 120			120

由表 5-16 看出,本区两个岩组物性主要参数测试结果,除 D 层碎石样磨耗值超标外,其余样品均符合推荐标准,大部分指标优于张家口的汉诺坝玄武岩,并在肯定矿床的前提下,首先以何村北 1 km² 区段进行勘探,按 100 m × 100 m 网度钻孔控制,揭露 A、B、D 三个矿层,提交 B + C 级矿石量 67.93 万 m³(184.8 万 t)。

5.8.4 玄武岩开发利用现状及展望

5.8.4.1 我国玄武岩开发利用现状

玄武岩是火山爆发溢流出的岩浆冷凝而成的,呈致密状、蜂窝状,为独特的石材资源。矿物成分主要由基性长石和辉石组成,次要矿物有橄榄石、角闪石及黑云母等,岩石均为暗色,一般为黑色,有时呈灰绿以及暗紫色等,呈斑状结构。气孔构造和杏仁构造普遍。玄武岩体积密度为 2.8 ~ 3.3 g/cm³,致密者压缩强度很大,可高达 300 MPa,有时更高,存在玻璃质及气孔时则强度有所降低。

玄武岩的颜色,常见的多为黑色、黑褐色或暗绿色。因其质地致密,它的比重比一般花岗岩、石灰岩、砂岩、页岩都重。但有的玄武岩由于气孔特别多,重量便减轻,甚至在水中可以浮起来。因此,把这种多孔体轻的玄武岩叫做"浮石"。

我国玄武岩分布极其广泛,但过去对它在工业上的利用,研究的很少,近年来加强了对其开发利用的研究,因此研制出一系列新产品,证明它是一种重要的非金属矿产。

1)作建筑装饰材料

目前黑龙江、辽宁、福建等省,都建起了以玄武岩为原料的建筑装饰材料厂。辽宁省建平玄武岩加工厂,年产黑色玄武岩板材 2 万 m²,平板光泽度达到 90% 以上,产品出口美国太平洋实业公司,受到外商的青睐。

福建省福鼎县白琳镇大嶂山的玄武岩,颜色墨黑,结构均一,硬度高,孔隙小,是极好的建筑装饰材料。已探明储量 5 000 万 m³。经开采加工的板材,光可鉴人,颜色墨黑高雅,装饰效果非常好。

黑龙江省孙吴县的玄武岩,岩质细密,纯黑,物理化学性能稳定,制成的板材光泽度达到 98%。矿层厚 63 m,分布面积达 65 km²,储量可观。

2)作水泥混合材料

河南省的水泥厂,已成功地将玄武岩用作水泥混合材,不仅改善了水泥的安定性,还增加了石膏的掺入量,提高了水泥 3 d、7 d 和 28 d 的抗折、抗压强度,改善了小立窑的水泥性能,降低了成本,提高了产量,增加了企业效益。

3)用玄武岩代替黏土生产水泥熟料

青海省的水泥厂,用玄武岩代替黏土生产水泥熟料获得成功。烧成温度范围由 1 370 ~ 1 600 ℃ 降至 1 300 ~ 1 500 ℃,降低 70 ~ 100 ℃,节煤 20%。节能效果显著。而水泥熟料矿物组成有所改善:熔煤矿物提高了 2%,熟料的液相量也有明显的增加,有利于阿利特的生长发育。与配有黏土的熟料相比,配有玄武岩的熟料,C_3S 提高了 2.98%,因此提高了熟料的早期强度。

用玄武岩替代黏土生产水泥熟料,具有烧成温度低,节煤,有利于阿利特的生长发育,提高熟料的早期强度,节约耕地,提高产量,降低成本等优点,值得靠近玄武岩产地的水泥厂推广。火山灰可直接作无熟料水泥原料。

4）作岩棉原料

我国自 1981 年开始生产岩棉，使用的原料绝大部分为玄武岩，其次是安山岩、辉绿岩。用玄武岩生产的岩棉，不仅性能好，而且不要白云石作配料，简化了生产工艺，降低了生产成本，岩棉的各项指标都很合理，证明它是生产岩棉的极好原料。

5）作铸石原料

铸石是较好的代钢材料。用玄武岩掺其他原料生产的铸石，具有优良的耐磨性和抗腐蚀性。用玄武岩铸石生产的管材、板材、粉材，广泛地应用于电力、化工、冶金、煤炭等行业。用玄武岩作原料生产铸石管的蓬莱铸石厂，已经开发出内径 100 ~ 600 mm 的 12 个品种、50 多种规格的铸石复合管。产品除销往全国各地外，还出口日本，受到外商的好评。该厂的玄武岩铸石复合管，已达世界先进水平。

6）作磨料

由于玄武质火山渣具有中等硬度，已被电子工业部门用来作磨料，效果良好。

7）用于造纸

以玄武岩为原料，经熔融，用专门的机器，以 2 000 m/min 的速度，拉成一束束极细的纤维丝，将单层的纤维丝浸入酚醛树脂中，就变成似咖啡色的微纸带，然后再涂上高岭土粉，即变成雪白的纸张。这种纸厚度只有普通纸的 1/5，但强度比普通纸大几倍，很有发展前景，很多国家都在开发它。

8）用于化肥工业

昆明硅藻土应用研究所和昆明金马非金属矿制品厂，已成功地将玄武岩用于化肥工业。经大量的试验结果表明，效果良好，正在申请国家专利。

9）制作玄武岩纤维

玄武岩纤维是新型材料，是以天然玄武岩矿石为原料，将矿石破碎后加入熔窑中，在 1 450 ~ 1 500 ℃熔融后，通过喷丝板拉伸成连续纤维。

玄武岩纤维有极高的使用温度，适用温度 260 ~ 820 ℃，高的断裂度，高模量，优异的力学、物理、化学性能，极低的热传导系数，高的吸音系数，极低的吸湿性，高的比体积电阻，绝缘性好，抗紫外线，有吸波功能、透波功能，防辐射，防电磁，燃烧无熔滴，燃烧烟密度低，无毒性，环保无污染等功能。

玄武岩纤维具有许多用途，可以代替玻璃纤维，或部分价格较贵的碳纤维，用于制造新型复合增强工程材料，还可用于汽车制动器的制动纤维，并可广泛用于国防、航空、船舶、汽车、建筑工程、防火工程、电工工程、加固工程等行业。

5.8.4.2 汝阳大安玄武岩开发利用现状及前景展望

20 世纪 70 年代河南省劳教所在大安筹建铸石厂，利用玄武岩生产铸石，80 年代初河南省第十三地质队（金刚石专题队）在沿杜康河作的天然重砂中，淘出一粒金刚石，推断源出于玄武岩。为寻找火山机构，曾由省地质科学研究所对玄武岩分布区进行卫片解译，寻找隐伏断裂构造，后因故找金刚石计划更变，玄武岩的地质研究自然中止。80 年代中期，省劳教所在原铸石厂的基础上，引进利用玄武岩生产岩棉工艺，先后在本区发展三家岩棉厂。与此同时，由临汝水泥厂和洛阳建材学校研究试制的浮石玄武岩水泥配料（代替熟料 15%），进一步拓宽了玄武岩的用途，并大大发展了玄武岩区的采矿业。

1992 年开展的玄武岩高等级公路路面抗滑石料勘查，将本区玄武岩的利用推向一个新的阶段，紧随地质勘探工作，省交通厅材料处在汝阳蔡店—蟒庄建成年产 20 万 t 级石料厂，为开—洛高速公路建设提供抗滑石料，开—洛公路建成后曾一度停产。后于 2000 年修建太—澳高速公路洛阳段和洛栾快速通道时再度开工。石料厂专项生产系列碎石，开采范围远远超过原来仅 1 km² 的勘探地段，实际可利用的矿石量远远大于 67.93 万 m³。

据最近调查，随抗滑石料的强力开采，何村—吴起岭一带分布于地表浅层（A 层）的玄武岩基本已经采空，2004 年后已转入采坑开采 B 层玄武岩，D 层目前尚未开采，估计开采量已不下 100 万 m³。

需要强调指出的是，当前对区内玄武岩的勘查开发应用，仅限于杜康河以东、杜康酒厂以北的汝阳部分，而杜康河以西约 40 km² 的伊川葛寨、酒后部分，至今仍未开发利用，其中酒后南王地区，还发现有面积达 2～3 km² 的火山口相浮石岩，亟待开展相应的地质勘查和研究工作。据新的开发利用信息和资料，目前国内外的玄武岩正在生产玄武岩连续纤维（玄武岩丝），以代替昂贵的碳丝，被广泛应用于军工、建材、消防、环保、电器、航天、航空等多种领域，被称为 21 世纪的新材料。经对比研究，本区玄武岩的物理、化学特征完全符合国内生产玄武岩纤维的原料要求，很有发展利用前途。

5.9　宜阳张坞新庄花岗石类石材矿床

宜阳张坞新庄花岗石类石材矿床，包括了新庄东南 20 km 以内的主矿区及花果山以远的外围地区。张坞乡位于宜阳西北部，西接洛宁涧口乡，矿区东距洛阳 65 km，有三级公路相通，交通十分方便。

5.9.1　地质背景

5.9.1.1　北部变质岩系

分布于花果山北麓的低山丘陵区，主要岩石为黑云母斜长片麻岩、黑云（绿泥）二长片麻岩、斜长角闪片麻岩、斜长角闪岩、条纹条带状混合岩、二长均质混合岩、混合花岗岩等，时代属太古宇太华群，同位素年龄当在 25 亿年以上，代表地壳形成早期的地层系统。区域内片麻理产状呈莲花状聚拢，形成穹隆状变质岩地体，恢复原岩为中酸性火山岩、中基性火山岩及一部分正常沉积物。因其经受了长期的地质作用，原岩变形、变质严重，不仅使原岩面目全非，而且因为矿物重结晶、热液和蚀变作用以及一些着色元素的加入，常使岩石呈现特殊的色调、花纹和图案，其中以斜长角闪岩为主形成的黑色品种石材，以二长均质混合岩为主形成的灰色品种石材，都因出露的厚度大，岩性稳定，结构致密，花纹色调独特，加上受后期构造破坏程度小，块度大，成荒率高，为本区的主要石材品种。

5.9.1.2　中部超基性—基性岩浆岩带

中部张坞廖凹—架寺、上观柱顶石—马家庄以及周家门外—庙沟形成 2～3 个超基性岩带，组成岩石主要为纯橄榄岩、蛇纹岩、橄榄辉石岩、辉闪岩等。区内统计的大小不等岩体群数达 105 个，大体沿片麻岩系的走向鱼贯分布，总长 15.5 km，面积 20 km²，代表地壳发育早期沿地缝合线深大断裂上涌的地幔岩。与超基性岩相伴或稍晚的基性岩浆岩主要是辉长岩、辉长辉绿岩、辉绿玢岩和辉绿岩类,分别以岩床状、岩墙状或脉状侵入太华群地层,并同时卷入后期的构造岩浆岩带中。

这些超基性—基性岩石,包括片麻岩地层中的黑色岩石,构成了本区黑色系列石材的石质来源,其中部分岩石因为角闪石、辉石、斜长石的次生蚀变而变为绿色、墨绿色。由于这类岩石的种类较多,矿物组合、生成环境和产出形式不同,往往在黑色、绿色的底色背景上增加奇异的花纹和图案,形成了该岩带中墨晶黑、张坞青等优质石材品种。

5.9.1.3　南部花山花岗岩基

花山花岗岩基为花山岩体(宜阳)、好坪岩体(洛宁)的总称,面积265 km²,位处宜阳、洛宁和嵩县之间,宜阳部分称花果山(岳山),岩性为粗粒斑状黑云二长花岗岩、中细粒黑云二长花岗岩、巨斑状黑云角闪二长花岗岩。由于岩体出露的面积大,岩体内部构造不发育,三组节理正交,加之岩石结构稳定,以其斑晶、图案、大块度、易采性和成荒率高而成为本区的重要石材品种。

另外,在华山岩基的北部边缘,还多处见沿北东向断续伸展出的岩枝、岩株,其中部分出露于新庄南部(缩头山),插入马家庄一带的超基性岩带中。由于受围岩影响,岩石中的长石发生褐帘石化,使岩体色调变为褐黄色,形成石材中不多见的黄色品种,其中还有一些小岩株因失去暗色矿物,岩石色调变得淡而平和,极富装饰效果,也是花岗石中少见的上乘品种。

5.9.2　石材矿区的石材系列

依据新庄矿区几十平方千米的大比例尺地质填图和周边地区主要岩石类型的石材地质观察研究,按石材矿产评价要求,经样品选择制作光面和相应的样品测试成果及成荒率统计,并依据颜色、花纹图案和板材矿点的商品性能,有关的地质报告将区内的板材矿产分为四大系列十五个品种,现对照岩石定名列于下。

1)黑色系列

(1)张坞青(黑碧玉):黑云母纤闪石化辉绿岩。

(2)夜里雪(花碧玉):斜长角闪片麻岩、黑云斜长片麻岩。

(3)雪松青:钠黝帘石化纤闪石化辉长辉绿岩。

(4)雪花青(雪里梅):纤闪石化辉绿玢岩。

(5)墨晶黑:蚀变金云橄榄辉石岩。

(6)冰花黑:钠黝帘石化纤闪石化辉长岩。

(7)白绵黑:条带状斜长角闪岩。

2)绿色系列

(1)豆砂绿:辉长岩(未蚀变原岩)。

(2)绿牡丹:纤闪石化钠黝帘石化辉绿玢岩。

3)素色(淡红、灰)系列

(1)条痕灰:绿泥二长片麻岩。

(2)大素花:粗粒黑云二长花岗岩。

（3）小素花：中细粒黑云二长花岗岩。

（4）宝石花：斑状黑云（角闪）二长花岗岩。

（5）珠帘灰：变斑状绿泥二长混合岩。

4）黄色系列

碧沙黄：褐帘石化石英二长岩。

5.9.3 主要石材品种简介

1）张坞青

原岩为侵入片麻岩系中的辉绿岩脉，走向北西，与片麻岩大体一致，主脉体长1 100 m，宽15～20 m，出露高差85 m，少斑结构，基质变余辉绿结构，块状构造，主要矿物为斜长石和纤闪石，次要矿物为黑云母，次生矿物为绿帘石、斜黝帘石。由于沟谷切割较深，落差较大，地表出露块度较好，理论成荒率50%，光面特征为黑色，隐显小的白色细斑，一般无色线色块，质地细腻、光泽闪亮，具较好装饰性能，其中纯黝黑色、质地细腻润泽、呈变余辉绿结构、近于隐晶质者称黑碧玉。

2）墨晶黑

岩石名称为蚀变金云橄榄辉石岩，产于中部的超铁镁质岩带，属大小不等的小岩体，在超基性岩带中断续分布，地表大部分发生蚀变，变余半自形粒状结构，变余包杆结构，块状构造，主要矿物为阳起石50%、金云母10%、滑石30%，次要矿物为蛇纹石，次生、伴生矿物为磁铁矿5%、铬铁矿等。光面上岩石为亮度较强的黑—墨绿色，画面呈不规则的黑斑状，杂水墨色云纹，色调庄重素雅，为石材中不多见的品种，唯板材荒料率低，可作工艺石、墓碑石。

3）夜里雪（花碧玉）

岩性为斜长角闪片麻岩、黑云斜长角闪片麻岩，组成北带变质岩系中变基性火山—侵入岩系，出露最大厚（宽）度达200 m以上。粒状纤维变晶结构，片麻状—块状构造，组成的主要矿物为普通角闪石50%、斜长石40%，次要矿物为黑云母5%、石英2%，次生矿物为绢云母、绿帘石、斜黝帘石3%等。地表露头裂隙较发育，风化壳深度20 m，理论成荒率49%～63%。光面在黑色背景上点缀着大小不等、形状不一的白色、淡黄色斑点，并显有似是而非的定向性，类若黑夜里的漫天飞雪，装饰性能素雅、俏丽。其中有少量的变质侵入岩类岩石，片麻理不发育，较之夜里雪白色斑点较少而显黑色色调，定名花碧玉。

4）雪松青

岩性为钠黝帘石化、纤闪石化辉长辉绿玢岩，属于片麻岩中的基性岩床，长1 850 m，宽60～180 m，矿区内见二处岩体，变余辉长辉绿结构，微文象结构，成分为绢云母化、钠黝帘石化斜长石50%、纤闪石化辉石40%，次要矿物为石英、钠长石4%～5%，次生矿物为钛铁矿1%～2%、针状磷灰石、绿帘石3%，属于蚀变作用较深的辉长岩类，理论成荒率50%。光面上岩石结构细而润泽，背景色呈黑—墨绿色，映衬絮状白色不规则状斑点，如雪压青松，同夜里雪类一样有较好的装饰效果。

5）豆沙绿

岩性为未遭风化和蚀变的辉长岩，岩体呈长轴较大的丝瓜状，似岩床状侵入超基性岩带的片麻岩中,长 1 350 m,最宽处 230 m,辉长结构、块状构造,主要矿物为普通辉石45%、拉长石 50% ,次为钾长石 3% ~4% 。裂隙发育中等,三组垂直节理将岩石分为较规则的块度,切割的河岸处理论成荒率 45% ~49% ,其中的拉长石呈翠绿色,普通辉石呈墨绿色,光面的背景为豆绿、墨绿两种色调,形成状若豆沙的深浅相间的色调,故名豆沙绿,属于不多见的石材品种。

6)绿牡丹

纤闪石化钠黝帘石化辉绿玢岩,呈岩床状,下盘为斜长角闪岩,上盘黑云斜长片麻岩,长 2 150 m,宽 20 ~50 m,斑状、聚斑状结构,基质为变斑辉绿结构,块状结构。主要矿物为绢云母化、钠黝帘石化斜长石(斑晶 15% 、基质 40%)、纤闪石(40% ~45%),次要矿物为纤闪石化辉石(假象)、石英(1% ~2%)。地表仅见不规则状裂隙,抗风化力强,多形成悬崖陡壁,具有较好块度。理论成荒率 50% 以上。光面上钠黝帘石化斜长石组成的聚斑晶(直径 1 ~1.5 cm),衬托在含白色细斑的豆绿色背景上,形如绿荫丛中的牡丹争芳吐艳,很有艺术效果,可开发为工艺石。

7)条痕灰

岩性为黑云片麻岩、变斑状黑云斜长片麻岩及其混合岩,属于在区内分布最广的结晶片麻岩类。鳞片粒状变晶结构,交代净边结构,条痕状、片麻状构造。主要矿物为钾长石35%、斜长石 35% 、石英 12% ,次要矿为黑云母、绿泥石、绿帘石(总量 10%)。这类岩石主要分布在新庄矿区的南部和西南部,裂隙不发育,沟谷冲刷面形成丘形石鼓面,理论成荒率 >58% 。属于这一类的岩石,外观上颇似大理岩,能开采为较大的块度,加工大板材,光面特征类似灰色的大理石,在灰白、灰红色背景上有断续的黑色条纹、条痕,故名条痕灰,其中含长石变斑晶者称珠帘灰。

8)大素花

斑状中、细粒角闪(黑云)二长花岗岩,形成花山花岗岩岩基。似斑状结构,交代残留结构,块状构造,矿物组成为钾长石斑晶 5% 、钾长石基质 30% 、斜长石 40% 、石英 20% 、普通角闪石 3% 、黑云母 1% 。裂隙不发育,沿三组正交的节理具较高的易劈性,可以采出 >5 m² 的巨大块体,成荒率 >80% 。光面为灰、肉红、杂白色、黑色矿物斑点,又称芝麻灰,系区内及外围(含洛宁院东)的一种具普遍性的石材品种。

9)宝石花

岩石为一种大斑状角闪(黑云)二长花岗岩。中—粗粒花岗结构,似斑状结构。斑晶为条纹长石 30% ~35% ,黑云母 4% ~5% ,基质为斜长石 35% ~40% 、石英 25% 、黑云母3% ~4% ;斑晶和基质反差明显,抛光面上的条纹长石斑晶所呈图像似在灰色的背景上镶嵌了红色的宝石,故名宝石花。该岩石主要分布在花山岩体的外带,同芝麻灰一样,具有较大的块度,成荒率 >80% ,洛阳、嵩县、宜阳以及周边的石材企业,大都开采加工这类石材,市场销路较好,畅销于闽浙一带。

10)碧沙黄

碧沙黄是分布在花山大岩基北部外接触带,侵入片麻岩系中的小岩株状石英二长岩。地表形成孤零高地,长轴 200 m,宽 148 m,名缩头山,向下岩体有变大之势,岩石呈二长结构,块状构造。主要矿物成分为钾长石 35% 、斜长石 40% 、石英 18% ~20% ,次要矿物有白云母 4%,次生矿物为褐帘石、绢云母、方解石,抗风化力强,块度较好,理论成荒率 44%～56%,光面为黑色斑点的土黄色,颗粒均匀,状如堆沙,故名碧沙黄,是区内一个罕见的石材品种。

为便于利用,现附新庄矿区主要品种的物性测试成果如表 5-17 所示。

表 5-17　宜阳张坞新庄花岗石板材矿区岩石物理性能测试结果

样品编号	板材名称	岩石名称	常温抗压强度（kgf/cm²）	常温抗折强度（kgf/cm²）	硬度（肖氏）（kg/cm²）	容重（g/cm³）	吸水率（%）	备注
L₂03	张坞青（黑碧玉）	黑云母化、纤闪石化辉绿岩	2 510.5	275.3	110.8	2.87	0.035	脉岩
L₂04	夜里雪（花碧玉）	斜长角闪片麻岩、黑云斜长角闪岩	1 792.7	305.9	74.5	2.86	0.045	片麻岩系
L₂05	墨晶黑	蚀变金云橄榄辉石岩	1 417.4	232.5	61.2	2.66	0.089	小岩体
L₂06	雪花青（雪里梅）	纤闪石化辉绿玢岩	1 753.9	494.6	73.7	2.77	0.021	脉岩
L₂07	绿牡丹（翠花绿）	纤闪石化、钠黝帘石化辉绿玢岩	2 212.8	488.4	70.22	2.84	0.039	脉岩
L₂10	条痕灰	绿泥二长片麻岩	1 630.5	150.9	71.02	2.67	0.093	片麻岩系
L₂12	碧沙黄	石英二长岩	1 449.0	157.0	73.16	2.53	0.12	岩株
L₂09	豆沙绿	辉长岩	1 839.6	219.2	70.75	2.85	0.11	未蚀变
L₂14	冰花黑	钠黝帘石化、纤闪石化辉长岩				2.89	0.048	蚀变岩体
L₂19	雪松青	钠黝帘石化、纤闪石化辉长辉绿岩	1 777.4	386.5	71.56	2.82	0.055	岩体
灵宝	芙蓉红	黑云二长花岗岩	1 594.0	176.0	88	2.61	0.28	岩体
灵宝	长寿松	石英辉长辉绿岩	2 639	230	86.4	2.73	0.1	岩体
厂家指标	花岗岩质石材类	花岗岩质石材类	812～2 622	89～374.8	74～110.6	2.56～3.09	<0.5	
工业指标	花岗岩质石材类	花岗岩质石材类	>700	>60			<0.5	

5.9.4 花岗石类石材开发利用现状及展望

5.9.4.1 我国花岗石类石材开发利用现状

所谓石材,一般指从地质体开采出来,并经过加工、整形而成的板状、块状材料的总称。石材类型众多,以化学成分可划分为碳酸盐类和硅酸盐类;以商业分类可划分为大理石类、花岗石类、板石类和砂石类。其中,大理石类包括大理岩、灰岩、白云岩、生物灰岩;花岗石类有花岗岩、流纹岩、闪长岩、安山岩、辉长岩、玄武岩、角闪岩、辉石岩、片麻岩、混合岩和火山碎屑岩等;板石类含碳酸盐岩类板石、碳质硅质岩类板石、黏土岩类板石;砂石类包括海砂、河砂、砾(卵)石、角石(碎石、片石)、块石、石米和石粉等,亦可分为荒料类、板材类、工艺品类和砂石类。

20世纪80年代,石材行业得到长足发展。经过短短几十年之后,我国成为了石材的出口大国。虽然石材的种类繁多,但是在各个石材市场上比较常见的依然是花岗石类石材。花岗石是饰面石材的商品名称,与岩石学中花岗岩的概念有着重要区别。花岗石原始概念即花岗岩。随着花岗石工艺的发展,花岗石的概念在不断地扩大。现代天然花岗石(简称花岗石)是指具有装饰性、成块性,能锯板、磨平、抛光或雕刻成所需形状的各种硅酸盐质的岩浆岩或变质岩等,如建筑石材中常用的各种花岗岩(包括黑云母花岗岩、普通角闪花岗岩、普通辉石花岗岩、白岗岩、花岗闪长岩等)、拉长岩、辉长岩、辉石岩、正长岩、闪长岩、辉绿岩、玄武岩、凝灰岩、片麻岩等都可称为花岗石。这些岩石的特点是:大多以石英、长石、角闪石和辉石等矿物构成,岩石致密坚硬,矿物颗粒分布均匀。

花岗石之所以能逐步取代几千年来在石材市场上一直占主导地位的大理石,成了豪华建筑物竞相采用的装饰品,是因为花岗石有着以下大理石及其他石材无法比拟的优异性能。

(1)变形甚微(内应力甚小,可视为无内应力),能保持加工后的高精度;

(2)性脆,受损伤后只局部脱落,不影响整体的平直性;

(3)耐磨性比铸铁高5~10倍,耐用性高,比重比铸铁小1倍多;

(4)热膨胀系数小,与铟钢相仿,受温度影响极微,铸铁比花岗石要高40~45倍;

(5)弹性模数略高于铸铁,刚性好,内阻尼系数比钢铁大15倍,能防震、消震;

(6)耐酸、碱、盐的腐蚀,化学稳定性好;

(7)不导电、不导磁、场位稳定;

(8)可以切割、车削、刨削、磨削、研磨、抛光、镀膜、胶合,加工出来的精度可在零点几微米以下,光洁度高,可像镜面一样光泽照人;

(9)优质花岗石色彩鲜艳,花纹美观。

这些优异性能,也正是金属材料不足之处。因此,花岗石除用作饰面材料外,还可作为精密仪器的元件或组件。花岗石的用途是多方面的,天然石料经加工后,可制成各种成品使用,目前花岗石石料主要用于以下几个方面:

(1)一般建筑用石料。花岗石作为一般建筑用石料,在我国已有2 000年历史了,其用量之大,是有目共睹的。

(2)装饰用石材。花岗石防火、美观,因此黑色、蓝色、红色花岗石多用于大型建筑豪华宾馆的饰面。

（3）工业用石材。由于花岗石耐酸碱和抗腐蚀性能比不锈钢、玻璃钢、铸石强，因此它被广泛用作各种型号的贮酸碱的容器、槽罐。

（4）精密仪器用石材。花岗石在这方面的用途只有一二十年历史。常用作研磨平板、电磁吸盘平板、定位块、调整块、平行规和直角平板等。

除上述用途外，花岗石还广泛用于桥梁、隧道、水利工程，道路、墓碑、亭阁等永久性工艺建筑物上，还大量用于冶金、轻化、机械等建设上，甚至还可加工成光学系统中的反射镜和高档手表的表壳。

5.9.4.2 宜阳张坞新庄花岗石类石材开发利用现状及前景展望

张坞一带的石材类资源由于色调系列多、品种多，有"石材博物馆"之称，尤其构造稳定，成荒率高，物理性能好，石质优，并拥有一些特种石材，加之埋藏浅，交通方便，历来为石材专家看中。早在 20 世纪的 80 年代，在我国掀起的第二次石材浪潮中，有关地质界和石材厂家为寻找绿色、黑色石材资源，曾关注到本区的超铁镁质岩带，并深入矿区进行过调查。90 年代初期，以张坞新庄为核心，曾与外地协作筹建石材企业，并邀请河南省地调一队进行石材调查，至 1995 年，由河南省轻联集团与宜阳联合成立花果山石材开发有限公司，又特邀河南省地调一队选新庄矿区按石材地质工作程序要求，开展专项石材地质普查评价，提交各类石材总储量 2 079.34 万 m^3，并分别对各类石材理化性质进行了专题研究，编有石材地质评价报告。

1996 年花果山石材有限公司曾与意大利麦克公司合作开发石材，后在 1997 年因国际国内金融业形势使该项合作搁浅，之后的 10 年间，基本上处于停滞阶段。笔者认为，近 10 年来，由于国内石材市场的不景气，张坞石材也仍一直没有再度兴起，但石材的资源优势应引起更多关注，尤其重视该区的工艺石材和小石材、异形石材的开发。

5.10 栾川狮子庙摩天岭滑石矿

栾川北部白土—狮子庙—秋扒一线，经地质和民采工程证实为一滑石成矿带，带内现已发现滑石矿点 8 处，分布于白土白石崖根西沟、九里沟，狮子庙摩天岭，秋扒东化沟、于涧沟脑一带，东西长约 28 km。具有较好的成矿条件和找矿线索，但地质工作程度低，为了提高对滑石矿床的认识，促进地质找矿工作，现以狮子庙瓮峪摩天岭滑石矿为例作扼要介绍。

矿区位于栾川狮子庙乡东南三联村摩天岭，由矿区沿瓮峪沟有简易公路 2 km 通瓮峪街，再 6 km 至瓮峪沟闶，与公路干线相接，分别通往栾川县城和卢氏、洛宁、洛阳各地，交通条件已得到巨大改观。

5.10.1 区域地质

本区大地构造位处华北地台（Ⅰ级）华熊台隆（Ⅱ级）南缘伏牛山台缘隆褶区（Ⅲ级）的南侧，北距马超营断裂带 6~7 km，濒临南天门—小重渡断裂带。断层北出露熊耳群火山岩，以南为受区域变质程度不一的蓟县系官道口群镁质碳酸盐岩系，滑石矿化受马超营断裂次级构造和镁质碳酸盐系控制。

伏牛山台缘隆褶区为由嵩县南部栗树街一带伸入本区部分,区内主要分布熊耳群火山岩和官道口群碳酸盐岩系,在东部狮子庙以东零星出露太古代结晶基底太华群。区内多期多阶段大地构造活动的各类构造形迹极其发育,构造线为北西西向,主要褶皱构造以三门—重渡倒转背斜及其南侧的次级公主岭背斜和白石崖向斜为代表。这些褶皱构造均以高角度倾斜、两翼紧闭并向南倒转为特征,平行褶皱轴的走向断裂十分发育,沿断裂走向的滑动,和沿其倾向的逆冲又造成了地层的一些层位缺失。所有这些均表示了区内经受了强烈的多次区域构造运动和变质作用,为滑石矿的形成提供了外部条件。

5.10.2 矿区地质

瓮峪摩天岭滑石矿区位于重渡—三门外倒转背斜南翼中段,摩天岭北坡。

5.10.2.1 地层

出露地层为中元古界官道口群龙家园组下段,可分为上、中、下三个岩性段。

(1)下部:以灰色硅质条纹条带白云石大理岩为主,底部为绢云千枚岩和石英砾岩,厚200 m左右。

(2)中部:以浅灰色白云石大理岩为主,中间夹1~2层灰白色滑石片岩,一般厚8~12 m,该层位全区发育,沿走向延伸十余千米,内含滑石矿层,厚150~200 m。

(3)上部:以深灰色粗晶质中层状硅质白云石大理岩为主,厚250 m。

5.10.2.2 构造

矿区内地质构造相对简单,表现为一单斜构造,地层走向305°,倾向35°,因处于北部背斜的倒转翼,倾角较陡,为50°~75°。区内断层不发育,但地层显示了受挤压后的明显片理化,形成与应力方向垂直且很发育的挤压裂隙。由于南北向挤压应力不均衡,地层沿走向和倾向都有较大的摆动。

5.10.2.3 变质作用

矿区附近未见岩浆岩,但区内地层处于北部马超营断裂带和南部台缘沉降带及后期推覆构造的强大南北向挤压应力场中,地层经过多次大地构造运动,由动力、热力和热液作用,产生了强烈区域变质,碳酸盐类岩石发育大理岩化,泥质岩石出现绢云母化,滑石矿层为硅镁含量高的白云岩受区域变质热液作用在滑石片岩中形成的矿床。

5.10.3 矿床地质

5.10.3.1 矿层特征

滑石矿层位于龙家园组下段中部。矿石呈层状,透镜状,夹于滑石片岩中,一般由2~3个矿层组成,单层厚0.5~1.8 m,沿走向相对稳定,内部结构简单,不含夹层,地表刻槽控制长度1 500余m,向区外东、西两端各有延伸,推测各达千米以上,矿层呈单斜状,走向近东西,倾角45°~75°。

5.10.3.2 矿石特征

1)矿石类型及结构构造

矿石类型有白云石滑石片岩及滑石化石英白云岩两种类型,矿石为鳞片状、粒状变晶结构,片状及块状构造。

2)矿物成分

矿物成分主要是滑石、白云石、菱镁矿和石英,滑石呈白色,微带浅褐或绿色,含量不均,最高达 60% ~70%,低者 20% ~25%,质软呈鳞片状,珍珠光泽,白云石和菱镁矿含量约 25%,大部已被拉扁,多呈定向分布,微量矿物为黄铁矿和铁的氧化物。

3)化学成分

依据 14 个化学样分析结果,SiO_2 29.44% ~63.02%、MgO 23.24% ~31.12%,Fe_2O_3 0.64% ~1.49%(见表 5-18)。

表 5-18　摩天岭滑石矿样品分析结果

样品号	样长(m)	品　位(%)			备　　注
		SiO_2	MgO	Fe_2O_3	
1	1.00	29.44	23.24	0.64	
2	0.80	59.38	29.76	1.10	
3	0.90	58.90	30.88	0.52	白色、淡绿色
4	0.90	56.76	31.12	1.14	
7	1.00	63.02	27.26	0.94	
8	0.70	60.32	25.72	0.72	
10	0.90	59.44	29.13	1.49	褐、浅褐色
14	0.90	53.28	28.52	0.80	

由表 5-18 可知,该滑石矿原矿石品位大部分达工业要求,其中部分样品达特级品和 Ⅰ 级品要求(见表 5-19)。

表 5-19　滑石矿床工业指标及矿石工业品级

类　型		组　分　含　量(%)			
		SiO_2	MgO	Fe_2O_3	CaO
品位要求	边界品位	≥27	≥26	≤3	不限
	工业品位	≥30	≥27	≤2	不限
矿石品级	特级品	≥60	≥31	≤0.5	≤1.5
	Ⅰ级品	≥55	≥30	≤1	≤2.5
	Ⅱ级品	≥48	≥29	≤1.5	≤3.5
	Ⅲ级品	≥36	≥27	≤2	不限

4)矿床规模

根据矿层平均品位(SiO_2 55.7%、MgO 28.3%、Fe_2O_3 0.92%)取厚度 1.68 m、长度 500 m、推深 100 m、比重 2.7 t/m^3,摩天岭矿区估算矿石量 22.68 万 t。

5.10.3.3 矿床成因及找矿方向

摩天岭滑石矿产于富镁碳酸盐建造中,矿床属区域变质型富镁硅酸盐类,成矿条件受大地构造、岩石地层和地层产状三重因素控制。

(1)大地构造条件:该成矿带位于华熊台隆的南部边缘,北部靠近马超营断裂,南部靠近栾川台缘凹陷。凹陷区的沉降和多期褶皱、马超营断裂带的多次活动,使本区成为地应力的强烈释放区,由动能转化的热能,促使本区内比较强烈的构造热液变质作用,变质程度达绿片岩相。

(2)岩石地层条件:由矿区滑石矿层剖面和横向对比图上看出,滑石矿层夹于滑石片岩中,而滑石片岩多伴生于硅质白云石大理岩中,恢复原岩应为富镁、富硅的碳酸盐岩,该类岩石应为形成滑石矿床的原岩或母岩。

(3)地层产状条件:处于栾川—重渡倒转背斜倒转翼上的滑石矿层,可以认为是后期褶皱形态,但从褶皱轴面的产状、轴面和大理岩片理的一致性分析,区域地层受着由南向北的叠瓦状推覆,加之地层倾角较大,因此也给变质温度的升高提供了条件。

根据矿床成因和成矿条件的分析,本区仍具较好的找矿前景,沿走向和倾向,都有形成新矿化富集段的可能。另外,对区内比较广泛分布的滑石片岩、滑石化大理岩,如能加以系统的地质工作和合理进行样品控制,有可能圈定出新的矿体。因此,必须在研究滑石矿床成矿机制的基础上,重新部署区内滑石的地质找矿工作。

5.10.4 滑石开发利用现状及展望

5.10.4.1 我国滑石矿开发利用现状

滑石属层状硅酸盐,是一种含水硅酸镁矿物,因其具有良好的电绝缘性、耐热性、化学稳定性、润滑性、吸油性、遮盖力及其机械加工性能,被广泛应用于造纸、塑料、橡胶、电缆、陶瓷、油漆、涂料、建材、医药等工业领域。

(1)造纸。滑石在造纸中可用于以下四个方面:造纸填料、造纸涂布、树脂控制、再生纸脱墨。造纸填料曾是滑石最大的应用领域,主要集中在欧洲和亚洲造纸业。作为纸张填料,起着填充剂作用及控制树脂添加剂、改善纸张光泽和不透明度等重要作用。20世纪80年代末,欧洲纸业开始从酸性造纸向中性和碱性造纸转变,这使得碳酸钙大规模用于造纸成为可能。碳酸钙白度高、流动性好、资源丰富、价格优势明显,其市场需求量迅速上升,并挤占了很大一部分滑石原有的市场份额。中国纸业于20世纪90年代开始大量使用碳酸钙,我国老造纸厂基本上以滑石为填料,而90年代以来新建的大型纸厂均以碳酸钙为主要填料,这使得滑石在中国造纸业的使用数量已无增长的可能。而在未来的3~5年内,中小造纸厂由于环境污染问题必将逐渐关停,滑石的需求量将加快减少,10年后会基本从造纸填料市场退出,取而代之的是碳酸钙市场份额继续大幅度增长。

(2)塑料是过去20年来滑石用量增长最快的领域。滑石在塑料行业中主要用于PP塑料填料,生产汽车和家用电器的零部件。另外,也用于PE、尼龙、不饱和聚酯材料的填料,以及塑料薄膜的防黏剂。滑石作为塑料的主要填充剂,可改善塑料的化学稳定性、耐热性、尺寸稳定性、硬度和坚实性、抗冲击强度、热导率、电绝缘性、抗拉强度、抗蠕变能力等性能。对于应用于汽车和家电的聚丙烯塑料改性,滑石的性价比是其他任何非金属矿物材料所无法比拟的。

(3)用滑石作涂料的填料,对其白度、吸附性、覆盖力、化学惰性和掺合量有较严格的要求。滑石的极完全底面解理及其超细粉的分散性、吸附性、覆盖力可以控制涂料的适宜稠度,增强涂料的层膜均匀性,有强遮盖力,防止涂层下垂,控制涂料的光泽度。滑石有良好的吸附性,尤其是强吸抽性,是油漆的重要配料。

(4)陶瓷原料,块滑石和滑石粉均可作陶瓷原料。块滑石瓷是由优质块滑石碎料与黏结剂及其他配料混合,采用可塑成型法、注浆法、压制法等制成各种构型的陶坯零件,再经 1 300 ℃高温烧结而成。滑石物以不同含量配入陶瓷坯体,可控制陶瓷的性能。块滑石瓷具有良好的介电性能和机械强度,是高频和超高频电瓷绝缘材料,用于无线电接收机、发射机、电视机、雷达、无线电测向、遥控和高频电炉等。这种瓷耐高温,故可用作飞机、汽车、火花塞等的喷嘴材料。

滑石粉在陶瓷生产中的良好效应是由于其热稳定性好,在高温时出现高强度物相结构,并由此导出一些优良性能。例如,陶瓷在高温烧成时,滑石转变成顽辉石,使坯体的膨胀系数有所增大,从而避免釉面产生裂纹。

国际市场一直是我国滑石工业发展的重要动力,但近年来,国内市场出现了引人注意的变化。以往国内市场以低档产品为主,用于造纸填料等低端市场,这些市场 2000 年以来快速萎缩。与此相反,用于塑料、涂料、化妆品方面的中高档产品增长迅速。在今后几年内,国内需求的产品由中低档为主转向中高档为主。今后国内市场的需求将超过出口的拉动。2009 年我国造纸、涂料、汽车、家电和陶瓷的产量均为世界第一,而这些市场正是滑石的主要应用领域,市场潜力巨大。长江三角洲和珠江三角洲是最主要的消费地区。今后主要的市场增长点在塑料,特别是 PP 塑料,用于汽车工业、家电和包装制品,年增长率会维持在 5% ~ 10%。而用于 PP 填料的滑石要求一般白度要高,纯度要好,原矿含有的杂质,诸如菱镁矿、白云石、透闪石、铁,甚至重金属对产品的性能均有不同程度的影响。

5.10.4.2　栾川狮子庙摩天岭滑石矿开发利用现状及前景展望

栾川滑石矿发现于 1956 年 1:20 万栾川幅区域地质测量。

1985 年由狮子庙乡在瓮峪沟摩天岭附近开采矿坑 2 个,矿石出售洛阳等地,历年来共采矿 5 万 t 左右。

1988 年,由赤土店乡铅钼选厂投资,再次对滑石矿的选矿加工进行检查论证,筹建年产 5 万 t 滑石微粉(细度为 5 μm),并已建成投产。

随着社会经济的发展,滑石用途日益广泛,用途日渐扩大。2003 年栾川已重新规划,拟在加强对区域滑石矿产开展系统地质勘查工作的基础上,重新制定滑石矿的开采规划,以尽快展示出这一资源优势在振兴本县地方经济中的作用。今后栾川狮子庙摩天岭滑石的主要发展方向如下:

(1)加强中低品位滑石选矿技术研究。当前中国滑石工业发展面临的问题之一是:高档原料严重供不应求,而中低档原料供大于求。高档原料和中低档原料是共生的,任何矿山都不可能只产高档原料而不产低档原料,而且所有矿山的低档原料都多于高档原料。

故将低档原料经过选矿提纯,对我国滑石的综合利用具有重大的经济意义。

(2)提高共生伴生矿产的综合利用水平。

(3)加强滑石深加工建设,开发滑石产品新的应用领域,加快资源优势向经济优势的转化。

5.11　新安水泥灰岩、熔剂灰岩矿床

石灰岩矿产在洛阳地区主要分布在北部的新安、宜阳、伊川、偃师和汝阳、嵩县北部,含矿地层主要是寒武系,其次为奥陶系和石炭系太原统。区内石灰岩主要是水泥灰岩,其产出层位为寒武系中统张夏组一、二段,相当于原来的张夏组中、下部和徐庄组的上部层位。洛阳几个大的经过勘探并已建厂开采的水泥灰岩矿山如铁门水泥厂、诸葛水泥厂、宜阳和伊川等水泥厂所属矿山,均为这一层位。寒武系的其他层位,产有与水泥灰岩伴生的制灰灰岩等石灰岩类亚矿种。熔剂灰岩除水泥灰岩中的部分矿层外,主要产于区内奥陶系中统马家沟组的一、四段,为洛阳市新发现的熔剂灰岩类型。新安县不仅出露了寒武系的整套地层,也出露了奥陶系,石炭系太原统的生物灰岩发育的也较好。现以新安县的水泥灰岩、熔剂灰岩为例加以简介,结合认识相关的伴生矿产。

5.11.1　区域地质

新安县大地构造位处华北地台南缘的渑临台坳(沉降带)的北部,北部属岱嵋山—西沃镇隆起,西南接渑池—义马凹陷,东南临洛阳断陷。区内原始褶皱构造线方向为东西向,后来受印支、燕山期构造叠加,偏转为北西向和北东向,形成一些西北抬起,向东南倾伏的短轴背斜、向斜和穹隆,包括北部的岱嵋山—西沃镇隆起,南部的新安向斜以及向斜南北的土古洞背斜、方山背(单)斜两个次级褶皱。断裂构造主要是近东西向、北西向和北东向,其中东西向最早,南北向较晚,二者规模相对较小。北西向,如龙潭沟—暖泉沟断层规模最大。受构造控制,地层出露由西北向东南次第更新,大体沿岱嵋山—西沃镇隆起呈半环状分布,形成大体走向北北东、倾向南东,自北而南由水泥灰岩、白云岩为主,含有熔剂灰岩以及铝、煤、耐火黏土等互相依存的沉积矿产成矿带,该成矿带在洛阳矿业经济中占了主要位置。

5.11.2　含矿层位

5.11.2.1　寒武系(水泥灰岩等)

新安县寒武系分布面积最广、层位最全、厚度最大,产出分两个区:北区出露连续,自北部小浪底水库以南石井的荆紫山,经西沃镇西石岭沟,延至北冶碾子坪、高山寨一带,东西出露宽7~8 km,南北延长近30 km;南区包括新安城南李村,城西铁门以北。两区出露总面积约200 km²,累计地层总厚538.9~635.3 m,自下而上不同地层层序特征为:

(1)关口组。仅出露在曹村袁山以西及方山南部。下部为灰白色厚—中厚层状粗—中粒石英砂岩,底部有一层稳定的灰黄色含砾砂岩,上部为红色薄—中层白云岩化含砾粉砂质灰泥灰岩,厚12 m,可和鲁山辛集组对比,但不含磷块岩。

（2）朱砂洞组。广泛分布在石井、曹村以西及方山南部，下部为浅灰色厚层含波状叠层石灰岩，与浅灰色中层灰岩、紫红色薄层灰质白云岩互层；中部为浅灰色厚层含藻球团的豹皮灰岩、条带状细晶灰质白云岩；上部为黄色薄板状白云岩与中层白云岩，厚20.6～41 m。

（3）馒头组。有关区调最新资料中的馒头组分为一、二、三个岩性段，其中一段相当原来的馒头组，二段相当毛庄阶，三段相当徐庄阶下部，分布在石井以西的歪头山—鸡头山、曹村关爷寨—南寨及方山以南地区。

一段（原馒头组层位）：整合于下伏朱砂硐组之上，由北向南逐渐增厚。下部为灰黄色薄板状含泥质灰泥灰岩及紫红色薄板状（含膏）铁泥质灰岩；上部为灰色厚层发育有交错层理的砾屑、砂屑灰岩和泥裂发育的灰黄色薄板状含铁，泥质的灰泥灰岩，北部厚32 m，南部厚72 m。

二段（相当原毛庄阶）：以出现鲕粒灰岩为标志，底部有一层较厚的长英质碎屑岩（海绿石砂岩），向上为浅灰色中层鲕粒灰岩、紫红色粉砂质泥岩，条带状含鲕粒灰岩和粉砂岩，顶部有20 m灰岩，内含泥裂和小型交错层理，厚50～63 m。

三段（相当徐庄组）：以出现大套的紫红色细碎屑岩为特征，底部为灰红色中厚层状泥质条带含球粒灰泥灰岩（具交错层），中上部为紫红色中—薄层灰泥质藻屑鲕粒灰岩（具波痕和极发育的泥裂），厚74～106 m。

（4）张夏组。广泛分布在石井附近的塔沟—关址、曹村附近的碾坪—山碧及北冶西部碾坪一带，主体为一套厚层状鲕粒灰岩—鲕粒白云岩，自下而上分三段：

一段：主体为灰色厚层泥质条带鲕粒灰岩。岩层中发育大型交错层理，大波痕和水平纹层，夹暗紫红色页岩，向上变为黄绿色页岩及暗紫红色页岩夹透镜状或薄层状鲕粒灰岩，含波状叠层石（相当有关水泥灰岩矿床划分的泥质灰岩层位），以含较多的黄色泥质条带和鲕粒灰岩层较厚为特征，厚28～65 m。

二段：下部青灰色薄板状灰泥质灰岩，灰色厚—巨厚层状鲕粒灰岩及中层状泥质条带含砂屑、砾屑鲕粒灰岩，发育小藻礁体，中、上部为青灰色厚层状生物屑鲕粒、豆粒灰岩，夹中层鲕粒条带灰泥灰岩，向上出现白云石鲕粒，相当后文中的豆鲕和虎皮灰岩，厚67 m。

三段：中下部为褐灰色（风化面灰黑色）块状、厚层状残余鲕粒细晶白云岩，夹中—薄层含鲕粒细晶白云岩及中—薄层含鲕粒虫迹状细晶白云岩，含叠层石。新安县南部相变为薄层灰岩和生物碎屑白云岩，向上相变为花斑状含白云质泥灰灰岩，厚79 m。

（5）崮山组。分布于石井庙上、元古洞及畛河南北的东张坡、林岭一带。下部为灰黄色泥质条带细晶白云岩与灰色厚层含鲕粒细晶白云岩互层，向上白云岩化作用增强，出现硅质渣状层和褐铁矿染红的氧化面（该氧化面代表沉积界面，应为上寒武统崮山组界限）；上部为灰色厚—巨厚层状细晶白云岩和残余鲕粒中—粗晶白云岩，含柱状叠层石，总厚83～93 m。

（6）炒米店组。分布于石井庙上、石寺的古堆一带。自下而上为浅灰色厚层—巨厚层状含泥质条带残余鲕粒细晶白云岩，浅灰黄色中层泥质条带残余砾屑细晶白云岩，黄色薄板状泥质细晶白云岩。厚62～88.6 m。

（7）三山子组。仅见于方山以北，岩性为淡红—浅灰色中、细粒白云岩，夹燧石团块或条带，内含柱状叠层石和风暴砾屑，厚33.6 m。

5.11.2.2 奥陶系马家沟组

该层位分布于石井西、西沃南、石寺西及新安南的暖泉沟一带。区内仅见中统马家沟组的一部分,最大厚度153 m,平行不整合于寒武系之上,底部砂岩之下有硅质风化壳。自下而上分为四个岩性段:

一段:下部为灰褐色薄层细粒钙质石英砂岩,灰黄、灰绿色页岩,上部为灰褐色中层石英砂岩,灰黄色叶片—薄板状泥质粉晶白云岩,含膏溶角砾,总厚12 m。下部的平行不整合相当区域上的怀远运动,本岩性段相当徐淮一带的"贾汪页岩"。

二段:下部为青灰色厚层角砾状泥灰岩(膏溶角砾岩)和巨厚层状灰泥灰岩,中、上部为青灰色厚层状灰泥灰岩夹灰黄色薄板状含泥质粉晶白云岩及浅灰色厚层泥晶白云岩,厚44~50 m。

三段:下部为灰黄色薄板状微晶白云岩与浅灰色厚—中层微晶白云岩(发育水平纹理)互层,上部为含灰泥岩团块的浅灰色厚层粉晶白云岩,夹灰黄色薄板状微晶白云岩,厚45 m。

四段:岩性为青灰色厚层—巨厚层状灰泥灰岩,亦称花斑、豹皮灰岩,含腹足、头足类珠角石化石,不规则状虫穴极为发育,厚51 m。上为石炭系平行不整合,顶部岩溶面上形成石炭系铁铝层。

5.11.3 水泥灰岩、熔剂灰岩矿床

5.11.3.1 矿层特征

水泥灰岩矿床主要赋存于寒武系张夏组一、二段,岩性以鲕状灰岩为主,含少量泥岩,厚34.80~47.40 m。矿层向南增厚,除张夏组一、二段外,还包括三段一部分。以李村蝎子山矿床(西头山)为例,矿体总厚达76.92~111.0 m,平均厚96.21 m。组成矿层的岩石自下而上为泥质灰岩、豆鲕状灰岩、虎皮状灰岩、薄层状和生物碎屑灰岩五种矿石的自然类型或五个特定层位,形成厚大的单斜层状矿体。矿层底板为淡黄、淡绿色泥质灰岩(有的地方为竹叶状砾屑灰岩或花斑状细鲕粒灰岩);顶板为浅灰、浅黄色泥晶含白云质灰岩。

熔剂灰岩赋存于奥陶系马家沟统二段底部及第四段,岩性为巨厚层状灰泥灰岩和青灰色巨厚层—厚层状灰泥灰岩,由于化学性较纯,顶部常见岩溶现象,主要分布在新安北部石井、北岩一带。

5.11.3.2 矿石矿物成分、结构构造

水泥灰岩矿石主要矿物为方解石,含量一般在85%~95%,最高达95%以上,呈泥晶、亮晶出现,多呈他形粒状,粒径在0.015~0.1 mm,局部重结晶后粒度达0.8 mm。次要矿物为白云石,含量8%~10%,最高达20%,最低5%,多呈半自形、自形菱面体,粒径0.006~0.07 mm,多数粒度小于0.05 mm,分布于鲕粒和方解石晶粒之间。微量矿物为褐铁矿及呈长纤维状的生物屑,含量10%左右。

熔剂灰岩属结晶灰岩类型,矿石矿物成分中方解石>95%,高者达100%(重结晶),白云石含量<5%,泥质少量,含1%~2%的钙质生物屑。内含泥质、白云质斑纹(豹皮),顶部含白云石较高。

矿石结构、构造与矿石类型有关,由于矿石类型较多,结构、构造也相当复杂。主要结构有泥质结构、豆粒结构、鲕粒结构、微细晶结构、交代结构、生物屑结构、内碎屑结构等,矿石构造为块状构造、斑块状构造、层状构造、网脉状构造、条带构造等。

5.11.3.3　矿石化学成分

各矿体主要化学成分见表 5-20,矿石中其他成分(李村)见表 5-21。

表 5-20　各矿体主要化学成分　　　　　　　　　　　　　　　　　　（%）

矿区化学成分（%）		水泥灰岩				熔剂灰岩	
		西沃	北冶	曹村	李村	北冶（下）	北冶（上）
CaO	区间	43.78～52.36	44.45～54.36	47.85～53.09	45.06～52.34	50.31～53.01	50.31～52.09
	平均	48.79	50.59	49.52	49.09	51.79	51.38
MgO	区间	0.69～3.25	1.08～5.14	0.69～5.20	0.37～2.99	1.26～1.49	1.34～1.49
	平均	1.92	2.13	2.26	1.09	1.38	1.45
SiO_2	区间	0.96～5.64	0.56～5.32	1.33～5.13	5.10～6.28	0.99～1.96	0.99～1.96
	平均	2.29	2.09	3.42	5.69	1.82	1.54

表 5-21　矿石中其他成分(李村)

工程项目		剖面、剥土工程样			
		I	II	III	矿区平均
化学成分（%）	Al_2O_3	2.35	1.86	1.67	1.96
	Fe_2O_3	1.19	1.04	0.90	1.04
	SO_3	0.017	0.013	0.015	0.015
	LOSS	40.65	40.10	40.59	40.45
	R_2O	0.633	0.601	0.573	0.602
	Cl^-	0.0099	0.013	0.1338	0.0522

由矿区水泥灰岩化学成分统计中看出,矿石中 CaO 集中在 47%～51%,平均≥49%,占总量的 39.74%,MgO 集中在 0.5%～1.0%,其中小于 1% 者占 64.1%,总体显示氧化钙含量稳定,氧化镁等有害组分含量低,相当部分可作熔剂灰岩。

5.11.3.4　矿石类型

依组成矿石的岩性特征,可将水泥灰岩矿石分为五种类型,特征可见表 5-22。

表 5-22　水泥灰岩矿石类型对比表

特征	泥质灰岩型	豆鲕灰岩型	虎皮灰岩型	薄层灰岩型	生物碎屑型
颜色	青灰、灰、淡黄色	灰、灰黄色	灰、灰黄色	青灰、灰白色	灰白色
结构、构造	泥质结构,斑块状—块状构造	豆粒、鲕粒结构,块状构造	泥质花斑结构,块状构造	细晶结构,层状构造	生物结构,块状构造
宏观识别标志	分布不均的浅黄色花斑,或多含泥晶灰岩薄层	条带豆粒呈淡黄色同心圆状,鲕粒呈条带状	虎纹为短的条带,平行于灰色鲕状灰岩中	灰岩中夹泥质薄膜,风化后呈"千层饼"状	含藻和虫迹
主要矿物成分	方解石(含量90%～95%)、白云石(5%～8%)褐铁矿和生物屑微量	豆粒由核和同心层两部分组成,主要成分为方解石	方解石(泥质条带为微晶方解石)	方解石(90%～95%)、白云石(<5%)	泥晶方解石
微观特征	方解石为颗粒泥晶,他形粒状,粒径0.015～0.05 mm,白云石呈自形菱面体,粒径0.015～0.06 mm	豆粒核为生物屑和单晶,同心层由泥晶方解石组成,豆粒和鲕粒均由亮晶方解石胶结	虎纹成分,为泥晶方解石基岩,由微晶方解石组成	方解石呈他形粒状,粒径0.02～0.1 mm,结晶粒度均匀	泥晶方解石大部分重结晶,粒径0.45 mm,胶结物70%,生物屑20%
CaO(%)	47.64	50.78	48.63	50.40	49.29
MgO(%)	0.82	0.70	0.94	1.28	1.23
储量比(%)	27.18	2.02	21.19	26.09	5

5.11.3.5　资源量估算

(1)全区水泥灰岩工作程度为调查评价,矿石量(334)172 252 万 t,熔剂灰岩矿石量(334)5 751 万 t,各矿区矿石量见表 5-23。

表 5-23　新安县水泥灰岩预测区矿石量

产地	水泥灰岩			熔剂灰岩(北冶)
	西沃镇西	北冶镇西	曹村山碧南	
矿石量(万 t)	74 336	42 259	55 657	5 751

(2)李村蝎子山工作程度为普查,资源量见表 5-24。

表 5-24　李村西头山(蝎子山)资源量普查结果

项目		各类别储量(万 t)			剥离量(m³)	
		332	333	332＋333	顶板	夹层
矿石品级	I	677.61	247.59	925.2	2 065 805.04	88 364
	II	974.91	215.54	1 190.45		
合计		1 652.52	463.13	2 115.65	2 154 169.01	

5.11.4　伴生、共生矿产

5.11.4.1　白云岩

白云岩为以白云石为主的碳酸盐岩,MgO 21.74%、CaO 30.43%、$CO_2$47.8%,含少量 SiO_2、Al_2O_3、Fe_2O_3 等杂质。工业用白云岩主要依据 MgO 的含量。水泥灰岩、熔剂灰岩的伴生白云岩矿床,主要产于寒武系崮山组、炒米店组及奥陶系马家沟组第三岩性段。崮山—炒米店组白云岩为巨厚层状,一般厚 40～50 m,最厚达 90 m,MgO 18.5%～21.3%、CaO_2 0.31%、Fe_2O_3 0.15%～0.71%、SiO_2 0.14%～0.18%、Al_2O_3 0.38%。圈定的矿点自石井经北冶、曹村到新安县城北铁门、城南李村均有这一层位。另一层位为奥陶系马家沟组三段的白云质灰岩及白云岩。由于沉积条件和剥蚀作用,各地厚度变化较大,西沃竹园—狂口区矿层厚29 m,MgO 15.72%～20.26%,SiO_2 一般小于6%,城南分布于杨岭山、毛头山、厥山一带,杨岭山 C1 + C2 储量 4 679.4 万 t。

5.11.4.2　饰面灰岩(板材)

寒武系、奥陶系石灰岩最早开发的板材有晚霞红、紫豆瓣、虎皮、云花等,后来发现朱砂洞组、馒头组所产的交错层状缟纹灰岩、层纹状黄色紫红色含铁泥质水平层纹的灰泥岩和白云质灰岩,不仅岩性致密,成层性好,又极富装饰韵味,不仅可以加工板材,而且可以作为工艺石材。除此之外,如徐庄组的竹叶状灰岩,张夏组的生物碎屑灰岩、豆鲕状灰岩、奥陶系的豹皮灰岩,都可作为饰面石材类,在对外贸易中,淡黄色的泥晶灰岩很受外商青睐。

5.11.4.3　制灰灰岩

制灰指烧石灰,石灰要求的是白度、黏性(黏结力)和纯度(含砂量)。目前,对制灰灰岩尚未见到工业指标。但因石灰的用途广、用量大,民间烧制石灰对岩性的选择却非常严格,豫西地区所建的石灰窑虽都以寒武系中、下部的石灰岩为对象,但最优质的石灰选择的矿石为白云质灰岩,层位为寒武系崮山组的底部,含 CaO 35%左右,MgO 8%左右,产品称白灰。

5.11.4.4　重钙、轻钙原料

利用方解石(大理岩、石灰岩)生产重钙,是将石灰岩直接磨细而成粉体,轻钙是制成熟料后加工磨细的粉体。这两种粉体碳酸钙主要用于造纸、橡胶、塑料类填料和涂料工业,尤其利用现代深加工技术发展超细超白钙粉系列,价格均以每吨千元以上计,给石灰岩开拓了广泛的应用前景,代表矿产品深加工业发展的新方向。

超细粉体碳酸钙的原料要求,$CaCO_3$ ≥95%、CaO ≥54%、白度≥90%, -2 μm ≥90。区内寒武系、奥陶系石灰岩的个别单层,$CaCO_3$ 达98%,CaO 含量最高达54.36%,相当部分 >53%,接近工业要求。另外,寒武—奥陶系地区多处产有方解石脉,这是制造高纯度钙粉的理想矿物原料。

5.11.5　石灰岩开发利用现状及展望

5.11.5.1　我国石灰岩开发利用现状

石灰岩是最常见的一种非金属矿产,其主要化学成分为碳酸钙($CaCO_3$),由于石灰岩

分布广,资源丰富,价廉易得,一直为人类开发利用。近百年来,随着科技的发展,石灰岩广泛用于冶金、化工、轻工、建材等部门,直接或间接服务于人类衣食住行等各个方面。

我国石灰岩资源丰富,几乎全国各省区都有石灰岩分布。据调查,质地纯正、品质优良的石灰岩(含 CaO 54%以上)产地也不少,即有东北大连地区、吉林省汪清县庙岭、本溪南甸、酒泉地区西沟、陕西乾县、武汉地区的乌龙泉、江苏镇江船山、湖南东安县、四川攀枝花市河门口、重庆歌乐山和云南昆明龙山等。如冶金用熔剂灰岩、化工用电石灰岩、制碱灰岩、农业用化肥灰岩以及轻工用陶瓷灰岩、玻璃灰岩、建材行业用水泥灰岩等,各地都有广泛分布。对于发展碳酸钙等化工产品需用的灰岩,由于需用量不大,资源保证程度更高。

世界利用石灰岩有上千年历史,最普通的是用作建筑材料、炼铁熔剂,大量用于农业作肥料。近百年来,石灰岩及其烧成的石灰,应用范围日益扩展。在冶金工业方面,石灰岩是炼铁、炼钢和冶炼有色金属的主要熔剂,消石灰用作炼铁球团矿的胶凝剂;在水泥工业中,约占生料配料的 80% 是石灰岩;在建筑工业中,天然石灰岩作为建筑材料或混凝土骨料,石灰的应用范围则更广,如建筑物胶凝剂工业涂料、装饰材料等;在化学工业方面,主要用于制碱、生产电石和其他化工产品;在农业中,石灰岩可作饲料的钙质添加剂,石灰岩还是制作玻璃、陶瓷等的原料。

随着化学工业的发展,石灰岩用于有机和无机化工产品作原料已与日俱增,如漂白粉、碳酸钙、氢氧化钙、氧化钙、新华石灰、碳酸钠、氢氧化钠、碳酸氢钠、沉淀钙、草酸、酒石酸、乳酸等。碳酸钙是一种很重要的无机化工产品,作为一种填充剂,它被广泛应用于橡胶、塑料、造纸、涂料、油墨、医药等工业中。在欧洲,碳酸钙在造纸中年平均用量就超过 1 100 万 t。我国该产品年产量约为 30 万 t 轻质碳酸钙(轻钙)。

5.11.5.2 新安水泥灰岩、熔剂灰岩矿床开发利用现状及发展前景

新安水泥灰岩、熔剂灰岩矿产资源丰富,其开发又有得天独厚的优越性,豫西地区是个拥有煤、铝、铁等多种矿产的综合矿带,工程地质条件和水文地质条件属于中等类型,洛阳几个大的经过勘探并已建厂开采的水泥灰岩矿山如铁门水泥厂、诸葛水泥厂、宜阳和伊川等水泥厂所属矿山,均分布在此;熔剂灰岩有的可以直接开发利用,有的则在开采煤矿、铝矿和铁矿的同时进行开发利用。近年来,豫西地区连续建设起多家氧化铝生产厂家,单是百万吨以上的氧化铝厂就有三家,每年对熔剂灰岩的需求量就达数百万吨,甚至更多,对熔剂灰岩的需求将会日趋紧张,因此加强对该区熔剂灰岩的勘查开发和有效利用势在必行。

矿山建设与经济效益是分不开的,本区的水泥灰岩、熔剂灰岩的开发应依照自然矿区情况,充分发挥其优越性,能单独开发的单独开发,也可建设多种矿产同时开发的综合型矿山,既减少重复建设,同时也节约资源;也可以根据矿石的销售情况进行就地利用,降低运输成本,既提高经济效益,又可充分利用有限的资源,于国于民都将是最大的效益。

本区交通便利,南紧邻陇海铁路和连霍高速,县级公路及简易公路通往矿区;北近临黄河,有丰富的水源;电力充足,有大的电网通往矿区;区内劳动力充足,这些都是勘查开发矿产资源的有利条件。

新安水泥灰岩、熔剂灰岩,如能充分发掘利用起来,把资源优势转化为经济优势,它的效益和前景应该是非常可观的。

5.12　汝阳崔庄含钾黏土岩矿床

含钾黏土岩又称含钾砂页岩,属于含钾岩石的一种。崔庄含钾黏土岩矿床赋存于新元古界青白系洛峪群崔庄组地层中,1998 年 9 月由河南省地质矿产厅第二地质调查队经地质详查,圈定出矿体,提交了《河南省汝阳县崔庄含钾黏土岩矿区详查地质报告》。据区域地质资料,这套含钾岩系除分布于汝阳北部外,还出露于嵩县北部、伊川、宜阳、新安及偃师南部等地,是制作矿物钾肥的重要资源。我国钾盐资源短缺,开发含钾岩石,加快实现这一矿种的资源化价值,是重要的发展方向。因此,特以汝阳崔庄含钾黏土岩矿床为例,帮助认识进而开发这一矿种。

矿区位于汝阳县城北崔庄—甘泉庄一带,隶属城关镇河西村管辖,详查区东西长 1.15 km,南北宽 0.80 km,面积 0.92 km²,地理坐标:东经 112°28′19″ ~112°29′04″,北纬 34°10′48″ ~34°11′14″。

矿区距县城约 3 km,南经洛峪口临汝安公路,北 25 km 至大安接太澳高速公路及焦枝铁路汝阳车站,西 3 km 至汝阳县城,另有汝阳—蔡店公路穿过矿区西部,经蔡店亦通大安,交通十分方便。

汝阳城东以小店水泥厂、硫酸厂为中心,为汝阳已有工业基地。县北以汝阳火车站为中心,为汝阳新规划的工业区,正在招商引资发展煤化工、玻璃、陶瓷、铸造等矿产加工业。含钾岩石的勘查为汝阳发展农肥奠定了基础,上述这些工业的发展,也为利用这一钾矿资源创造了条件。

5.12.1　区域地质

矿区大地构造位置属于华北地台(Ⅰ级)南缘、渑—临台坳(Ⅱ级)、伊川—汝阳断陷(Ⅲ级)的九皋山—云梦山断垒(Ⅳ级)区。区内地层有中元古界熊耳群、汝阳群;新元古界洛峪群、震旦系;古生界寒武系,中生界白垩系,山间盆地中零星分布中新生界。汝阳群、洛峪群和白垩系九店组皆依本区地层组建,测有区域性标准地层剖面。区内构造以脆性断裂为主,褶皱构造次之,断裂有近东西向、北西向、北东向、南北向四组。其中,近东西向形成最早,规模较大,断面倾向南,倾角75°以上,多处产状直立,早期为正断层,晚期转化为具推覆性的逆断层。北西向、北东向断层截切近东西向断层,分别倾向北东和北西,同为正断层,倾角55° ~65°,部分后期发育为高角度的平推断层。南北向断层最晚,也是正断层,为汝阳北部熊耳群地层和含矿岩系的分界,具走滑性。区内除熊耳群,九店组和北部柿园南部一处第四纪玄武质浮石岩(火山通道相)火山岩外,没有发现侵入岩类。

洛峪群的岩性组合,表现为浅海陆棚—局部台地相的碎屑—碳酸盐岩建造,含钾岩石集中的崔庄组,在古地理上为一次地壳下沉、海水侵入的最大海泛期,沉积环境相对稳定,形成以黏土岩为主体的浅海陆棚相地层,区域上广泛分布在汝阳北部、伊川南部、嵩县北部的东西长 20 多 km、南北出露宽数百米的成矿带中,现详查的崔庄矿区仅为其很小的一部分。

5.12.2 矿区地质

矿区构造线方向依区域地层走向，为北西西—南东东。地层呈单斜产出，倾向170°～230°，倾角15°～35°。

5.12.2.1 地层

矿区地层为汝阳群北大尖组、洛峪群崔庄组、三教堂组，上为第四系覆盖。

1）汝阳群北大尖组

汝阳群北大尖组分布于矿区东北角及西北角。下部为中厚层状中细粒石英砂岩，夹薄层细粒石英砂岩，海绿石石英砂岩、铁质石英砂岩、贫铁矿层及灰绿色粉砂质页岩；上部为灰黄色厚层状钙质石英砂岩，顶部为白云岩、砾屑白云岩、白云质砂岩。未见底，厚度＞150 m。

2）洛峪群崔庄组

洛峪群崔庄组分布于矿区中部的崔庄、甘泉庄一带，与下伏北大尖组为整合接触，厚288.69 m，系含钾黏土岩的赋矿层位，自下而上分为9个岩性段。

（1）石英砂岩夹页岩、泥岩及薄层鲕状赤铁矿，砂岩中斜层理构造、波痕、泥裂发育，厚30.30 m。

（2）灰绿色、黄绿色页岩，底部为灰黑色碳质页岩夹砂岩，顶部为紫红色页岩与灰黄色泥质灰岩互层，厚度大于40 m。

（3）紫红色页岩夹粉砂质页岩，灰绿色页岩，底部夹细砂岩薄层，西厚东薄，平均厚21.95 m。

（4）紫红色页岩与灰绿色页岩互层，厚16.67 m。

（5）灰绿色泥页岩，局部夹紫红色页岩，平均6.12 m。

（6）灰绿色页岩与紫色页岩互层，上部含细砂岩薄层，厚16.65 m。

（7）紫红色铁质石英砂岩夹页岩，厚5.2 m。

（8）紫红色页岩与灰绿色页岩互层，底部夹细粒砂岩薄层，厚50.3 m。

（9）灰绿色页岩，底部为薄层—中厚层状细粒石英砂岩夹页岩，中部为紫红薄—中层细粒砂岩夹灰绿色页岩，厚41.5 m。

3）洛峪群三教堂组

洛峪群三教堂组分布于矿区南部，与崔庄组呈整合接触，下部为淡紫色中—厚层状中细粒石英砂岩，上部为紫红色含铁锈斑点中—细粒石英砂岩，顶部为海绿石石英砂岩，厚38.6～57.8 m。

5.12.2.2 断层

矿区内断层规模一般不大，按走向可分为北东、南北、北西向三组，北东向断层为正断层，其中的F2规模较大，走向45°左右，倾向北西，倾角72°，断层带内有角砾岩，断距10 m左右；南北向和北西向断层均为区域性断层伸向矿区部分，区内规模小，对矿区无大影响。

5.12.2.3 岩石类型

矿区主要岩石类型有石英砂岩、海绿石石英砂岩、钙质石英砂岩、页岩、粉砂质页岩、砾屑白云岩、泥质灰岩7种类型，与钾有关的主要为以下几种类型：

（1）页岩：岩石呈灰绿色、紫红色、猪肝色，泥状结构，页理构造，主要由伊利石（75% ~93%）、石英（5% ~20%）、长石及少量绿泥石、赤铁矿等组成。伊利石呈片状、针状，沿地层走向分布，形成岩石的页理构造。石英呈次圆状—次棱角状晶屑，粒径 $d = 0.01 ~ 0.045$ mm，多形成韵律层，主要见于崔庄组中部。

（2）粉砂质页岩：紫红色，粉砂质泥状结构，页理构造，岩石由伊利石（45% ~75%）、石英（25% ~30%）及少量长石、绿泥石、赤铁矿、铁白云石组成，伊利石呈片状、针状，沿走向分布，石英呈次圆、次棱角状，薄层状分布，主要见于崔庄组中下部。

（3）泥质灰岩：岩石呈灰色、灰黄色，泥质晶粒结构，块状构造，主要由60% ~75%的方解石、25% ~32%的铁质黏土组成，另有8%的赤铁矿和少量石英，见于崔庄组底部。

（4）石英砂岩：岩石多呈灰白色，部分含铁质、泥质较高者为浅褐色、灰褐色，砂状结构，纹层状、层状、块状构造，多处层面上保留波浪，层内见各种斜层理。成分由石英晶屑（82% ~98%）和少量硅质岩屑（<5%）、斜长石（<5%）及微量锆石、电气石、磁铁矿、黑云母等组成。岩石为孔隙式胶结，颗粒支撑，结构和成分成熟度较高，主要见于汝阳群北大尖组、洛峪群三教堂和崔庄组底部。

（5）海绿石英砂岩：岩石呈灰绿色，砾屑由石英晶屑52% ~80%、长石晶屑2%、海绿石团粒30% ~35%及微量榍石、绿帘石、磷灰石、锆石等，胶结物为硅质、铁质和海绿石，见于北大尖组和三教堂组。

（6）钙质石英砂岩：黄褐色，胶结物为钙质，见于北大尖组。

（7）砾屑白云岩：灰黄、灰红色，砾屑结构，块状构造，成分主要由砾屑30% ~65%、砂屑12% ~30%、粉屑3%及少量陆屑2%组成。砾屑为竹叶状、饼状、不规则状，砂屑、粉屑皆为不规则状，白云质胶结，属内碎屑类，见于北大类组上部。

5.12.3　矿床特征

5.12.3.1　矿体特征

汝阳崔庄含钾黏土岩矿床分上下两层：上层矿为崔庄组八、九段，总厚91.8 m，K_2O平均6.52%；下层矿由崔庄组三、四、五、六段组成，顶板为崔庄组七段铁质石英砂岩夹页岩，底板为崔庄组二段紫红色页岩与灰黄色泥灰岩互层，最大厚度69.78 m，最小厚度50.02 m，平均60.52 m，厚度变化系数11.85%，形成比较规则的层状矿床，经详查，为下矿层的三、四、五、六段。

5.12.3.2　矿石质量

1）矿石自然类型及分布特征

矿石属伊利石黏土岩类，自然类型分为紫红色与灰绿色页岩及灰绿色泥页岩两大类，特征如表5-25所示。

2）矿石化学组分

矿石中 K_2O 含量为 6.02% ~7.72%，平均 7.08%，SiO_2 54.99% ~ 65.45%，Al_2O_3 15.46% ~18.18%，平均17.82%，CaO + MgO 1.74% ~5.21%，平均2.73%，TiO_2 0.83%、Fe_2O_3 6.17%、P_2O_5 0.11%、Na_2O 0.11%、MnO 0.055%、LOSS 4.48%。

3)有益组分含量(下矿层)

矿床的有益组分主要是 K_2O,以下矿层为例,含量见表5-26。

表 5-25　矿石自然类型特征

特征	自然类型	
	页 岩 类	泥 页 岩 类
颜 色	紫红色、灰绿色、猪肝色	灰绿色、黄绿色
结构、构造	泥状结构,微细层状、页理状构造	粉砂泥状结构,层状、块状构造
宏观特征	风化后为叶片状剥离	抗风化较强,呈肋骨状
伊利石含量	75% ~93%	45% ~92%
其他矿物	石英5% ~20%,长石0.5% ~20%	铁质2% ~5%,海绿石0.5% ~2%
分 布	崔庄组三、四、六、八、九段	崔庄组五段

表 5-26　下矿层 K_2O 含量变化　　　　　　　　　　(%)

纵 向	横 向					平 均	变化系数
	4 线	6 线	8 线	12 线	16 线		
六 段	6.48	6.89	6.60	6.85	6.66	6.74	1.68
五 段	6.88	7.32	7.13	7.04	7.06	7.09	2.01
四 段	7.24	7.07	7.26	7.44	7.22	7.25	1.63
三 段	7.11	7.13	7.15	7.37	7.40	7.23	1.74
平 均	6.98	7.10	7.04	7.18	7.09	7.08	0.94
变化系数	3.01	2.16	3.64	3.36	3.86	2.89	

由表5-26看出,区内矿床中 K_2O 含量虽不太高,但相当均匀。含量变化系数在纵向上变化较大,说明矿床严格受地层层位控制,具有稳定的顶底板而无夹层。在横向上变化较小,说明这类矿床的形成受古地理控制,规模较大,区域内具有好的找矿前景。

4)矿床规模

含钾岩石类矿床国家尚无工业指标,参考建材部主编的《矿产工业要求参考手册》,该矿区选定的质量指标为边界品位 K_2O 6%,工业品位 K_2O 6.5%。矿体圈定按矿体自然分层,对应崔庄组三、四、五、六岩性段,按工程控制的矿体顶底板,在开采最低标高(地面最大剥蚀深度)之上,依据矿体走向、倾向的控制边界,按地面采矿确定边坡角,选用块体断面法,按储量计算要求,提交 C + D 级矿石量 602.29 万 t。

5.12.4　含钾黏土岩开发利用现状及展望

5.12.4.1　我国含钾黏土岩开发利用现状

世界钾矿资源可分为两类,一类为可溶性钾矿物,常以钾的氯化物和硫酸盐类存在。

主要矿物有钾石盐、光卤石、钾镁矾和杂卤石,此外,还有无水钾镁矾和钾芒硝等。可溶性矿物多为层状矿床,是钾盐的最主要来源。加工技术比较容易,生产成本较低。另一类为难溶性含钾(或富钾)的矿物和岩石。如钾长石类和似长石类矿物(如白榴石)以及海绿石、明矾石、含钾的云母及水云母类黏土矿物组成的岩石、含钾砂页岩、富钾火山凝灰岩(如四川省"绿豆岩")等。这一类分布广泛。但加工技术较复杂,一般成本高。在尚未找到大量的可溶性钾盐矿床之前,加强对它们的综合利用,试验研究,努力简化加工工艺,降低成本,以补充钾肥资源的不足,是很重要的。

非水溶性含钾岩石矿以往未能得到有效的开发利用,其主要原因不是没有市场需求,而是科技支撑低,开发利用难度大,生产技术不过关。众所周知,我国钾盐矿资源紧缺,钾盐产品严重不足。以农业为例,钾肥是农业生产的三大基本肥料之一,钾肥施用量过低,会影响农作物对氮、磷的吸收,并使产量降低。而我国农业长期存在氮、磷、钾肥施用比例严重失调的问题,据农业部门调查,氮、磷、钾的合理比例为 1∶0.65∶0.47,而我国目前仅为 1∶0.29∶0.04,远远低于世界平均水平 1∶0.45∶0.30。加上有机肥、麦秸麦糠盖田、小麦留茬、玉米秸秆还田等补钾措施,钾肥比例仍然不足世界平均水平的一半,严重缺钾已成为制约我国农业生产向优质、高产、高效发展的关键因素之一。因此,补充钾肥将是一项急迫和长期的任务。

但是,与需求极不相称的是,我国却是可溶性钾盐资源奇缺的国家,钾矿产品(如钾肥)主要依赖进口。据统计,1990~1998 年,我国进口钾肥达 3 300 万 t,要花费大量的外汇。

我国水溶性钾盐矿资源虽然奇缺,而非水溶性含钾岩矿资源却十分丰富,资源总量超过 100 亿 t。用含钾岩石矿替代钾盐是一个有效的途径。而非水溶性含钾岩石中的钾必须经过物理或化学处理,使钾元素活化转换,才能被利用。自 20 世纪 50 年代开始,我国许多科研单位及部门都曾探索非水溶性钾矿的开发利用技术,如细菌分解法、两磨一烧法等。但是,用这些技术生产出来的产品成本高、钾回收率低、杂质多、质量差,氯化钾含量还不到 40%,而且价格高,所以无法实现产业化生产。由于提钾难度较大,技术上未得到突破,使得含钾岩石矿的开发受到限制,基本未得到开发利用。

近几年来,随着科技的进步、研究的深入,非水溶性钾矿提钾技术研究已获突破性进展,使非水溶性钾矿资源的开发利用在技术上成为可能。我们经过调查研究,认为有三项科技创新技术可作为汝阳崔庄含钾砂页岩矿的产业化开发优选导向。这三项技术是:中国地质大学马鸿文教授等发明的"非水溶性钾矿提钾综合利用技术";河南省科学院地理研究所、河南省硅肥工程技术研究中心蔡德龙博士的"长效硅钾肥技术";包头市科技开发研究院与山东铝业公司研究员、中国地质大学(北京)材料学院合作完成的"白云鄂博富钾板岩综合利用项目"中试项目。

关于"非水溶性钾矿提钾综合利用技术",根据马鸿文教授提供的资料,在原料产地建厂,不需要运输,矿石量大,加工费用低廉。所需配料均为常规化工原料,来源丰富,价格较低。生产所需设备是化工行业中的标准设备,在国内均有厂家生产,无须进口。以年处理 1 万 t 含钾岩石矿精粉估算,可生产 1 000 t 碳酸钾、2 800 t 白炭黑、8 500 t 沸石分子筛,生产成本约为每吨 3 400 元,年产值近亿元,企业纯利润可达 2 000 万元,大约 3 年可收回全部投资。该技术的产业化情况,目前已知完成了 150 L 规模的扩大试验研究,于

1998 年 12 月通过了北京市科委组织的鉴定。

据称,河北省涉县 2001~2002 年间,由马鸿文教授采用与安阳市相同地层层位的含钾砂页岩矿进行了加工试验,确定了其生产加工工艺,证明其在技术经济上可行,有较大的经济效益。

关于"长效硅钾肥技术",据蔡德龙博士提供的《长效硅钾肥技术经济可行性论证报告》,该项目已经过实验室试验、小试、扩大试验及工业化试验、工业化连续生产试验等,于 1999 年 5 月批量生产出合格的长效硅钾肥。进行工业化试验的工厂,准备了长效硅钾肥的企业标准申报、备案,办理了肥料登记证,正式投产长效硅钾肥,1999 年长效硅肥项目通过了河南省科委组织的成果鉴定。据计算,如果长效硅肥替代一半进口钾肥,每年就需要 2 000 万 t,产值可达 100 亿元,利税 20 亿元左右。

关于"白云鄂博富钾板岩综合利用项目中试",目前所了解到的信息是已通过鉴定验收,鉴定单位建议"尽快实施该项高新技术工业化"。

5.12.4.2　汝阳崔庄含钾黏土岩矿床开发利用现状及发展前景

本报告为洛阳市提交的首例含钾岩石详查报告。以含钾黏土岩为原料,生产高浓度复合肥,为农业增产提供急需的钾矿资源,是缓解我国水溶性钾资源短缺、积极开辟新肥源的重要举措。本项目的实施,提供了"崔庄页岩"的含钾资料,对区域性找钾起着导向作用。

据区域地质资料,洛峪群代表了在地壳震荡中由滨海—浅海陆棚—浅海潟湖相的发展过程,其中崔庄组以页岩为主,代表最大海泛期,沉积环境稳定,以伊利石为主形成黏土岩,和以海绿石为特征形成碎屑岩,二者都有可能在局部地区富集,K_2O 含量可能较高,如下伏北大尖组中的海绿石砂岩 K_2O 含量达 7.6%~10.7%,伊川田院崔庄页岩 K_2O 含量 8.64%,有待在对该地层含钾性进一步研究的基础上,选择 K_2O 的富集区开展新的地质勘查。

经十余年的探索,一些工业和科研院校单位已经探索出利用高温烧结法从含钾岩石中提取碳酸钾、氧化钾的生产工艺。因该工艺和水泥生产的工艺相似,随着水泥生产规模的扩大和工艺的改进,湿法生产水泥的回转窑将被淘汰,从而也为利用旧设备和水泥生产工艺,为这些含钾岩石的开发利用提供了契机。

含钾黏土岩的主要矿物成分为伊利石,矿石中含量已达 75%~93%,超过河南省储委下达的伊利石矿床指标(伊利石矿物≥55%)。利用铁钛含量低的矿石,开拓这类黏土岩陶瓷、陶粒(实际上一些地区已经利用)、填料、涂料方面的用途是新的应进一步探索的综合开发利用方向。

5.13　栾川赤土店硅灰石、透闪石矿床

硅灰石系栾川钼矿田三道庄钼钨矿的伴生矿种,产于矿区的特定地层层位的围岩中。三道庄钼钨矿位于栾川县赤土店镇庄科大队的三道庄村及冷水镇南泥湖村程家沟。

三道庄矿区位于赤土店镇西北 11 km,冷水镇东 4.5 km。九丁沟大坪透闪石矿点位于赤土店镇东北 2 km,各有沥青公路穿过矿区至赤土店。赤土店南距栾川 20 km,另由赤土店沿公路穿越三道庄矿区,经南泥湖钼矿、上房钼矿至冷水镇,由冷水取道三川、陶湾,

东至栾川,接洛栾快速通道 160 km 达洛阳;西经卢氏 140 km 北行至陇海铁路灵宝站。交通相当方便。

5.13.1　地质概况

硅灰石、透闪石两矿区大地构造同处于华北地台南缘的台缘褶皱带(Ⅱ级)内,亦称冒地槽褶皱带,归秦岭褶皱系,Ⅲ级大地构造单元属栾川坳褶断束。出露地层主要为蓟县系官道口群、青白口系栾川群,形成一系列走向北西,西段开阔、东段紧闭的褶皱束,其中最具代表性的为青和堂—庄科背斜、南泥湖—三道庄岭箱状背斜及其间的小向斜,褶皱形变相当复杂。断裂构造早期发育与地层走向一致的 NWW 向走向断层,后期发育北东向断层,两组交织,各成组出现,后者截切前者。岩浆活动除与栾川群煤窑沟组同期或稍后的辉长辉绿岩(小岩体、岩床、岩墙、岩脉)、与栾川群大红口组同层位的正长斑岩、粗面岩等火山岩外,主要是燕山旋回早期侵入官道口和栾川群的南泥湖二长花岗岩、马圈花岗斑岩和大坪斑状黑云母二长花岗岩等小岩体。受大地构造运动和多期岩浆活动影响,区内发生了区域变质和接触变质作用,各类岩石经受了不同程度的变质,在三道庄钼矿区斑状二长花岗岩和大坪斑状黑云母二长花岗岩的外接触带,分别形成硅灰石和透闪石矿。

三道庄硅灰石矿为三道庄钼钨矿的伴生矿,产于南泥湖含矿斑状二长花岗岩北侧与三川组上段的碳酸盐岩类岩石接触带的矽卡岩中。

经大量钻孔证实,含硅灰石的矽卡岩由上、中、下三层组成。下部为硅灰石大理岩夹薄层硅灰石角岩,中部为透辉石斜长石角岩,上部为条带状石榴石硅灰石角岩。硅灰石矿主要分布在下部的硅灰石大理岩夹薄层硅灰石角岩及上部的条带状石榴石硅灰石角岩中,中间为不含硅灰石的透辉石、斜长石角岩。该类不含矿角岩将硅灰石矿分为上、下两部分。前者称下层矽卡岩,亦称下层硅灰石矿,厚 50～80 m;后者为上层矽卡岩,亦称上层硅灰石矿,厚 50～100 m,含矿岩石总厚度大于 100 m。

已发现的透闪石矿点位于赤土店大坪斑状黑云二长花岗岩的东接触带中。大坪岩体出露面积仅 0.2 km²,平面呈近浑圆状,侵入官道口群冯家湾组大理岩和栾川群白术沟组石英岩、大理岩中。岩体强烈钾长石化,围岩主要是矽卡岩化,以石榴石、透辉石、透闪石为主,形成矽卡岩带。因受 NWW 向走向断层影响,区内缺失官道口群杜关组,冯家湾组与巡检司组呈断层接触。巡检司组岩性以灰白色、深灰色硅质条带、硅质团块结晶白云岩为主,夹有少量厚层条纹状结晶白云岩,硅质条带规则、稳定,一般厚 1～5 cm,厚者达 20 cm 以上。现发现的透闪石产于巡检司组地层内的临近岩体方向,处于石榴石、透辉石矽卡岩带的外侧。

5.13.2　矿床特征

5.13.2.1　硅灰石

1)矿体形态、规模、产状

栾川三道庄硅灰石产于矿区的矽卡岩带中,形成的矿体主要由硅灰石大理岩及石榴石、硅灰石角岩类矿石组成。硅灰石大理岩类矿体矿石呈白色、灰白色,细—中粒花岗变晶结构,块状构造,主要矿物为方解石、硅灰石,含少量石英、透辉石、石榴石等,组成下层矽卡岩,呈似层状,底部较纯,上部多含少量泥质和硅质条带,厚 50 ~ 80 m,产状变化较大,倾向北东,倾角 5° ~ 30°。石榴石硅灰石角岩类矿体矿石呈灰白色,主要由放射状、纤维状硅灰石组成,含透辉石、石榴石矽卡岩条带(占 10% ~ 30%),总厚 50 ~ 100 m。硅灰石矿化矽卡岩地表出露长约 1 350 m,厚 20 ~ 80 m,据钻探资料延深达 400 ~ 500 m,具相当规模。

2)矿石类型及矿物组成

根据矿物组合变化,将矿石划分为三种类型,其有关特征见表 5-27。

表 5-27　三道庄硅灰石矿石类型特征

特　征	硅灰石矿石	石榴石硅灰石矿石、石榴石透辉石矿石	硅灰石透辉石石榴石矿石
形　态	块状	条带状	团块状
主要矿物	硅灰石	石榴石、硅灰石、透辉石	透辉石、石榴石、硅灰石
硅灰石含量(%)	>70	50 ~ 60	30 ~ 50
伴生矿物	石榴石、透辉石	方解石、石英、萤石	方解石、石英

3)矿石特征

硅灰石呈白色,微带灰红色,纤维状变晶结构,块状构造,玻璃光泽,解理面上珍珠光泽,解理平行 110 完全,两组解理交角 74°,集合体呈块状、条带状,除与辉钼矿、白钨矿、石榴石、透辉石、方解石、石英、萤石伴生外,还含有微量黄铁矿、磁黄铁矿、黄铜矿等,辉钼矿、白钨矿、石榴石、透辉石等为半自形粒状,分散于硅灰石中。其他矿物呈他形粒状,充填于间隙中。

4)化学成分

石榴石硅灰石角岩型钼钨矿石分析结果见表 5-28。

表 5-28　石榴石硅灰石角岩型钼钨矿石分析结果

化学成分	SiO_2	CaO	Fe_2O_3	Al_2O_3	MgO	FeO	K_2O	Na_2O	S	F	P_2O_5	Mo	WO_3
含量(%)	45.43	38.68	5.58	2.9	1.03	2.00	0	0.15	0.066	1.06	0.14	0.098	0.047

硅灰石单矿样化学分析见表 5-29。

表 5-29　硅灰石单矿样化学分析(据蔡序珩)　　　　　　(%)

采样点	LOI	SiO_2	Al_2O_3	Fe_2O_3	CaO	MgO
大露天	0.98	45.92	5.45	6.49	37.90	0.44
三道沟	0.51	50.28	0.60	1.40	46.15	0.89

5)资源储量估算

据《河南省栾川县地质矿产及开发利用研究》(1993.10),依地表出露长 1 350 m,厚 7 ~ 20 m,延深 400 ~ 500 m,硅灰石平均含量 65%(1980 年石榴石硅灰石角岩型钼钨矿石选矿样),估算地质储量 1 000 万 t,实际规模可能还要大。

5.13.2.2　透闪石

1)成矿条件与矿化层位

透闪石矿化点位于磹沟倒转背斜的西南翼,西南一侧濒临大坪岩体的东北接触带,矿化层位为官道口群巡检司组中上部。下部岩性为含硅质条带和硅质团块白云质大理岩及条纹状白云质大理岩,上部为含硅质的粗、中粒白云质大理岩。透闪石矿化主要发育在距大坪岩体较近一侧含硅质的粗、中粒白云质大理岩中,矿化与地层产状一致,呈层状,最大厚度 65 m,一般 10～20 m,距岩体较远的含硅质条带和硅质团块白云质大理岩中矿化渐弱,虽普遍可见矿化脉体,但可圈定为矿化层者(目估透闪石含量＞20%)仅厚数米,矿化层分布见实测剖面。

2)矿化特征

据野外实地观察,透闪石矿化可以粗略分为三种类型:

(1)强透闪石化白云石大理岩(矿体)。矿化层位于巡检司组上部,围岩岩性为白色含少量燧石团块大理岩,风化后类"生石灰"状,沿断口的层面上,因放射状透闪石集合体的分布不均而为疙瘩状,形成粗糙断口,透闪石呈较细的针状、放射状,比较均匀地分布在大理岩中,目估含量 50%～60%,该类型矿石已形成厚达数十米的层状矿体,分布在剖面西南段。

(2)条带状透闪石化白云石大理岩。形成于硅质条带白云石大理岩中,或为第一类型矿石的围岩和夹层,透闪石呈针状、放射状,多分布于硅质条带或硅质团块与白云石之间,该类矿化在大理岩中分布比较广泛,透闪石含量一般在 20%左右,局部富集达 40%以上,在富集地段可以形成厚达数米的矿层,主要分布在剖面的中部。

(3)弱透闪石化白云石大理岩。分布在距岩体较远的青灰、灰白色白云质大理岩中,大理岩中硅质条带减少,间或呈韵律状出现,透闪石矿体呈细脉状出现于硅质韵律层或角砾岩带中,一般形不成矿层或仅能形成薄矿层。

3)矿石特征

该透闪石矿化点现未做化学分析,仅采岩矿标本 4 件。第三种类型样品中取样一件(b3),岩石主要是白云岩、白云石,含量达 97%,余为 3%的方解石和少量的氧化铁。第二种类型为透闪石石英条带白云质大理岩(b2),岩石由方解石、白云石、石英、透闪石组成,方解石多呈纤维状、粒状变晶,含量 25%,白云石多呈他形、粒状变晶,含量 20%,石英呈条带状,由细粒晶体组成,含量 40%,透闪石呈纤维状放射状集合体,多与纤维状方解石分布在一起,含量 15%。b1 取自围岩中的硅质结核,含 3%的方解石、2%的透闪石和 2%硅灰石,其余全为石英。b4 作为矿体的第一种类型为透闪石大理岩,主要由方解石、透闪石组成,方解石多为他形粒状,透闪石呈针状、柱状、放射状、纤维状集合体,在岩石中分布不均匀,部分地段全部集中为透闪石,含量和方解石各为 50%。

透闪石在镜下干涉色比较高,横切面呈菱形或近于菱形的六边形,可见闪石式解理,两组解理夹角 56°和 124°。

5.13.3　硅灰石、透闪石开发利用现状及展望

5.13.3.1　我国硅灰石、透闪石开发利用现状

1)我国硅灰石开发利用现状

硅灰石为钙的偏硅酸盐矿物,结构式为 $Ca_3[Si_3O_9]$。在其形成过程中,Ca 有时被 Fe、Mn、Ti、Sr 等离子部分置换而呈类质同象体,并混有少量的 Al 和微量 K、Na。

由于硅灰石形成时的温度、压力等条件不同，可能出现 3 种同质多象体：①三斜链状结构的 Tc 型硅灰石，通称低温三斜硅灰石（$\alpha - CaSiO_3$）；②单斜链状结构的 ZM 型副硅灰石，通称副硅灰石（$\alpha' - CaSiO_3$）；③三斜三元环状结构的假硅灰石，通称假硅灰石（$\beta - CaSiO_3$）。目前被广泛用作工业矿物原料的主要是低温三斜硅灰石。

硅灰石具有针状晶形，颗粒呈纤维状，纤维长度与直径之比通常为（7～8）：1，有的可达（15～20）：1。密度 2.75～3.10 g/cm³；莫氏硬度 4.5～5.5；熔点 1 540 ℃；热膨胀系数为 6.5×10^{-6}/℃；吸湿性小于4%；含 0.02%～0.1% 锰的硅灰石，在阴极射线照射下可以发出强的黄色荧光；吸油性低，每 100 g 硅灰石只吸油 20～26 mL；电导率低，绝缘性较好；是一种天然低温助熔剂；不含化学结晶水和碳酸盐，烧失量小，具有较好的化学稳定性能，在 25 ℃ 的中性水中溶解度为 0.009 5 g/100 mL；一般情况下耐酸、耐碱、耐化学腐蚀，但在浓盐酸中发生分解，形成絮状物；在焙烧条件下，可与高岭石、叶蜡石、伊利石、滑石等矿物发生固相反应。

由于硅灰石具有针状、纤维状晶体形态和白度高等一系列优异特性，可广泛应用在陶瓷、化工、冶金、建筑、机械、电子、造纸、汽车、农业等部门。应用领域、主要用途有：陶瓷工业釉面砖、卫生瓷、日用瓷、美术瓷、电力瓷、高频低损耗无线电瓷、化工陶瓷、釉料、色料等；化工工业油漆、涂料、颜料、橡胶、塑料、树脂的充填料；冶金工业隔热材料和铸钢的保护渣；建筑工业替代石棉的辅助建筑材料，白水泥，耐酸、耐碱微晶玻璃的原料，玻璃的助熔剂；电子工业电子绝缘材料，荧光灯，电视机显像管、X-射线荧光屏涂料；机械工业优质电焊材料和磨具黏合材料以及铸造模具；造纸工业纸的填料和涂层；汽车工业离合器、制动器的填料；农业土壤改良剂和植物肥料；过滤介质、玻璃熔窑的耐火材料等。

由于我国天然硅灰石矿床发现于 20 世纪 70 年代末，硅灰石工业利用从 80 年代初才应用于陶瓷工业。硅灰石目前主要应用于陶瓷工业，约占总用量的 50%，唐山建筑陶瓷厂等单位成功地进行了硅灰石低温快速烧成釉面砖之后，国内不少陶瓷厂都建成了用硅灰石作基料生产釉面砖的流水线。硅灰石釉面砖具有烧成温度低、时间短、白度高、成本低的优点。硅灰石作为釉面砖原料为我国建陶工业找到一条捷径。

我国硅灰石利用和生产现状与国外比差距较大，国外硅灰石矿山大多为露采，规模大。硅灰石选矿已有 30 多年历史，其选矿方法和工艺流程日趋完善。目前矿山除采用人工手选外，绝大多数矿山在逐步引进机械选矿和精细加工技术。硅灰石产品应用领域也十分广阔，在陶瓷、油漆、建材、钢铁等部门已得到广泛应用。

我国硅灰石矿资源分布广、储量大，个别产地硅灰石矿质量较好，因此开展硅灰石产品的开发应用，尤其是硅灰石深加工，扩大应用领域，提高硅灰石采选水平是解决我国硅灰石生产利用落后状况的关键。由于我国硅灰石矿产开发利用起步较晚，企业规模普遍较小。全行业在经历了初期的遍地开花式开采大战及竞相压价的价格战、客户争夺战、技术窃取战之后，在国家产业政策、市场调节下，逐步步入规范化健康发展的轨道，企业的生产规模、产品品种、经济效益都得到大幅提升。特别是近几年来，企业的科研能力、采矿装备、加工技术、检测水平较 2002 年以前均有大幅度提高，新产品不断增加，针状粉、超细粉及改性粉的加工技术不断创新；深加工能力猛增，彻底改变了以卖原矿为主的经营方式；企业活力大大增强，梨树硅灰石矿业公司、长兴硅灰石公司等一批老企业取得长足发展，一些新兴企业如江西新余南方硅灰石公司、辽宁金岗硅灰石公司等发展势头也很强劲,在国内外市场上的竞争力不断提升,产量和贸易量均居世界首位。据报道,当前我国硅灰石行业市场秩序逐渐好转,产品价格逐步提高,产品供不应求,全行业彻底改变了微利、微亏的局面,实现了整体盈利。

2)我国透闪石开发利用现状

透闪石是含钙镁链状结构硅酸盐,典型的变质岩,重要的节能非金属工业矿物。透闪石的化学式为 $Ca_2Mg_6(Si_4O_{11})_2(OH)_2$,其理论化学成分为:$CaO$ 13.8%,MgO 24.6%,SiO_2 58.8%。透闪石的特点是:干燥与烧成收缩率低;热稳定性好,烧成温度低、周期短,膨胀率低且呈线性膨胀;产品吸水率低,机械强度高,使用寿命长。

我国对透闪石的开发利用,始于 1981 年。目前主要应用领域是作陶瓷原料,其次是玻璃原料、冶金保护渣、铸石、造纸、橡胶、涂料、填料等。

a. 作陶瓷原料

当今,陶瓷工业趋于低温快烧,透闪石正是在低温快烧上有其独特的效果。

(1)透闪石是针状、柱状结晶体,有水分快速逸出的通道,有利于预热快速升温。

(2)透闪石坯料,在高温烧成阶段,主要生产钙长石、方石英及少量结晶不完善的莫来石,温度只需 1 060～1 080 ℃;而普通黏土质坯料,在高温烧成阶段,生成的是莫来石、堇青石、方石英等新形成相,温度需 1 200 ℃以上。因此,它可以降低烧成温度,快速烧成。

(3)透闪石坯料中含石英量少,形成的方石英也不多,而且膨胀系数较小,变化缓慢,有利于快速冷却。

(4)由于透闪石的矿物组成和化学组成以及结构特征决定它烧成时收缩率低,只有0.3%～0.5%。由于烧制品的透闪石、钙长石呈针状、柱状,晶体交叉成网状排列,周围又被其他小晶体和玻璃体所固结,所以制品机械强度高,经久耐用。透闪石质坯料易与釉料匹配,因此它可以生产多种产品。又由于它热稳定性好,吸水率低,吸湿性小,不出现龟裂,所以其制品适宜在室内潮湿环境中作装饰材料。

(5)硅灰石有 50% 用于陶瓷工业,已被国内外公认是最佳的低温快烧节能原料。大量试验证明,透闪石坯料比硅灰石坯料节能效果还好。吉林的盘石县陶瓷厂,利用透闪石做釉面砖,与硅灰石相比,获得素烧温度降低 20～30 ℃的效果。并且由于透闪石釉面砖的坯体白度增高,减少了釉料中锆英石、硼砂、硼酸的用量,降低了生产成本。

(6)目前我国已开发的产品有釉面砖、工艺瓷、陶瓷锦砖、卫生瓷等。吉林研制的透闪石彩釉砖,有白地图案、色地图案等数种,很有特色。广东还成功地研制出变色釉面砖,能在不同光源的映照下改变釉面砖的颜色,如在灰白色日光灯的灯光下,釉面砖由浅蓝色变为红色,在其他光源照射下,釉面砖可从紫色变成青色、绿色、橙红色,给人以新颖别致、光怪陆离的感觉,成为内外装饰的佳品。

用透闪石研制成功的陶瓷产品,已在北京、河北、黑龙江、陕西等省市通过技术鉴定。专家指出,透闪石是一种新型的理想陶瓷节能原料,其用量可达20%～50%,节能30%,我国透闪石资源丰富,具有良好的开发前景。

b. 作玻璃原料

以透闪石、钾长石为主要原料研制的低纯碱日用玻璃,熔制温度 1 360～1 370 ℃,制品有较高的软化、退火上限和析晶上限温度,同时具有良好的热稳定性、化学稳定性和机械强度。使用该原料生产日用玻璃,原生产设备和工艺条件都不变,但纯碱用量可降低50%以上。以透闪石、钾长石为主要原料,配入石灰石、石英砂、助熔剂及5%~10%的晶核剂(硫化锌、三氧化二铬),在1 400 ℃的条件下,原料熔化4 h,经澄清后即可降温、成型、退火,制得微晶玻璃。该微晶玻璃抗压强度801 MPa,抗冲击强度0.35 MPa,显微硬度700 kg/mm^2,耐磨度0.2 g/cm^2,析晶温度700~920 ℃,膨胀系数9.7×10^{-6}/℃,体积电阻系数2.4×10^{13}Ω/cm,耐酸、耐碱。

　　c.作冶金保护渣基料

　　以透闪石、钾长石为基料,配制的冶金保护渣,熔融温度为1 293~1 366 ℃,熔速42~69 s。加入萤石后,熔温降至1 110~1 270 ℃,熔速加快至39~48 s。使用这种新型冶金保护渣,在浇铸钢锭过程中,保护钢水不被氧化,对提高钢锭表面光洁度、减少扒皮损失具有良好效果。

　　d.作填料

　　利用透闪石粉作纸张填料,可以提高其白度和耐折性能。在天然橡胶或合成橡胶中,可部分替代高岭土或方解石作填料,具有补强作用。

5.13.3.2　栾川赤土店硅灰石、透闪石开发利用现状及前景展望

　　栾川硅灰石最早作为三道庄钼、钨矿含矿矽卡岩的组成矿物,见于三道庄钼(钨)矿地质勘查报告,以及与之有关的科研报告、论文或著作中。1993年河南省由地调一队协助栾川县矿产管理局编写的《河南省栾川县地质矿产及开发利用研究》项目,首次将三道庄硅灰石与陶湾—东鱼库和合峪三处硅灰石矿点归入建材类非金属矿产,并依据1980年石榴石硅灰石角岩型钼钨矿石一个选矿大样中65%的硅灰石含量作为该矿区硅灰石的品位,按这类矽卡岩的规模,估算矿石地质储量1 000万t以上。以后有关硅灰石矿床的报道,包括《栾川县地质矿产志》、洛阳九县"三图一书"均加转载,引用的该矿种资料皆源于此,没有补充新的资料和内容。

　　三道庄硅灰石矿由于是在岩矿鉴定和选矿样品中发现,又是在提交勘探报告之后被确定为矿床,所以在地质勘探时并没有圈出矿体。本次编录这一资料,查询三道庄钼矿地质报告时,发现矿化规模比报道的还要大,但矿化并不均匀,尤其前述的硅灰石大理岩、石榴石硅灰石角岩两种硅灰石的矿石类型并不好区分,而仅依矽卡岩的形态确定的石榴石角岩型矿石也并不准确,尤其硅灰石大理岩矿石形态变化大,现未做专门地质勘查工作,尚难估算其地质储量。总之,以往工作对硅灰石矿体的形态、矿床地质、矿石特征等方面的了解都还相当肤浅,所以今后有关报告在引用硅灰石矿床资料时要加以说明。

　　九丁沟发现的透闪石,因矿石特征与硅灰石相似,曾被误认为硅灰石。经采样鉴定其光性特征均属透闪石类,故暂定名为透闪石化大理岩,或透闪石矿点,该矿点具一定规模,待补化学分析成果后再加研究。

　　综合以上两个矿种的发现和认识过程,联系栾川县地质条件认为,该区具有这两类矿床很好的成矿条件和找矿前景,但自硅灰石矿被发现和肯定以来,至今未做较深入的地质工作,也未专门进行选矿和应用研究。新发现的透闪石矿矿层厚度大,品位较高,依据成矿条件,具有形成规模矿床的可能,应进一步开展矿区地质工作和对矿床的综合研究。

5.14　栾川骆驼山硫多金属矿床

栾川骆驼山矿区位于栾川冷水乡南泥湖梨子湾村,南距县城 32 km,为本区一处非常独特的以硫化物磁黄铁矿、黄铁矿为主,含有铜、钨、锌、铍、萤石的复合型多金属矿床。该矿于 1960 年在上房沟钼矿外围普查时被发现,1961 年以钨、铜为主投入普查勘探,1975 年又以硫铁矿为主进行补充勘探,先后提交铜储量 26 618.85 t,钨(WO₃)4 277.49 t,锌 181 594.23 t,铍(BeO)1 795.17 t,硫 133.6 万 t,萤石 591 574.79 t。20 世纪 80 年代矿区投入开采后,又在矿区外围发现多处铅矿点,矿床的多金属矿化扩大到勘查矿区的周边地带。

5.14.1　矿区地质概况

矿区大地构造位处卢氏—栾川台缘褶带的西北部西洼—黑庙岭断裂东侧的骆驼山背斜东南倾伏端的西南翼。出露地层有三川组、南泥湖组和煤窑沟组,三川组为主要含矿层,南泥湖组为次要含矿层。断裂主要为北西西向和北东向两组。北西西向断裂为本区主要控矿构造,区内主要有三组:第一组为三川组大理岩下部断裂组,长 1 500 m,宽 5 ~ 10 m,三川组层间断裂与其平行;第二组为三川组大理岩上部断裂,系三川组和上覆南泥湖组石英岩之间的破碎带,该断裂规模较小,长仅 300 m;第三组为煤窑沟组辉长岩底部断裂,上盘为辉长岩,下盘为南泥湖组阳起石大理岩,长 1 000 m,宽 5 ~ 10 m。以上三组断裂基本上与地层一致,产状均为向南西倾斜,倾角 50° ~ 90°,平面上显示东南收敛、西北散开之势,断面具压扭性。北东向断层为成矿后的主要断裂,地表有角砾岩和挤压透镜体,并有脉岩充填,断裂长 50 ~ 250 m,宽 1 ~ 10 m,倾向南东。区内岩浆岩以侵位于煤窑沟组的辉长岩为主,另有二长花岗岩呈岩墙状侵入北东向断裂中。

5.14.2　矿床地质特征

5.14.2.1　矿体形态、规模、产状

矿体总体产出形态与地层产状基本一致,赋存于三川组及南泥湖组大理岩层间破碎带的矽卡岩中,矿体形态呈似层状和透镜状,大体上沿三条断裂带形成三个矽卡岩带:第一矽卡岩带位于三川组大理岩的下盘,长 800 m,厚 2 ~ 60 m,沿倾向控制延伸 500 m,在深部与第三矽卡岩带合并,西部矽卡岩尖灭处逐渐变为铅锌矿化破碎带。含矿矽卡岩呈层状、似层状,倾向 230°,倾角 30° ~ 40°;第二矽卡岩位于三川组大理岩上盘,厚不足十几米,呈层状;第三矽卡岩带的分布于南泥湖组大理岩与辉长岩(ν22 - 2)接触带,长 800 m,宽几米至数十米,呈层状,平均倾向 230°,倾角 70°,含矿性差。总体上三个矽卡岩带也是三个成矿带,矿体赋存于矽卡岩中,形态局部变为囊状、鞍状,沿倾向矿体均较稳定。现控制矿体二个,一处长 250 ~ 300 m,厚 10 ~ 54 m,最大延深 >500 m;另一处为鞍状—囊状,长 150 ~ 200 m,厚 10 ~ 30 m,斜深 300 m。硫多金属与锌、钨矿体关系如图 5-7 所示。

5.14.2.2　矿石物质成分、结构构造

矿石物质成分比较复杂,金属矿物主要有铁闪锌矿,次为方铅矿、黄铜矿,微量矿物为

磁铁矿、白钨矿、绿柱石、钛铁矿,非金属脉石类矿物主要有磁黄铁矿、黄铁矿、透辉石、钙铁榴石、石英、钾长石,次要矿物为阳起石、透闪石、方柱石、符山石、硅灰石、绿帘石、萤石等。

矿石主要组分的平均品位为,S:17.61%,Cu:0.357%,WO_3:0.217%,Zn:2.50%;伴生组分 BeO:0.0238%,CaF_2(萤石):7.739%,硫化物精矿中含钙0.01%~0.126%,闪锌矿中含镓480 g/t。

矿石结构为他形粒状,自形晶粒结构,交代充填及胶状结构,构造以密集浸染状为主,次为条带状、团块状、不规则状、树枝状及多孔状等。

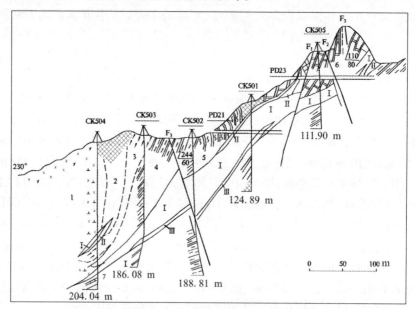

1—辉长岩;2—矽卡岩;3—角岩;4—石英片岩;5—云母石英片岩;
6—大理岩;7—石英岩;Ⅰ—硫多金属矿体;Ⅱ—锌矿体;Ⅲ—钨矿体

图 5-7　骆驼山硫多金属矿第 V 勘探线剖面

5.14.2.3　矿石类型及矿物组成

主要矿石类型有4种,不同类型有不同的矿物组成。

(1)致密块状磁黄铁矿矿石。常见矿物组成为黄铜矿—磁黄铁矿—萤石—透长石组合及黄铜矿—磁黄铁矿—萤石—石英组合,该类矿石占工业储量的50%。

(2)致密块状黄铁矿型矿石(包括黄铁矿石英岩型)。常见矿物组成为白钨矿—黄铁矿—萤石组合、白钨矿—黄铁矿—钾长石组合及白钨矿—黄铁矿—萤石—钾长石—石英组合,该类矿石占工业储量的20%左右。

(3)闪锌矿型矿石(包括铜、铅、锌多金属型及铅锌磁黄铁矿型)。主要矿物组成为黄铁矿、磁黄铁矿—铁闪锌矿—萤石—透闪石组合及铜、铅、锌—萤石—透长石组合。该类矿石占工业储量的10%。

(4)矽卡岩型矿石(多金属型矿石)。主要矿物组成为磁黄铁矿、黄铁矿—黄铜矿—石榴石—石英、萤石组合及闪锌矿—磁黄铁矿—石榴石—石英、萤石组合,该类矿石占工业储量的 20%。

5.14.2.4 矿石中主要金属、非金属矿物特征

1）金属矿物

铁闪锌矿：呈 0.01 ~ 0.04 mm 的乳浊状小粒或他形晶粒状。粒径 1 ~ 5 mm，不均匀稀疏分布于矿石中。

黄铜矿：多呈不规则粒状集合体出现，粒径 0.1 ~ 1.5 mm，不均匀分布，常沿黄铁矿、磁黄铁矿边缘及裂隙交代充填。

方铅矿：他形粒状集合体，粒径 1 ~ 3 mm。

白钨矿：呈自形晶粒状，稀疏分布于脉石矿物之间，粒径 0.1 ~ 0.4 mm，多为 0.1 ~ 0.2 mm。

2）主要非金属矿物

磁黄铁矿：他形粒状，粒径 0.03 ~ 0.7 mm，多为 0.2 ~ 0.4 mm，以粒状集合体充填交代于其他非金属矿物之间。

黄铁矿：半自形—自形单晶或不规则粒状集合体，分布于其他非金属类矿物之间，粒径 0.2 ~ 1 mm，个别达 5 mm。

萤石：多呈 0.5 ~ 2 mm 不规则状集合体，和钾长石伴生。

石英：多呈粒状集合体，粒径 0.5 ~ 1 mm，分布于钾长石之间。

钾长石：呈 0.1 ~ 0.5 mm 自形—他形粒状集合体分布。

石榴石：以钙铁榴石为主，呈自形或粒状集合体产出，粒径 0.1 ~ 1.5 mm。

5.14.2.5 围岩蚀变及矿床成因

矿区围岩蚀变强烈，主要有矽卡岩化、钾长石化和硅化三种。

（1）矽卡岩化：为蚀变之最强烈者，分布于矿区东、西、北三面，且都超过矿区范围，矽卡岩化作用伴随有白钨矿、铁闪锌矿、绿柱石、萤石等矿化作用。矿体严格受矽卡岩控制，副矿物特征是富含阳起石、绿帘石、磷灰石、电气石、钛铁矿、金红石等。

（2）钾长石化：发生于矽卡岩化作用之后，相当于气化高温热液阶段，分布广泛，矿化作用强烈，影响到矿区各种围岩，表现为大量的钾长石细脉及钾长石团块状体的分布，并出现少量黄铁矿化钾长石岩及电气石、绿柱石、萤石等，其中白钨矿、闪锌矿及早期生成的黄铁矿、部分磁黄铁矿集中成矿，钾化的中心点在矿区中部，东强西弱。

（3）硅化、绿帘石—阳起石、萤石化、碳酸盐化等，该类热液蚀变与矿化富集关系密切，形成大量金属硫化物，主要有黄铜矿、黄铁矿、方铅矿、磁黄铁矿等，伴有石英硫化物碳酸盐细脉。

依据以上矿床特征，原报告确定的矿床类型为与燕山期酸性小岩体有关的接触交代气化高温热液矿床。

5.14.3 硫多金属矿开发利用现状及展望

5.14.3.1 我国硫多金属矿开发利用现状

多金属硫化矿是提取有色金属最大的矿产资源，浮选作为获得精矿的主要选别方法，其重要性也日益明显，现已成为矿物工程技术领域中应用最广的一种方法。目前，多金属

硫化矿选别分离绝大多数仍采用浮选,它利用硫化物矿物间表面润湿性差异,采取人工添加浮选药剂的方式来进行浮选分离。多金属硫化矿指的是铜、锡、铅、锌、铁等硫化物在矿石中至少两种或两种以上致密共生的矿石。在多金属硫化矿中,由于某些矿物浮游性质十分接近,矿物嵌布粒度极细,结构复杂,氧化严重,含泥量多等,造成回收利用困难,且随着矿产资源的不断开采利用,有限的矿产资源变得越来越贫乏,矿产资源贫、细、杂、难的特点日益突出,使用常规的药剂和选矿工艺难以得到较好的选别指标。为了解决这一难题,针对矿石的具体情况,广大选矿科技工作者投入了大量的心血研制和开发了许多新的药剂、工艺与设备。对多金属硫化矿浮选的进一步探索,已成为选矿工作者主要的研究方向之一。

近些年,多金属硫化矿分离工艺出现了许多新的方法,已经不局限于简单的浮选分离。下面介绍几个多金属硫化矿分离改进的新工艺。

倪章元和曾建喜等介绍了近几年来黄沙坪铅锌矿选矿工艺由等可浮改为优先浮选的生产实践。改造后的新工艺指标稳定,成本低,尤其是重选选硫为该矿工艺上的突破,为企业创造了显著的经济效益。云南个旧地区某锡精选厂排出的高砷高硫尾矿中含砷、硫、锡等多种有价元素,其中的砷造成环境污染,但又是物料中价值最高的。为综合回收利用该尾矿资源,减轻环境污染,戈保梁和杨波等研究了加药预处理后硫砷分离、焙烧提炼白砷、烧渣选锡的组合工艺,取得了良好的指标。

张泽强根据某多金属硫化锑矿石性质,对其中的有价金属进行了综合回收试验。结果表明,用部分混合—分离浮选工艺流程,能获得品位为 56.27%、回收率为 77.92% 的锑精矿,同时铅银品位和回收率也有很大提高。硫化矿浮选尾矿再用重选—磁选回收钨,WO_3 的品位可提高 91.04%,回收率达 74.17%。

陈代雄和田松鹤等对西北某铜铅锌硫化矿浮选进行新工艺试验研究。根据铜铅锌共生关系密切、嵌布粒度细小的特点,采用部分优先浮选、精矿再磨新工艺措施,有效地解决了铜铅锌矿物分离问题,使精矿产品质量和回收率均获得大幅度提高。

丁雪和黄心廷等根据某含砷铜矿石中铜砷矿物的粒度组成特性及相互嵌布关系,试验采用铜粗精矿再磨的工艺流程,用 Sth 抑制剂抑制毒砂,Sk-1 浮选剂浮选铜矿物,达到了铜精矿降砷及提高铜回收率的目的,含砷降至 0.49%,达到了国家规定的铜精矿含砷标准。

由于氧的存在对硫化物矿物可浮性有重要影响,所以王福奎和王忠诚等在用黄药类捕收剂浮选硫化矿时,往矿浆中加入 H_2O_2,成功解决了四川里伍铜业公司浮选生产中矿浆缺氧的问题。生产实践表明,浮选精矿品位等指标均有所提高,而且其他药剂用量减少,浮选易于操作,各项指标稳定,为矿山带来可观的经济效益。

5.14.3.2　栾川骆驼山硫多金属矿开发利用现状及前景展望

骆驼山矿床定为矽卡岩类型,主要依据比较发育的三个矽卡岩带和比较复杂的矽卡岩矿物组合,但不明白的是矿区并未发现燕山期的花岗岩侵入体(横切矿区的二长花岗斑岩岩墙例外)。这将产生两种推断:一是矿区深部存在侵入体,二是没有侵入体。对前一种推断,深部的内外接触带都可能形成新的矿体,可以作为成矿预测深部找矿的依据;对于后一种推断,可以换一个角度来理解,例如海相火山喷发—沉积同样可以形成矽卡岩

(形成的矽卡岩面积大于矿区),成矿和找矿的空间必然也要扩大。

骆驼山矿区位于南泥湖钼矿田的边缘,距上房钼矿区 1 km,距南泥湖钼矿区 1.5 km。奇怪的是三个矿区的矿物组合中虽都有占主要成分的磁黄铁矿,但骆驼山唯独不见辉钼矿,已有的钼矿论著中都不将其归属南泥湖钼矿田(尽管相距很近)。这也有两种可能:一是勘探深度不够,没有查明钼矿产出部位;二是该矿和南泥湖钼矿本不属一个成矿系列,如属后者,栾川地区还有找到骆驼山式矿床的可能。

由岩浆侵入(包括次火山侵入)作用形成的硫化物多金属矿床,在豫西尤其熊耳群、栾川群分布的广大地区,有一定的代表性。由于一些地区没有碳酸盐地层,虽不形成接触交代的矽卡岩矿床,但因具备硫化物多金属的含矿热液,同样形成了较多的铅、锌、钼矿床、矿点和矿化点(这类矿点在汝阳、嵩县、栾川地区较多),它们与骆驼山矿床的共同特点是含有较高的黄铁矿和磁黄铁矿,并按距岩浆源的远近,呈现明显的成矿温度分带,据此指示应加强对这类矿床的成矿规律研究和成矿预测,提示我们重新认识比较多见的黄铁矿型铅锌矿点和矿化点,扩大找矿方向。

据《栾川县地质矿产志》(1984~2000)载,骆驼山由栾川县众鑫矿业有限公司在原栾川县硫磺矿基础上经多次技术改造,于 1992~1995 年建成 850 t/d 综合选矿厂,后经改革、重组,建成河南省最大的硫多金属矿选矿厂,年均采矿达 18 万 t,产品以锌、铜精矿为主,硫精矿为副,三种产品在 1998 年分别达 3 800 t、350 万 t 和 30 000 t,成为栾川县合理开发利用资源的先进单位,因此由众鑫矿业有限公司出资,加强对该矿山的矿床地质研究和深部找矿,对该公司的发展有深远意义。

5.15　新安县耐火黏土、铝矾土矿床

5.15.1　矿床概况

新安县耐火黏土类矿床(包括铝土矿和耐火黏土)位居洛阳之首位,1958~1965 年先后作为耐火黏土和铝土矿投入地质勘探,先后提交竹园—狂口、张窑院、贾沟、石寺、马行沟、北冶、郁山等 7 处铝土矿矿床勘查报告,提供了大型矿床 4 处、中型 1 处、小型 1 处,累计探明铝土矿储量 2 342.8 万 t,基础储量 2 724.2 万 t,资源量 7 702.8 万 t,资源情况见表 5-30。

除铝土矿即所谓的高铝耐火黏土矿床外,在专门性耐火黏土矿床勘查(如郁山)和勘探时提交的耐火黏土矿有 6 处,资源情况如表 5-31 所示。

表 5-31 所列的耐火黏土矿区均与表 5-30 所列的铝土矿吻合,实际上它们属于同一矿区、同一含矿岩系或同一矿体的不同层位或不同部位,可视为含铝岩系按应用分类的两个矿种,也可视为同一矿种按矿物成分、化学成分不同所划分的不同矿石类型或谓低品位铝土矿。但就勘探工作和研究程度而论,以往的工作主要在铝土矿方面,耐火黏土类仅仅作为铝土矿的辅助矿产。所以,必须进一步研究认识本县的黏土类矿产,为此除全面了解新安县的区域地质特征外,还必须借助以往对铝土矿床勘查和开发中积累的资料,进一步开展对石炭纪古地理条件和黏土矿物成分、化学成分的研究,以便进一步推动黏土矿产包括沉积高岭土在内的地质找矿工作。

表 5-30　新安县铝土矿资源情况

序号	矿区名称	工作程度	规模	A/S	资源储量单位	储量	基础储量	资源量	备注
1	张窑院	详勘	中型	9.38	万 t	111.7	129.9	236.6	长铝开采
2	贾沟	详勘	大型	7.2	万 t	1 331.5	1 548.3	388.3	
3	竹园—狂口	初勘	大型	4.2	万 t			3 185.4	小浪底水库淹没
4	石寺	详勘	大型	5.4	万 t	899.6	1 046.0	1 394.0	长铝开采
5	马行沟	详勘	大型	4.2	万 t			2 236.9	
6	郁山	勘探	小型	4.2	万 t			361.6	
全县合计					万 t	2 342.8	2 724.2	7 702.8	

表 5-31　新安县耐火黏土矿一览表

序号	矿区名称	工作程度	规模	储量单位	储量	基础储量	资源量	备注
1	贾沟	勘探	中型	万 t	0	0	313	综合勘查
2	竹园—狂口	勘探	大型	万 t	0	0	5 344	综合勘查
3	石寺	勘探	中型	万 t	0	0	1 423.8	综合勘查
4	马行沟	详勘	中型	万 t	0	0	444.4	综合勘查
5	郁山	勘探	中型	万 t	267.5	356.6		专门外勘查
6	张窑院	详勘	中型	万 t			284.8	综合勘查
合计				万 t	267.5	356.6	7 810.0	

5.15.2　地质特征

以龙潭沟—暖泉沟断裂为界,新安耐火黏土类矿床明显地划分为北、南两大成矿区。北区矿床分布北自黄河沿岸的石井青石岭,西沃的竹园—狂口,向南经北冶核桃园、马行沟、石寺、贾沟、邱沟、张窑院一带,形成一巨大的北东走向矿带,在北冶—石寺一带集中分布几处大型矿床,南区在新安县以南的蕨山、郁山一带零星分布,矿床规模较小(见图5-8)。为了进一步勘查开发这类矿床,必须研究认识其矿床地质特征,并能把握以下几个要点。

5.15.2.1　古地理条件

由图5-8可以看出,新安铝土矿产的分布严格受区域大地构造和石炭系本溪组地层层位控制。新安西北部大地构造属岱嵋—西沃隆褶断区,古地理称岱嵋山古陆。新安铝土矿和耐火黏土明显地受古陆或古隆起控制,其东缘呈北北东走向带状展布,形成了新安境内与前文介绍的水泥灰岩成矿带平行的又一成矿带。加里东运动使新安一带的寒武—奥陶海上升成陆,连同其西部的岱嵋山古陆同时隆起经受风化剥蚀。其中的奥陶系中统马家沟组分布区,由于石灰岩质纯,化学性活泼,经受岩溶作用后,形成了岩溶地貌,从而为后来石炭纪海侵和铁—铝(黏土)—硫等矿床的沉积提供了物质和地理地貌条件。石炭系本溪组的分布、岩性组合,乃至矿体形态特征,都严格受这种古地理条件所制约。

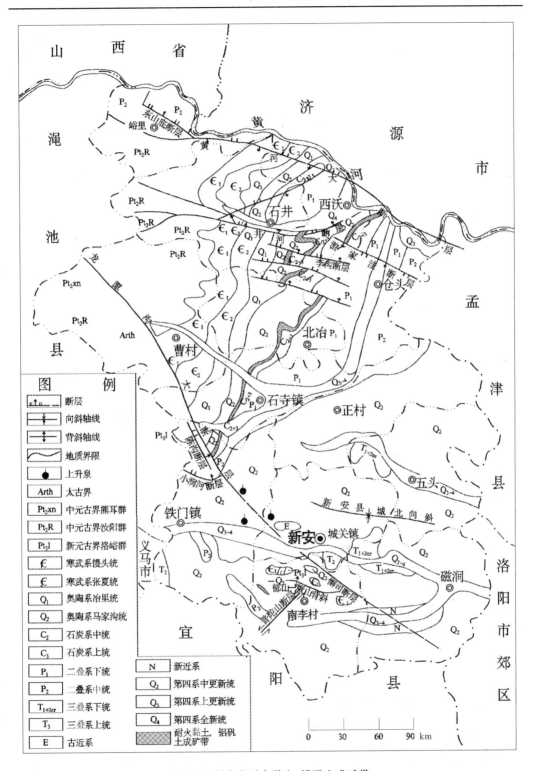

图 5-8　新安县耐火黏土、铝矾土成矿带

5.15.2.2 含矿岩系

含矿岩系为本溪组,系沿袭于自中奥陶世以来形成的古陆风化壳,在古陆边缘产出的一套由铁、铝质氧化物和泥、灰质组成的海陆过渡相沉积,自下而上由风化壳洼坑处的陆屑充填到上面的陆缘海滨沼泽相沉积,显示了大海的填平补齐、各类沉积物的均衡代偿作用,形成了通称铁铝层含矿岩系,由各类黏土矿物形成不同的黏土矿层。综合区域资料,主要由6个层位组成,下部平行不整合于奥陶系中统马家沟组之上,以铁矿层和铁质黏土岩为主,上部以底煤线(一₁)与太原统整合接触。其中形成铝土矿和耐火黏土矿的层位位于铁矿层的上部,主要是3、4、5层,矿床实例可参考新安竹园—狂口本溪统柱状剖面图(见图5-9)。

时代	层序	地层柱	厚度(m)	岩性描述	备考
太原组	6		0.2	太原统一煤线	
	5		0.6	灰色致密片状铝土质页岩、黏土矿	焦宝石
	4		0.5~2.5	灰褐色含鲕粒厚层状铝土矿夹致密块状铝土矿	高铝黏土
本溪组	3		4~6.00	灰白、灰色铝土页岩夹紫红色铝土页岩,鲕状铝土矿,岩性变化较大,局部含黏土质粉砂岩透镜体,其中鲕状铝土矿局部可采,含铁黏土岩属于铁矾土(含铁高的铝土矿和耐火黏土)类	可作为耐火黏土类或铁矾土类
	2		0.1~2.7	红色、红褐色透镜状、团块状、赤铁矿、褐铁矿,新鲜者为黄铁矿	山西式铁矿
	1		0.5	灰色、黄褐色黏土岩	坩子土
奥陶系				中奥陶统马家沟组石灰岩	

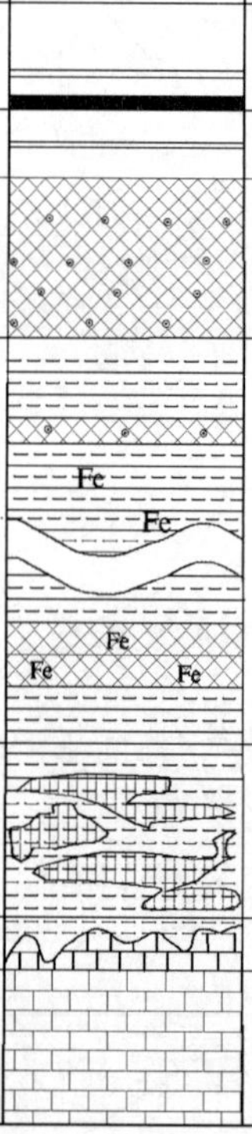

图5-9 竹园—狂口矿区本溪统地层柱状图

5.15.2.3 古构造、古地理与矿体

控制古岩溶作用的因素,除岩石化学性质外,还有古构造因素。在剥蚀作用较深的黄河沿岸新安北部石井以及其他铝土矿地表揭露程度较高地区,可见比较有规律展布的近南北向奥陶系溶蚀残丘和溶沟等岩溶地貌,它们很可能是继承南北向古构造裂隙的风化壳地形。有些溶沟中沉积或堆积了厚达几十米的铝土矿体(如张窑院,石井青石岭,见图5-10)。

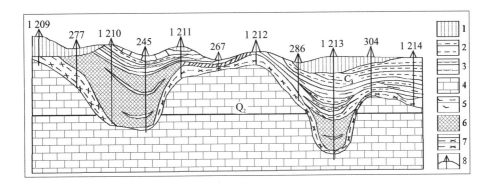

1—覆土;2—黏土质页岩;3—砂质页岩;4—石灰岩;5—黏土矿;6—铝土矿;7—铁质黏土岩;8—钻孔及编号

图 5-10　张窑院矿床第 12 号勘探线剖面图、示溶斗状矿体

5.15.2.4　分布规律

古地理和岩溶构造对矿体的控制作用,不仅影响了矿体的形态、规模、产状,而且也影响着矿石的质量。古陆边缘由于充足的物质来源,比较原始的地貌形态,形成了如张窑院、邱沟、贾沟一类具特殊形态、厚而富的铝土矿体,而距古陆较远的向海一侧,因岩溶崎岖面被海浪削平,沉积环境广阔,加之沉积物质的分散减少,形成的铝土矿体虽比较稳定(如北冶、竹园—狂口、马行沟),但矿石中的铝含量大大降低,多以中低铝硅比的贫矿为主。

5.15.3　矿床特征

5.15.3.1　矿体形态、规模、产状

矿体形态、规模、产状严格受基底岩石的地形和地貌形态控制,呈层状、似层状、透镜状、漏斗状以及由初始沉积时填平补齐、均衡代偿作用形成的连生漏斗体和向下凸的连生单面透镜体等,这些不同形态的矿体可以单独存在,也可以重复出现于一个矿区而相互连接。矿体最大长度 2 000 m(竹园—狂口),最大宽度 1 800 m(贾沟、竹园—狂口),最大厚度 40 余 m(张窑院)。一般而言,铝土矿即高铝黏土类矿体形态复杂,而耐火黏土类因系铝土矿的顶(底)板或沿走向、倾向的贫化部分,相对形态比较简单,多为层状、似层状和透镜状。

5.15.3.2　矿物成分

不同种类的黏土矿石,虽在矿物成分上区别较大,但都有较高的耐火度,鲜明表现了在耐火度上的多矿同用特征(见表 5-32)。但要说明的是,本县所勘探的大部分耐火黏土,主要是 $Al_2O_3 < 50\%$、$Al/Si < 2.5$ 的低品位铝土矿,因此这类耐火黏土的矿物成分与表 5-32 中所列的耐火黏土(硬质、软质)可能会有一些区别。

5.15.3.3　结构构造

铝土矿即高铝黏土类以豆鲕结构、碎屑结构、粉晶或晶粒镶嵌结构为主,构造为块状及次生的蜂窝状构造为主;耐火黏土类则为泥质结构,泥质显微鳞片结构,块状构造、块状显微定向层状构造,风化后呈叶片状。后者是肉眼下低铝黏土类的主要特征,而矿石的叶片状成层性又是由黏土矿向黏土岩过渡的标志。

表 5-32　黏土类矿石的矿物成分

类 别		主 要 矿 物	次 要 矿 物	微 量 矿 物
高铝黏土		一水硬铝石	高岭石、水云母、伊利石、蒙脱石、勃姆石、三水铝石、绿泥石、叶蜡石、地开石、白云母、赤铁矿、褐铁矿等	磁铁矿、金红石、钛铁矿、锆石
耐火黏土	硬质	高岭石、叶蜡石	水云母	石英、方解石、褐铁矿、磁铁矿、赤铁矿、榍石、电气石、金红石、磷灰石
	软质	高岭石	白云母、绢云母	电气石、金红石、石英、赤铁矿、褐铁矿

5.15.3.4　化学成分

高铝黏土和其他类黏土矿的区别主要是化学成分含量不同,高铝黏土中 Al_2O_3 一般为 65% ~ 70%,最高达 82.82%,贫矿石中 Al_2O_3 含量也多在 55% 以上。SiO_2 一般为 5% ~ 15%,铝硅比值达 5 ~ 7.5 以上者最多。Fe_2O_3 的变化范围较大,从微量到 10% 以内,S 一般在 1% 以下,TiO_2 介于 1.5% ~ 4%,其他还有少量的 V_2O_5、Na_2O 以及 CaO 和 MgO,均在 1% 以下。

其他黏土类在化学成分含量上与铝土矿差异明显,主要是 Al_2O_3 的降低和 SiO_2 的升高,如竹园—狂口矿区,Al_2O_3 45.19%、SiO_2 25%、CaO 0.83%、TiO_2 3.4%、Fe_2O_3 2%,耐火度 1 570 ℃。石寺、贾沟、张窑院,Al_2O_3 51.42%、SiO_2 28.26%、TiO_2 22.28%、Fe_2O_3 0.91% ~ 2.63%,耐火度 1 630 ~ 1 770 ℃。

矿床中普遍含伴生元素镓和锂,已知贾沟、石寺、马行沟矿区均达综合利用指标,全区伴生镓达 4 550 t,伴生锂 36 141 t。

5.15.3.5　矿石类型和层序组合

依照显微矿物组合划分的矿石类型为一水硬铝石型,高岭石、水云母、一水硬铝石型,黄铁矿、一水硬铝石型,绿泥石、一水硬铝石型,褐铁矿、赤铁矿、一水硬铝石型,后三种主要位于矿层的下部。依照矿石的矿物组成,肉眼观察划分的矿石类型由豆鲕状矿石、块状致密矿石、角砾状矿石、层板状矿石、松体—土状矿石组成。按剖面组合,角砾状、松体—土状矿石位于矿层之下,豆状、鲕状矿石位于矿层之间,块状致密状矿石位在矿层之上,层板状矿石位于矿层的顶部。各铝土矿区常见的硬质黏土属致密块状矿石,其中被称为焦宝石的硬质黏土属层板状矿石类型,层面上多见植物碎片。

5.15.4　耐火黏土、铝矾土开发利用现状及展望

5.15.4.1　我国耐火黏土、铝矾土开发利用现状

在耐火原材料领域里,硅酸耐火原材料比重大、种类多,包括 Al_2O_3 含量 45% 以下的高岭土、叶蜡石、软质黏土;45% 以上的硬质黏土、烧结高岭石、莫来石、高铝矿物(中国简称"三石"),75% ~ 90% 的高铝矾土熟料及 95% 以上的氧化铝(即各类刚玉)。我国习惯

上把高铝黏土(或称矾土)、硬质黏土、软质黏土(包括球粒土)都称为耐火黏土,耐火度高于 1 580 ℃。中国高铝矾土是指 Al_2O_3 含量大于 48%、Fe_2O_3 含量小于 3% 的铝土矿。中国铝土矿以硬水铝石为主,软水铝石和三水铝石只见于个别地区。硬质黏土多为高岭石单矿物型的沉积黏土,软质黏土在水中易分散,有较高的可塑性,主要矿物是竹状和片状高岭石。由于地质条件,中国耐火黏土矿床密切与煤地层伴生,并与铝土矿混杂成层。有的地区如新疆的浅水河、铁厂沟、山西大同、内蒙古、辽宁等地与煤伴生的黏土,受煤自燃已烧成天然熟料,是一种节能耐火原料。

中国耐火黏土储量丰富,分布于 26 个省(区),品种齐全、质量优良,资源总量 100 亿 t 以上,其中探明储量占 1/4。高铝矾土主要分布在山西、河南、贵州、广西,其次是四川、云南、湖北、河北、山东等省;硬质黏土主要分布在山西、内蒙古、河北、辽宁、山东、河南,其次是湖北、湖南、新疆、陕西、四川、贵州等省(区);软质黏土主要分布在吉林、广西、河北、河南、山西、广东、福建、黑龙江等省(区)。自 20 世纪 80 年代初以来,中国的高铝矿物红柱石、矽线石、蓝晶石发展较快,其资源分布于 24 个省(区)百余个矿点,矿石资源总量 7 亿 t 以上,其中红柱石 6 亿 t,矽线石 0.5 亿 t,蓝晶石 0.5 亿 t。主要省(区)有河南、江苏、河北、黑龙江、新疆、陕西、辽宁、吉林、甘肃等。

中国目前已开发的耐火黏土矿区近百个,其中大中型矿山 37 个,全国耐火黏土矿石产量 1 000 万 t 以上,其中高铝矾土 400 万 t(熟料 300 万 t),硬质黏土 450 万 t(熟料 300 万 t),软质黏土 150 万 t。主要产区:高铝矾土有山西、河南、贵州、四川,硬质黏土有山东、山西、河南、贵州、辽宁、安徽,软质黏土有吉林、辽宁、山西、河南、广西、河北、广东、黑龙江。近年来,中国高铝矿物有了较大发展,全国已建有 23 个选厂,主要分布在河南、江苏、河北、黑龙江、辽宁、新疆、山东、陕西、福建等地,选精矿总能力 14 万 t,其中蓝晶石 6.7 万 t,矽线石 4.6 万 t,红柱石 3.2 万 t。由于应用尚未完全推广及选矿技术尚需改进,目前总产量还不高,全国矽线石实际年生产量 1.5 万 t,蓝晶石 1 万 t,红柱石 1 万 t。

高铝矾土、软质黏土开采以露天为主,硬质黏土以坑内为主,矿山开采装备水平较低,多数为手工作业,采出矿石以手工分选为主。高铝矾土、硬质黏土锻烧设备以竖炉为主,近年来转窑和倒燃窑发展较快,据统计,目前全国生产铝矾土转窑约 26 座,熟料能力可达 70 万 t 以上,其中三个重点铝矾土生产基地为阳泉铝矾土矿 2 条,河南渑池铝矾土锻烧厂 2 条,贵阳耐火厂 3 条。这三个厂矿转窑总能力可达 35 万 t/a。熟料锻烧的燃料以煤为主,其次是重油,少数的工厂(如山东)用煤气或天然气。

高铝矿物开采以露天为主,矿石多用重选—浮选—磁选联合方法进行选别。近年来,为提高我国耐火原料产品质量和优化产品结构,在生产工艺改进和新产品开发方面有了新进展。阳泉铝矾土矿利用浮选铝矾土矿提纯分级,精矿经挤条、烘干,采用以重油为燃料转窑锻烧新工艺,可生产出 Al_2O_3 60%、70%、80%、85%、90% 五个级别的铝矾土熟料,其中 Al_2O_3 60%、70% 两个级别产品,莫来石含量 85% 以上,此项工程已列入国家建设项目;河南渑池锻烧厂,为将来建设 10 万 t/a 特级铝矾土熟料车间,已建成工业生产试验厂,采用原料均化、细磨、压球、燃油高温转窑锻烧新工艺,已批量生产出铝镁尖晶石、天然矿烧结莫来石,Al_2O_3 73%,莫来石含量 95%;山西考义地区利用本地优质铝矾土和硅石、高岭石,生产出合成莫来石,Al_2O_3 61.33%,Fe_2O_3 0.45%,体积密度 2.83 g/cm^3;贵州四达公司工厂采用原矿均化细磨压块,高温窑锻烧工艺生产的纯度高、质量稳定的高铝矾土系列产品,含 Al_2O_3 87%～93%各种规格产品;淮北矿务局、山东王村铝土矿、山西朔州及大同、辽宁锦西等地利用硬质黏土,采用外火箱式竖窑,控制适当锻烧温度,生产出莫来石矿砂, Al_2O_3 45%～46%,莫来石含量55%～60%,产品已广泛用于铸造行业和耐火行业;山东王村铝土矿采用细磨、均化、挤泥条、转窑锻烧新工艺生产的高岭石熟料已投入市场并出售到台湾地区;吉林、黑龙江、广西球黏土的研究开发取得了较大进展,产品 Al_2O_3 含量高,杂质低,粒度极细, $-2~\mu m$ 达85%以上,可塑性指数高达36～46,产品除国内使用并取代了进口产品外,还出口到韩国及东南亚地区;在高铝矿物选矿提纯研究方面,吉林、新疆红柱石矿、汉中蓝晶石矿经武汉科技大学选矿试验, Al_2O_3 可达58%～60%,目前新疆红柱石选厂已投产,珲春红柱石矿1999年底建成,红柱石精矿品位 Al_2O_3 58%～60%,产品质量可达到国际先进水平;山西、河南、贵州、山东、辽宁等地及天津、湛江等矾土出运口岸,已建起若干家矾土和硬质黏土熟料加工厂,加工不同粒度骨料和细粉产品。

5.15.4.2　新安县耐火黏土、铝矾土开发利用现状及前景展望

新安黏土类矿产(包括铝土矿)的地质勘查结束于20世纪60年代前期,投入开采达50年之久,尤其自改革开放以来,随我国铝业生产的发展,铝价昂升,铝土矿开采发展到极盛时代,加之管理不善,矿山乱采滥挖,采富弃贫,采出矿石尤其富矿又大量远销外地。目前,相当一部分矿山(如张窑院、贾沟)资源已趋枯竭,其他矿区(如北冶、石寺)也是采坑遍地,原来拥有的矿石储量已大大减少。因此,应该重新部署地质工作,运用大比例尺矿山调查,全面核实矿区资源储量,尤其高铝黏土类,以便更好地修订或制订今后的开发规划。

新安耐火黏土矿除郁山进行了单独勘查外,其他全为铝土矿勘查时对不符合规范要求的矿石按耐火材料工业要求划出的矿体。由于这部分储量仅仅是着眼于铝土矿勘查时的"边角废料",加之铝土矿勘查时的剥采比(1:(10～15))限制,所以实际上形成的耐火黏土类矿产要比现提交储量的部分大得多,一些铝硅比低的铝土矿区的矿体边缘,因其再度贫化而降为耐火黏土矿区,但这部分矿体未加控制,所以重新评估本县的耐火黏土类资源很有意义。

铝土矿层位的直接顶板为煤系地层,距可采的一$_7$煤一般在20～30 m,有相当一部分铝土矿被掩埋于煤层之下。受原来规定的剥采比限制,一些埋藏较深的铝土矿体,未列入勘探对象,而为大小煤矿区压盖的"煤下铝"则望而却步。随着近几年来铝矿资源紧缺和铝土矿价格的攀升,铝土矿的勘查、开采深度都在不断增加,因此除探边摸底,扩大已有铝土矿区地质勘查外,利用煤矿区的采空地段和报废矿井、巷道开展已有煤矿区煤下铝矿的地质勘查是值得引起重视的。

本区早期阶段部署的地质勘查工作,主要集中在铝土矿出露好、埋藏浅、规模大、连续性好的有利地区,而对存在含矿岩系,但分布零星或规模较小的地段,并未部署正规的地质勘查工作,或作为大矿区的外围,工作程度较低,如石井地区,西沃和北冶之间,经民采揭露证实仍是成矿条件较好并能提供一定优质矿石的地段。对此新安铝矿在贾沟、石寺、张窑院矿区之间做了不少补勘工作,增加了不少储量,另外2001～2002年河南省地调一队在石井青石岭一带的小小矿普查中也取得了较好的找矿成果。

随着高岭土类矿产应用领域的扩大和应用价值的提高,由高岭石矿物为主所组成的硬质和软质耐火黏土,都被列入沉积高岭土类,开发为煅烧高岭土系列产品,从而大大提高了它的重要地位。实际上这类黏土具多种类型,含矿层位自石炭系底部到二叠系下石盒子组都有赋存(参见 5.17 节伊川半坡沉积高岭土矿床),并与煤、铝岩系共生,所以又称煤系高岭土。这是我国独有的矿产资源,本县现已掌握的与铝土矿有关的硬质黏土和软质黏土类矿产,就是沉积高岭土的一部分(参见 5.4 节宜阳李沟塑性黏土、沉积高岭土)。

目前,耐火黏土矿产开发利用的规模比铝土矿小,但又集中于富铝矿石,对贫铝黏土即低品位铝土矿基本没有利用,因此低铝黏土矿资源的合理利用包括铝土矿的伴生元素镓、锂选矿回收将成为我国铝业发展中的重要问题。合理利用的途径一是从技术革新即选矿方面进行方法、技术上的探索,降低杂质,增高铝含量和纯度,提高矿石质量和伴生元素的回收率。二是从法规上加以约束,禁止破坏和浪费资源,在保护资源的同时积极开拓应用领域,充分发挥这种资源优势。

5.16　宜阳蛭石矿床

洛阳地区已发现的超基性岩带有三处:一处位于洛宁下峪崇阳沟和草沟一带,地层层位为太华群草沟岩组和石板沟岩组,该区超基性岩的蛭石矿化因未经评价,所以没有引起重视;另一处位于嵩县黄水庵—学房一带,蛭石矿化不发育;第三处即本区的蛭石矿,大体形成廖凹—架寺、马家庄—太山庙、周家洞—庙沟三个超基性岩带,并零星出露于斜坡、横岭、龙王庙等地,宜阳蛭石矿的分布大体与这些超基性岩的出露区相吻合。

5.16.1　区域地质

5.16.1.1　地层
宜阳西南部出露太古界太华群,系一套复杂的变质岩系,主体岩性为黑云斜长片麻岩、角闪斜长片麻岩、黑云角闪斜长片麻岩、含铁铝榴石斜长片麻岩及片麻状闪长岩、片麻状二长岩、超铁镁质岩、混合岩等。经对岩石的综合研究,原岩恢复认为,该岩系的60%～95%为经过变质的侵入岩系(片麻状闪长岩、片麻状二长岩),只有 5%～40%的表壳岩系,其原岩为中酸性、中基性火山岩,完全的沉积变质岩即副片麻岩类占的比例很小,而且无论横向或纵向,岩性变化极大,标志在新太古时期,该区发育了一套以各类岩浆侵入活动为主的火山—侵入岩浆系列,伴随着这一系列形成时的热动力作用和地壳变动,促使区内产生极其复杂的变质作用,形成了特定的岩石组合,相当太华群的草沟、石板沟岩组。

5.16.1.2　构造
区域大地构造位处华北地台(Ⅰ级)、华熊台隆(Ⅱ级)、木柴关—庙沟台隆(Ⅲ级)的东北部。区内太华群结晶岩石的基底构造表现为以古老变质侵入岩组成的基底岩系和由变质火山—沉积岩组成的表壳岩系的二重结构。构造线方向大体为近东西向,经构造变动局部折转为北西西向。在太古界基底地层中产出的超基性岩带和基性岩脉,也大体沿袭了这一方向。

后期构造转为北东向,以断裂带为代表:北部发育的沿 60°~70°断裂贯入的基性岩脉和岩墙,代表了早期的构造;中部沿 20°~25°方向由花岗岩基伸出的巨大岩枝,代表了中生代以前发育的断裂构造,它与东部下观—好贤沟一带熊耳群底部发育的节理组大体平行;而西部上庞沟—新庄一带极发育的山前破碎带,则标志着自新生代以来,区内的北东向断裂带仍在活动。

5.16.1.3 岩浆岩

本区岩浆活动十分剧烈,多期性非常明显。

以 TTG 岩系的变闪长岩、二长岩为代表的古老侵入岩,代表区内最早的岩浆活动。已在地层部分提及而与太华群产状一致的超基性岩,系发育在本区的一套特殊的岩浆岩,有关这类岩石的研究成果指出,太古界超基性岩是地壳早期来自下地幔的物质,这一部分岩浆在运行分异过程中分异出了基性、中性及部分酸性岩浆。超基性岩的主体部分来自地幔,即地壳下的深部,强烈的地质构造运动把它们翻卷到地表,并与相关的围岩地层同步褶皱,形成地表岩群和超基性岩带。宜阳的超基性岩带,赋存于黑云斜长片麻岩、斜长角闪片麻岩、斜长角闪岩类地层中,三个岩带已圈定的大小岩体达 610 个,其中 80% 的岩体长度 <10 m,最大的马家庄岩体长 700 m、宽 300 m。

熊耳群火山岩,包括次火山的玢岩类,形成了太古界包括超铁镁质岩在内的第一个盖层。经长期剥蚀作用之后,接触界限移向现在的部位。太华群出露区非常发育的基性、中基性脉岩——苏长岩脉、安山玢岩脉、辉长岩脉、辉绿(玢)岩脉、闪长(玢)岩脉、正长岩脉等,应为熊耳期火山岩同期的岩浆活动或一部分火山喷出岩的根部岩石。

花山花岗岩(包括蒿坪岩体)系一多期的复成岩体,代表燕山期岩浆的大规模侵入活动。岩体北部属于蒿坪岩体的边部,有数处岩枝、岩株和岩脉侵入太华群地层,这些岩体和岩枝在地下应是一个整体,它们同时提供了地区一个巨大的热力场。

综上所述可以看出,宜阳地区的太古界太华群是一个和其他地区太华群有独特之处的古老地体。包括近 2/3 的变质侵入岩(闪长岩、二长岩)、近 1/3 的变质火山岩和 2~3 个以上的超基性岩带。除在其成岩过程中的区域变质、热力变质外,还先后叠加了巨厚盖层的熊耳期火山岩和伴有岩枝、岩株的燕山期巨大花岗岩基。各期岩浆活动提供的热力场和地壳上升、强烈褶皱转化的热能,促使片麻岩系和超基性岩部分重熔,生成混合花岗岩体和伟晶岩脉。这些伟晶岩脉,尤其超基性岩形成的基性伟晶岩,与蛭石矿化有着密切关系。

5.16.2 矿床地质

5.16.2.1 矿体形态、规模、产状

蛭石矿体主要赋存于超基性岩体和伟晶岩脉以及混合片麻岩中,形态多为不规则状、鸡窝状、团块状,亦有脉状者。矿体长一般大于 100 m,宽 5~15 m,包括黑云母带在内,马蹄沟矿矿体长达 3 000 m,宽达 30 m,产状一般与伟晶岩带同步,或与超基性岩的外接触带一致,产状一般比较平缓,大部矿区矿石埋藏不深可露天开采(如马蹄沟、横岭)。

5.16.2.2 矿床类型

就矿石成因类型而论,主要有三种:

（1）第一种类型：与超基性岩、基性伟晶岩有关的矿床，如横岭、马蹄沟、三岔沟、太山庙，其中横岭、马蹄沟均为超过 100 万 t 大型蛭石矿床。

（2）第二种类型：产于伟晶岩中的蛭石，矿体产于太华群黑云斜长片麻岩中伟晶岩脉的边缘，矿脉延伸 300 m，宽 5 m，以下观、歪头山矿点为代表。

（3）第三种类型：矿体由基性岩脉风化而成，可见矿体长 100 m、宽 20 m，矿体规模小，以周家峪矿点（12.5 万 t）为代表。

5.16.2.3 矿石特征

蛭石矿化由于蚀变程度、水解风化程度以及原岩化学成分差异，大体也形成三种不同类型的矿石。

（1）第一种类型：矿石呈褐黄色及金黄色，鳞片状构造，蛭石为主矿物，含杂质少，蛭石片度 0.3 cm×0.4 cm、0.4 cm×0.6 cm，最大可达 1.0 cm×1.0 cm，焙烧后迅速膨胀，膨胀系数 10~20 倍，为民采主要类型，以马蹄沟为代表。

（2）第二种类型：为灰褐、褐黄色，因含斜长石过高断面呈白斑状，岩石中蛭石含量占 30%，片度较小，一般 0.3 cm×0.4 cm，膨胀系数 8~15 倍，需经筛选后利用。一般杂质含量越高，蛭石片度越小，膨胀系数也越低，以周家峪为代表。

（3）第三种类型：颜色灰褐、黑褐，蛭石片度较大，一般 2.0 cm×1.5 cm，质量差，一般作"废石"处理，以横岭的部分矿石为代表。

5.16.2.4 化学特征

现收集的化学分析样不多，仅供参考（见表 5-33）。

表 5-33 宜阳蛭石与灵宝蛭石化学成分对比

矿区名称	化学成分（平均值）（%）								
	SiO_2	Al_2O_3	Fe_2O_3	CaO	MgO	K_2O	Na_2O	MnO	烧失量
周家峪	41.06	18.50	8.52	2.63	15.30				3.4
马蹄沟	38.22	18.00	4.32	0.75	22.80	6.90	1.20	0.013	1.32
横岭	38.58	14.01	8.43	5.84	19.18	0.28	0.33	0.053	4.32
灵宝（大叶片）	38.96	15.00	5.50	4.11	20.00	3.60	0.52		4.84
灵宝（小鳞片）	43.89	10.96	6.09	6.43	14.19	3.07	0.83		2.21

5.16.3 蛭石开发利用现状及展望

5.16.3.1 我国蛭石开发利用现状

蛭石是一种复杂的含水铁镁硅酸盐类矿物，系由云母类矿物热液蚀变或风化作用形成的再生矿物。蛭石化学成分为 $[(Mg，Fe，Al)_3(Si，Al)_4O_{10}(OH)_2]·4H_2O$，但常变化不定，属单斜晶系，呈片状，硬度 1~1.5，密度 2 400~2 700 kg/m³，薄片具挠性，其最重要的性质是加热会发生膨胀，在 800~1 000 ℃ 膨胀最大，膨胀倍数 8~15 倍，高者可达 30 倍。膨胀蛭石密度一般为 80~200 kg/m³，导热系数为 0.047~0.07 W/(m·K)，吸音系数为 0.50~0.63（频率为 512 Hz），耐火度为 1 300~1 350 ℃。另外，膨胀蛭石处在干燥状态下,具有很好的抗冻性,在 −20 ℃时,经过 15 次冻融,其粒度组成不变。同时,又因其为无机物,故不受菌类侵蚀、不腐烂、不变质,也不易被虫蛀鼠咬,正因为有如此多优越的性能,其应用相当广泛。

蛭石主要是用在建筑工业上,但在其他领域蛭石也有其独特的应用。

1) 建筑工业

a. 膨胀蛭石

膨胀蛭石具有耐热保温、保冷防冻和隔音良好等性能,可用作建筑外墙、屋顶、地坪的不燃绝热材料,它还可以作为松散的充填绝热材料,填充任何形状的凹空。

膨胀蛭石的生产过程如下:将蛭石去杂质后,粉碎成 1 ~ 2 mm 的颗粒,筛分除去细粉。将原料烘干(预热)后,放回转窑或立窑中对其进行膨化热处理,膨化热处理的热工制度对蛭石的膨化率有很大影响。一般是采用先把蛭石缓慢加热到 100 ℃,然后,再迅速投入预先加热到 1 000 ℃的加热炉中,膨胀时间 0.5 ~ 1.0 min,膨化热处理后的蛭石经退火、冷却即成膨胀蛭石。从炉中出来的膨胀蛭石还需进行筛分,除去未膨胀的杂质颗粒。

b. 蛭石混凝土

用蛭石混凝土可以生产墙体材料,这种墙体材料不仅质轻,而且绝热隔音性能好,在现代高层建筑中用途很广。

蛭石混凝土一般以水泥为胶结剂,以膨胀蛭石为主体材料,另加一定量的黏土、陶粒、硅藻土等,按一定比例配制而成。调节其配比,可得到不同密度、导热系数和抗压强度的蛭石混凝土。密度为 400 ~ 450 kg/m³ 的蛭石混凝土在多层民用建筑中可以用于外墙堵缝和粉饰,它不仅可以降低材料消耗(其密度仅为普通混凝土的 1/3),节省劳动力,还可以改善外墙绝热性能。另外,水玻璃与膨胀蛭石粉的混合物用机械装置喷涂的涂层,不仅可进一步提高民用建筑和工业建筑及工业管道和热力管线的绝热性能,而且它们还可用在能源装置上,其中包括对原子能发电站进行保温与隔热。

c. 膨胀蛭石灰浆

膨胀蛭石灰浆是以膨胀蛭石为主体材料,以水泥、石灰、石膏为胶结材料,加水按一定比例配合调制而成的。它具有一定的绝热吸声性能,是一种相当好的绝热材料。膨胀蛭石灰浆用于厨房、浴室、地下室及湿度较大的车间房门等内墙面和天棚的粉刷,能防止阴冷潮湿、凝结水等不良现象的产生。

d. 蛭石保温、隔音板

蛭石保温隔音板在受热时不放出任何气体,也不会老化。该板系用膨胀蛭石作为主要原料制备而成的。其主要用途如下:①需耐高温的公共和生产用房的装饰;②在住宅、仓库、银行、军火库、饭店、电影院等建筑中作为各房间隔音保温的壁板;③同其他材料混合制成复合材料,用作耐火隔板、门隔板、防火天花板;④钢塔、钢结构保护套。

e. 防火蛭石板、蛭石防火装饰板

防火蛭石板不含石棉,其用途如下:①用于金属、木材、混凝土砌块的承重结构和屋面进行防火保护,其耐燃性可以达到 0.5 ~ 2.5 h;②工程系统和通风道的防火保护及当烟囱通过屋顶与天花板时,烟囱外表防火保护设施;③作耐燃性大于 0.5 h 的引风装置衬板。

这种防火板的制备方法如下:将膨胀蛭石粉碎并细磨到 75 μm,与液体黏结剂混合,然后成型成各种规格的板材,并在 100 ℃ 左右进行干燥,其液体黏结剂为水玻璃和磷硅酸钠。

蛭石防火装饰板可用于剧院、宾馆、商场等建筑物的装饰,既华丽又防火。这种产品是以膨胀蛭石为主要原料,加入添加剂、防水剂和特制的黏结剂,加压成型而成。

2) 冶金工业

a. 用蛭石作铁水保温剂

用蛭石加工成保温剂时,可用于铁水保温,效果很好。以昆钢为例,使用蛭石保温剂后,黏罐铁量由 1.94% 降到 0.57%;铁罐寿命从 200 次提高到 575 次,提高了 1.88 倍;吨钢耗铁水由 1 111 kg 降到 1 037 kg,降低 6.6%;铁水温度提高 12 ℃,每年减少损失上千万元。

b. 蛭石绝热结构板

由加拿大魁北克的 ceram SNA 公司和美国 Pyrotek 高温制品联合公司共同研制的 ISOMAG70 蛭石绝热结构板性能相当卓越。其技术参数如下:最高使用温度 1 100 ℃,密度 1 121 kg/m³,抗折强度 12.4 MPa,抗压强度 19.3 MPa,导热系数(540 ℃ 平均)0.139 W/(m·K),线收缩率(980 ℃ 下)0.2%。

ISOMAG70 是以蛭石为主体材料,另加一定的胶结剂和添加剂按一定比例配置而成的。其应用范围如下:钢铁工业的绝热层、绝热板、结晶器绝热板、窑炉内衬、LTM 窑车、定形耐火材料接缝等。

3) 化学工业

a. 涂料

蛭石可以粗颗粒状加到介质颗粒中,形成各种新型涂料。日本的一除臭水性涂料,是一种由除臭的植物性化合物、乙二醛等有机化合物、还原铁等无机化合物与蛭石等混合,在 pH 值为 6.0~8.0 的条件下制成的;巴西研制出了一种蛭石防水涂料,其制作方法为:在高于 100 ℃ 条件下,将蛭石薄片与含 NH_3、NH_4^+ 的物质(最好为尿素)或碱性物质混合,然后脱水制成颗粒状,把这种颗粒混同焦磷酸钠尿素及表面活性剂配制而成。它可涂在玻璃纤维织物上,在 230 ℃ 热气流中干燥后即成憎水玻璃纤维;苏联研制出一种薄层膨胀防火涂料,该涂料导热系数小,隔热良好,并且在化学物质的分解、脱水过程中,产生惰性气体使材料表面含氧量减少,在高温和热幅射等情况下,仍能显示其防护性。它主要是以水玻璃和脲醛树脂为胶结剂,以蛭石、二次水化蛭石、脱水蛭石为骨料,再添加适量的防火添加剂、化学助剂制备而成。

b. 填料

蛭石可在颜料、油漆、油墨橡胶制品合成及一些机械构件和设备中用作填料。南非帕拉博拉采矿公司研制出一种以蛭石和有机物组成的疏水、难溶有机聚硅氧烷粉末,其结构为 Q_xM_y,其中 $Q = SiO_2$;$M = (CH_3)_3SiO_{1/2}$。它能在许多有机溶剂和树脂中形成凝胶,可作为环氧树脂等填料。苏联研究在电介质材料合成中除采用玻璃陶瓷、石棉、SiO_2、Al_2O_3、Na_2O 等外,再加上 35%~45% 的蛭石作填料,可增加材料的弹性系数及热膨胀系数,同时使材料的穿透力正切角衰减速度降低。

5.16.3.2 宜阳蛭石矿床开发利用现状及前景展望

现发现的蛭石矿化已开发多处(马蹄沟、周家峧及三岔沟)。马蹄沟矿区开发最早,起始于 20 世纪的 70 年代初期,当时为集体采挖,经土法炉温膨胀、筛分,用于建筑材料,进入 80 年代以个体民采为主,开采点 5~7 个,至 90 年代以来,累计开采 207 万 t(回采率 90%)。周家闸及三岔沟开采较晚,开采规模较小。全县累计开采矿石 >230 万 t,其他矿区如横岭、下观、太山庙基本上没有开采。

总体而论,宜阳蛭石开发还处于原始状态,存在以下几个问题:

(1)宜阳蛭石自被发现以来,即被民采,土法加工为膨胀蛭石,并被地方用于建筑防护层,但由于加工方法原始,产品单一,质量较差,所以开采规模小,时采时停,没有形成规模产业和矿山,缺乏市场竞争力和矿山知名度。

(2)由于当地蛭石开发利用程度低,在地质勘查基金本来不足的外部环境下,宜阳蛭石从未引起地质部门和地方政府的重视,直到现在也未开展系统地质工作,很少发现新的矿点,自然也影响了开采规模。

(3)蛭石的用途十分广泛,随科技发展,用途越来越宽,但宜阳蛭石因为知名度低,也一直没有引起应用矿产研究部门的重视,至今仍停留在单纯的土法加工,单一的建材原料方面,科技含量越来越低,乃至在经营上仅仅是出售原矿。

由于以上三个基本环节的问题,尤其三者的互相制约和恶性循环,给宜阳蛭石的发展前景设下了重重障碍,这与国内外蛭石矿产的发展极不适应,所以为展示宜阳蛭石的资源潜力,必须从以上三个根本因素上抓起,尽快改变现在的面貌。

5.17　伊川半坡沉积高岭土矿床

半坡高岭土于 2005 年采煤中发现,2006 年在城北罗村建成洛阳汇发高岭土有限公司,同年推出了 1 250 目、白度 88 的首批产品,由此确定了半坡沉积高岭土矿区,兴起了县内开采沉积高岭土的热潮,宣布了洛阳的一处优质高岭土矿区。该矿区位于伊川东部半坡的白瑶—何庄一带,主采坑位于段岭村北。半坡西距伊川 26 km,分别有白(沙)—半(坡)路接洛界公路和五(里头)—半(坡)路接郑潼公路。由半坡西行经运煤铁路专线 7 km 至焦枝线高河东站,由矿区东行至白瑶,南通汝州,北达登封,各有油路相通,交通十分方便。

初步勘查加工验证,半坡沉积高岭土矿为一规模可达中型,主要化学成分达到和超过国家标准的优质高岭土矿床。该矿床的发现确定了形成这一矿床的特定地层层位,扩大了找矿途径,指出洛阳具备形成优质高岭土的成矿条件,同时也展示了该高岭土矿的可加工性。伊川第一家高岭土矿的兴建和研发试验,将为洛阳沉积高岭土的勘查开发起着重要的示范作用。

5.17.1　洛阳研发沉积高岭土矿的回顾

洛阳是我国陶瓷文化的发祥地,早在石器时代的中后期,先祖们即能利用黏土(包括高岭石黏土)制作陶器用具,后至汉唐发展为三彩陶,制陶技术日渐精良,原料选择日趋严格。至宋元时代已发展为精美的各种瓷器制品,在原料中有坯体、釉料的区别,于是有了瓷石、瓷土的概念,并沿用至今。矿床中称陶瓷黏土,俗名黑毛土、木节土、焦宝石、瓷石、瓷土等。实际上,它们都是不同类型的沉积高岭土、伊利石类黏土矿物的别称,只是当时人们不识其矿物成分,这是洛阳人早期对高岭土的利用。

20 世纪 50 年代初,随巩义铝土矿的发现,国家展开了大规模的铝土矿勘探,在按铝土矿工业指标($Al_2O_3 \geqslant 50\%$、$Al/Si \geqslant 3$)圈定矿体时,将低于上述指标,耐火度 $\geqslant 1\,580\ ℃$,$Al_2O_3 \geqslant 22\%$ 的矿石列入耐火黏土矿床,并依据其物理特性,分为软质和硬质黏土。实际上这部分耐火黏土中的一部分为高岭土,其矿物组合非水铝石而为高岭石(1957 年沈永和命名为沉积高岭岩),矿山称其为焦宝石,因长期以来一直将其作为硬质耐火黏土矿产,致使我们对这类高岭土矿床的勘查开发步履迟迟。

1962 年,为配合发展地方陶瓷工业,由原河南地矿局豫○一队(地调一队前身)提交了《河南省宜阳县李沟地区塑性黏土地质普查报告》,报告就李沟石炭—二叠系地层剖面,选定 11 个黏土矿层,分层进行样品分析,并选三、七、九三个含矿层计算矿石储量 230.3 万 t。在当时人们还不存在沉积高岭土这个概念时,以实测剖面加化学分析的方法开展专项地质勘查(项目中途停止,未做岩矿工作),这已是在高岭土矿的勘查开发中做了先期工作。

20 世纪 80 年代末到 90 年代,河南掀起沉积高岭土热潮,先后在禹县神垕、巩县钟岭、博爱九府坟、鲁山梁洼、济源邵原等地发现并提交一批沉积高岭土矿床。一些开采加工厂也有目标、有针对性地采集寒武—奥陶系顶部不整合面上沉积充填型埃洛石黏土,大紫、小紫泥岩及二₁煤底的软质黏土(木节土),下石盒子组四煤段的硬质黏土等,进行开发利用和研究,是时曾利用宜阳李沟和新安石寺塑性黏土层位和相关地层剖面再次分析,但仍因铁、钛含量高,达不到白度要求和 Al_2O_3 含量偏低(<30%),在洛阳市未曾突破。

伊川半坡高岭土的发现,开启了伊川,也是洛阳各含煤系县市(新安、宜阳、伊川、偃师、汝阳)沉积高岭土的先河,证明了洛阳不仅存在着形成沉积高岭土的地质环境和地层系统,而且能够形成优质沉积高岭土矿床,抓住这一突破性的认识和可以观察对比的矿石、矿床特征,足可重新回顾我们以往对沉积高岭土矿床的认识,扩大今后的找矿方向,进而发现更多的高岭土矿床,这是非常有意义的。

5.17.2　半坡高岭土矿

半坡高岭土矿位处经过地质精查的登封煤田马岭山井田中。井田不仅提交过精查报告,钻探工程控制程度高,而且经历了几十年的井巷开采。但由于原来对高岭土不曾认识,在丰富的矿区地质资料中,只是作为"灰色、灰黑色泥岩"加以记录和描述。由此提示在阅读煤田地质资料中,应注意发现这类高岭土矿床。

5.17.2.1　赋矿地层

按照半坡马岭山或登封煤田地层柱状图和参加煤田地质精查工作人员的回忆,以往的野外观察,多以"灰色、灰黑色泥岩、泥灰岩"对待的层位有 8 处,自下而上为:

(1)本溪组底部、寒武—奥陶系顶部风化壳中坩子状硬质黏土。

(2)本溪组顶部铝土矿层顶部硬质黏土岩(焦宝石)。

(3)山西组二₁煤底或太原统顶部软质黏土(紫木节),见于半坡大郭沟一带,厚度变化大。

（4）小紫泥岩层位,位于小紫泥岩中。岩性为含紫斑的灰绿色泥岩和深灰色泥岩,相当宜阳李沟塑性黏土矿层剖面的三矿层。邻区小紫泥岩的差热曲线在 $550 \sim 620 ℃$ 有一显著吸热谷,在 $910 \sim 970 ℃$ 有一明显放热峰,经 X 射线衍射、扫描电镜及能谱分析,黏土矿物以高岭石为主,含量 $50\% \sim 85\%$,另含伊利石和蒙脱石。

（5）石盒子组下部三煤段大紫泥岩层的下部。岩性为灰黑、灰绿色泥岩,厚 $2 \sim 3$ m,此即现开采加工的半坡高岭土矿赋矿层位,矿层和矿石特征见后。区域上该矿层相当李沟塑性黏土剖面的第八层黏土。在宜阳大紫泥岩层位之下 10 m 处,有一层青灰色具贝壳状断口的高岭石黏土岩,相当李沟塑性黏土剖面的第七层。

（6）下石盒子组四煤段沉积高岭土。岩性为灰、青灰、深灰色泥岩,赋存于四$_1$—四$_7$煤层的底板及含煤段的上部,多为与黏土质粉砂岩相间的薄层状,形成高岭石岩组,其明显特点是含碳质和植物化石。

（7）五煤段五$_3$煤层位。岩性为碳质泥岩、青灰色泥岩、灰黑色泥岩、泥质粉砂岩,岩性特征和矿层组合类四煤段。

（8）六煤段顶部田家沟砂岩之下。岩性为青灰色、绿、灰白色紫斑泥岩,该层位曾被利用为粗陶黏土,伊利石含量较高。

马岭山井田区石炭—二叠系沉积高岭土（泥岩类）的赋矿层位与宜阳李沟矿区陶瓷黏土的含矿层位基本相同,沉积高岭土成矿具鲜明的区域性。

5.17.2.2 矿床特征

1）赋矿地层

现发现的半坡优质高岭土矿的赋矿地层为二叠系下石盒子组底部的三煤段,矿区平均厚度 66.62 m,依采坑描述的沉积高岭土赋矿层位及矿层层位剖面素描,自下而上的岩石特征如下:

（1）砂锅窑砂岩:上部为青灰色细粒长石石英砂岩,下部为灰白色厚层状粗粒石英砂岩,底部含砾,具大型契状交错层理,厚 9.57 m。

（2）紫红色、灰白色泥岩,砂质泥岩,夹薄层粉砂岩,平面上距矿层底板 $8 \sim 10$ m,厚 $2 \sim 3$ m。

（3）高岭土矿层,一般厚 $1 \sim 2$ m 左右,局部厚达 3 m 以上。

（4）大紫泥岩,紫红色、灰绿、杏黄、杂色泥岩,夹粉砂岩,具铁质斑点状豆鲕结构,厚 $18 \sim 20$ m。

（5）灰、绿色砂质泥岩,粉砂岩,夹泥岩,紫斑泥岩,底部和中上部夹一层黄绿色细砂岩,厚 30 m 左右。

（6）四煤底砂岩:灰色、灰绿色,中、薄、中厚层状细—中粒长石石英砂岩。

2）矿体形态、产状、规模

矿体呈层状产出,层位稳定,走向近东西,倾向北。倾角 $14° \sim 15°$,据白瑶、段岭、何庄村北一线采坑揭露,矿层东西延长至少在 3 km 以上,厚度一般 2 m 左右,据当地采矿者称,最大厚度可达 3 m 以上,白瑶以东变薄,厚度 1 m 左右,且质量不好,推断矿床规模达中型(>200 万 t)。

3）矿石特征

该矿区目前没有岩矿测试资料。

据矿坑露头和矿石标本观察，开采的优质矿石，下部为灰绿色、蛋青色高岭土质黏土岩，上部为灰黑色高岭石黏土岩，底板不清（未揭露），顶板为黄褐色泥质粉砂岩覆盖，界面不平直，稍有底辟现象，高岭石黏土岩向上拱凸。岩石质地细腻，土状光泽，硬度大于指甲，小于小刀，贝壳状断口，主矿体无层理，无夹层，块状构造，内多裂纹，裂隙纹面上有不同程度的氧化铁锰质薄膜。露头和采出矿石，经风化雨淋后，易裂解为坩子土状，无可塑性，但加工成粉体后具强的吸水性和可塑性。

4）矿物成分和化学成分

目前，尚无矿物分析（红外光谱、X 射线衍射）资料，现得到的化学分析资料如表 5-34 所示。

表 5-34　半坡沉积高岭土化学成分　　　　　　　　　　（％）

样号	Al_2O_3	SiO_2	Fe_2O_3	TiO_2	K_2O	Na_2O（％）	注记
①	38.29	44.52	0.85	0.59	0.41		煅烧高岭土
②	36.05	47.90	0.76	0.59	0.31	0.37	原矿

5）成矿规律

据煤田地质，三煤段底板砂锅窑砂岩古地理资料，三煤段沉积初期，古地理条件为由豫北伸向豫西的三条古河流形成的三角洲相砂朵，区内由单向型指向多向型前沿，进入潟湖—沼泽地带，高岭土为湖沼相沉积；另据煤田地质资料，三煤段顶部和四煤段下部，先后发现火山凝灰岩成分，这些火山物质应与冀南的二叠纪早期火山喷发（同位素年龄 2.87 亿年）的喷发活动有关。据此认为该处优质沉积高岭土的成因除古陆硅铝质岩石风化物外，还可能与火山喷发散落的火山物质有联系。

5.17.3　高岭土矿的开发利用现状及展望

5.17.3.1　我国高岭土矿的开发利用现状

此部分内容可参照 5.4 节宜阳李沟塑性黏土矿床与沉积高岭土中的"5.4.4.1 我国煤系高岭土开发利用现状"。

5.17.3.2　半坡高岭土矿的开发利用现状及前景展望

半坡高岭土矿的发现和初步开发利用，证明该处是具一定规模的硬质高岭土矿床，从此结束了洛阳十几年来一直未发现优质沉积高岭土的历史，填补一项空白，并展示了区域找矿的领域和扩大深加工的信心。

该处高岭土矿位于经过精查并已开采了几十年的登封煤田马岭山煤田，区内地质工作程度很高，今后应在提高对矿床、矿石认识和识别能力的基础上，结合实地调查，重新分析以往钻孔和地表地质资料的前提下部署地质找矿工作。

依据区域和矿区地层资料，以往作为瓷土，硬质、软质陶瓷黏土的成矿层位达 8 层以上，成矿条件十分有利，今后应在三煤段的大紫泥岩的优质高岭土评价的基础上，有目的地对其他层位的高岭土开展地质评价工作，有望发现新的优质高岭土含矿层位，扩大找矿远景。

在评价三煤段高岭土矿的同时,应对主矿层及主矿层以外高岭土矿层矿石的综合研究,包括分层采样,进行 X 射线衍射、红外光谱、电镜等综合研究,确定矿物组成,高岭石矿物形态,有序度,有益、有害元素,划分矿石类型,为选矿和矿产品深加工提供参数。

争取资金,开展高岭土选矿研究。从现有样品和分析资料,区域上各地发现高岭土一般铁、钛、有机质含量较高,这是影响白度,降低其经济价值的主要因素,因此对本区高岭土还应在初步深加工的同时,选送样品进行选矿试验(干法、湿法),进一步提高产品白度。与此同时,还要重视对主矿层上部的"大紫泥岩"进行综合开发,按不同矿石类型推出系列产品。

在伊川沉积高岭土取得突破的基础上,重新开展新安、宜阳、偃师、汝阳地区煤系地层沉积高岭土的找矿和地质评价工作,重新划分高岭土矿的含矿层位,划分矿石类型,依照不同类型确定选矿和深加工方法,创造出区域经济效益。

5.18　洛宁、宜阳橄榄岩、蛇纹岩

5.18.1　区域超基性岩特征

5.18.1.1　分布、规模、产出情况

据 1970 ~ 1973 年原地质三队为寻找铬铁矿对洛阳地区超基性岩的调查资料,区内共发现超基性岩体 246 个,分布在洛宁崇阳沟(95 个)、宜阳廖凹和马家庄(105 个)、嵩县黄水庵—学房村(约 46 个)一带,其中长度 100 ~ 1 000 m 的 51 个(洛宁 14 个、宜阳 29 个、嵩县 8 个),小于 100 m 的 195 个(洛宁 81 个、宜阳 76 个、嵩县 38 个),最大岩体(> 0.1 km^2)有 3 个,它们是宜阳的马家庄—柱顶石、寺沟,洛宁崇阳竹园沟。

这些大小不等的岩体,多以鱼贯状分布在太古界太华群中,围岩多为斜长角闪片麻岩类的变基性火山岩,岩体长轴与片理一致,在走向延长线上受片麻岩产状变化而摆动。产出情况有三个特点:

(1)岩体分布不均一,在豫西广布的太华群中,这类岩体仅在华熊台隆区出露,而在该台隆区,又集中分布于以上三个区段,其他区段基本缺失。

(2)各区段内岩体长轴具方向性,但各地走向不一,洛宁为近南北向,宜阳为 NWW、NW 向,嵩县为 NE 向。

(3)岩体的分带性,超基性岩的分带性以宜阳最明显,全区分廖凹—架寺、马家庄—太山庙、周家阒—庙沟三个超基性岩带。

各个岩体分布区的岩体形态虽比较复杂,但外形相对简单,以椭球状、透镜状、饼状、浑圆状为主,产状受围岩的变余层理,层间构造裂隙控制,随同太华群片麻岩地层的褶皱变形,岩体产状亦随之改变。

5.18.1.2　岩石类型和蚀变特征

岩石类型有纯橄榄岩、辉石橄榄岩、橄榄岩、橄辉岩、辉闪岩等,前三种少见,以后三者为主。由于分异不好,不同岩石在同一岩体中往往相互伴生,形成超基性杂岩,杂岩体中不同岩性之间呈渐变过渡关系。

超基岩的蚀变作用较强,蚀变种类有伊丁石化(橄榄石变为伊丁石)、绢石化、蛇纹石化(叶蛇纹石为主)、滑石化、碳酸盐化、透闪阳起石化、云母蛭石化(形成蛭石矿床)、绿泥石化、绿帘石化、磁铁矿化等。实际上本区的超基性岩主要是由蛇纹岩、滑石岩、透闪—阳起石岩、蛭石岩、绿泥滑石岩组成,不仅体现了蚀变作用的复杂性,而且又表现出了蚀变作用的多期性,一些主要的造岩矿物往往经历了多期变化,如橄榄石→伊丁石化→褐铁矿化,橄榄石→蛇纹石化→滑石化,辉石→绢石化,辉石→蛇纹石化→滑石化等。

岩石构造有块状构造、片状构造、半定向构造等,以块状构造为主,岩石结构有海绵陨铁结构、自形粒状结构、变余斑状结构、交代残余结构、鳞片变晶结构等,以后二者为主。

依据岩石类型、结构、构造、矿物的共生组合及蚀变特点,将本区岩体划分为纯橄榄岩岩体、蛇纹岩体、超基性杂岩体、辉闪岩体及各类蚀变岩体等 5 种类型,它们在各地的分布情况如表 5-35 所示。

5.18.1.3 岩石化学特征

全区共采集 58 个超基性岩岩石化学样,其中 45 个的分析结果见表 5-36。

表 5-35 各地超基性岩岩体类型统计

岩体类型	洛宁	宜阳	嵩县	合计
纯橄榄岩	1		5	6
蛇纹岩	15	2		17
超基性杂岩	1	25	5	31
辉闪岩	16	29	14	59
各类蚀变岩	62	49	22	133

表 5-36 熊耳山区各类超基性岩平均化学成分

岩性	组分(%)						
	SiO_2	Fe_2O_3	FeO	CaO	MgO	Al_2O_3	TiO_2
含辉纯橄岩	36.46	13.17	6.15	0.39	30.72	1.00	0.15
橄榄岩	41.721	7.28	5.705	5.335	27.436	2.47	0.158
蛇纹岩	38.90	7.925	4.918	3.395	31.298	1.853	0.118
蚀变岩	46.66	5.879	5.533	5.519	24.139	3.794	0.207
辉闪岩	48.469	5.245	6.329	9.368	20.112	5.353	0.408
项目	P_2O_5	Na_2O	K_2O	Cr_2O_3	NiO		样数
含辉纯橄岩	0.05	0.04	0	0.534	0.13		1
橄榄岩	0.158	0.142	0.095	0.5076	0.117		10
蛇纹岩	0.118	0.101	0.108	0.6525	0.145		10
蚀变岩	0.207	0.241	0.175	0.471	0.099		9
辉闪岩	0.408	0.514	0.268	0.357	0.0538		13

由表 5-36 可以看出:

(1)本区超基性岩绝大部分岩石属正常系列,少部分为铝过饱和系列,后者三氧化二铬有增高之势。

(2)本区超基性岩几乎全部落在铁质超基性岩区内,M/f 值变化在 2~6.5,其中洛宁凉粉沟、宜阳廖凹为镁质超基性岩,M/f 值 >6.5%。

(3)$A+C$ 值变化在 0.4~4.4 范围内,一般大于 1,K_2O、Na_2O、Al_2O_3 的含量较高。

(4)H 值一般 50 左右,蛇纹石化程度不太强。

(5)按含辉纯橄岩→蛇纹岩→橄榄岩→蚀变岩→辉闪岩的变化序列,SiO_2、CaO、Al_2O_3、TiO_2、Na_2O、K_2O 有递增之势,Fe_2O_3、MgO、Cr_2O_3、NiO 有递减之势。

5.18.1.4 超基性岩的非金属矿化

由于这些超基性岩带的岩体规模小,分异程度和铬矿的成矿专属性差,形不成有价值的铬矿化,经三年地质工作,已否定了铬、镍矿的找矿前景。但提供的资料中却显示了超基性岩的非金属矿化,包括石棉化、磷灰石化、滑石化、蛇纹石化、蛭石化等都很有意义,前二者的矿化规模小,滑石化很发育,但未做专门工作,蛭石化在宜阳张坞马家庄等地已形成蛭石矿床,该矿床在前面已作了介绍,这里专题介绍的是洛宁凉粉沟岩体形成的蛇纹岩矿床。

5.18.2 洛宁崇阳凉粉沟蛇纹岩矿床

5.18.2.1 概述

洛宁崇阳沟地区的超基性岩体共 95 个,主要分布在故县、下峪一带的太古界片麻岩系中,以下峪崇阳沟最集中,岩体群中岩体长轴走向大体分为北东向、北西向和近南北向,以后者为主。受区域地层构造控制,单体形态有透镜状、面条状、疙瘩状、柱状、不规则状,群体形态有雁行状、串珠状、卫星状等,最大岩体 500 m × 100 m,大于 100 m 的有 14 个,小于 100 m 的有 81 个,不包括小如拳头、鸡卵的岩体。岩体化学特征、蚀变特征以及矿化特征与区域一致(见表 5-36)。

5.18.2.2 矿床地质特征

1)产状、规模

凉粉沟岩体由该区出露的一个岩体群组成,该岩体群由 6~7 个小岩体组成,形如"?"号,南部的 1、2、3 号岩体由右行雁列状首尾相接,走向北北东,北部的 4、5、6 号岩体向北西偏转,如左行雁列,单个岩体走向南北,其中进行地质评价的为凉粉沟超基性岩体群中最南部的 1 号岩体(又称 31 号岩体)。该岩体地表出露长 85 m,最宽 15~16 m,一般 7~8 m,钻探验证,岩体与片麻岩产状同步向深部延深大于 250 m,最大厚度达 40 m 以上,岩体倾斜长度大于走向长度。

2)地质特征

岩体产状自地表到深部,完全受太华群变质岩的产状控制,岩体厚度由薄变厚,呈自然膨大之势,岩体内部的蚀变岩和片麻岩也呈自然的互层状或条带状,外蚀变带为滑石、蛭石、阳起石蚀变岩,内蚀变带为蛇纹石蚀变岩。蛇纹岩颜色呈灰绿色、灰色,风化面呈灰黑色、褐灰色,微粒—隐晶结构,块状构造。镜下呈鳞片变晶结构、网纹结构、海绵陨铁结构、岩体蚀变以蛇纹石为主,次为滑石、蛭石。

3)矿石矿物成分

矿物成分主要由蛇纹石组成,含量 70% ~ 90%,属叶蛇纹石,少数为胶蛇纹石,局部见纤维蛇纹石,其次为不等量的滑石、方解石、蛭石、绿泥石,金属矿物主要为磁铁矿,含量 1% ~ 15%,再次为铬尖晶石,含量 <3%,局部见有中等浸染、稠密浸染的带状铬铁矿化。微量矿物有黄铁矿、磁黄铁矿、黄铜矿、方铅矿、辉铜矿等。

4)矿石化学特征

经综合评价,凉粉沟 31 号岩体为一小型蛇纹岩矿床,块段平均品位 MgO 31.47% ~ 33.46%(超过 31.298% 的区域平均品位),SiO_2 39.95% ~ 42.74%。

经综合评价,凉粉沟蛇纹岩估算矿石储量 29.57 万 t。

5.18.3　橄榄岩、蛇纹岩开发利用现状及展望

5.18.3.1　我国橄榄岩、蛇纹岩开发利用现状

1)我国橄榄岩开发利用现状

橄榄岩是以橄榄石为主要矿物组成,SiO_2 <45%,不含石英的超基性岩。地壳上分布不广,约占 1‰,由于含 MgO 通常都在 40% 以上,因此又称镁橄榄岩。近年来,我国在橄榄岩的开发利用上取得一批很有价值的成果,填补了我国橄榄岩制品的空白。

a. 生产橄榄石碳砖

河南省内乡县马山口南阳碳系耐火材料厂,用橄榄石研制成功了镁橄榄石碳砖,并于 1990 年 9 月通过专家鉴定,填补了国内一项空白。该产品几项技术指标达到日本、德国同类产品的水平。经上海重型机器厂的"LF 钢包精转炉"使用,可替代日本的同类产品,价格低于日本同类产品的 60%。

b. 生产镁橄榄石砂

河南省西峡县镁橄榄砂厂和湖北省宜昌都已研制成功了橄榄砂。其中河南西峡县镁橄榄砂厂已经生产 8 年了,产品不仅供应国内,还出口日本、新加坡等国。产品荣获中国第二届乡镇企业进出口展览会二等奖。最近该厂又投资 100 万元建橄榄石绝热板。

湖北宜昌研制的镁橄榄石砂,产品已通过专家鉴定,而且其焙烧工艺在国内属首创,成功地解决了橄榄石蛇纹石化的焙烧问题,消除了蛇纹石对铸件的有害影响。宜昌产的镁橄榄石砂,经第二汽车厂通用铸锻厂、济南机车工厂铸工车间、湖北松滋矿山机械厂铸钢分厂、葛洲坝机械厂铸造分厂等单位使用,均取得良好效果。①耐火度达到 1 770 ℃,抗金属液侵蚀力强,铸件无夹砂、黏砂、垮砂现象;②作为高锰铸钢件的型砂,有特殊效果,铸件表面光洁,震落清砂容易,是提高高锰钢铸件表面质量的一种较理想的原砂。对 300 kg 左右、形状较简单的高锰钢铸件,可采用湿型铸造工艺,缩短铸造周期,节约能耗;③焙烧镁橄榄石砂,物理化学性能稳定,膨胀均匀、缓慢、受急热急冷影响小,铸件不易变形,保证了铸件尺寸,可避免铸钢件所存在的某些铸造缺陷,提高了铸件产品等级。

c. 生产随意形橄榄石项链

江西地质矿产局珠宝工艺厂利用橄榄石研制成功了随意形橄榄石项链。该项链具有千姿百态的珠粒,颜色艳绿纯净,光洁度高,反光性强,价廉物美。产品在 1992 年广交会

一亮相即被抢购一空,并包销了1992年的全部产品。目前该厂规模为年产随意形项链6万条,经济效益颇佳。

橄榄石属于中档宝石,它有美丽的颜色和绒绒的外观,被誉为"黄昏的祖母绿"和"八月生辰石",饰用这种宝石有"夫妇幸福"的寓意。

2)我国蛇纹岩开发利用现状

蛇纹岩是一种以蛇纹石族矿物为主要成分的蚀变岩石,它作为独立和共生矿床,在我国有丰富的储量。蛇纹石因其花纹似蛇皮而得名,含大量的镁,源于火成岩。蛇纹石硬度不大,一般在2~3.5。蛇纹石的主要成分是硅酸镁,并含有结晶水,其化学组成为$3MgO \cdot 2SiO_2 \cdot 2H_2O$。纯净的蛇纹石含 SiO_2 44.1%、MgO 43%、结晶水 12.9%。蛇纹石矿中常伴生有铁(Fe)、镍(Ni)、钴(Co)、铬(Cr)及少量的铂族元素(如铂、铑、铱等)。蛇纹石是一种含水的富镁硅酸盐矿物的总称,如叶蛇纹石、利蛇纹石、纤维蛇纹石等。它们的颜色一般常为绿色调,但也有浅灰、白色或黄色等。

蛇纹石类矿物由于具有耐热、抗腐蚀、耐磨、隔热、隔音、较好的工艺特性及伴生有益组分,因而应用前景广阔,目前主要用于以下几个方面。

a. 作高炉炼铁熔剂和烧结矿原料

高炉炼铁为增加渣的流动性和提高脱硫的效果,常配入一定量的蛇纹石,用以提高水渣中的 MgO。使用生矿,蛇纹石以块状入炉;使用熟料,蛇纹石以粗粉状配入烧结矿中。上海宝钢有3座世界级的超大型高炉,炉容共 12 000 多 m^3,日出铁近 3 万 t,日用料近 6 万 t,皆配有江苏东海的蛇纹石。全国各地靠近蛇纹石产地的炼铁厂也都在使用。该项用途用量大,但不宜长途运输。

b. 宝玉石原料

我国的岫岩玉就是以优质蛇纹石为原料加工成的。河北满城汉墓出土的金镂玉衣和北京故宫博物院珍藏的商周碧玉蟒佩和青玉鸟兽信柄形器,其原料就是辽宁岫岩的优质蛇纹石。目前,岫岩蛇纹石作为玉石料年产规模达 3 500 t 以上,供应全国 170 多家玉料厂,加工各种工艺品供应市场,经济效益很可观。

c. 作中成药

西安医科大学利用优质蛇纹石制成中成药"氟宁片",治疗氟骨症患者,总有效率达93%以上,未发现不良反应。该项研究成果已通过专家鉴定,并由西安医科大学制药厂生产,1984 年全国地方病科学委员会第二次会议决定将"氟宁片"列入国内有效矿物之首。

d. 降氟改水

江苏省东海县利用蛇纹石除氟改水获得成功,并通过专家鉴定。含氟高的水,通过蛇纹石滤柱后,即可将氟降低,达到饮用水的标准,并可重复再生,为人类健康作出了贡献。

e. 建筑装饰材料

甘肃省武山县板材厂将蛇纹石片用水泥固结成薄板状,表面抛光后即成人造大理石,可作为建筑地板材料。同时,还将蛇纹石制成碎石和石米供应市场,用其制成色彩鲜艳、光亮的水磨石,销路好,效益可观。

f. 镁质耐火材料

唐山钢铁厂用蛇纹石研制成功耐高温性能良好的焦炉用蛇纹石砖,供哈尔滨焦化厂使用,效果良好。太原钢铁厂、重庆钢铁公司用蛇纹石研制成功镁橄榄石砖,用于平炉,抗侵蚀性能良好。蛇纹石配加矾土、黏土等原料,在 1 350 ℃的条件下可合成堇青石,热膨胀系数小,抗热稳定性好,可制成窑具材料。

g. 镁质陶瓷原料

河北邯郸陶瓷研究所用手选蛇纹石精矿生产镁质瓷,制品色泽美观柔和,透明度较高,玉石感强。蛇纹石与黏土调配可以生产一般瓷器。

h. 提取氧化镁和二氧化硅等化工产品

四川蛇纹石矿采用一种新方法,从蛇纹石中提取轻质、重质氧化镁,MgO 纯度达99.23%。武汉工业大学以蛇纹石为原料,通过化工过程提取氧化镁和碱式碳酸镁,并用废渣、废液制得无定形二氧化硅、硫酸铵、硫化镍和氧化铁红等副产品。轻质氧化镁、碱式碳酸镁达到特级、一级标准;硫酸铵含氮量 > 17%;多孔无定型二氧化硅,比表面积>200 m^2/g,容重 0.4 ~ 0.5 g/cm^3。该项研究成果已获国家专利(CN1050411A)。

i. 农用化肥及其他

四川、甘肃、江西等省都做了大量的应用试验,证明效果良好。其用法有两种:一是为生产钙镁磷肥、钙镁磷钾肥作配料;二是碎成蛇纹石粉,直接施用,前者增产24% ~39.72%,后者使土豆增产10.97% ~11.9%、小麦增产5% ~6.3%、玉米增产10%。

蛇纹石还可用作白水泥配料、铸石配料、岩棉配料等。

随着人们认识上的提高及科技的进步,蛇纹石的应用领域会越来越宽,用量会越来越大。目前在一些温石棉矿山,作为废石堆放的蛇纹石将作为一种资源重新开发利用。

5.18.3.2 洛宁、宜阳橄榄岩、蛇纹岩开发利用现状及前景展望

本区超基性岩一般规模小,铬矿化微弱,MgO 含量低,唯洛宁凉粉沟蛇纹岩可达钙镁磷肥工业要求(边界品位 $MgO \geqslant 25\%$,工业品位 $MgO \geqslant 32\%$),但均达不到耐火材料($MgO \geqslant 40\%$)和冶金熔剂级($MgO \geqslant 36\%$)。据区域矿产资料,洛阳伊川石梯为一磷块岩矿床,栾川庙子有磷灰石矿产,新安、伊川、汝阳、宜阳各县均产含钾岩石,利用洛宁蛇纹石资源,因地制宜,地区可以发展钙镁钾磷肥。

在1970 ~1973 年地区超基性岩普查的基础上所发现的三处超基性岩带中的宜阳马家庄、洛宁崇阳沟两地均选代表性岩体作了进一步评价工作,但嵩县的黄水庵—学房村的超基性岩却因工作不多,缺少报道,知者甚少。据原调查报告称,该区岩体有 5 处为纯杆岩体,占区域纯橄榄岩类的绝大部分,产出走向 NE、NWW 和 NNW 三组,以 NE 为主,岩带延长十几千米,记录的岩体有 46 处,其中长度 >100 m 具有一定规模的有 8 处,尚待进一步调查。

从石材矿产角度考虑,以上三处超基性岩都是重要的石材资源。经对宜阳、洛宁两处超基性岩的调查,这些岩体提供的石材除它们有着黑、墨绿、黄绿、灰绿的色调外,还因各种蚀变矿物的分布和岩石特殊的结构构造,而呈现出美丽的色彩图案,加之黑色岩石品种稀缺,可以弥补岩体规模小、地面裂纹发育的缺陷,可加工为具市场效能的工艺石材,为地方发展石材,特别是小石材、工艺石材提供资源。

国内外大量研究超基性岩的成果指出,这类岩石主要是沿区域构造带中深大断裂上涌的地幔岩的一部分,形成蛇绿岩套,产出的部位包括大洋中脊和洋陆接合带。以上三处

超基性岩带集中分布在华熊台隆区的熊耳山地背斜的两翼和倾伏端部位,洛宁崇阳沟岩群位于西南倾伏端,宜阳马家庄—廖凹和嵩县黄水庵—学房村的岩群分别位处北、南两翼。它们之间在岩性、结构、构造和矿物成分方面有着很多相似性,这对于研究华北地台的成因、岩性对比,乃至认识太华群的形成机制是很有价值的。

5.19　伊川赵沟石英岩矿床

赵沟石英岩矿床为彭婆石英砂加工基地的矿山,分布于彭婆赵沟的黄瓜山、冯家山、马山寨一带,地表出露面积东西宽1 km,南北长1.3 km。矿区南距伊川县城10 km,北接偃师界,距洛阳20 km,西距伊川彭婆5 km,与太澳高速、洛少高速和焦枝铁路相接,由彭婆东高屯有柏油公路穿过矿区南侧,交通十分便利。

5.19.1　区域地质

本矿区位于华北地台嵩箕台隆西部,区域构造部位为拉马店—郭家窑背斜的西部倾伏端。拉马店—郭家窑背斜走向东西,马山寨以西形成倾伏端。背斜北翼以老君山、万安山走向展布,由老而新出露中元古界蓟县系汝阳群兵马沟组(相当云梦山组)、马鞍山组,上覆古生界寒武系、石炭—二叠系,展布于偃师南部的潘沟、上徐马一带;南翼大部断失,仅在伊川磨凹村南出露残留的寒武系顶部白云岩,上覆石炭系黏土岩和二叠系山西组煤系,受断层影响,地层十分破碎。

本矿区位于背斜的核部,出露岩石为地台基底结晶岩系,地层走向为南北向,形成一系列复背斜和复向斜,上为东西走向的盖层不整合覆盖。主要岩石为含砾,含长白云石英片岩、石英岩,含铁白云石英片岩、石榴石云母片岩、云母片岩及辉长辉绿岩等。由于受到东西、南北方向的多次构造挤压,基底地层不仅表现为紧闭褶皱,层面直立或倒转,而且具强烈片理化和挤压碎裂现象。据区域观察,磨凹以东岩石以二云片岩、石英片岩为主,夹黑云绿泥片岩、辉绿岩,以西为以石英片岩和石英岩为主,硅质岩石成分明显增高,前人将该套地层划归登封群石梯沟组下部。笔者将该套地层与汝州石梯沟组对比后认为岩性差异较大,暂置登封群石梯沟组的上部,有待重新厘定层位。

5.19.2　矿区地质

5.19.2.1　地层

1)登封群

暂按单斜构造,将矿区一带石梯沟组上部地层分为三个岩性段。

a.下部岩性段(或谓冯家山石英岩段)

下部岩性段分布于马山寨至冯家山一带,出露长>1 300 m。依区内岩石出露层序,主要由下、中、上三部分组成。

下部为淡黄、灰绿、灰白色石英云母片岩,含长白云石英片岩,夹含砾绿泥白云石英片岩、变质砾岩和扁豆状石英岩(矿石),砾石分选不好,呈椭球状,成分主要为石英岩,胶结物为长英质和绿泥石类,向上石英岩成分增多,主要为云母石英片岩,夹含铁云母石英片岩,其中多见粗粒—伟晶状白云母石英片岩的变质热液脉体。

中部为石英岩含矿层,厚度一般18~28 m,最厚处(北部马山寨西)达50 m以上,因受后期构造挤压,多形成挤压椭球体和扁豆体,挤压面由白云母片组成,矿层厚度沿走向按扁豆体形态而变化。

上部即矿层顶板为细粒千枚状绢云石英岩、云母绿泥片岩,夹绢云石英片岩,见有辉长辉绿岩顺层侵入。

该岩性段在地貌上形成山脊和孤山,由冯家山连续北延至马山寨。区内沿中部石英岩层走向布满采坑,由南向北依山势形成6~9处采矿平台,目前开采的主矿体的采矿场已落在马山寨西50 m的陡壁之下。

b.中部岩性段(云母片岩段)

中部岩性段分布于黄瓜山和冯家山之间,出露宽度450 m,南部为耕植土覆盖,北部在马山寨陡壁下50~100 m处出露,岩性为紫灰、暗绿、灰白色云母片岩,石榴石云母片岩,有辉长辉绿岩脉体沿片理走向贯入,南部大部为采坑碎石掩盖,零星露头岩性以石英云母片岩、钙质二云片岩为主,因抗风化作用差而形成负地形。

c.上部岩性段(或谓黄瓜山段)

上部岩性段出露于黄瓜山一带,分为上下两部分:下部为灰白、紫红、白色云母石英片岩、云母绿泥石英片岩,夹石英岩透镜体,产状260∠80°,局部倒转为北东,倾角70°,分布于黄瓜山南采石场的东部边缘和北采石场的东部;上部为石英岩矿层,按采坑宽度,总厚80~100 m。中夹5~6 m含褐铁矿云母、绿泥石片岩透镜体和白云、绢云石英岩夹层,产状225∠55°,矿层中局部形成白色脉石英条带,顶部为耕植土覆盖,沿走向出露350 m,北为近东西走向断层截切断失。

2)中元古界

相当汝阳群云梦山组上段的马鞍山石英砂岩、紫红色中粗粒砂岩,顶部出现灰白色薄层石英砂岩夹层,底部有细砾岩,属超覆沉积,走向东西和石英岩走向垂直,倾角20°,展布于老君山、万安山一线,不整合超覆在登封群之上。

5.19.2.2 构造

褶皱构造分为两种类型:盖层构造平缓简单,为一开阔单斜;结晶基底地层的褶皱构造极为复杂,表现为高角度(倾向北西西)的同斜褶皱,岩层直立或局部倒转。依太古界变质地层的特点,很可能系同斜形态的背、向斜叠加使地层局部断失或重复,由于地层出露情况较差,尚待仔细研究。

一般性断层多为大致与片理面平行的挤压带滑动面,主要断层构造见于黄瓜山北侧,形成东西走向高角度破碎带,截断石英岩地层走向。其他断裂与褶皱轴面或地层层面相一致,组成挤压片理和挤压滑动面,并多形成挤压扁豆体和挤压破碎带,不仅使矿石的易采性和可加工性加大,同时也加大了地层的含水性和矿坑涌水量。

5.19.2.3 岩浆活动和岩浆岩

主要为辉长—辉绿岩类,侵入中部岩性段地层,风化强烈,可见斑点状白色长石,大部分为暗色矿物,中粗粒结构,具球状风化椭球体和红顶氧化面,上覆云母片岩,二者接触面与层面平行。

5.19.2.4 变质作用

主要是下部结晶岩系的区域变质作用,变质程度为绿片岩相,以白云母、绢云母、绿泥石类片状矿物在地层中的广泛分布和这些片状矿物及石英岩的顺层分布为特征,原岩中残留粉砂岩类沉积岩层理和砾岩类的粒状结构,云母片岩经变质后因云母片的集中和片度不一而呈斑点状、碎斑砾状、石英类重熔再结晶作用明显,表现为石英砂砾岩、石英砾岩同胶结物一起的重结晶或局部形成后生脉体状石英岩,其中云母片度增大,石英呈半透明状块体,或部分重结晶为不规则状脉石英。

5.19.3 矿床特征

5.19.3.1 矿体形态、产状

本矿床所指的矿体,实际上指的是云母含量较少,SiO_2 和 Al_2O_3、Fe_2O_3 等含量符合相关工业要求的那一部分石英岩。由于石英岩矿床用途较广,工业指标要求不一,矿山采场遍布,有关资料圈定的矿体为厚大层状体,计算的矿量较大。本报告拟按硅砖、硅铁类指标($SiO_2 \geqslant 96\%$,$Al_2O_3 \leqslant 1.5\%$,$Fe_2O_3 \leqslant 1.5\%$)圈定两个矿体:下部岩性段中矿体为 I 矿带,上部岩性段中矿体为 II 矿带。

该二处矿体,分别以不同规模的扁豆体或透镜体在下部和上部岩性段,沿地层即矿带的走向膨胀和收缩,从而导致了矿层在三度空间上厚度和质量的变化,这一特征在下部含矿层即 I 矿带非常明显。

I 矿带走向 350°,南段倾向南西,倾角 65°~70°,北段走向不变,倾向北东,倾角由 70°~80° 趋于直立。II 矿带走向向西扭动,走向 310°~340°,倾角 60°~70°,可能为透镜状矿体中部的膨大部分。I、II 矿带中都有夹层或夹石,其成分主要为含磁铁(褐铁)或绢云母、绿泥石石英岩,但多为厚不超过 5 m,长不超过 50 m 的扁豆体,沿走向很快尖灭。

5.19.3.2 矿石结构、构造

宏观观察矿石结构为半自形粒状集合体,镜下观察多具有定向拉长和波状消光,颗粒之间多以直线状或曲线状紧密镶嵌,少部分的颗粒间则依齿状或缝合线状接触,主要组分石英呈定向分布,粒间充填具定向性似断线状的白云母片条带,与石英构成片理,故在矿体中常见片状、片麻状石英和块状石英岩呈互层状,沿层片理化比较发育,片理带云母相对集中,局部石英呈现糜棱岩化。

5.19.3.3 矿石类型与矿物成分

矿石由云母石英片岩、白云母石英岩、石英岩三种主要类型组成。

1)云母石英片岩型

云母石英片岩褐、灰、红色,主要矿物成分为石英和白云母,石英颗粒直径 2.2~0.15 mm,含量 93%~94%,白云母呈细小鳞片状,片径 1.00~0.01 mm,含量 5%~6%,微量矿物为金红石、赤铁矿和锆石,含量 1%~2%。该类矿石组成主矿层(石英岩)的底板,出露宽度 >50 m,组成马山寨延向冯家山的山梁,SiO_2 95%~96%,矿石属二级品,经选矿,可用于耐火材料石英砂、石英粉,现多未开采利用。

2)白云母石英岩型

白云母石英岩白色,银灰色,呈脉体状产于云母石英片岩型矿体中,矿石中主要为石

英,颗粒大小不等,粒径多在 5.5~0.1 mm,含量占 95%,多具定向拉长和波状消光。次为白云母充填于石英颗粒间,片径多在 1.2~0.01 mm,含量 5% 左右。微量矿物为金红石、赤铁矿和锆石。矿石中大部分石英重结晶为细小的石英脉,脉体中不含云母,SiO_2 含量达 99% 以上,虽规模较小,但形成了矿石中的特级品,多见于 I、II 矿带中主矿体的内部或边缘。

3) 石英岩型

石英岩淡绿色、白色,玻璃、油脂光泽,半透明粒状、块状结构,层状、片状、片麻状构造,主要矿物成分为石英,层面上有白云母片,矿层中夹薄层状、透镜状白云石英片岩及磁铁(赤铁)云母石英片岩(厚度最大 5 m 左右,沿走向很快尖灭)。沿走向厚度变化较大,I 号矿带中厚 15~30 m,II 号矿带厚达 50 m 以上。为目前主要开采对象,矿石属 I 级品,平均品位 98% 以上。

5.19.3.4 化学成分

本区石英岩化学成分比较简单,以往原矿样品缺乏代表性,石英砂样品 SiO_2 含量平均98.24%、$Fe_2O_3$0.17%~0.5%、Al_2O_3 等杂质 1.36%~2.92%。本次采矿石样 2 件,Y041 为优质矿石,Y042 为矿区综合样,多项分析结果如表 5-37 所示。

表 5-37 手选富矿样品分析结果 (%)

分析元素	SiO_2	Fe_2O_3	TiO_2	Al_2O_3	CaO	MgO	K_2O	Na_2O	MnO	P_2O_5
Y042	96.50	0.031	0.068	0.84	0.12	0.020	0.21	0.085	0.021	0.043
Y041	97.88	0.032	0.009	1.18	0.11	0.038	0.35	0.048	0.002	0

分析元素	$Pb/10^{-6}$	$Ni/10^{-6}$	$Y/10^{-6}$	$Co/10^{-6}$	$Cr/10^{-6}$	$W/10^{-6}$	$Cu/10^{-6}$	
Y042	×	5.0	5.0	×	×	×	4.0	矿区综合样
Y041	10	5	2	×	15	×	6	优选样

5.19.3.5 矿床规模

I 号矿体:长 1 300 m,地表露采揭露 30~50 m,矿层厚 25~50 m,平均厚 28 m,以矿区最低侵蚀面计,最大埋深 200 m,平均推深 170 m,体重 2.7,估算资源储量 1 670.8 万 t。

II 号矿体:长 350 m,地表开采揭露 10~25 m,矿层厚 50~61 m,平均厚 56 m,依最低侵蚀面计,推深 100 m,体重 2.7,估算资源量 529.2 万 t。

全矿区合计资源量 2 200 万 t(采出 100 万~200 万 t)。

5.19.4 石英岩开发利用现状及展望

5.19.4.1 我国石英岩开发利用现状

此内容可参照 5.3 节新安县方山石英砂岩矿床中的"5.3.4.1 我国石英砂开发利用现状"。

5.19.4.2 伊川赵沟石英岩开发利用现状及前景展望

石英岩或者硅石类矿床,因其用途广,可提供工业原料的矿石种类较多,所以开采加工和利用硅石的部门也很多,表面上属于大路化类群体产业,但也因这类产业中对原材料的质量要求不同,加工利用深度不同,却创造着不同的经济效益,换句话说,极大的技术附加值是硅石类矿产开发利用的一个鲜明特点,以 SiO_2 的纯度、石英粒的细度、石英砂的白度为差异的粗加工、深加工、精加工工艺,成为企业的档次和经济效益高低的标志。

赵沟石英岩矿开采于 20 世纪 70 年代,先由洛阳钢厂始采于黄瓜山南坡采坑,运至东草店进行石碾粉碎加工,主要用于铸造型砂、耐火材料和冶金熔剂,水选的云母粉用作炼钢炮泥,当时开采规模有限。

20 世纪 80 年代,随地方乡镇企业的兴起,石英砂多被各地小厂矿用于精密铸造、陶瓷唐三彩、玻璃器皿、建材业和耐火材料产业,彭婆一带逐渐形成了以石碾粗加工为特色的产业群,矿山开采规模也随之扩大。至 1993 年,矿山采点已达 70 余处,石英砂加工厂达 87 个,拥有石碾 159 台,从业人员达 3 000 人,年加工石英砂达 5 万 t,开采加工都颇具规模,形成了具地方经济支柱的产业群。

1995 年以后,随龙门石窟申报世界文化遗产活动和城区环保治理力度的加强,加之石英砂加工技术问题,石碾湿式加工逐渐为干式大颚和球磨机破碎粗加工取代,彭婆石英砂加工产业也逐渐向东迁移,年加工能力基本上仍在 5 万 t 左右。

彭婆石英砂加工自兴起以来已有 30 多年的历史,形成的产业群颇具规模,30 年来持续生产,说明产业的生命力和市场的魅力,但 30 年来得不到发展,一直处在多点分散经营的粗加工水平上,既不上规模,也不上档次,这种状况必须引起我们的注意,为此特提出以下的认识和建议:

(1)本区石英岩是河南省、洛阳市规模和质量、位置、交通都很具优势的硅石矿床,但因没有进行正规地质勘查,也缺乏科学研究工作和媒体报道,知名度很低,没有引起国内外投资开发者的关注。因此必须加大地质勘查和地质科技的投入,为招商引资开发构筑平台。

(2)30 年来,对石英岩的加工一直存在着原始分散的作坊式粗加工,生产规模小,档次低,不能与品牌产业(如洛玻)及新兴硅产业挂钩,产品质量各家变化较大,并存在着竞争市场的自我抵销作用。建议加强组织管理工作,强化政府的导向作用,实施现代化管理规模经营。

(3)在对资源的利用上,本矿区仅仅是粗放经营开发利用了 SiO_2(石英)这一种资源,但又缺乏对石英岩的优选和深加工,对与石英伴生的白云母、绢云母类碎云母矿产(主要用于填料、涂料,见附件)、石榴子石矿产(主要用于磨料、抗滑料),都未进行综合利用,从而大大降低了矿山开发利用的经济价值。

(4)加快矿区地质勘查和矿石工业试验,为深化开发经营打好基础。本矿区自开采以来,虽然形成了地方的产业群,但因缺乏全面而科学的勘探网度和样线控制,至今存在着不少模糊的矿区地质、矿床地质问题,不能合理地采大样进行工业试验,从而使该矿床的开发一直不能与大的企业联系,更不能形成产业链,这是制约本矿山扩大经营的瓶颈问题。

(5)基于上述问题,必然导致该项资源在开发应用上 30 年徘徊不前,因此今后的问题首先应是统一认识,在引进资金、技术,并在地质勘查和工业试验的基础上,向硅资源的系列化,硅石的高纯化、超细化和矿石综合利用上的深加工、精加工方向发展,积极建立起与大工业联结的产业链。

附件：

伊川赵沟伴生碎云母矿床

这里所阐述的伴生碎云母矿床,指的是产于伊川彭婆赵沟石英岩矿区与石英岩共生,可以综合回收利用,以及产于矿区Ⅰ矿带(冯家山)石英岩上下盘的石英云母片岩和含石榴石的云母片岩,二者均可形成赵沟石英岩的伴生碎云母矿床。

(一)矿床地质

本矿区可以开发利用的碎云母矿有两种类型。

1. 共生型白云母矿

所指的共生型矿床是指呈片理或条带状产于石英岩矿层和矿层顶、底板,主要是底板中与云母石英片岩共生的片状白云母。据镜鉴资料,石英岩中的白云母成分比较单一,没有黑云母、金云母和绿泥石类杂质,呈带状组成石英岩的片理或层理,片径 0.01 ~ 1.2 mm,含量 5% ~6%。据矿层剖面观察,白云母和石英表现为明显的负相关关系。在石英岩矿层顶、底板部分,随石英的减少,白云母含量增高,出现白云母夹层和条带,目估其含量可达 10% 以上,可以在石英岩选矿时综合回收利用。

2. 伴生型白云母矿

这类矿石产于石英岩矿区,但不在一个层位,可以单独构成矿体。调查时发现,在石英岩下部矿层的顶部,或中部岩性段(云母片岩段)的下部,可见一层厚达 20 ~30 m 以上的云母片岩,石榴石白云片岩,目估石榴石含量达 6% ~7%,白云母含量达 50%(单样达 94%)。经进一步工作,依样品控制有可能圈出可利用的碎云母矿体,形成与石英岩矿伴生的碎云母或白云母矿床。另外,石英岩矿外围的登封群片岩、片麻岩系分布区也具有形成这类矿床的条件。

(二)碎云母的开发利用现状及展望

1. 我国碎云母的开发利用现状

碎云母因为用量较大,矿山开采加工基本上都实现了机械化和半机械化,达到工业原料要求的碎云母,主要通过研磨、浮选、风选、分级等各项工艺获取。研磨有干法和湿法,干法研磨采用砾磨机、棒磨机、高速锤直磨机和各种类型的碾磨机相配合的空气分离装置。湿法研磨在碾压机类型的磨机中进行。浮选的方法一般常用酸性阳离子浮选法和碱性阴离子—阳离子浮选法,浮选一般与湿式研磨相配合。风选用于水源缺乏区。咸阳非金属矿研究所对河北灵寿碎云母采用 Φ800 振动式空气分选机和旋振筛等设备进行风力选矿,取得了良好的效果。

碎云母的大部分用途为制作云母粉,加工和筛分为不同级差的云母粉,具有不同的用途。市场上的云母粉通常分为 5 目、8 ~20 目、40 ~60 目、60 ~120 目、160 ~325 目及 < 325 目的不同级别。

5 目:常用于石油钻孔泥浆,以克服钻孔流体中的不正常循环,并可作为钻孔的加密封剂。

　　8～20目(0.841 mm)：用于沥青屋面材料中作防护涂层(或作为润滑剂、防黏剂、撒粉剂)。

　　40～60目(0.249 mm)：在电焊条中作助熔涂层。

　　60～120目(0.124 mm)：生产云母陶瓷。

　　160～325目(0.043 mm)：作为专用的颜料填充剂，也可用作橡胶产品的润滑剂和铸型脱模装置。

　　<325目的超细云母粉：大量用于油漆、橡胶、塑料及珠光颜料工业。

　　1～5 μm微粉级云母：用作油漆、塑料中的填料和填充剂，在橡胶中用作撒粉剂。

　　由以上不同级别云母粉的用途可以看出，除磨矿细度的增加，即深加工程度的提高，云母粉的用途也越来越广，且大量用于塑料、橡胶、油漆的填料，并具良好的应用性能，这是因为云母的片体形态和物理性能，可以增加塑料、橡胶类制品抗弯曲性、耐热性，降低收缩率和挠曲率，它的用量占了塑料体重的20%～60%。

　　加工后的碎云母100美元/t，云母粉500美元/t，云母纸4 000美元/t。

　　2. 伊川赵沟碎云母开发利用现状及前景展望

　　伊川东北部—登封一带，出露地层为古老的太古界登封群结晶岩系，登封群上部赋存多层云母石英片岩、石英云母片岩，其中由混合岩化形成的伟晶岩脉中，云母片度增大，易采易选，应加强地质找矿工作。

　　赵沟一带石英岩矿区石英岩矿层的顶部、底部及夹层，都已发现共生和伴生型白云母片岩类碎云母矿(包括石榴子石)，建议今后在普查或详查石英岩矿产时，进行综合评价和综合选矿试验。

　　当前在对石英岩的粗加工中，多不能对白云母进行综合利用，特别在耐火材料石英砂加工中还有意混入白云母，从而大大浪费了这种远远超过石英岩价值的碎云母，因此矿石综合利用势在必行。

　　与碎云母共生的石榴子石为用于特种磨料的铁铝石榴子石，粒度大者直径达10 mm，含量已达工业品位，工业价值较高，应引起重视，加强该矿物的研究。

5.20　宜阳县赵堡重晶石矿床

5.20.1　调查开采史

　　20世纪70年代，当地群众在修水利工程时发现了这种石头，群众报矿后，原地质三队派人进行矿点检查，经取样化验，$BaSO_4$含量81%～91%，比重4.2，肯定为热液脉状重晶石，并追索矿脉13条，为发展地方采矿加工业打下了基础，之后转入地方政府和群众开采，在出售矿石的同时，先后在县城、白杨建成几家小型钡盐化工厂，主要生产立德粉、硫化钡和硫酸钡。

　　好的市场效应，促进了矿山开采，1984～1985年间进入开采高峰。区内拥有大小采矿坑口百余个，年产量达4万t。至1991年，浅层15 m以上富矿基本采空，累计采出矿石

30 万 ~ 40 万 t,主要出售块矿,售河北束鹿和河南濮阳油田。90 年代以后,大部规模较小矿山由于地下水大,排水困难而停采,仅有少数规模较大坑口断续生产,至今开采最大深度达百米(十字岭、街南坡),说明深部矿化仍较好,另在井下还发现多处矿结和盲矿。

赵堡重晶石自发现以来,一直没有进行正规的地质工作,矿点检查仅是地表资料,没有探矿工程,也没有提交一份地质调查报告,后来虽然形成了轰轰烈烈的采矿活动,也因没有地质资料指引,多为乱采滥挖,以采代探,尤其对矿床地质缺乏研究,至今还没有一件矿石的岩矿和化学全分析资料,加之矿区覆盖面积大,点多分散,从而大大降低了对该矿床重要性的认识,自然也限制了深入找矿和矿产品加工业的发展。

近几年来,随石油工业、国防工业以及钡盐化工、矿物粉体产业的发展,重晶石矿产的开采和加工都有较好的市场前景,矿石和加工产品供不应求,新的开采加工热潮正在兴起。为了迎接和配合这种新的形势,暂将我们对该重晶石矿的区域地质,矿床地质以及区域成矿规律等不够系统的认识加以总结,以供进一步工作时参考,并在工作中给以补充完善。

5.20.2　区域地质

矿区位处华北地台 II 级构造单元华熊台隆,属熊耳山隆断区(III级)木柴关—庙沟台穹(IV级)的北缘。

5.20.2.1　地层

区域地层为广布的第四系、新近系洛阳组,中、新元古界熊耳群、汝阳群和洛峪群,其中与重晶石矿有直接关系的是熊耳群火山岩系,自下而上出露许山组、鸡蛋坪组、马家河组和龙脖组。

(1)许山组:分布在矿区西南的黑山地区,下部为绿色块状杏仁状大斑安山岩,中部为杏仁状安山玢岩,上部为杏仁状玄武安山玢岩夹灰绿色大斑安山岩。

(2)鸡蛋坪组:分布在寺河水库以西地区,下部为紫红色流纹斑岩夹紫红色英安流纹斑岩,中部灰绿、灰紫色杏仁状安山岩,上部为灰紫色、紫红色流纹斑岩夹英安质流纹斑岩。

(3)马家河组:分布在北部赵堡一带,为重晶石矿的主要围岩,岩性为紫灰、灰红、灰绿色块状、杏仁状安山岩、安山玢岩,夹薄层紫红色泥岩及灰绿色粉砂质泥岩、淡红色长石砂岩。

(4)龙脖组:仅在矿区东北部的和庄、铁佛寺一带局部分布,岩性为紫红色流纹斑岩夹泥板岩,呈侵入—溢流相整合于马家河组之上。

5.20.2.2　构造

区域地层走向北西西,倾角20°~40°,呈单斜状,属区域上木柴关—三合坪—董王庄倾伏背斜的北翼倾伏区,次级褶皱尚未见到,断层构造则相当发育,主要断层带成组出现,规模、期次、成矿性都有很大差别,具代表性的有北西向、北东向和近南北向三组,其中北西向又分两期,现分别简介如下。

1)北西向断裂

(1)张山推覆断层:属区域性三门峡—陈宅—田湖推覆断裂带的组成部分,北通兰家阕,南经铁佛寺,截切熊耳群、汝阳群、洛峪群、寒武系、石炭—二叠系等不同时代地层。区内张山段走向330°,倾向 SW,倾角40°,下盘岩为中元古界汝阳群云梦山组、白草坪组和北大尖组,上盘为熊耳群马家河组,强大的推覆力使云梦山、白草坪组地层产生局部倒转。

（2）坡底—寺河断层：走向290°～310°，倾向20°～40°，倾角65°～85°，可见长度6.3 km，断层带宽5～20 m。断层带有砾岩充填和石英脉穿入，有破劈理牵引构造，沿断裂发育褐铁矿化、硅化并见有黄铁矿。断层性质属正断层，截切南北向重晶石脉。所见郭凹村重晶石矿井涌水量大，抽水引起周边矿井水位下降，推断为该断层的东延，断层旁侧有与之平行的次级断层。

2）北东向断裂

以潘家沟—寺河水库断层为主，走向60°～65°，倾向北西，倾角78°～85°，沿走向延长3.8 km，宽4～8 km，断层带中有角砾和石英脉充填，断层壁波状弯曲，具右行平移特性，见强烈褐铁矿化，为与北西向平移断层同期的共轭断层。

3）近南北向断层

为被重晶石和方解石充填的南北向破碎带，或断裂束，分布在寺河水库东侧的南姜沟到十字岭、郭凹一带，南姜沟附近为北西走向构造所截切。

5.20.2.3 岩浆岩

区内岩浆岩的火山岩类以熊耳岩浆旋回的陆相喷出岩为主，侵入岩主要为与火山岩有关的次火山相侵入岩，包括龙脖组的流纹斑岩，其他侵入岩有两期。

1）正长斑岩

时代为熊耳期，见于董王庄大王村东，呈小岩株状，部分被第四系覆盖，面积大于0.3 km^2，侵入马家河组安山岩，颜色为灰白色，由钾长石斑晶和钾长石、斜长石、少量石英及黑云母组成，次生蚀变为黏土化。

2）花岗岩和花岗斑岩

花岗岩以南部斑竹岩体为代表，岩体外环有宽400～500 m弧状花岗斑岩岩墙伴生。近矿区有斑岩脉体侵入熊耳群中，岩脉时代为燕山晚期。

5.20.3　矿床地质

赵堡重晶石矿指的是赵堡一带重晶石矿脉集中分布区的总称。包括的主要矿点有南姜沟、北姜沟（街南坡）、上黑沟、张庄、郭洼、单村、吕洼、十字岭等地，展布面积20 km^2。

5.20.3.1 矿区地层

地层为熊耳群马家河组，主体岩性以灰红色块状、杏仁状安山岩为主体，夹安山质团块凝灰岩、泥砾岩、粉砂质页岩、粉砂质泥岩、灰绿色长石砂岩及硅质碎屑角砾岩，顶部发育灰紫色块状安山岩。其中，熔岩类呈厚层状多次重复出现，沉积岩类夹层厚度仅在1～2 m，但岩性复杂，以砂岩、凝灰砂岩、泥岩为代表，反映了火山喷发—沉积活动的多旋回性，而又以喷溢形式为主。矿区内因大部分为新生界松散层覆盖，火山岩地层仅呈零星的孤岛状出露。

5.20.3.2 构造

区内塑性构造形变相对简单，地层产出为单斜状，走向北西，倾向北东，倾角平缓开阔。构造形迹主要为南北向脆性形变，形成由裂隙组成的破碎带，沿破碎带充填重晶石脉。断裂带为重晶石成矿的导矿构造，宽者一般1～2 m，窄者数十厘米，最宽达3～4 m。呈左列雁行状展布，单脉长度数十米到数百米，由数条单脉组成的复脉体断续长达1 km，产状 280∠80°（善村）。据南姜沟坑道观察，破碎带宽 1.6 ~ 2 m，西壁上有斜滑擦痕，与断壁交角 45°发育密集状羽裂，沿羽裂有方解石、重晶石白色细脉体充填，破碎带东壁无擦痕而显粗糙，亦无矿化细脉，总体显示了张扭性特征（见图 5-11）。

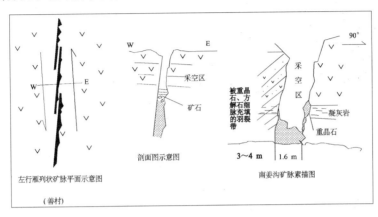

图 5-11　重晶石矿脉示意图

5.20.3.3　热液活动

矿区热液活动比较明显，主要标志包括重晶石脉体的形成，比较广泛分布的碳酸盐脉和一些北东向、北西向断层带内的黄铁—褐铁矿化和硅化。以重晶石脉为标志的热液活动主要发育在南北向断裂带及其一侧的羽裂部分，在其他断裂中很少发育。碳酸盐类脉体相当广泛地见于熊耳群火山岩中，尤其破碎带、层间带和节理中，但规模小，多为网脉状和薄膜状。以黄铁—褐铁矿化、硅化为代表的热液活动，主要发育在北东和北西向断裂带中。以上三种热液矿物分别形成于三个时期：碳酸盐类脉体形成的时间最早，可能与熊耳群火山岩的火山期后热液活动有关；以重晶石矿化为代表的热液活动受熊耳群南北向断裂带控制，多见胶结火山岩角砾，是火山岩形成之后另一时期的热液活动；而以黄铁—褐铁矿化为标志的第三种热液活动则又晚于重晶石期，因为孕育它们的断裂带截断了重晶石脉体。

5.20.4　矿床特征

5.20.4.1　矿体形态、产状、规模

矿脉有单脉、复脉和矿结等多种形态，单脉体宽 1 ~ 2 m，一般 1 m 左右，沿走向和倾向变化较大，常见分支复合、膨胀狭缩、时断时续、此贫彼富现象，最宽脉体达 3 m 左右，最大的矿结宽达 4 ~ 5 m（街南坡井下）。矿体产状严格受断裂构造形态控制，走向一般在 345° ~ 15°摆动，基本为南北向，倾角 80° ~ 90°，局部 70°，一般单脉体延长几十米、百余米，复脉体延长 1 km 以上，由于未进行系统的地质勘查和民采工程编录，目前缺乏各矿点的准确统计资料，尚待补充。

5.20.4.2　矿石类型、矿物特征

粗略调查，矿石类型大体有重晶石单脉型、石英脉—重晶石型、方解石—重晶石型三种。

（1）重晶石单脉型：以重晶石为主，含火山岩碎屑和高岭土、碳酸钙等杂质，重晶石呈

白色、黄褐色和烟灰色,多为结晶粗大的板状体,块状构造,内有网状烟灰色细脉或不规则囊状体胶结火山角砾。

（2）石英脉—重晶石型:矿脉中含有团块或姜石状石英或硅质团块类脉石,夹于重晶石脉中（见于十字岭井下）,促使矿石贫化。

（3）方解石—重晶石型:方解石呈粗粒结晶体与重晶石共生,形成混合结晶体,肉眼下不易识别。该类型在矿区比较普遍,致使矿石比重降低。

5.20.4.3　矿石化学成分

由于矿区未进行正规地质工作,各民采点不需对矿石化学成分包括共生元素进行综合研究,至今矿区没有化学全分析和伴生元素的分析成果。据各采点的综合性资料,各化学成分含量分别为:$BaSO_4$ 77.46% ~ 93.88%,SiO_2 1.31% ~ 14.22%,Al_2O_3 0.08% ~ 1.00%,Fe_2O_3 0.18% ~ 1.30%。

5.20.4.4　成矿规律

（1）矿区位于三门峡—田湖—鲁山推覆断裂带的内缘推覆板块的边缘,沿这一边缘带,除赵堡重晶石矿区外,南部的伊川酒后高洼、嵩县田湖黄阀及饭坡八道河的熊耳群中都分布有重晶石脉体,形成一个区域性的重晶石成矿带,该成矿带断续延展达 30 km,成矿机制与推覆断裂带可能有密切联系。

（2）控制重晶石的南北向张扭性破碎带,在应力关系中应属于北西向推覆断裂带的羽张部分,断裂产状直立,切割地层较深,该断裂系的形成为重晶石矿提供了成矿空间,时间应在印支期即推覆构造形成时期。

（3）矿区南 10 km 有燕山期侵入的斑竹寺花岗岩体,岩体出露面积 32 km²,岩体西和西北 3.5 km 分别有岩株和环状花岗岩侵入熊耳群火山岩,环状斑岩体边部的嵩县黄阀一带,熊耳群中形成重晶石,推断赵堡重晶石为同期产物并与该花岗岩有关,重晶石有可能为某些金属矿床的脉石矿物。

5.20.5　重晶石开发利用现状及展望

5.20.5.1　我国重晶石开发利用现状

重晶石属于硫酸盐类矿物,化学式为 $BaSO_4$,组成为65.7%的 BaO 和34.3%的 SO_3。重晶石属于斜方晶系,硬度 3 ~ 3.5,密度 4.5 g/cm³。矿物晶体透明至半透明,以板状或棱柱体产出,并呈现出玻璃、松脂光泽;某些重晶石在底轴面上会呈现珍珠光泽。重晶石的晶型成板状放射晶簇、粗叶理状、粒状、土状等。矿物的颜色从无色、白色至淡蓝、浅黄和浅红不一,条痕为白色。

中国是世界上最大的重晶石生产国,年产量达 300 余万 t,约占世界总产量的45%。中国重晶石资源分布于全国 26 个省（区）。探明储量的矿区有 200 余处,总保有储量6 亿 t。

重晶石具有难溶于水和酸、无毒、无磁性,能吸收 α－射线、β－射线及 γ－射线等特性。主要应用于以下几个方面。

1）钻井泥浆加重剂

钻井泥浆用重晶石一般细度要达到 －325 目,如重晶石细度不够则易发生沉淀。钻井泥浆用重晶石要求比重大于 4.2、$BaSO_4$ 含量不低于95%、可溶性盐类小于 1%。

2）锌钡白颜料

锌钡白是一种常用的优质油漆、绘画颜料的原料。将硫酸钡加热,使用还原剂就可还原成硫化钡（BaS）,然后与硫酸锌（$ZnSO_4$）反应得到硫酸钡和硫化锌的混合物（$BaSO_4$ 占 70%,ZnS 占 30%）即为锌钡白颜料。制取锌钡白的重晶石要求 $BaSO_4$ 含量大于 95%,同时应不含有可见的有色杂物。

3）各种钡化合物

以重晶石为原料可以制造氧化钡、碳酸钡、氯化钡、硝酸钡、沉淀硫酸钡、氢氧化钡等化工原料。

化学纯的硫酸钡是测量白度的标准参照物。碳酸钡是光学玻璃的重要原料,可在玻璃中引入 BaO,以增大玻璃的折光率,并改善其他光学性能;在陶瓷中用来配制釉料;氯化钡是一种农用杀虫剂;硝酸钡用于烟火和玻璃工业;高锰酸钡是一种绿色颜料。

4）填料工业用重晶石

在油漆工业中,重晶石粉填料可以增加漆膜厚度、强度及耐久性。锌钡白颜料也用于制造白色油漆,在室内使用比铅白、锌白具有更多的优点。油漆工业用重晶石要求有足够的细度和较高的白度。

造纸橡胶和塑料工业也用重晶石作填料,重晶石填料能提高橡胶和塑料的硬度、耐磨性及耐老化性。橡胶、造纸用重晶石填料一般要求 $BaSO_4 > 98\%$, $CaO < 0.36\%$,不含有氧化镁、铅等成分。

5）水泥工业用矿化剂

在水泥生产中掺入重晶石、萤石复合矿化剂对促进 C_3S 形成、活化 C_2S 具有明显的效果,使熟料质量得到改善,水泥早期强度可提高 20%～25%,后期强度提高约 10%,熟料烧成温度可由 1 450 ℃降低到 1 300±50 ℃。重晶石掺量为 0.8%～1.5% 时效果最好。在白水泥生产中,采用重晶石、萤石复合矿化剂后,水泥烧成温度可从 1 500 ℃降低到 1 400 ℃,游离 CaO 含量低,强度和白度都有所提高。

在以煤矸石为原料的水泥生料中加入适量的重晶石,可使熟料饱和比低的水泥强度,特别是早期强度得到大幅度提高。这就为煤矸石的综合利用,为生产低钙、节能、早强的高强水泥提供了一条有益途径。

6）防射线水泥、砂浆及混凝土

利用重晶石具有吸收 X 射线的性能,用重晶石制成的钡水泥、重晶石砂浆和重晶石混凝土,可代替金属铅板屏蔽核反应堆和建造防 X 射线的建筑物。

钡水泥是以重晶石和黏土为主要原料,经烧结得到以硅酸二钡为主要矿物组成的熟料,再加适量石膏共同磨细而成;比重较一般硅酸水泥高,可达 4.7～5.2。强度标号为 325～425。由于钡水泥比重大,可与重质集料（如重晶石）配制成均匀、密实的防 X 射线混凝土。

重晶石砂浆是一种容重较大,对 X 射线有阻隔作用的砂浆,一般要求采用水化热低的硅酸盐水泥,通常用的水泥、重晶石粉、重晶石砂、粗砂配比为 1:0.25:2.5:1。

重晶石混凝土是一种容重较大、对 X 射线具有屏蔽能力的混凝土,胶凝材料一般采用水化热低的硅酸盐水泥或高铝水泥、钡水泥、锶水泥等特种水泥,其中硅酸盐水泥应用最广。常用的水泥、重晶石碎石、重晶石砂、水的配比为 1:4.54:3.4:0.5、1:5.44:

4. 46:0. 6、1:5:3. 8:0. 2 三种。

作防射线砂浆及混凝土的重晶石，$BaSO_4$ 含量应不低于 80%，其中含有的石膏、黄铁矿、硫化物和硫酸盐等杂质不得超过 7%。

7）道路建设

橡胶和含量约 10% 重晶石的柏油混合物已成功地用于铺设停车场，是一种耐久的铺路材料。目前，重型道路建设设备的轮胎已部分地填充有重晶石，以增加重量，利于填方地区的夯实。

8）其他

重晶石和油料调和后涂于布基上制造油布；重晶石粉可用来精制煤油；在医学上作消化道造影剂；还可用于农药、制革、制烟火等。此外，重晶石还用来提取金属钡（钡与其他金属如铝、镁、铅、钙制成合金，用于轴承制造），用作电视和其他真空管的吸气剂、黏结剂。

5.20.5.2 宜阳县赵堡重晶石开发利用现状及前景展望

赵堡重晶石自发现以来，持续开采达 30 多年，采出矿石数十万吨，部分矿井开采深度已达 100 m 以下，围绕矿区也建成数家钡盐化工厂。由于矿区地质工作程度很低，随着新的重晶石矿产开发高潮的到来，矿区存在的问题日见突出，亟待开展地质普查工作，工作的重点为：

（1）运用物探电法手段，对重晶石成矿带进行追索，进一步查明控矿构造形态、规模、产状及分布。

（2）运用 GPS 仪器，进行矿脉调查，填制 1:1 万重晶石矿区地质图，结合物探资料，追索隐伏矿带，预测盲矿体。

（3）结合民采工程调查，了解各矿点（矿段）矿床规模，矿体变化情况，研究矿体的空间形态，提供储量计算参数。

（4）重视矿床的矿物成分、化学成分研究，划分矿石类型，研究有益组分和有害组分的组合关系，为矿产品深加工提供依据。

（5）对矿区水文地质进行初步调查，研究地下水活动规律，解决因地下水大，困绕地下采矿的问题。

（6）综合分析上述问题，布置适当工程，揭露新矿体。

5.21 嵩县白土塬—支锅石高岭土矿

矿区位于嵩县纸坊乡龙头村的白土塬—支锅石一带，矿区西距嵩县城 5 km，嵩县—黄庄—汝阳上店公路穿过矿区，嵩县临洛栾快速通道，北距洛阳 95 km。

5.21.1 地质调查史

本矿床于 20 世纪 70 年代由河南地质局原地质三队，为支援地方"五小"建设，按瓷土矿进行普查，运用槽探工程和 31 个样品控制，按化学平均值 SiO_2 80.87%、Al_2O_3 11.81%、Fe_2O_3 1.14%、MgO 0.56%、Na_2O 0.43%、K_2O 1.22%、TiO_2 0.06% 圈出矿体，计算矿石储量 19 883.4 万 t，并采试样经郑州瓷厂、新安瓷厂完成制瓷工艺试验，后建当地小型日用瓷厂投产开采。

1987～1988 年，河南省地矿厅地调一队区调分队开展嵩县南部(大章、嵩县、合峪北、木植街北)1∶5 万区域地质调查，提交矿区及外围区域地质图，将该瓷土矿区圈定在石英斑岩出露的区间内，虽然间接地划定了找矿范围，但未对矿床做进一步工作。

1994～1995 年地调一队经营部在普查黄庄伊利石矿时也调查了该矿区，在地质路线观察基础上，采集样品，后经北京国家地质实验测试中心做 X 射线衍射，肯定主矿物为片状有序高岭石，次要矿物为石英、方石英，微量矿物为长石，将该瓷土矿更名高岭土矿。样品的化学分析结果为 SiO_2 78.76%、Al_2O_3 12.92%、K_2O 2.88%、TFe_2O_3 0.80%、TiO_2 0.07%。分析结果与矿区 31 个化学平均样接近。

1997 年前后，随着社会上高岭土类市场的再次升温，有关地质部门和人员也曾多次进入矿区，并由当地人选高岭土层底部的淋滤层(俗称石粉子)凿硐开采，原矿售给伊川砂轮厂和洛阳厂家，价格 60 元/t(当时的伊利石价为 30 元/t)，原矿样品经手选，SiO_2 60%～68.2%、Al_2O_3 20.38%～21.4%、Fe_2O_3 0.37%～0.75%。后因原矿产品利用上的问题而停产，但受高岭土矿价值的吸引，至 2005 年，全区已由洛阳矿业中心地调一队等三家进行了勘查登记。

2006 年河南地矿局地调一队送样，由中国地质科学院郑州矿产综合利用研究所采用原矿—破碎—擦洗—筛分—旋流器粗选—旋流器精选分级工艺流程，可获得产品粒度 10 μm 含量 96.59%，产率 26.20%，Al_2O_3 品位 27.60%，Al_2O_3 回收率 53.84%，产品自然白度 63.50%，产品焙烧白度 95.40% 的产品(原样为中档矿石)。

5.21.2　区域地质概况

矿区大地构造位于华北地台二级构造单元华熊台隆的外方山隆断区北部，出露地层为中元古界长城系熊耳火山岩，岩性主要为安山岩、稀斑杏仁状安山岩、流纹斑岩，夹薄的沉凝灰岩夹层，地层走向近东西，倾向北，倾角 25°左右。矿区侵入岩有两期：一为华力西期的斑状霓辉正长岩(龙头岩体)，另为与火山岩同期的石英斑岩。石英斑岩呈现不同程度的高岭土化，为高岭土成矿母岩，区内出露的三个小岩体呈"品"字状分布在白土塬周围，也形成了三个高岭土矿体。

5.21.3　矿床地质

5.21.3.1　**矿体形态、产状、规模**

矿区三个石英斑岩体总面积 1.69 km²。高岭土矿体明显受石英斑岩顶部古侵蚀面控制，风化物经短距离搬运，多呈层状堆积在蚀变岩顶部或旁侧的洼坑中。形成的矿体呈不对称的漏斗状，上宽下窄，底部矿层层理向洼地陡倾斜，顶部层理向洼地中心处变缓(见图 5-12)。全区统计的单矿体长 400～500 m，宽 200～350 m，厚 47.5 m，最厚 90 m 以上。由于石英斑岩矿化不均匀，形成的矿体约占岩体出露面积的 2/3 或 1/2，又因矿床形成后的构造破坏和剥蚀作用，矿体顶面似与丘陵地形一致，形态不规则的透镜状或蘑菇状。

5.21.3.2　**矿石类型**

形成于洼地中的高岭土矿体自下而上一般由 3～4 种矿石类型组成：

（1）高岭土化石英斑岩。紫色、浅紫色、灰白色、白色，角砾状堆积体，原岩结构明显，与隐爆角砾岩共生，部分地段同生角砾和后生砾块混杂，形成矿化不均匀的角砾岩型矿体，基本上反映了高岭土原生的热液矿化形态，一般不能利用。

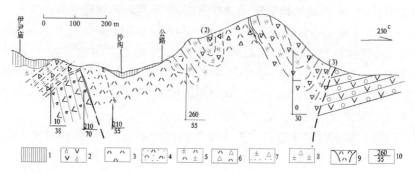

1—第四系；2—杏仁状安山岩；3—石英斑岩；4—霏细石英斑岩；5—高岭土化石英斑岩；
6—角砾状石英斑岩；7—含砾砂状高岭土；8—含砾高岭土；9—次火山岩；10—倾向倾角

图5-12　嵩县白土塬—支锅石高岭土矿剖面图

（2）淋滤状沉积高岭土。发育在较厚矿体的底部，厚1~2 m，白色、淡红色，大部含砂，成分为高岭石黏土岩，由90%左右的多水高岭石组成，含5%的长石、石英及微量水云母、褐铁矿，形成该矿床的富矿体（俗称石粉子）。

（3）含砾高岭土。紫红、砖红色，砾石成分以下伏岩系——石英斑岩、安山岩、流纹岩为主，分选性差，产状较陡，多分布在漏斗状矿体的边缘和表层，矿石质量差，大部分不能利用。

（4）厚层状含砂高岭土。分布在洼地中部，白色厚层状、块状，具微层理，高岭石含量达70%以上，一般不含砾块，仅见石英和长石晶屑，产状由洼地边缘向中心微微倾斜，组成区内高岭土矿的主矿体。局部地段变为含砾高岭土，矿石也随之贫化。

5.21.3.3　矿石矿物成分

原矿由中国地质科学院国家地质实验测试中心和中国地质大学两次进行X射线衍射分析，矿物组成以高岭石为主，次为石英、方英石并含少量长石、蒙脱石。

选矿大样（2）、（3）类型矿石岩矿鉴定矿物成分如表5-38所示。

表5-38　高岭土矿物成分（摘自选矿大样）

矿物名称	高岭土	石英、方英石	伊利石	斜长石	蒙脱石	赤铁矿、褐铁矿	金红石
含量（%）	11~13	52~56	23~25	4~5	5~6	1~2	微量

需说明的是，X射线衍射的图谱及由本队所做的岩矿鉴定样品，均未发现伊利石，但选矿大样的鉴定结果将镜下的纤维状或纤维状集合体，干涉色一级黄至二级，与高岭石、蒙脱石、石英、斜长石相间分布的黏土矿物定名为伊利石。

5.21.3.4　矿石结构、构造

矿石构造为层状构造、块状构造和角砾状构造。

矿石结构比较复杂，包括似斑状结构——斜长石、微晶高岭石集合体呈似斑状分布在伊利石、石英等矿物中；他形粒状结构——石英、蒙脱石呈他形粒状分布在高岭石等其他矿物粒间；微晶结构——高岭石微晶（1~3 μm）呈紧密堆积，形成高岭石集合体，此外尚

有赤铁矿、褐铁矿形成的浸染状结构,细小的伊利石形成的纤维状结构等。

原矿中高岭石呈微晶集合体形成斑晶,颗粒直径 1 ~ 2 mm,集合体粒度最小为 0.043 mm,微晶高岭石呈细鲕粒状,紧密堆积,颗粒一般为 1 ~ 3 μm。石英呈他形粒状、葡萄状、半圆形粒状和方英石组成同质多相变体,石英粒度分布在 0.02 mm 以上粒级中。方英石为微晶集合体,晶粒直径仅 1 ~ 2 μm。

5.21.3.5　矿石化学成分

矿石化学成分有 3 组数据,分别为瓷土普查、矿区踏勘、选矿大样不同时期提供(见表 5-39)。

表 5-39　高岭土矿石主要化学成分

时期	各成分含量(%)								
	Al_2O_3	SiO_2	Fe_2O_3	TiO_2	K_2O	Na_2O	CaO	MgO	烧失
瓷土普查	11.81	80.87	1.14	0.06	1.22	0.43	0	0.56	
矿区踏勘	12.92	78.76	0.80	0.07	2.88				
选矿大样	13.24	77.21	0.80	0.056	1.79	0.48	0.12	0.22	5.14

由表 5-41 所示,矿石原矿含 Al_2O_3 有益组分较低,但 Fe_2O_3、TiO_2 有害组分也不高,基本上肯定了矿石的可利用性。较为突出的特点是 SiO_2 明显偏高,因其与矿石中石英、方英石晶屑含量高有关,从而显示了选矿时降低 SiO_2 含量,提高 Al_2O_3 含量的难度。

5.21.4　高岭土开发利用现状及展望

5.21.4.1　我国高岭土开发利用现状

高岭土是一种白色的或具有各种色调的黏土类岩石,主要由小于 2 μm 的微小片状或管状高岭石族矿物晶体组成。高岭石族矿物主要是高岭石($Al_2O_3 \cdot SiO_2 \cdot 2H_2O$)。此外,还有地开石、7Å 埃洛石和 10Å 埃洛石等。根据其质量、可塑性和砂质含量,高岭土划分为硬质高岭土、软质高岭土和砂质高岭土三种类型。我国高岭土矿床可分五种:热液蚀变型、风化残余型、风化淋积型、河湖海湾沉积型和含煤建造沉积型。目前,我国高岭土矿点 700 多处,对 200 多处矿点探明储量为 30 亿 t(其中含煤建造高岭土约 16.7 亿 t),名列世界高岭土资源前茅。

在高岭土的综合利用中,主要有四种产品:干式空气浮选分级产品、剥片型及超细粉碎产品、煅烧高岭土产品、化学表面改性型产品。随着经济和科学技术的发展,高岭土的应用范围也日益扩大,市场覆盖面从单一日用、建筑、陶瓷、电瓷、耐火材料,发展到造纸、石油化工、橡胶、塑料、涂料等几十个行业。

高岭土是造纸业最通用和消耗量最大的白色颜料,全世界精制高岭土的 75% 以上用于造纸,年消耗量在 1 200 万 ~ 1 500 万 t。世界高岭土的生产,在 20 世纪 80 年代的年均增长率为 3% 左右,20 世纪 90 年代由于世界经济衰退与造纸领域造纸方式(由酸式到碱式)的改变,造纸用矿物中 $CaCO_3$ 的比重增大,高岭土的消耗量由 1986 ~ 1987 年的约 2 600 万 t降到 1990 ~ 1993 年的 2 300 万 t。随着造纸工艺的改进,$CaCO_3$ 对高岭土在造纸上的应用是一大挑战。重钙(天然磨细 $CaCO_3$)流变性好,轻钙(合成 $CaCO_3$)不透明度和白度高,大量用于造纸填、涂料。在造纸涂料颜料中 $CaCO_3$ 用量约 30%,欧洲和北美的纸厂纷纷改进工艺,采用 $CaCO_3$ 作颜料。据预测,1990 年在造纸颜料中,$CaCO_3$ 和高岭土所占份额各为 45%,但到 2010 年高岭土将下降至 30% ~ 35 %,而 $CaCO_3$ 将上升至 60%。由于高光泽等特性,因而 $CaCO_3$ 无法全部代替高岭土,后者仍将是造纸的主要颜料之一。另外,随着亚洲许多新纸厂的兴建,尤其是我国,涂布纸在以较快的速度发展,对精制高岭土的需求仍较大。

目前,我国造纸工业每年所用填、涂料(含高岭土、碳酸钙、滑石等)的总量为 150 万 t 左右;在涂料、颜料方面,已实施和正在实施的年产 120 万 t 的轻量涂布纸,就需用填、涂料 20 万 t 左右;近 5 年内,预计铜版纸产量将达到 100 万 t,年耗填、涂料将为 30 万 t;再加之正在稳定发展的白纸板,到 2005 年为 150 万 t,填、涂料的年需求量将达到 70 万 ~ 80 万。预计造纸级高岭土的年需求量仍在 35 万 ~ 40 万 t。但值得一提的是,随着造纸企业规模的大型化,填、涂料的后加工也将逐步趋于和纸厂一体化。在涂料工业中,过去认为以高岭土为基础的添加剂,不过是钛白粉的延展剂,这种观点显然已过时。现在,用高岭土作为涂料工业中的添加剂,其作用不断地显现,其贡献是:改善涂料体系储存稳定性,改善涂料的涂刷性,改善涂层的抗吸潮性及抗冲击性等机械性能,改善颜料的抗浮色和发花性。采用高岭土作添加剂,有助于满足对涂料提出的日益严格的性能和耐久性方面的许多要求。当要求制备低 VOC、高固体涂料、更薄和无疵平滑、光亮的涂膜时,尤其如此。高岭土添加剂的规格品种,随着开发品种的增加也将不断增加,它可以适应任何类型的涂料体系,从底漆到面漆,任何固体、任何光泽和任何涂膜厚度。因此,高岭土添加剂是今天的功能涂料和多功能添加剂。

在塑料、橡胶、胶粘剂、高压电缆、电线等现代高分子材料中添加高岭土、碳酸钙、滑石等非金属矿填料,不仅可以降低塑料等高分子材料的成本,更重要的是能够提高材料的刚性、尺寸稳定性,并赋予材料某些特殊的物化性能,如抗压、抗冲击、耐腐蚀、阻燃、绝缘等。1996 年,我国塑料制品(塑料编织袋、编织布、打包带、塑料地板、地板革、人造革、管材、聚乙烯薄膜、汽车、家用电器配套件、电线电缆、绝缘材料等)产量为 716.9 万 t,需要使用各种非金属矿填料 80 万 t 左右,消费量最大的是细磨重质碳酸钙、轻质碳酸钙约 70 万 t,高岭土 0.5 万 ~ 0.6 万 t。建筑业作为国家的支柱产业,涂料、建筑陶瓷行业就更显重要。在我国涂料产品结构中,聚氨酯树脂漆发展最快。随着人们对环境的日益关注,该行业对粉末涂料、水性涂料、高固体涂料和光辐射固化涂料的开发业已形成气候,尤其是建筑涂料和墙体涂料中,几乎全部采用了水性涂料。建筑涂料的发展方向是:无毒安全、节约资源、有利环境保护的水性涂料和无公害低污染涂料。目前,全国建筑涂料生产厂家约有 4 000 家,年产量已达 120 万 ~ 130 万 t,但人均消费量只有世界发达国家的十几分之一,仍处于低消费水平。

高岭土在陶瓷行业的消耗量一直比较稳定,建筑陶瓷在我国 20 世纪 80 年代末,又有大幅度的增长。墙地砖的产量 1997 年猛增到 18.4 亿 m^2,并且也有少量出口,出口量为 0.22 亿 m^2,因此陶瓷级的高岭土的生产也较稳定。

在石油化工方面,随着世界原油的重质化和劣质化,在催化裂化过程中,掺炼重油、渣油已成为炼油厂普遍采用的加工方式。由于重油中含较多的胶质、沥青质和重金属,这就要求催化剂具有较高的基质活性、较强的抗重金属污染能力、较好的催化活性和选择性。高岭土原位晶化法特殊制备工艺制备的催化剂,可同时满足上述三方面的要求。

5.21.4.2　嵩县白土塬—支锅石高岭土矿开发利用现状及前景展望

本矿区最早开展的瓷土矿普查,包括了高岭土化石英斑岩,31 个化学样的平均值,反映的是石英斑岩和含砾、含砂高岭土矿的平均化学成分,和高岭土矿的化学成分相差悬殊,故在矿产开发利用上造成很大误区,计算的 19 883.4 万 t 矿石量未免过大。1987 ~ 1988 年提交的 1:5 万区域地质图又把高岭土矿归入高岭土化石英斑岩,又因混淆了高岭土矿矿体,也造成了引用资料上的失误。

1994 年以来,作者虽曾多次进入矿区,但多为非正规性的地质考查,缺乏对不同矿体的精测剖面和系统工程样品控制,也未进行矿区大比例尺地质填图,矿区地质工作程度较低,尤其缺乏正规的地质勘查工作,所以不能准确划分矿石类型和准确确定矿床规模。

2006 年由地调一队进行的选矿试验,因选矿样品采自未经搬运淋滤的石英斑岩风化壳(素描图),原矿 Al_2O_3 含量低,导致选矿结果 Al_2O_3 同样也偏低(Al_2O_3 27.60%),另在矿物成分上,在 X 射线衍射图谱中高岭石含量较高,没有伊利石,与岩矿测试的大量伊利石矿物不符,建议另采高岭土矿层底部的淋滤型矿石重作选矿试验。

5.22　嵩县九店、饭坡酸性凝灰岩及膨润土矿

5.22.1　区域地质与赋矿岩系

5.22.1.1　区域地质

新发现的膨润土及其含矿岩系——白垩系九店组酸性晶屑、岩屑凝灰岩,断续分布在嵩县田湖、饭坡—九店—汝阳柏树一带,走向北西,出露面积约 72 km^2,所处大地构造位置位于华北地台 Ⅱ 级构造单元渑临台坳的南侧,濒临三门峡—田湖—鲁山断裂带的铁佛寺—田湖—上店—三屯段,火山岩连片地分布在嵩县张园、九店、汝阳柏树之间,零星出露于宜阳董王庄,嵩县田湖下湾铺沟、饭坡青山、南凹及汝阳上店、三屯一带,总体受三门峡—田湖—鲁山断裂带控制,主体残留于断裂北侧,断裂以南零星分布,饭坡青山一带见残留其底部层位。

受断裂带控制,断裂以南分布中元古界熊耳群马家河组火山岩系,主要岩性为灰、绿、灰紫色安山岩、安山玢岩和紫红色流纹斑岩。九店组火山岩在断裂以南不整合覆盖于熊耳群之上,断裂以北与熊耳群为断层接触,其间形成倾向南西,倾角 65° ~ 80° 的逆冲(推覆)接触关系。九店组火山带北东一侧分别不整合于中、晚元古界的汝阳群和洛峪群之上,九店以西火山岩之下出露为断层抬高了的元古界基底。

5.22.1.2　赋矿岩系

九店组晶屑—岩屑凝灰岩除可以成为建材和玻璃原料外,还赋存着膨润土矿,同属于赋矿岩系,对其赋存的上述矿产,目前尚无系统的岩石矿产研究成果,仅将区调中的张园地层剖面层序对照剖面图阐述如下:

上覆地层：熊耳群马家河组（Pt_2m）安山岩

——————————————断层——————————————

九店组：	
（未见顶）	总厚 308 m
8. 灰白色蚀变晶屑凝灰岩	287.9 m
7. 灰色砾岩	2.3 m
6. 紫红色含火山角砾晶屑、岩屑凝灰岩	7.8 m
5. 紫红色砾岩	0.9 m
4. 紫红色含火山角砾晶屑、岩屑凝灰岩	2.8 m
3. 紫红色砾岩	1.5 m
2. 紫红色含火山角砾晶屑、岩屑凝灰岩	1.6 m
1. 紫红色砾岩	2.8 m

——————————角度不整合——————————

下伏　　　上元古界三教堂组，浅肉红色细粒长石砂岩

（摘自1:5万田湖幅）

5.22.2　九店组酸性凝灰岩化学特征

这类酸性凝灰岩的突出特点是除底部有凝灰岩和沉积砾岩夹层、凝灰岩厚度较小外，向上则为巨厚层的晶屑岩屑凝灰岩，缺乏喷发间断面和正常沉积物夹层，反映了喷发强度较大、喷发时间持续较短的火山活动特征。早期的喷发不仅挟带了熊耳群火山岩砾块，而且有硅化灰岩和花岗岩的成分，在嵩县饭坡青山村南还见有球形的弹体，成分为含火山灰的熔岩质，直径达80 cm，边部有一层厚5 cm的褐色氧化圈，火山弹大小不等，不规则嵌布于凝灰岩中，代表火山喷发时抛出或滚动的熔岩。

凝灰岩为灰白色、灰褐、紫红色（铁染），变余晶屑凝灰结构，块状构造，岩石中晶屑为石英、钾长石、斜长石和少量黑云母，石英为尖角状，有港湾状熔蚀边，并有裂纹，钾长石可见卡斯巴双晶，斜长石可见聚片双晶，黏土矿物为蒙脱石、高岭土，蒙脱石呈白色、浅绿色，吸水后体积膨胀，镜下呈极细的鳞片状、纤维状，折光率低于树胶，高岭石呈细鳞片状集合体，以折光率高于树胶和蒙脱石相区别。统计蒙脱石40%，高岭石8%，石英25%，钾长石、斜长石20%，岩屑（流纹岩、粗面岩）4%～5%，黑云母1%～2%，含有少量的氢氧化铁。

现收集到的岩石化学分析资料见表5-40。

表5-40　九店组火山岩化学分析　　　　　　　　（%）

样品	SiO_2	Al_2O_3	Fe_2O_3	CaO	MgO	TiO_2	K_2O	Na_2O	SO_3	H_2O
1	61.20	14.96	3.40	5.57	1.14				1.97	5.05
2	63.22	15.26	3.25	2.60	0.81	0.43	3.45	0.65		
3	63.76	15.44	3.68	3.98	1.06				1.93	4.97
4	42.35	12.10	2.40	13.10	0.54	0.31	2.48	0.73		8.10
5	61.94	17.83	4.13	6.68	0.72	0.71	8.08	0.90		

5.22.3 饭坡膨润土

5.22.3.1 含矿层位及分布情况

现发现的膨润土,实际上是蒙脱石含量超过40%(边界品位)的白垩系九店组酸性晶屑、岩屑凝灰岩。野外实地观察,这类凝灰岩位于九店组之下部和底部,据董王庄、饭坡等膨润土矿点和矿化点实地观察,一般矿化程度较高、质量较优的膨润土(如董王庄),主要产于酸性凝灰岩底或下伏层(主要是熊耳群)顶部的古洼地中,经长期风化剥蚀,这些凝灰岩的残留物,往往以不连续的片体见于大片凝灰岩分布区的边部。继发现董王庄膨润土矿点之后,新发现的膨润土矿点位于嵩县饭坡之南的青山—蔡沟、南凹一带,露头分布不连续,边界的东西、南北长宽各约1 km,出露的最低标高440 m和最高标高490 m,相差50 m,总体形态为被侵(剥)蚀山丘之上的岩盖状残留体。洛阳—白云山公路沿山梁南北贯通矿区,交通十分方便(见图5-13)。

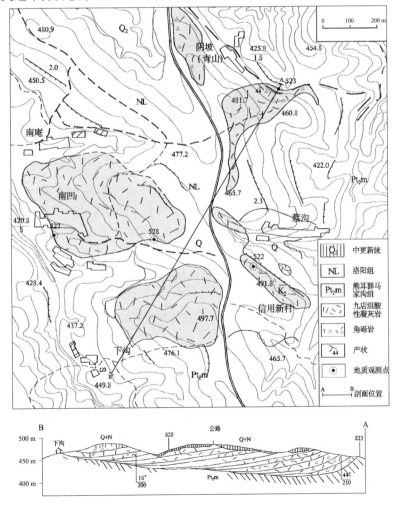

图 5-13 嵩县膨润土矿区地形地质图

5.22.3.2 矿点踏勘

据 4 个测点间路线踏勘认为,矿体虽然位于九店组底部,除总体上受小洼地控制外,矿化自下而上仍有较大变化。

(1)青山(阴坡)南(523 测点)。代表测区矿体出露最低层位,出露标高 440 m,底为紫红色安山岩,向上逐渐有凝灰质成分加入,岩层中含角砾和大小不等的滚球(似火山弹),外有红色氧化圈包裹,颜色下部为紫红、黄褐、黄绿色,成层性较好,产状 210∠44°,向上变缓,颜色变为灰白色,下部含砂量高,石英屑 >50%,黏度低,上部风化壳部分含砂量低,蒙脱石含量高,黏度增大。出露标高高差 >50 m,宽度 >200 m。

(2)南凹新村(528)。位于公路西侧 200 m 以西,地表为山丘红土覆盖,为村民建宅地基揭露。矿体自东北向西南倾斜,倾角 15°~20°,比前者缓,揭出厚度 >20 m,岩石呈灰白、青灰色、饼状、片状叠压,矿层不含角砾,含砂量也低,但蚀变较强,遇水松散解体,黏度较大。该处出露长度 >200 m,宽度 100 m,厚度 >30 m 隔沟和南部山梁露头相交,北部山梁上全为红土耕地掩盖。

(3)南凹老村村南(527)。和南凹新村 528 点相距 300 m,两点间矿体连续出露,地形落差 50 m。矿石含砂量中等,和 523 测点近似。该点之南为熊耳群紫红、砖红色流纹斑岩,此为矿体的南界,边缘部分含砂量较高,产状平缓,向上至 528 点出露连续。

(4)蔡沟南(522)。出露于农田边,为一堤堰陡坎(原为白水泥原料采场),陡坎高达 5 m 左右,下部 2~3 m 为矿层,上部 2 m 为火山岩砾、砂组成的盖层。矿层由白色含石英晶屑的风化白土组成,白土自然白度 >85(当地称土粉子),凝胶状结构,含较高的碳酸钙,杂大量不规则的火山岩砾石,底部为具层状构造的砂状膨润土。相当膨润土岩层顶部的钙质淋滤层,产状基本为水平状。

综合上述由底到顶的剖面观测,矿体下部以含砾的砂质膨润土组成,矿化不均匀,估计蒙脱石含量低于 40%,大部分低于工业品位(蒙脱石 <50%),厚 <20 m;中部南凹一带为主矿层,目估蒙脱石 >50%,离散性和黏结性均好,厚度 >30 m;顶部为钙质淋滤混合膨润土(蔡沟),其利用的领域有别,厚 <5 m。由于该处膨润土生成于主火山带旁侧的小盆地中,虽然局部倾角较大,但形成的是反向铲式层理,故厚度较小。

5.22.3.3 矿石矿物组合

矿石为灰白色,砂状岩屑、晶屑结构,风化面粗糙,覆瓦状层理,砂屑状结构,土块状断口,遇水后迅速裂解,手感黏结性好。

薄片下岩石中黏土矿物主要为蒙脱石、高岭石和少量水云母,蒙脱石呈白色,土状,晶形呈极细的鳞片状,折光率与蒙脱石相反。晶屑主要为石英、方英石、斜长石、钾长石和黑云母。石英和方英石呈尖棱角状,具港湾状熔蚀边,有的颗粒有裂纹。长石晶屑呈阶梯状,有些有裂纹,裂纹为黏土矿物充填。黑云母呈片状,有的颗粒有挠曲现象,一般见有暗化边。岩屑为酸性火山岩。

晶屑和岩屑粒度多在 2~0.1 mm,个别达 3.8 mm。

统计的矿石组成为:蒙脱石 45%,高岭石 10%,石英、方英石 35%,斜长石、钾长石 3%~5%,岩屑 2%,黑云母 1%,水云母 <2%,方解石 <1%,另有微量锆石、磷灰石和氢氧化铁。

由成矿母岩——酸性晶屑岩屑凝灰岩和膨润土矿——蒙脱石黏土岩的矿物对比可以看出,酸性凝灰岩与蒙脱石矿的岩性和结构构造基本相同,不同的是前者的蒙脱石含量低,后者的蒙脱石含量高,另外膨润土中斜长石和钾长石的含量已大为降低,石英晶屑变化较小。这说明除火山岩中的凝灰质和火山玻璃的风化物可形成蒙脱石外,长石类矿物的蒙脱石化与成矿关系也很密切。

5.22.4　凝灰岩、膨润土开发利用现状及展望

5.22.4.1　我国凝灰岩、膨润土开发利用现状

1)我国凝灰岩开发利用现状

凝灰岩是一种分布较为广泛的细粒火山碎屑岩。碎屑主要成分为岩屑、晶屑、玻屑和火山尘,其碎屑粒径一般小于 2.0 mm。它是由火山爆发时抛入空中的火山物质经长距离的搬运,散落于盆地,再经压结和水化学胶结固结成岩而成。凝灰岩具有凝灰或沉凝灰等结构。凝灰岩具有高硅(一般 > 70%)、富铝(> 13%)、丰碱(钾、钠一般 > 5%)和低铁(全铁一般 < 3.8%)等特点。此外,它还具有多种有益的微量元素和稀土元素,如对水稻增产有利的 Mo、Zn、B 等,矿物饲料添加剂的有益元素 Cu、Mg、Zn 等。凝灰岩具有高化学活性、多孔性、膨胀性、复矿性等物化性能。

根据凝灰岩的化学成分,其开发利用方向主要是:表面改性的高档工业填料,柔性磨料,人工合成硅灰石,白炭黑,活性白土,复合肥、混肥填料或添加剂,矿物饲料添加剂、补充剂,陶瓷配料,高硅质水泥等。实例 1:橡胶和塑料的填充剂。以玻屑凝灰岩为原料,将该岩粉碎加工后用作橡胶和塑料的填料,其加工性能、拉伸强度、伸长率均与轻质碳酸钙相当,可部分代替碳酸钙和白炭黑,对降低成本有利。这主要是利用凝灰岩高硅等特性。实例 2:多元素复合肥。以中碱性凝灰岩作为提供多种微量元素和稀土元素的载体。经磨碎筛选,配以相应比例的氮磷钾肥,混合均匀,加水拌和、造粒、烘干即为成品。生产工艺简单,成本低,适于酸性土壤中种植农作物使用。这主要是利用凝灰岩含多种微量元素和稀土元素、丰碱等特性。实例 3:节碱型玻璃制造工艺与产品,以富碱粗面凝灰岩为原料,节碱效果明显,操作范围长,有利于玻璃的成型,提高产品质量。该制造工艺主要用于制造瓶罐玻璃、日用玻璃、玻璃马赛克和陶瓷。这主要是利用凝灰岩丰碱、高硅等特性。实例 4:合成集渣剂,以凝灰岩(珍珠岩)为组合成分之一。一种合成型集渣剂,特别适合于铸铁浇注时使用,它由凝灰岩(珍珠岩)、石英玻璃和小苏打组合而成,也可再加入稻草灰。该集渣剂为颗粒状,集渣成块,无粉尘,不粘包,不挂渣,盖于铁包表面时长时间不会收缩,冷却后成有脆性的玻璃体,易于清除。实例 5:火山凝灰岩微晶玻璃。以高硅富碱的火山凝灰岩为主要原料,研制了以 β - 硅灰石为主晶相的微晶玻璃。高 CaO 含量玻璃核化、晶化后,整体均匀结晶成乳白色或浅黄色微晶化制品;低 CaO 含量玻璃烧结、晶化后,成为花纹清晰的微晶玻璃大理石。高 CaO 含量玻璃由于 CaO 含量高,热处理时严重分相,分相有利于玻璃整体均匀析晶;低 CaO 含量玻璃在大量析晶之前基本烧结,由于表面效应在玻璃颗粒表面诱发 β - 硅灰石晶体,并由表及里长大为针状晶体。

根据凝灰岩高的化学活性,其开发利用方向主要为:污水澄清剂和净化剂、水泥活性混合材、高强混凝土活性外掺料、发热剂材料。实例 1:以玻屑凝灰岩为原料,人工合成微

孔硅酸钙。产品具有容重轻、强度高、线收缩率小、保温性能好等特点，主要技术指标达到国家标准，产品成本低，附加值高，比以往用硅藻土为原料的产品的成本要低 1/4 ~ 1/3。实例 2：作一种砷和重金属废水净水剂，系提取利用碳质凝灰岩中的活性炭制成。产品由镁铝叶绿矾和无定形炭以 1：(1 ~ 4) 的重量比配合组成，产品中含一定量的活性 SiO_2（2% ~ 8%）和无定形炭。无定形炭为天然活性炭，为无定形炭和少量岩屑所组成，是由该种凝灰岩经水解作用形成，这主要是利用其中的游离 SiO_2 活性及其复矿性。实例 3：凝灰岩膨胀剂。凝灰岩是一种水泥、混凝土膨胀剂，掺入 10% ~ 12%，可制备补偿收缩混凝土或砂浆，获得 0.03% ~ 0.08% 的限制膨胀率，提高抗裂防渗能力。凝灰岩膨胀剂是由 46% ~ 56% 的经 600 ~ 900 ℃ 锻烧的凝灰岩和 44% ~ 54% 的二水石膏，共同粉磨而成的粉末状产品。

根据凝灰岩的多孔性，其开发利用方向主要为：通用助滤剂，污水处理剂，催化剂载体，吸收剂，干燥剂，农药、化肥载体或吸着剂，硝酸铵球粒的防结块剂，瓷盒，轻骨料，保温材料等。实例 1：涂料填料。玻屑凝灰岩可全部代替滑石粉和部分代替碳酸钙，做内墙涂料填料，可大幅度降低生产成本。这主要是利用凝灰岩轻质疏松，表观色白等特性。实例 2：食品助滤剂。以玻屑凝灰岩为主要原料，较好地解决了原料锻烧膨化、孔径优化、强度改善和粒级搭配等技术难题，研制出技术指标符合国家标准的不同型号的凝灰岩助滤剂系列产品。与现有技术产品相比，它具有性能优良，过滤效果好；资源丰富，原料价格便宜；工艺简单，生产成本低廉；质量稳定，能有效实现产品的系列化等优点，因而具有较好的开发应用前景。

与珍珠岩相似，酸性凝灰岩的玻璃质在高温瞬时灼烧下体积膨胀数倍至几十倍。其膨胀主要是玻璃质中的结合水在高温时汽化，使玻璃质膨胀所致。根据凝灰岩的膨胀性，其开发利用方向主要为：助滤剂，轻骨料，保温、轻质材料等。

在自然界中，由于凝灰岩的不稳定性，使其容易发生蚀变，在水介质中，经水解脱玻，向沸石类、蒙脱石类矿物或高岭石、埃洛石类矿物转化而发生矿化。部分蚀变的凝灰岩往往包含有一种或几种这类蚀变矿物；如果岩层发生整体蚀变则会形成具有工业意义的矿产，如我国东南沿海的含叶蜡石凝灰岩建造，华北板块北缘及东南沿海的含膨润土凝灰岩建造等；一些凝灰岩在沉积成岩过程中，伴生一些外来矿物质（包括有机质），如碳质凝灰岩等。这就决定了凝灰岩是一种天然的复合矿物质原料。根据凝灰岩的复矿性，其开发利用方向为可用作离子交换剂。

目前，对凝灰岩的研究还比较薄弱，凝灰岩的开发应用在我国尚未引起足够重视，迄今还未形成产业。丰富的凝灰岩资源如能得到开发应用，它将成为一种新型和重要的非金属矿产资源。

2）我国膨润土开发利用现状

膨润土是一种以蒙脱石为主的黏土。蒙脱石为含水的层状硅酸盐矿物，结构单元层 TOT 型。T 层为 [SiO_4] 四面体层，其中 Si 被类质同象代换的量很小，层内成分稳定；O 层为八面体层，蒙脱石属二八面体型结构，八面体位可被 Al^{3+}、Mg^{2+}、Fe^{2+}（Fe^{3+}）占据，其中以 Al^{3+} 为主，后几种离子的含量变化较大。膨润土的颜色各异，相对密度为 2.6，熔点为 1 430 ℃。

天然膨润土一般多为钙基膨润土，其物化性能不甚理想，使用价值、经济价值均低，若将其加工成钠基土、提纯土、颗粒土、有机土、活性白土、白炭黑等膨润土深加工产品。可广泛用于石油、化工、医药、建筑、纺织、涂料、橡胶、环保等 24 个领域数百个行业中。

a. 钠基土

将膨润土原矿经破碎、钠化改型、干燥、球磨、空气分级、气旋过滤而成。实现这种钠化反应的途径有悬浮液法、双螺旋钠化法、超临界处理法等。目前采用较多的是悬浮液法，此法改型产品质量稳定可靠。钠基膨润土可遏止铸件夹砂、结疤、掉块、砂型塌方等现象，加之成型性强、型腔强度高，便于金属行业浇铸湿态或干态型模，并具有一定的耐热能力，所以是精密铸件首选的型砂黏结剂。同时，钠基土吸水性强、分散性好、出浆量大，能快速冷却钻头，清除碎屑，保护井壁，因此还是制造钻井泥浆的理想材料。另外，它还具有优良的黏结性，与铁粉混合后其黏结度好、造球均匀、成球率高，焙烧区大，脱硫效果好，返矿量少，从而成为现代冶金工业的重要辅料之一。除此之外，钠基膨润土亦具有吸附活性、静态减湿和异味去除等功效，且吸附速度快、能力高、无毒、无腐、干燥效果好，常被用于不能采用油封、气相封存的产品中，如光学、电子、军工、民用产品及医药、食品包装的干燥空气封存，出口量较大。在污水处理方面，钠基膨润土可作为浑浊水的澄清剂、被污染水的防水剂、废水处理剂等。在建筑工程上利用钠基膨润土的润滑性、黏结密封性、增稠性及胶凝性制成泥浆，用于灌浆、沉箱、打桩、隔墙建造、土地防渗、水泥及混凝施工添加剂、隧道盾构润滑等。同时，它还有高度的水密性和自身修补复原功能，其防水密实性、自保水性好，并具有永久的防水性能。在酒业中能吸附丹宁，起着澄清、颜色稳定剂作用，减少乙醛及硫化氢的形成，消除所有外来的气味。在涂料中作黏滞调节剂和白色矿物填料，代替钛白粉。亦可用作无纺布、石膏板颗粒的黏结剂。在造纸工业中多用作多功能白色涂料，它还在碎浆机中起抗纵摇吸附剂作用，在机械中起保持剂作用，在纸浆中起流变调整剂作用。

b. 提纯膨润土

由于天然膨润土品位低、白度差，须经过提纯除去杂质才能用于如陶瓷坯体釉料高白度高黏增塑剂、牙膏增稠剂、化妆品底料等高档商品中。膨润土的提纯可利用其遇水易崩解、易分散的特点，采用沉降、还原与络合等方法将其提纯处理。提纯膨润土的纯度高，可直接药用。因主矿物蒙脱石对引起腹泻的各种细菌、病毒、毒素等具有较强的吸附和固定作用，并且能迅速覆盖消化道黏膜，对消化道黏膜起保护作用，使受损伤的消化道细胞很快得到修复，还能促进上皮细胞恢复再生，加速溃疡面愈合，对口腔黏膜表面的各种致病因子亦有很强的固定和抑制作用，可广泛用于治疗急、慢性腹泻，治疗食管炎、胃炎、结肠炎、肠应激综合症及口腔溃疡等疾病。

c. 颗粒膨润土

颗粒膨润土分为玉米芯、木屑、纸质等品种。它是以钠基膨润土为原料，经挤压、烘干、破碎、筛分制成的一种颗粒状产品。其吸附液体和臭味能力强，易结团、团块牢固、不崩解、易清理、不含游离 SiO_2，既清洁又无害，是首选的家庭宠物垫料。

d. 有机膨润土

有机膨润土是将钠基膨润土加入有机季胺盐的乙二醇溶液中，经高速搅拌、置换反应而成。有机膨润土是有机液体的有效胶凝剂，把少量的有机膨润土加入到液态有机系统中,将大大影响其流变性,黏度增大,流动性改变。此外,固体可在液体中悬浮,可控制其向多孔基底的渗透。有机膨润土用于油漆、印刷油墨、润滑油、化妆品等工业部门,以控制黏度和流动性,使生产更容易,储存稳定性及使用性能更好。在油漆方面,用于环氧树脂、酚醛树脂等系列颜料油漆中,可作防沉降助剂,具有防止颜料沉底结块、耐腐蚀、加厚涂层等作用。用于溶剂性油墨,可作增助剂,以调整油墨的黏度和稠度,防止油墨渗散,提高触变性。

e. 活性白土

活性白土是以膨润土为原料,经无机酸化处理,再经水漂洗、干燥、粉磨而成。生产方法主要有全湿法、气相法、煅烧法等。目前采用最多的是全湿法。活性白土是一种具有微孔网络结构、比表面积很大的多孔型白色或灰色粉末,具有极强的吸附性,能吸附有色物质、有机物质,广泛用于石油的精炼,动植物油的脱色、除臭,以及绝缘油的净化、废润滑剂的回收等。它是化妆品、医药、涂料的原料,还可用作无碳复写纸显色剂、水分干燥剂,内服药物碱解毒剂,维生素 A、B 吸附剂,润滑油重合接触剂,中、高温聚合催化剂等。

f. 白炭黑

以膨润土为主要原料,在少量活化剂存在下用硫酸处理而得。它是彩色、浅色橡胶制品的主要配合剂和补强填料。同时,它还是一种良好的复合填料,不仅具有白炭黑、膨润土各自的功能性,而且还有良好的协同效应,能赋予橡胶制品以很高的补强效果和优异的物理机械性能,改善轮胎磨耗、湿滑和滚动阻力等胎面性,为此被广泛用于橡胶、制鞋、油漆、造纸、合成树脂和油脂等工业部门,其中橡胶、制鞋用量最大。据国家建材局年报统计,2006 年我国白炭黑生产量突破 50 万 t 大关。

5.22.4.2 嵩县九店、饭坡膨润土开发利用现状及前景展望

本书所指的膨润土矿,实际上是蒙脱石含量大于边界品位(40%),接近工业品位(50%)的蒙脱石黏土岩,因为民间已经将其开采应用于炼钢球团、制作模型和玻璃泥等领域而列入矿床,但并未按膨润土的勘查规范要求测试吸蓝量、膨胀率、造浆率、阳离子交换容量,也没有进行 X 光衍射、红外光谱等黏土矿物的专项测试。因此,在安排该矿普查时,应首先测试这些项目,对矿石做进一步鉴定。

该区膨润土的主要成矿层位位于矿化层的中上部,按含矿层的出露标高,含矿总厚约为 50 m,其中去掉底部质量较差,矿化不均匀的含砾砂黏土岩,实际厚 30 m 左右,按出露面积 1 km^2 和 50% 的矿化率,估算的蒙脱石黏土储量达 3 750 万 t,已达一中型矿床(500 万 ~ 5 000 万 t)规模,应在估算基础上进一步调查落实,并进行开发经济估算,以引起重视。

依据饭坡酸性凝灰岩的岩矿鉴定成果,证明在火山岩带的厚层凝灰岩中,蒙脱石的含量已达 40%,说明在该套巨厚的火山岩中,大部分长石、凝灰质经历了蒙脱石化,它指示在九店组中上部厚达 287.9 m 的蚀变酸性凝灰岩中已具备了膨润土矿的成矿条件,还有可能发现新的膨润土矿点,其中饭坡和宜阳董王庄膨润土的发现开创了先例。

九店组火山岩广泛分布在宜阳—伊川—汝阳长达 50 多 km 的火山带中,火山带的边部,特别是北部边界、北西和东南两端,出露这套火山岩的下部层位地段有可能形成膨润土的新的找矿靶区,也可能在上部层位中发现火山玻璃、沸石等伴生矿物,提供优质水泥掺合料,因此有待进一步全面开展火山岩分布区的地质找矿工作,还可能在火山岩之下找到被掩盖的煤系和煤层。

5.23　栾川伊源玉

5.23.1　概述

供奉于洛阳关帝庙,以治印"关圣帝玉玺"(重 1 t)而蜚声国内外、被命名为"栾川伊源玉"的这一资源,产于栾川伊河之源——栾川县陶湾乡三合村苇园后凹之北部山脊之下,2004 年 11 月,由栾川县天赐伊源玉开发有限公司投资注册建厂开采,公司依托"伊源玉"的资源优势,以玉雕为龙头产品,逐步向多元化发展,目前已推出各类玉雕系列工艺品千余件,并已有了相当好的市场。

驱车沿洛栾公路至栾川县城,转卢—栾公路西行至庙底,随伊河转弯处取道溯源北上,经核桃岔到三合苇园后,徒步向沟脑攀登于溪水尽处,有"勺"状洼地伸向后沟,于后沟沟脑之下,林木丛郁山坡之上,经剥土露出一片白色山岩,山岩之下堆着石渣和料石,此即伊源玉的采场。以地形图考之,采场位于旧籍伊河之源闷顿岭之东,新考伊河之源张家庄之西,以水系源头枝状溪流汇聚的规律而论,"伊源玉"的取名颇为科学而饶有趣味。

5.23.2　地质背景

矿区位处栾川大红口—三合—磨沟倒转向斜的北翼,向斜走向北西西,南北两翼均作倒转状,北陡南缓,南翼为栾川群鱼库组,北翼为煤窑沟组,槽部为大红口组,各地层组段之间多走向断层沿层面滑移,并多见闪长岩、辉绿岩穿插其中。

鱼库组为浅肉红色层状白云石大理岩夹片岩,厚—巨厚层状白云石大理岩,二云片岩夹薄层大理岩及含硅质条带白云石大理岩,地表风化后为糖粒状。大红口组上部为次火山相正长斑岩,中、下部为千枚岩、含黑云粗面岩、二云石英片岩夹透闪石大理岩、黑云钠长角闪片岩,杏仁状含黑云变斑钠长阳起片岩及钠长绿泥片岩。煤窑沟组分为下、中、上三部分:下段为含铁白云母细砂岩,黑云石英大理岩,白云细粒石英岩夹片岩和石英大理岩;中段为含叠层石厚层大理岩,条带、条纹状白云石大理岩,青灰色层状大理岩;上段为白色石英岩,含叠层石大理岩夹钙质片岩、含铁钙质片岩、含炭大理岩、绢云千枚岩夹石煤。伊源玉含矿层为煤窑沟组中段。

区内出露的岩浆岩,除大红口组的正长斑岩外,主要是侵入栾川群的变辉长岩,与矿区有关的岩体为老王沟—四棵树岩体,该岩体呈不规则状,长 770 m,宽数十米至数百米,面积 0.3 km^2,主要侵入煤窑沟组地层中。岩体形态为岩床、岩墙状,沿北西、北西西向断裂侵入,颜色呈暗绿—灰黑色,细—中粗粒变余辉长结构,辉长辉绿结构,块状构造,主要矿物为次闪石(40% ~60%),钠黝帘石化斜长石(30% ~50%),次要矿物有黑云母、钛铁矿,微量矿物有磁铁矿、榍石、电气石、黄铁矿等,伊源玉矿体产于辉长岩岩床的夹层或巨大的包裹体中。

5.23.3　矿床地质

依其岩性和叠层石化石,矿体所属地层层位为新元古界青白口系栾川群煤窑沟组二段的一部分,该段地层夹于上、下两层辉长岩层之间,总厚约 30 m ±,地层产状下部倾向

25°,倾角50°,上部倾向不变,倾角36°。沿地层层面与层面斜交并有构造位移,沿构造面有辉绿岩脉穿插或生成石棉、硅灰石类纤维状次生矿物。受构造和岩浆岩联合作用,镁质石灰岩变质为大理岩和伊源玉(见图5-14),岩性特征按层序自下而上简述如下:

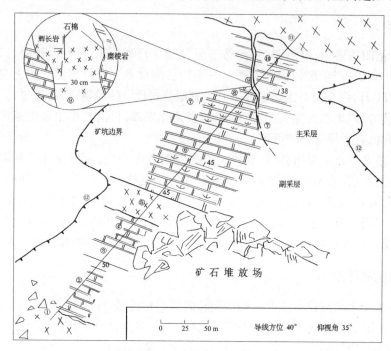

1—辉长岩(岩床,未见底);2—黄绿、草绿色薄层燧石条带大理岩(可做印章石);3—青灰色大理岩,局部含透辉石;
4—黄绿色燧石条带大理岩;5—辉绿岩(脉);6—厚层状蛇纹石化黄绿色大理岩;
7—墨绿色透辉石、蛇纹石大理岩(主矿层)沿节理有纤维状石棉、硅灰石;8—白色大理岩;
9—沿构造辉长岩(盖层)裂隙侵入的辉绿岩脉;10—墨绿色、白色大理岩互层(沿层面多滑动、有纤维状石棉);
11—辉长岩(盖层);12—采坑边界

图 5-14　栾川伊源玉采坑素描平面图

(1)辉长岩:属下部辉长岩岩床之顶部(未见底)。

(2)薄层燧石条带大理岩:黄绿、草绿色、由黄绿色透辉石形成彩色条带,间夹方解石大理石,厚5 m,色彩艳丽,单层厚 >20 cm。

(3)青灰色厚层大理岩,局部含透辉石,厚2 m。

(4)黄绿色遂石条带大理岩,厚层状,厚5 m。

(5)辉绿岩:属沿层间断层带侵入的辉绿岩,两侧大理岩显示粗粒重结晶状,有同辉绿岩产状一致的片理(产状 30∠45°),边缘有宽 20~30 cm 的墨绿色片理化透闪石岩,结晶细而润泽,有玉感,辉绿岩宽3 m。

(6)厚层状蛇纹岩化黄绿色大理岩,白色大理岩,厚度大,构造不发育,块度较好,为主采坑辅助矿层,厚8 m。

(7)墨绿色(透闪石)蛇纹石大理岩。该层为矿区主采矿层,厚层—大透镜状,由墨绿(透闪石,蛇纹石)、黄绿(蛇纹石,透闪石)大理岩地层组成色块、色带,沿带的延展方向,充填有纤维状蛇纹石石棉薄层或细脉,可见叠层石和原生结核,厚3.5 m。

（8）白色大理岩，厚 2 m。

（9）辉绿岩脉：宽 30 cm，上与顶部辉长岩床相通，沿大理岩顶部裂隙（断裂）向下侵入（填灌），逐渐尖灭，脉体边部有薄的糜棱岩，糜棱岩和辉绿岩脉中有脉状蛇纹石石棉矿化，矿化宽 5 cm。

（10）墨绿色蛇纹石（透闪石）化大理岩，夹于白色大理岩中，二者呈渐变关系，层面间多滑动面，滑动面上发育石棉细脉，厚 7 m。

（11）辉长岩（顶部盖层）。

矿床总体特征由多层大理岩组成。推测其成因为含镁质碳酸盐受区域变质、接触变质和热液作用叠加所致。岩石呈现墨绿（暗绿）、黄绿、淡红（少见）、白等不同色彩，形成了结构致密的彩色大理石（伊源玉）。岩层虽然有断裂叠加，层状辉长岩囊括和辉绿岩脉穿插，岩石较破碎，产状自下向上由陡变缓外，整个层位、层序无大位移，作为工艺石雕的彩色层主要出露于岩层中部，内多蛇纹石细脉，总体因块度较小（>1 m³ 者不足 >20%），故不可用作饰面板材而仅用于工艺石材。

5.23.4 石（玉）质鉴定

（1）北京中玉德亚联珠宝技术研究所（中国地科院矿床所）鉴定报告原称："淡黄绿色透闪石大理岩"。

手标本观察：样品呈淡绿色，致密块状，表面呈丝绢光泽，参差状断口。

偏光显微镜观察：放射状、纤维状结构，颗粒之间排列紧密，透闪石颗粒 0.01 mm 以下，含量 99%，见有方解石细脉穿插于透闪石中，含少量碳质（1%），呈星点状布于透闪石中。定名透闪石岩，列入软玉型。

（2）北大资源研修学院传统艺术系鉴定报告：此玉加工性能非常好，直感呈蜡状（油脂光泽），硬度为 5.5～6，软硬度适中，易加工，有韧性，20 世纪 50 年代玉器行老艺人把这种玉称作"瓷坑玉"，它和白玉的山料是同等级的。

根据原材料的不同颜色，可以设计、制作各类品种的玉雕件，是玉雕产品很好的原材料。

（3）关林地调一队鉴定。

①暗绿色大理岩。

岩石呈暗绿色，致密块状，由微粒隐晶状、片状蛇纹石组成，抚之有滑感，显微鳞片变晶结构，显定向构造，岩石主要由 99% 的蛇纹石组成，标本为暗绿色，镜下无色，多色性不显著，折光率略大于树胶，正突起低，干涉色一级灰白—黄，结构微细呈显微鳞片集合体，片径多在 0.1～0.05 mm，>0.1 mm 者极少，呈定向分布，岩石中含少量磁铁矿、方解石、白钛矿及细脉状方解石。

②黄绿色大理岩。

岩石由方解石（白色）、硅灰石（白色）和黄绿色蛇纹石组成，纤维状变晶结构，条带状构造，方解石颗粒在 10～0.7 mm，呈半自形、他形粒状，中含微量白云石。硅灰石多呈板状，颗粒较粗，粒度大小多在 5.8 mm×1.5 mm～0.7 mm×0.4 mm，以板状集合体构成条带与方解石相间分布，在板状硅灰石间常有微粒隐晶状蛇纹石分布，致使硅灰石条带显黄绿色,与方解石白色条带相间分布,构成条带构造。

主要矿物方解石52%、硅灰石40%,次要矿物蛇纹石7%、白云石<1%,微量矿物为氧化铁。

以上石质鉴定分两组:前之(1)、(2)两家鉴定的透闪石大理岩,相当地调一队鉴定的蛇纹石大理岩。地表实测的墨绿色透闪石、蛇纹石大理岩,相当蛇纹石大理岩,岩石定名和鉴定成果有差异,尚待进一步研究。

5.23.5 伊源玉开发利用现状及展望

伊源玉开发历史悠久,据碑刻记载,玉矿产地一带原为"耕莘古地"。商代时期,商相伊尹耕莘此地发现此玉。西汉刘歆著《山海经·山经》第五卷《中山经》记载:"又西一百五十里地曰蔓渠山,其上多金玉。"蔓渠山即今闷顿岭,玉矿就产于此山。又北魏郦道元著《水经注》载:"世人谓伊水为鸾水,故名斯川为鸾川,鸾川有玉而名振。"之后,年深久远、文字泯没,玉矿兴衰无法考证。直到2002年根据当地群众提供的古采矿坑遗址,终于再次发现。2004年经南阳宝玉石协会及南阳地质矿产技术开发公司对该玉矿作了全面地质普查工作,证实是一个较好的且有前景的玉石矿区。

伊源玉根据原材料的不同颜色可以设计制作各类品种的玉雕件,是玉雕产品很好的原材料。现成立的栾川县可伊源玉开发公司下属玉雕厂,利用该矿区蛇纹石质玉和闪石玉料已加工开发出各类玉器六大类近百个品种,主要有人物、花卉、鸟兽、器具及挂件等。其中制作的大雕件为"关帝玉玺",重2 t多,现存洛阳关帝庙大殿。伊源玉雕件造型新颖,工艺精湛,2005年,多件产品荣获河南省"陆子冈杯"银奖、优秀奖和最佳创意奖。产品广销北京、上海、广州、深圳、福建等16个省(市),并受到香港、台湾、日本、韩国等客商的一致好评。

决定伊源玉成矿条件的因素有三个:一是地层和岩石因素,必须是栾川群煤窑沟组二段的厚层镁质大理岩;二是与侵入栾川群的辉长岩伴生,夹于辉长岩层中,或谓辉长岩的捕掳体;三是处在有利的地质构造部位,后期断层相对不发育,使之保持一定的块度。

依据以上条件,对比栾川地质特征,认为冷水南胶树凹—石寨沟及三川四棵树—陶湾老王沟两个辉长岩体分布的地区,具备以上成矿条件,其中后者侵入倒转向斜的两翼,形成对煤窑沟组地层的"包皮",使之热力不易散失,容易产生矿化。

伊源玉自开采加工以来,由于材质好,易加工,有着较好的市场,从而提高了它的开发价值和促进了地质找矿工作,依据矿床地质研究,对比区域地质资料,认为矿区向东、西的延展部分,上下两层变辉长岩分布的地段,都有成矿的可能,现采坑仅为始采矿山,还有较好的开拓潜力。

5.24 偃师洛阳牡丹石

5.24.1 概述

牡丹之花,以其早发洛阳,本固枝荣、花芳叶茂、雍容华贵,被称为花中之王。洛阳以其盛栽牡丹而为十三朝古都增辉添彩,宋欧阳修有诗曰"洛阳地脉花最宜,牡丹犹为天下奇",牡丹与洛阳齐名,正被推荐为国花。这里介绍的洛阳牡丹石,本是一种奇石,图形类若牡丹争奇斗艳,故谓牡丹石,无奇不有的是,遍查国内外奇石图谱,奇在这类牡丹奇石独独在洛阳发现,比拟洛阳的牡丹花,命名洛阳牡丹石,今人也有诗曰"洛阳牡丹甲天下,牡丹奇石天下甲"。于是洛阳牡丹石蜚声内外,奇石不仅变为昂贵的工艺品,也为厅台楼院的置景石品,并已成为洛阳旅游的纪念品,由此大大推动了牡丹石的矿山开采和石材加工业。随洛阳文化和旅游业的发展,这拳拳奇石,恰如跳动着的音符,也在谱写着振兴洛阳的赞歌。

　　20 世纪 80 年代初,国内兴起了第一次石材热,洛阳偃师捷足先登,先后在首阳山、五龙、诸葛、庞村办了 5 家花岗石板材厂(占了全洛阳市的 5/7),其中之寇店五龙花岗石厂因设在山区,能依山傍水就地取材,进行板材加工,小有名气,开采加工的石材品种中有五龙青、雪花青、菊花青三种黑色系列板材,其中的"菊花青"板材,因黑底素花,图案奇巧,反差清晰,很受市场欢迎。怎奈矿体规模有限,岩石裂隙发育,成荒率低,加工规格板材时形成大量边角废料,大大影响了开采经济价值,但是这些边角料仍然花色图案十分诱人,或把手观赏,或置景案头,广被观者收藏,初时随心而已。至 1986 年,洛阳牡丹花会举办石展时,有人首次投放了这一奇石展品,也许是洛阳人对牡丹的情有独钟,或者是洛阳人对牡丹的鉴赏水平,众口同声,将菊花青更名为"洛阳牡丹石"。一个名称的更替,大大推动了该项石材加工业,偃师寇店先后建成几家工艺石材厂,推出一系列牡丹石产品,与此同时也带动了矿山开采和矿山地质工作,笔者也先后多次考察矿山,现将牡丹石相关的地质问题简介如下。

5.24.2　地理条件、地质背景

5.24.2.1　地理条件

　　矿区位于洛阳偃师市寇店乡五龙—水泉一带,寇店距洛阳市 40 km,有公交车相通。寇店至五龙 7 km,至水泉 10 km,均有村村通公路。由五龙、水泉通向各矿山采场都有运输通道,进入矿区的交通十分方便。

　　五龙为五龙沟之沟口,五龙东西一线以北,为山前丘陵地带,地势相对平坦,海拔标高250 ~ 300 m,属山前农业区,五龙—水泉一带属中低山区,水泉口为洛阳古称"八关"之一的大谷关,山势起伏,山高海拔 500 ~ 600 m,地形落差达 300 m,石材开采条件较好。地貌上风化剥蚀强烈,多形成"V"型冲沟,沟中溪水潺潺,构筑不少小型水库,为发展石材加工业和赏石旅游业提供了好的条件。

5.24.2.2　地质背景

　　矿区大地构造位置属嵩箕台隆之拉马店—郭家窑复背斜西段的近北翼部分,该复背斜形成于燕山期,走向东西,北翼完整,南翼大部断失,组成背斜的岩石,保存了华北地台的二重结构:盖层缺失熊耳群,汝阳群底部的马鞍山砾岩(相当云梦山砾岩),直接不整合在结晶基底岩系之上,其上为下古生界寒武系和石炭—二叠系,形成走向东西、向北倾斜的宽缓单斜;基底由登封、嵩山群结晶岩系组成紧闭的南北向褶皱,西段缺失嵩山群。登封群岩性主体为黑云斜长片麻岩、斜长角闪片麻岩、斜长角闪岩、混合片麻岩和各类混合花岗岩组成,部分地区分布角闪片岩、斜长角闪片(麻)岩、变粒岩,前者划归登封群石牌河组,后者划归郭家窑组。

　　基底片麻岩构造线方向为南北向,因受多期次且方向不同的地应力叠加发生复杂形变,加之强烈的变质作用,原岩已面貌全非。片麻岩走向在南北方向上产生局部的北北东、北北西向摆动,倾角陡,形成扇形、同斜褶皱。岩石变质较深,混合岩化发育,除发育大量长英质脉体形成注入混合岩外,多处形成边界呈过渡状态的混合花岗岩,这些花岗岩以其钾长石化而成为红色的石材品种。基底地层脉体十分发育,包括与片麻岩走向一致的蚀变大斑辉绿玢岩(牡丹石),走向南北和北东的伟晶岩、蚀变辉长辉绿玢岩,走向北东东的次多斑辉石安山岩和石英斑岩等。这些多种多样的岩石类型构成了区内丰富的石材资源,形成了偃师市五龙—水泉的花岗石石材矿区(见图5-15)。

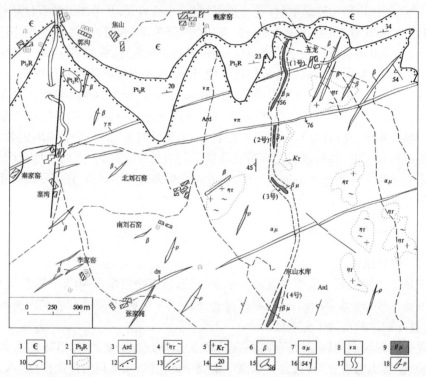

1—寒武系;2—汝阳群砂砾岩;3—登封群结晶岩系;4—似斑状黑云碱长混合花岗岩;5—似斑状碱长混合花岗岩;
6—蚀变辉长辉绿岩;7—次多斑辉石安山岩;8—花岗斑岩;9—蚀变大斑辉绿玢岩(洛阳牡丹石);
10—实测地质界限;11—渐变地质界限;12—不整合地质界限;13—断层、推断断层;14—地层产状;
15—岩脉产状;16—片麻理产状;17—片麻理走向;18—伟晶岩脉

图5-15　洛阳牡丹石矿区地质

5.24.3　矿床地质

5.24.3.1　分布、产状、规模

　　洛阳牡丹石是偃师五龙—水泉石材矿区储量最小,出露局限的一种岩石,全区经1:5 000地质填图,共找到这类岩体4处,最北的一处(1号)出露于五龙大、小马瑶村之间,作 NNW、NE 向展布,地表延伸长达 730 m,宽 10 m 左右,倾向由 NE 转向 SE,倾角56°

左右;第 2 处(2 号)位于第一处南端向南 200 m 处,呈南北向展布,长 150 m,宽 15 m 左右,产状近直立,倾角 80°左右;第 3 处(3 号)位于北刘石瑶村东的抓沟一带,距第 2 处 300 m,走向北西,倾向 SW,倾角 60°,长 170 m,宽 40 m 左右;第 4 处(4 号)位于水泉二里坡料沟的东山水库之南,走向 26°,沿走向延长 200 m 以上,呈透镜状夹于片麻岩中,宽 30 m,倾向 NW,倾角 >75°,目前发现的第五处(5 号)位于伊川吕店乡的张窑、银洞沟一带,走向 NNE,花色尚好,有一定规模,尚须调查揭露。其中的 1 号、2 号和 4 号为目前开采的主要对象之一。

5.24.3.2 岩石特征

1)颜色及图案

岩石宏观上呈灰绿—淡灰绿色,磨光面基质与斑晶分明,基质为深灰或墨绿色,斑晶呈乳白—淡绿色,玻璃光泽。岩石主要由白色基性斜长石和绿色纤维状次闪石组成。颗粒粗大的绢云母化斜长石组成直径达 2 cm 的聚斑、散斑,纤维化的次闪石组成基质,图案独特,反差清晰,宛若眼前的朵朵牡丹争奇斗艳,极富生机,一般岩体宽度大处内部牡丹图案发育较好,反差清晰,片理化弱,边部相反,硅化等次生蚀变和构造破坏程度边部也较内部强烈。

2)结构、构造

岩石为聚斑结构,基质为变余辉绿结构。斑晶为粗大的斜长石(绢云母化和钠黝帘石化),粒度多在 3 mm×8 mm~20 mm×10 mm,巨大的晶体围绕中心的碎斑作放射状伸展而组成聚斑(牡丹图案),基质结构具明显的片理化,局部隐约可见变余辉绿结构,变间架结构,即由长石组成的三角形、多角形格架间填满了蚀变的辉石等粒状矿物。岩石构造为块状构造和片状构造,前者发育在脉体中部,后者发育在脉体边部。斑晶排列有方向性,并显示压扭痕迹。

宏观观察,牡丹石矿体走向和区域片麻理走向一致,或成为片麻岩系的一个夹层,沿片麻理走向,似首尾相接,由多个扁豆体组成,岩石片理和蚀变程度脉体中部弱、边部强,聚斑晶和散斑无规则相间分布,聚斑晶体轮廓大体为椭圆形,残留原岩杏仁体和熔岩顶部红顶氧化层特征。这一切都显示,牡丹石不是一般的脉岩,而有特殊的成因。

3)矿物成分

矿物成分分为斑晶和基质两部分,构成斑晶的斜长石多已绢云母化、钠黝帘石化,辉石已次闪石化,斑晶约占岩石的 35%;组成基质的矿物为角闪石、斜长石,角闪石(次闪石化)占 35%~40%,斜长石约 20%,另外还有 5%~10%的石英,副矿物有磁黄铁矿、黄铁矿、榍石,次生矿物有绢云母及少量绿泥石。根据以上矿物成分,岩石定名为蚀变大斑辉绿玢岩。

4)化学成分

洛阳牡丹石化学成分见表 5-41。

表 5-41 洛阳牡丹石化学成分

化学成分		SiO_2	Al_2O_3	Fe_2O_3	FeO	TiO_2	CaO	MgO	K_2O	Na_2O	MnO	P_2O_5	烧失量
含量(%)	1	50.48	15.56	2.25	11.07	0.85	7.59	5.46	1.16	2.70	0.20	0.20	2.56
	2*	49.06※	15.70	5.38	6.37	1.36	8.95	6.17	1.52	3.11	0.31		

注:*为戴里玄武岩化学平均值。

由氧化硅和铁、镁矿物含量,该岩石属基性岩类,主要化学成分接近戴里玄武岩的平均值,与区域上的蚀变辉长辉绿岩类也相似,但其中的硅、铝、钾、钠较高,说明原岩在形成后经受了较强的变质作用,加入了浅部地壳的化学成分。

5.24.4 工艺特征

洛阳牡丹石在岩石学上属浅成基性岩,形成的地质环境位于地表和接近地表,组成矿物除斑晶外,基质结晶细小,结构致密,硬度大而有韧性,特别是抛光面有较高的亮度,不仅易于加工,而且加工产品的质量较高,加之独特的花纹图案,所以也就成为一种很有价值的工艺石材,经测定的物理特性如表5-42所示。

表5-42　洛阳牡丹石物性测定结果

项　目	指　数	项　目	指　数
显气孔率	0.3 ~ 0.4	热膨胀率（100 ℃）	0.03
体积密度（g/cm³）	2.88	热膨胀率（1 000 ℃）	2.29
吸水率（%）	0.1		
耐压强度（kg/cm²）	1 122 ~ 1 357	抗酸度（%）	99.77
抗折强度（kg/cm²）	254	抗碱度（%）	99.89
硬度（压入法）	10 级	研磨度	1 级

由表5-42所示,牡丹石抗压强度、抗折强度均高于一般花岗岩类,硬度低于辉绿岩,而显气孔率最低,硬度虽高但研磨度低,指示岩石有较高的韧性和易加工性,具有工艺石料的优异性能。

5.24.5 洛阳牡丹石的开发利用现状及展望

洛阳牡丹石为一种罕见的石材资源,1985年评价偃师花岗石资源时,以断面法估算储量83万 m³,除去风化壳,边缘片理化带碎裂废石和开采损失,可利用者不足50万 m³（包括小块荒料）。2000年当地与福建合资,建成第一家名特石材有限公司,加工墓碑石、寿盒、石灯、石龛等工艺石材,并推出观赏石、置景石和旅游纪念石等多种产品,洛阳牡丹石已远销国内外,声誉大振。因此必须重视对这一资源的开发与保护,下面提出四点意见。

5.24.5.1 珍视牡丹石

物以稀为贵,洛阳牡丹石产于古老的太古宙登封群结晶片麻岩系地层,生成的地质年代 >28亿年,不仅形成的地质年龄古老,而且有着复杂的成因过程。历数河南各地的古老片麻岩地层和现出版的观赏石典籍,省内外至今还没有发现过这类岩石。牡丹石作为观赏石参展近20年,洛阳年年举办石展,也未见新的牡丹奇石,可见牡丹石为洛阳一绝,我们应倍加珍视这一资源。

5.24.5.2 保护牡丹石

资源不可再生,珍视牡丹石,更是为了保护这一资源,经过专项地质工作,估算的岩体出露地平线以上的岩石资源量仅83万多 m³,实际可用者不足50万 m³,其中优质者20万 ~

30 万 m^3。20 多年的开采已大量损耗,因此要合理开发,科学开采,合理利用,多项利用,禁止乱采滥挖,野蛮掠夺,偃师寇店名特石材有限公司签有 30 年合同,其他公司也应加以仿效,建立以保护资源可持续发展为目标的长效机制。

5.24.5.3　研究牡丹石

任何事物都有其发生发展的规律,亦即形成的过程和成因,牡丹石也不例外,业内采集和收藏牡丹石的人士认为,牡丹石产状和登封群片麻岩同步,有顶有底的熔岩构造明显,岩石具由内向外渐强的片麻理构造,牡丹花形具椭圆外形,中伴随有残留杏仁体、碎斑簇晶体,认为这种花形可能为一种具杏仁结构的古相基性火山熔岩,后在强烈区域变质作用后重结晶的产物,但需进一步研究论证。

5.24.5.4　寻找牡丹石

研究牡丹石是为了寻找牡丹石。按照牡丹石产出的地质条件和形态产状,区内的牡丹石岩体在走向上沿片麻理走向延伸,首尾对应,各岩体延长线上有可能找到盲矿体。出露的牡丹石岩体沿倾向有可能膨大和尖灭再现,因此在区内四个岩体之间应注意进一步追索,经近几年工作,目前已在南部伊川发现了牡丹石,但需要做地质工作。除此之外,在古老登封群分布区的其他地段,也具有成矿的可能。

5.25　汝阳梅花玉矿床

5.25.1　概述

梅花玉亦名汝州玉、汝州石、汝石。北魏郦道元《水经注》载:"紫逻南十里有玉床,阔二百丈,其玉缜密,散见梅花,曰宝"。又《直录汝州志》载:汝州三宝,"汝石、汝瓷、汝帖"。清代高步作《文石赋》,内有"伊洛之地,汝水之滨,天产奇石,孕秀含精……俪匠工之雕绘,凝河伯之丹青,幻形移出,异状争呈……或如杏态清盈,或如梅格清奇……"的描述。梅花玉天赐高雅,富有神韵,古往今来,曾为汝阳地方传统工艺之一,《汝阳县志》记载,汝阳上店人曹氏,祖上自明代起,就曾利用汝石制作玉镯、玉坠、玉佩、嚼口(烟嘴)、旋球(健身球)、镇尺等工艺品。民国尤其自新中国成立以来,上店一带进一步发展起玉雕业,逐渐推出杯盘、花瓶、茶具、酒具、薰炉、鼎尊等工艺品。新加坡总理李光耀、原军委副主席张震曾用梅花玉制作图章,已故无产阶级革命家康克清、杨得志也曾用梅花玉制作寿盒,近年来梅花玉还进入观赏石和旅游产业,制成的工艺品、旅游纪念品远销日、美、韩、法、英等很多国家。

梅花玉在新近出版的《河南省非金属矿产开发利用指南》(地质出版社)的宝玉石分类中,与独山玉、密玉、汉白玉同列为天然玉石类,英文名称"Takes green jade",原岩为杏仁状安山岩,产于中元古界熊耳群火山岩的特定部位。汝阳境内这类火山岩分布广泛,1985 年汝阳县为发展地方经济,由县地质矿产局邀请河南省第一地质调查队陈立新等在调查汝阳石材资源时,经研究对比,确定上店关帝沟村汝石沟产汝石为最具规模、最有价值的矿区,根据史料和石材图形,将汝石更名为梅花玉,并在对矿床区域地质、矿床地质调查的基础上,对矿石进行了矿物成分、化学成分及物理性质测试,首次为梅花玉的地质找矿和工艺加工提供了重要技术支撑。

关帝沟位于临(汝)木(木札岭)路上店段,有便道通往矿区,矿区西北距上店 4 km,距汝阳县 9 km,汝阳有汝安路通焦枝铁路汝阳站,或转太澳高速公路 45 km 至洛阳市,交通十分方便。

5.25.2 矿区地质

梅花玉矿床区域上位处华北地台二级构造单元华熊台隆的东北边缘,三级构造单元属外方山隆断区,全区被中元古界长城系熊耳群火山岩覆盖,地质情况相对比较复杂。

5.25.2.1 地层

出露地层为熊耳群许山组和鸡蛋坪组。许山组分布在北部,岩性由紫红、紫黑多杏仁安山岩,深灰、灰黑色安山玢岩,紫红、紫灰色微晶英安岩组成;鸡蛋坪组分布在偏南地段,岩性由粉红、肉红色石英斑岩、霏细斑岩组成,许山组被鸡蛋坪组覆盖。区内地层和岩石组合有以下三个特点:①许山组在区域上常见的斑状或大斑安山岩在区内缺失,岩石以大小不等、形态多变、充填物复杂的杏仁状安山岩为主,熔岩层的次火山相和相互叠压关系较为明显;②岩石的杏仁具成层性,小杏仁分布在大杏仁安山岩之上,具杏仁构造的岩石分布有局限性,杏仁状熔岩的杏仁层也有明显的分带性;③火山岩的喷发韵律性强,完整的韵律自下而上为安山岩—英安岩—英安斑岩—石英斑岩组成,单层的气孔层为稀气孔—大杏仁—小杏仁组成,杏仁层的顶部可见红顶氧化层。梅花玉矿石产于由小杏仁体组成的英安岩中。

5.25.2.2 构造

矿区北部濒临三门峡—田湖—鲁山大断裂带,该断裂为华熊台隆和渑临台坳的分界,为区内熊耳群分布的北部边缘,断裂在印支运动以后发育为由西南向东北的推覆性质。矿区北侧汝石沟口发育的几条走向东西、向北倾斜的正断层,属区域性推覆走滑断层的次级断裂构造,以上两组断层又被北东向的青山—关帝沟—东赵庄断层截切。这些断裂均系梅花玉形成后的次级构造。

依据区内熊耳群火山岩的分布,熊耳期的古构造线为东西向,区域上多形成一些轴向东西的短轴火山穹窿和火山盆地。上店梅花玉矿床位于外方山火山盆地的北部边缘,矿区附近见有含火山角砾和大小杏仁团的英安质次火山小侵入体多处,属熊耳群早期的破火山口或喷发中心,多形成熔岩穹丘。各熔岩穹丘之间由于熔岩的多次喷发,岩石的岩相变化较大,黏度较大而富含挥发分的残余岩浆在喷发中心附近堆积,挥发分冷凝后形成气孔层,气孔层的冷却、充填和热液叠加为梅花玉成矿提供了构造条件。

5.25.2.3 侵入岩

由岩浆的喷溢作用形成了区内广泛的火山岩地层,侵入岩类主要是与火山岩有关的次火山相石英斑岩,岩体走向东西,宽 500 ~ 1 000 m,长 >5 000 m,形成近东西向次火山岩带,东部伸入梅花玉矿区。另外,与梅花玉伴生的杏仁状安山岩(应属英安岩)的母体部分,也是一种次火山岩,区内未发现熊耳期后其他地质时代的侵入岩类。仅在三门峡—田湖—鲁山大断裂以北分布有白垩系的酸性火山岩。

5.25.3　矿床特征

5.25.3.1　矿层特征

含矿地段分布在东起螳螂沟、西至汝石沟的中间地带,东西长 900 m,南北宽 600 m,已发现的梅花玉矿体位于西部汝石沟内。露头线呈一尖端朝南的"人"字形,沿沟两侧分布,以沟的东侧为佳,露头出露线全长大于 500 m,最大厚度 9.5 m,最小 0.40 m,平均 2.80 m,厚度变化一般较稳定,个别地段变化较大,矿层产状平均倾向 127°~183°,倾角 15°~30°。矿层顶面崎岖不平,层叠的岩性变化关系自下而上为安山岩—大气孔、小杏仁状安山岩—杏仁状英安岩(梅花玉矿层)—稀斑、小气孔板状英安岩—石英斑岩,剖面形态如图 5-16 所示。

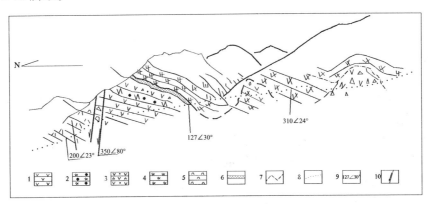

1—小杏仁稀斑安山岩;2—大杏仁英安岩;3—含角砾、大气孔小杏仁安山岩;
4—紫灰色稀斑小杏仁英安岩;5—紫红、砖红色石英斑岩;6—梅花玉矿层;7—红顶氧化面;
8—沟谷地平线;9—火山岩地层产状;10—断层

图 5-16　汝阳关帝沟梅花玉矿床剖面示意图

5.25.3.2　矿石识别

认识梅花玉矿石,要把握三个要点:色调、图案、成矿部位。

1)色调

决定梅花玉颜色的因素有二:一是基质即底色,以黝黑、墨绿色为主,少量紫灰色,含量占 65%~85%,光学上称冷色;二是杏仁斑点的颜色由充填矿物的颜色决定,因充填的矿物较多,颜色由红、白、绿、橙、褐组成,光学上皆称暖色,含量占 15%~35%。由于冷色含量的比例较大,总体给人以深色感觉,但两类色反差清晰,冷暖相宜,显示了梅花玉深邃庄重、古朴大方的特征,在玉种中自成一格。

2)图案

梅花玉的图案由类若梅花的杏仁体和类若梅花枝干的脉体组成,优质上乘的梅花玉料,杏仁的形态必须是圆形,画面上分布疏密相宜,充填物以红、黄、橙、白为佳,边界清晰,错落有致,尤其作为梅花玉花瓣的杏仁必须伴有类似梅花枝干的脉体,脉体由下向上贯穿杏仁并向上分叉,且以褐红色的硅质充填物为佳,方能显示出梅花玉构图清奇和大自然的神笔妙韵。

3）成矿部位

形成梅花玉的火山岩，首先是母岩所具备的火山喷发的韵律性，一是岩性上由中性的安山岩到中酸性的英安岩，再到酸性的石英斑岩，梅花玉产于英安岩层中；二是气孔和杏仁体特征方面，下部是小气孔层，中部是大气孔、大杏仁（或石泡）层，顶部是杏仁层，梅花玉在顶部的杏仁层中；三是杏仁层的充填矿物结晶有先后，梅花玉的枝干是晚期结晶的产物。

5.25.3.3 矿物成分和化学成分

组成梅花玉的岩石，原矿区地质报告定名为杏仁状安山岩，岩石由基质和杏仁两部分组成。

基质由火山玻璃质组成，肉眼下为黝黑色，镜下无光性，仅见针状、发状雏晶及骸晶，局部见少量钠长石、白云石嵌布。结构致密，类若玉髓，块状构造，玻基雏晶结构，经轻微变质为变余脱玻结构。

杏仁呈多种色调，形态一般为圆形、椭圆形、不规则形，局部因熔岩流动被拉长、压扁为丝瓜形、葫芦形等变体，杏仁体的充填物主要为石英，有少量钾长石、绿帘石、绿泥石和方解石，直径 2～5 mm。连接杏仁与杏仁即形成梅花枝干的细脉呈棕红色，成分为含铁石英质，由红色长石、黄绿色绿帘石、白色石英组成杏仁，含铁石英岩组成梅花枝干，杏仁含量适度，底色黝黑者为上品。

梅花玉的化学成分及其相关火山岩的化学成分对比见表 5-43。

由表 5-43 看出，梅花玉 SiO_2、MgO 含量均在安山岩和流纹岩之间，K_2O、Na_2O 和流纹岩相近，Fe_2O_3 含量均高于安山岩和流纹岩，各项分析指标和杏仁状英安斑岩相近，因此原资料中梅花玉的原岩不应是杏仁状安山岩，而应为杏仁状英安岩。

5.25.3.4 工艺特性

梅花玉质地细腻致密，油脂光泽，硬度类似玉髓（莫氏硬度 7 级），有韧性，受做（易雕性）而不碎崩，主要物性测定结果如表 5-44 所示。

表 5-43　梅花玉化学成分对比

岩性	各化学成分含量（%）												备注
	SiO_2	Al_2O_3	Fe_2O_3	FeO	CaO	MgO	TiO_2	MnO	K_2O	Na_2O	P_2O_5	H_2O	
梅花玉	64.98	11.93	5.35	3.69	2.72	1.18	1.25	0.05	3.16	4.00	0.40	1.00	矿区
杏仁状英安斑岩	63.50	12.90	2.61	5.41	3.35	1.31	1.06	0.13	3.72	3.57			邻区资料
杏仁状安山玢岩	56.22	12.30	8.44	4.53	2.79	2.79	2.10	0.14	3.57	3.27			邻区资料
安山岩	59.59	17.31	3.33	3.13	5.80	2.75	0.77	0.18	2.04	3.58			戴里平均值
流纹岩	72.80	13.49	1.45	0.88	1.20	0.38	0.33	0.08	4.46	3.38			戴里平均值

表 5-44　梅花玉物性测定

物性	抗压强度（kg/cm^2）	抗折强度（kg/cm^2）	显孔率（%）	体积密度（g/cm^3）	吸水率 %	比重（g/cm^3）	硬度（莫氏）	膨胀系数（$10^{-6}/℃$）	耐磨性（g/cm^2）	放射性 γ
测定值	1 915	295	0.48	2.74	0.20	2.75	7	7.12	0.05	18

梅花玉抗压强度高于花岗岩类($812 \sim 1\,449$ kg/cm^3),也高于辉绿玢岩和辉长辉绿岩($1\,753.9 \sim 1\,777.4$ kg/cm^3),低于纤闪石化辉绿玢岩($25\,105$ kg/cm^3),抗折强度也高于花岗岩($89 \sim 157$ kg/cm^3),但高于纤闪石化辉绿玢岩(275.3 kg/cm^3),硬度超过玉髓($5 \sim 5.5$)。显示出梅花玉不同于一般的火成岩石,而具有特种石质的属性。

5.25.3.5 梅花玉的成因

形成梅花玉的岩石,一是钾钠碱金属的含量高,分布面积不大,呈次火山相产出的英安岩,形态呈穹窿状或丘状,在水平方向上起伏较大而不连续,标志着该矿区处在火山喷发中心这一环境;二是岩层中气孔、杏仁发育,具成层性;三是岩石结构为玻璃质,只有少量雏晶和骸晶;四是 $Fe_2O_3 : FeO = 1.45$,说明岩浆自地下涌出地表后很快冷却;五是气孔层的上部被中酸性、酸性熔岩层覆盖,岩浆喷发的间歇期很小。

由以上几个特征推断,矿区属一个近火山源相的喷发环境,岩浆自地下涌出地表,来不及结晶分异就很快冷却,随之黏度加大,不易远距离流动,所含气体在熔岩中沸腾上溢,经进一步冷却,气体中的气水化合物在气孔内先后沉淀,形成不同的杏仁,其中长石、绿帘石类先结晶,绿泥石、石英后结晶,更因为岩浆的流动、包卷、冷凝收缩,使一部分未冷凝的残余气体,在外部压力作用下,充填于岩浆冷却的微裂隙中,或由下而上,穿破杏仁,形成梅花枝干。形成的矿体往往成为熔岩包卷流动构造的一部分,可供利用的杏仁层在熔岩中分布不均,而具枝干图案者分布更为局限。

5.25.4 梅花玉开发利用现状及展望

梅花玉的产地只有一处,即河南省汝阳县上店乡。梅花玉的玉石结构似梅花而得名,它是近年开发的玉石新秀。梅花玉有着大量杏仁状构造的安山岩,是由火山中喷流出的岩浆冷却后凝结而成的岩石,这种岩石中奇形怪状的气孔被后来的矿物质充填,这些充填物质有含铁的玛瑙,使之呈红色,为绿帘石时呈黄绿色,为绿泥石时为深绿色,为方解石或石英时则为无色透明。磨光后还可见到气孔之间有似树枝的细裂隙贯通,这些微细裂隙也充满矿物质,构成底色为墨,其上密布白、绿、红色的似梅花花斑及粉红色树枝,组成奇妙的梅花图案。梅花玉为历史上的名玉,有2 000多年的开采史和开发史。梅花玉产品有各种珍禽异兽造型、手镯、印章、砚台、玉盘、玉碗、酒具和健身球等。健身球从1 m多高处用力向水泥地投掷,球可蹦弹回来,表面无破裂或伤痕,可见其坚韧程度。球体表面明光锃亮,在手中转动越磨越光亮。梅花玉工艺品,由于它们的色调发黑,与其他玉的同类雕件相比,没有独玉、岫玉那种明快晶莹剔透之感,但若雕雄鹰则显得威严、雄姿勃勃、气势非凡。梅花玉黑色的质地使作品显得深沉有力。所以,要根据玉石的品质、特征来设计和开拓新的工艺品,新产品应充分发挥其本身的特点和优势。

梅花玉区别于其他玉石的优点是玉石本身含有大量富有色彩的杏仁体和细脉条纹,这些大大小小、形态各异的杏仁体和细脉条纹组成天然彩色花纹与图案。这些图案,有的如朵朵梅花,含苞待放,栩栩如生;有的如各种珍禽异兽,呼之欲出;有的花纹如烟如霞,像飞天的仙女;还有的图案像一头鹿又像一只鹤,像一束花又像一群鸟,真是千姿百态,令人浮想联翩,寓意无穷,越看越有趣。所以,梅花玉具有极高的观赏价值。这些花纹和图案个体不大,适合于近观,因此梅花玉适合制作拿在手中、放在桌前的中小型雕件。另外,这些花纹图案在光洁的平面上才能得以充分的展示,在工艺品设计中应尽力拓宽正面,例如玉屏、玉扇、屏式笔架等造型。

根据梅花玉中细脉花纹的连续性,可将一块玉石锯开,磨制成两块和两块以上的小型玉佩或纪念物品,作为情人、兄弟和家庭成员的信物,每人各自保存一块,需要时合在一起,它们的花纹是相连的。这种具有一定意义的工艺品也肯定会受到人们的欢迎。

梅花玉有特定的成矿专属性,区域上位处火山盆地的边缘,多形成火山喷发中心(古火山群,破火山口),熔岩产出形式为由中性到酸性的多期喷发,火山韵律性强。形成火山穹窿的地区可以为找矿靶区,靶区内发育具次火山相的岩石组合,其中杏仁、石泡发育的英安岩类是直接的找矿标志,在杏仁、石泡发育的岩石中,要观察好熔岩流向,杏仁层层序和杏仁顶部的红顶氧化面,其下有可能发现梅花玉矿。熊耳山、外方山、崤山地区,熊耳群火山岩分布很广,把握梅花玉的成矿特征,运用好梅花玉的找矿标志,有望发现新的梅花玉产地。

上店关帝沟汝石沟梅花玉矿床,是目前发现的规模最大、开采最久、最有代表性的一处,但因矿区未做正规地质普查工作,没有进行地质填图和系统工程揭露,存在的地质问题较多。据矿区地质路线观察,沿汝石沟 250 m 区段内,分别见到 3 处杏仁状英安质次火山岩体(包括沟口已采矿体)。这些岩体都具备气孔分带,顶部都发育疏密不等、厚薄不一的气孔层,气孔层顶部是显氧化特征的崎岖面,上为紫红色小杏仁稀斑英安岩覆盖,沿崎岖氧化面是观察和揭露梅花玉矿床的重点地带,但这个含矿层分布局限,产状不平整,厚薄和质量变化都比较大。

在开展梅花玉地质找矿的同时,一定要保护好矿产资源,严禁放炮作业,保护好石材图案和块度,另在加工时也要严格选料,防止过多混入不符合梅花玉要求的产品,以保梅花玉的清奇和庄重。

参 考 文 献

[1] 武汉地质学院地球化学研究室. 地球化学[M]. 北京:地质出版社,1979.

[2] 袁见齐,朱上庆,翟裕生. 矿床学[M]. 北京:地质出版社,1979.

[3] 地质部地质辞典办公室. 地质辞典——矿物、岩石、矿床分册[M]. 北京:地质出版社,1981.

[4] 茉方德 S J. 工业矿物和岩石[M]. 北京:中国建筑工业出版社,1984.

[5] 全国矿产储量委员会. 矿产工业要求参考手册[M]. 北京:地质出版社,1986.

[6] 库日瓦尔特. 工业矿物和岩石[M]. 北京:地质出版社,1987.

[7] 陶维屏,张培元. 中国工业矿物和岩石[M]. 北京:地质出版社,1987.

[8] 徐靖中. 矿产工业指标应用手册[M]. 北京:中国环境科学出版社,2007.

[9] 石毅,黎世美. 豫西地区成矿地质条件分析及主要矿产远景预测报告[R]. 专题科研地质报告,1987.10.

[10] 聂树人. 非金属矿产的开发与利用[J]. 青海地质科技情报,1987.

[11] 樊素兰. 地矿部门非金属矿产开发应用研究现状[J]. 地质实验,1988(2).

[12] 孙忠. 非金属矿开发利用文摘(1~4卷)[M]. 呼和浩特:内蒙古大学出版社,1989.

[13] 河南省地质矿产局. 河南省区域地质志[M]. 北京:地质出版社,1989.

[14] 河南省地质矿产厅. 河南省地质矿产志[M]. 北京:中国展望出版社,1992;

[15] 郭守国,何斌. 非金属矿开发利用[M]. 北京:中国地质大学出版社,1991.

[16] 郑延力,樊素兰. 非金属矿产开发应用指南[M]. 西安:陕西科学技术出版社,1992.

[17] 陶维屏. 中国非金属矿床的成矿系列[J]. 地质学报,1989,63(4).

[18] 徐惠中. 中国非金属矿床构造—建造分类初探[J]. 建材地质,1990(3).

[19] 陶维屏. 九十年代非金属矿床勘查科技研究的新动向[J]. 建材地质,1991(3).

[20] 姚书典. 非金属矿物加工与应用[M]. 北京:科学出版社,1992.

[21] 陶维屏. 中国非金属矿床含矿建造[J]. 建材地质,1992(1).

[22] 张文娴. 黏土矿物与风化作用[J]. 建材地质,1992(6).

[23] 陶维屏. 中国非金属矿床概要[J]. 建材地质,1992(1、2).

[24] 李宝银,等. 非金属矿工业手册[M]. 北京:冶金工业出版社,1996.

[25] 洛阳市地质矿产局. 洛阳市地质矿产开发十年规划. 内部资料,1998.

[26] 段子清,许成祥. 河南省国土资源开发利用与保护[M]. 西安:西安地图出版社,2000.

[27] 罗铭玖,黎世美,卢欣祥. 河南省主要矿产的成矿作用及矿床成矿系列[M]. 北京:地质出版社,2000.

[28] 河南省矿业协会. 河南省非金属矿产开发利用指南[M]. 北京:地质出版社,2001.

[29] 洛阳市国土资源局. 河南省洛阳市非金属矿开发利用与发展方向研究[R]. 专题科研报告,2003.12.

[30] 洛阳市地质矿产局. 洛阳市各县市矿产资源规划(2000~2010). 内部文献,2004~2005.

[31] 李炳云. 煤系高岭岩及其高白超细全动态煅烧工艺机理初析[J]. 非金属矿,2005(6).

[32] 付法凯,石毅,等. 河南省嵩县白土塬风化残积——淋滤型高岭土矿床开发应用中的有关问题[J]. 非金属矿产开发与应用,2008(2).

[33] 雷力,周兴隆,等. 我国矿山尾矿资源综合利用现状与思考[J]. 矿业快报,2008(4).

[34] 付法凯,石毅,等. 河南大安玄武岩生产连续纤维的可行性探讨[J]. 中国非金属矿工业导刊,2008(1).

[35] 潘桂堂,肖庆辉,等. 中国大地构造划分[J]. 中国地质,2009(1).

[36] 邓晋福,等. 花岗岩类与大陆地壳初探[J]. 中国地质,2009(1).

编 后 记

20 世纪 80 年代初,在改革开放的大好形势下,随着乡镇企业的异军突起,国家工业化程度的不断深入,矿业市场日趋活跃。在矿业经济中一向不占重要地位的非金属矿产,很多成为乡镇企业就地取材的原料、出口创汇和地方经济新的增长点,国内很快掀起了以花岗石、大理石、石墨、高岭土等一批矿种为标志的非金属开发热。编者们有幸被卷入这一大潮,亲历了业务咨询、地质调研和一些相关项目地质调研报告的编制,深为非金属矿产博、大、精、深的学科领域而叹服,充分展现其实践性和工艺性,是架设在地质科学和工业部门之间的一座桥梁,也是地学的边缘延拓。

古人有"十年磨一剑"之说,20 多年的地海拾贝,数年来的编写修改回顾《洛阳非金属矿产资源》初稿的完成历程,首先归功于国家改革开放、矿业经济大发展的大好形势;有关领导和专家提出的建议和意见,关心洛阳非金属矿产的诸多地质科技工作者的参与,不少非金属开采加工厂家提供的信息和资料。本书背后的巨人是洛阳一届一届主持地质矿产工作的各位领导,尤其是人才济济、资料丰富的河南省地质矿产勘查开发局第一地质矿产调查院(原第一地质调查队)领导和员工的大力支持,给项目研究的完成提供了充分的保障。

在野外调研工作过程中,得到了河南省地矿局、洛阳市国土资源局及其各县(市)国土资源局、栾川县地矿局和有关矿山等单位的大力支持。野外采集的样品由中国地质大学(北京)、国土资源部郑州矿产资源监督检测中心及河南省地质矿产勘查开发局第一地质矿产调查院、洛阳耐火材料研究院等实验室进行测试鉴定。研究工作过程中,大量参考了有关学者、专家的专著、论文及有关区内主要典型矿床的勘查和科研报告。

河南省地调一队总工燕建设高级工程师和中国地质调查局庞振山高级工程师对专著进行了初审。

我国著名矿床学家裴荣富院士审阅并作序。

在此谨向裴荣富院士及上述为我们提供过帮助、指导的有关部门、领导、专家、学者各单位和个人表示诚挚的感谢。由衷地感谢河南省国土资源厅、洛阳市国土资源局及主管部门领导和专家的指导与大力帮助。

本书以洛阳市的矿产资源为依据,以矿业专著为形式,来探讨非金属矿床领域的这些理论的、实践的以及经济的重大问题,这无疑是一次大胆的尝试,期望以其抛砖引玉作用,唤起地学同仁的共鸣,以其轰动效应,引起业内人士的参与,以其将带来的综合效益,来引起各级领导的重视,以求共同掀起洛阳市发展非金属矿业经济的新的高潮。但由于编者的技术水平和资金、时间所限,本书尚有很多不尽人意之处,谬误实属难免,敬请批评指正。